U0953159

普通高等教育“十三五”规划教材

食品基因工程导论

主　编　生吉萍　申　琳　罗云波

中国轻工业出版社

图书在版编目（CIP）数据

食品基因工程导论/生吉萍，申琳，罗云波主编．—北京：中国轻工业出版社，2017.2

普通高等教育“十三五”规划教材

ISBN 978－7－5019－7131－2

Ⅰ．①食…　Ⅱ．①生…②申…③罗…　Ⅲ．①食品－外源－遗传工程－高等学校－教材　Ⅳ．①TS201.6

中国版本图书馆 CIP 数据核字（2009）第 163725 号

责任编辑：伊双双　赵梦瑶　　责任终审：张乃柬　　封面设计：锋尚设计
策划编辑：伊双双　　　　　　版式设计：王培燕　　责任校对：燕　杰
责任监印：张　可

出版发行：中国轻工业出版社（北京东长安街 6 号，邮编：100740）
印　　刷：北京君升印刷有限公司
经　　销：各地新华书店
版　　次：2017 年 2 月第 1 版第 1 次印刷
开　　本：787×1092　1/16　印张：18.75
字　　数：420 千字
书　　号：ISBN 978-7-5019-7131-2　　定价：40.00 元
邮购电话：010-65241695　传真：65128352
发行电话：010-85119835　85119793　传真：85113293
网　　址：http：//www.chlip.com.cn
Email：club@chlip.com.cn
如发现图书残缺请直接与我社邮购联系调换
061047J1X101ZBW

本书编写委员会

主　编　生吉萍（中国人民大学）

申　琳（中国农业大学）

罗云波（中国农业大学）

编　者（按拼音顺序排名）

程凡升（青岛农业大学）

邓丽莉（西南大学）

丁　洋（中国农科院加工所）

范　蓓（中国农科院加工所）

付达奇（中国农业大学）

郝彦玲（中国农业大学）

李大鹏（山东农业大学）

吕英民（北京林业大学）

庞　杰（福建农林大学）

曲桂芹（中国农业大学）

申　琳（中国农业大学）

生吉萍（中国人民大学）

史学群（海南大学）

汪绍云（福州大学）

魏绍冲（山东农业大学）

严志明（福建农林大学）

张新华（山东理工大学）

张雅丽（中国农业大学）

赵　珩（中央民族大学）

赵瑞瑞（中国农业大学）

郑亚风（福建农林大学）
朱本忠（中国农业大学）
郑　杨（国家食品药品监督管理总局高级研修学院）
赵丹莹（北京市西城区疾病控制中心）
朱宏亮（中国农业大学）
审　稿　茹炳根（北京大学）
吴显荣（中国农业大学）

前　言

基因工程自从20世纪70年代诞生以来，以势不可挡的速度发展，取得了许多令人激动的成就。基因工程的应用领域越来越广泛，食品行业已成为其中最具活力、最引人注目的应用领域之一。

食品基因工程主要是指基因工程在食品领域的应用。基因工程对食品影响之深远、潜力之巨大，是我们目前无法估量的。食品基因工程的发展，急需大批的专业人才，也需要培养足够的后备力量。为此，编写一本适合我国食品专业及其相关专业学生使用的教科书十分必要。本书是在整理了多所大学近些年来食品专业和生物工程专业所学基因工程课程教案的基础上完成的，着重阐述食品基因工程的基本理论和技术，通过案例介绍基因工程在食品领域中的应用，引用了该领域的最新研究进展，力求体现食品学科的特点，在内容和形式上有所创新。

本书共分十章，分别阐述食品基因工程的工具酶、常用载体、常用数据库与设备、基本操作技术，以及基因的克隆技术、转化技术、表达与调控、基因工程食品的检测、食品功能基因及其应用等内容。本书由全国多所院校共同参与编写，汇集了从事本领域研究和教学的前沿力量，同时也有在校学生的思想和要求的反映，是集体智慧的结晶。

本书编写人员的分工如下：第一章由生吉萍、罗云波编写，第二章由申琳、范蓓编写，第三章由汪绍云、郑杨、赵珩编写，第四章由生吉萍、程凡升、赵瑞瑞、邓丽莉编写，第五章由郝彦玲、生吉萍、丁洋编写，第六章由曲桂琴、郑亚风、张新华、魏绍冲、吕英民编写，第七章由李大鹏、张雅丽、朱本忠、刘开朗编写，第八章由申琳、生吉萍、付达奇、严志明编写，第九章由生吉萍、赵丹莹、史学群、张新华编写，第十章由王秀芹、郝彦玲、生吉萍、朱宏亮编写。另外，陈鑫瑶、李志巡、杨美静、马骏飞等硕士研究生在资料搜集、稿件的校对过程中做出了突出贡献。在编写和审稿过程中，得到茹炳根教授、吴显荣教授的悉心指导和审阅，以及中国轻工业出版社的大力协助。

由于时间紧迫、内容涉及面广以及生物技术发展的日新月异，限于作者的水平和经验，书中疏漏和不妥之处在所难免，衷心期待诸位同仁和读者的斧正，并致诚挚的谢意。

生吉萍、申琳、罗云波
于北京
2016. 12

前言

目　　录

第一章　绪　　论

教学目标： 1. 掌握食品基因工程的基本概念；

2. 了解食品基因工程的研究内容；

3. 认识食品基因工程在食品工业发展史中的地位及其在食品工业中的作用。

基因工程（genetic engineering）作为生物技术的核心内容，已成为现代高新技术的标志之一。它从诞生至今虽只有40多年的历史，但无论是在基础理论研究领域，还是在生产实际应用方面都取得了惊人的成绩，日益受到世界各国政府和社会各界的重视，形成了全球性的“生物技术热”。各国政府也竞相制定发展计划，投入巨额资金，实行优惠政策，促进生物技术的发展。一批以生物技术产品为开发内容的公司、企业，在世界范围内如雨后春笋般地建立起来，一个新兴的高技术生物产业已经形成。

作为新技术，基因工程已经对人类产生了深刻的影响。首先，基因工程给生命科学自身的研究和发展带来了深刻的变化。目前，科学家已完成了多种生物的基因组全序列测定工作，其中最令人瞩目的是“人类基因组计划”。这个计划从最基本层面深入认识人类自身的生物特征，同时逐步查清基因与疾病的对应关系，达到基因治疗和改造人类有害基因的目的。其次，基因工程给工农业生产带来了巨大的经济效益。基因工程技术能使动物、植物、微生物具有它们原来所没有的全新特征，能“创造”动物、植物、微生物优良新品种，改善作物品质，增加作物产量，开辟食物新来源；可以减少合成杀虫剂的使用，减少环境污染，使粮食更安全；还能培育出具有生物反应器功能的生物工程动物、植物和微生物，在常温常压下生产珍贵药品。

人们相信，当代人类社会所面临的人口增加、食品短缺、资源匮乏、环境污染加剧、疑难病症诊断和治疗等重大问题，都将在不同程度上依赖于基因工程技术的发展和应用。所以，生物技术蕴藏着巨大的经济潜力和社会效益，将给农业带来新的绿色革命，使食品、环保、海洋、能源开发等有关领域得到前所未有的发展。

第一节　食品基因工程的概念与理论基础

一、　基因工程和食品基因工程的概念

鉴于人们目前的认识，生物对于遗传信息的传递遵循着由DNA传递到蛋白质的过程，即我们所熟悉的中心法则（central dogma，图1－1）。自然界中存在着种类繁多而又各具特色的物种，有的能耐高温，有的能抗拒严寒，有的能适应干旱沙漠的环境。这些物种是在漫长的演变和生物进化中，通过基因重组、基因突变、基因转移等途径不断地进化和演变，才出现了目前所特有的性状，构成了自然界丰富多彩的生物多样性。但是，绝大多数生物演变的过程受自然界严格的自然环境筛选，因此具有很大的随机性。人类按照自身的

意愿，进行严密的设计，通过体外DNA重组技术和转基因技术等，有目的地改造物种特性，使现有的物种能在较短时间内趋于完善，创造出更符合人类需求的新的生物类型，这就是基因工程的核心思想。

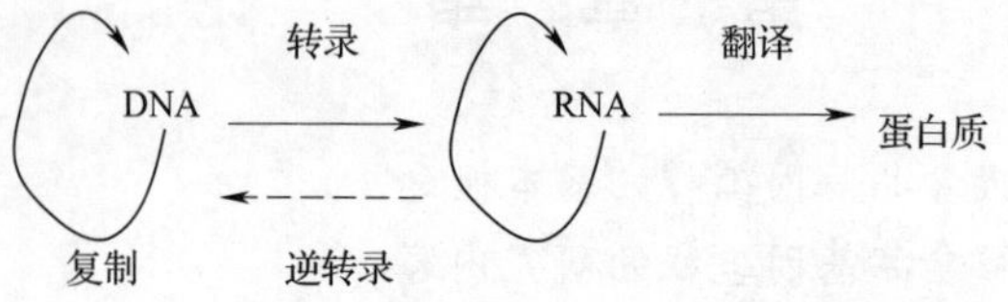

图1－1　生物遗传信息的表达途径——中心法则

1. 基因工程的概念

所谓基因工程，是指用人工的方法把不同生物的遗传物质（基因）分离出来，在体外进行剪切、拼接、重组，形成基因重组体，然后再把重组体引入宿主细胞或个体中以得到高效表达，最终获得人们所需要的基因产物（图1－2）。

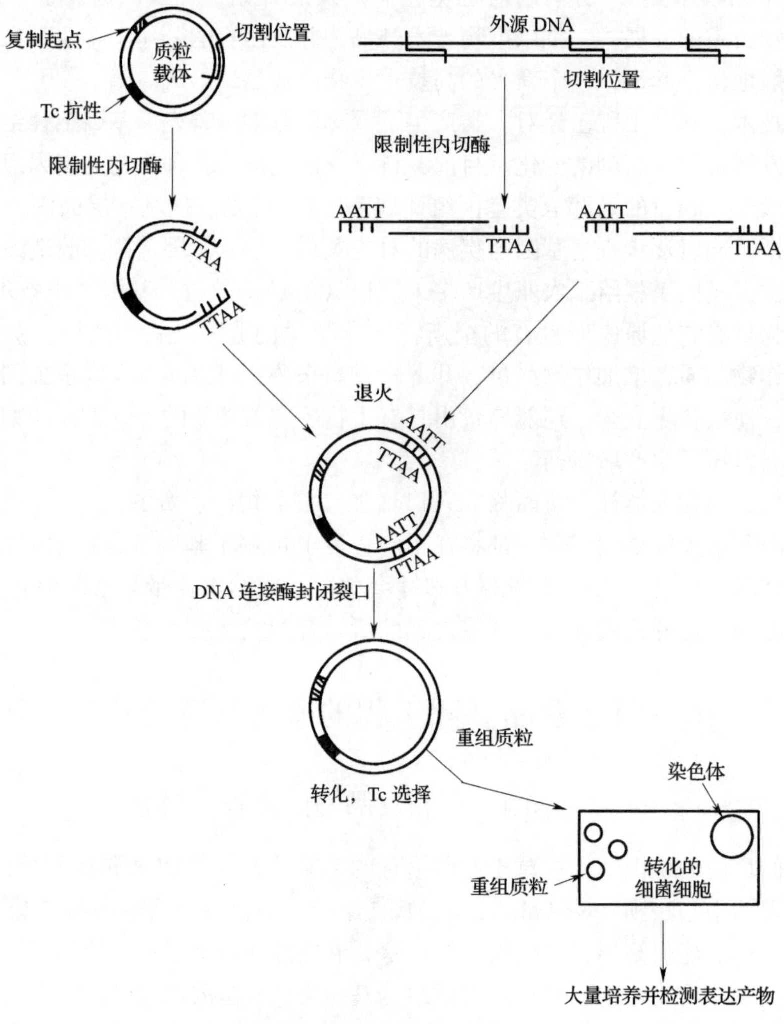

图1－2　基因工程的基本过程

资料来源：罗云波，生吉萍，2006。

基因工程的基本过程就是利用重组 DNA（recombinant DNA）技术，在体外通过人工“剪切”（cut）和“拼接”（splice）等方法，对生物的基因进行改造和重新组合，然后导入受体细胞内进行增殖，并使重组基因在受体内表达，产生出人类所需要的基因产物。

2. 食品基因工程的概念

所谓食品基因工程，是指用基因工程的方法培育新型的细胞、细胞器或个体，用以生产人们所需要的食品或食品原料的过程。更具体一些，食品基因工程是利用基因工程的技术和手段，在分子水平上定向改造遗传物质，以改良食品的品质和性状，提高食品的营养价值，改善食品贮藏加工性状以及感官性状的技术。

应用基因工程技术能对物种进行定向改造，在农业上能大大缩短育种年限，具有目的性强、可操作性好以及效果明显等特点。它最突出的优点是打破了常规育种难以突破的物种之间的界限，可以使原核生物与真核生物之间、动物与植物之间，甚至人与其他生物之间的遗传信息发生重组和转移，比如人的基因可以转移到酵母菌中进行表达，细菌的基因可以转移到植物中表达。近年来，基因工程技术的发展为食品产业提供了新的发展契机，也为世界所面临的粮食短缺以及品质要求找到了新的解决途径。通过基因工程的技术和手段，可以在分子水平上定向改造遗传物质，改良食品的品质和性状，提高食品的营养价值，改善食品贮藏加工性状以及感官性状。

3. 基因工程的相关名词

基因工程的称谓很多，常见的有遗传工程（genetic engineering）、基因操作（genetic manipulation）、重组 DNA 技术（recombinant DNA technique）、基因克隆（gene cloning）、分子克隆（molecular cloning）等。这些术语所代表的具体内容都是彼此相关的，在许多场合下相互替代使用，很难严格地区分开来。有时它们表达的意义存在一定的区别，也常因着眼的角度和强调的重点不同而不同。通过基因工程技术，把来自不同生物的外源 DNA 插入到载体分子上，形成杂种 DNA 分子，这与神话传说中的那种具有“狮首、羊身、蛇尾”的怪物颇为相似，故在早期常称这种重组 DNA 分子为嵌合体（chimaera）。

近年来人们频繁提到的“转基因技术”（transgenic technology），是指利用分子生物学手段将人工分离和修饰过的基因导入生物体基因组中，使其生物性状或机能发生部分改变的技术。这一技术也是“基因工程”的一种。经转基因技术修饰的生物体常被称为“转基因生物”，或者“遗传修饰过的生物体”（genetically modified organism，简称 GMO）。

二、基因工程的理论基础

基因工程技术是建立在分子生物学和分子遗传学理论发展的基础之上的，它的发展具有一定的理论基础作为支撑。

第一，不同的基因具有相同的物质基础。自然界中所有生物的基因都是由一定的核苷酸序列组成，并且所有生物的 DNA 的基本结构都是一样的。因此，不同生物的基因或 DNA 片段之间是可以相互重组交换的。

第二，基因是可切割和转移的。基因可以在 DNA 分子上采用一定的方法将其切割下来，并且转移到另外一个 DNA 分子之上，被转移的这个基因仍然保持着初始的结构和功能。因此，基因工程能够对基因进行操作而不影响基因的功能。

第三，多肽与基因之间存在着对应关系，并且有着相同的遗传密码。一般情况下，一个多肽由一个相对应的基因编码，基因中三个碱基对应一个氨基酸，除极少数氨基酸外，这种对应关系在生物界是通用的，因此重组 DNA 分子不论是导入哪种生物细胞中，都能得到一样的氨基酸序列。

第四，基因的遗传信息是可以遗传的。基因工程技术得到的转基因生物能够保持该基因的功能，并能稳定地传递给下一代。

第二节　食品基因工程的研究内容

与宏观的工程操作一样，基因工程的操作需要经过“切”“接”“贴”和“检查修复”等过程，只是各种操作的“工具”不同，被操作的对象是肉眼难以直接观察的核酸分子。食品基因工程的研究内容与其操作过程具有类似的方面，具体如下：

① 分离或者合成能够表达食品需宜性状的目的基因的 DNA 片段。

② 在体外，将带有目的基因的 DNA 片段连接到能够自我复制并具有选择标记的载体分子上，形成重组 DNA 分子。

③ 将重组 DNA 分子引入到受体细胞（亦称宿主细胞或寄主细胞）。

④ 扩增带有重组体的细胞，获得大量细胞繁殖群体。

⑤ 从大量的细胞繁殖群体中筛选出具有重组分子的细胞进行克隆。

⑥ 将选出的细胞克隆的目的基因进一步研究分析，并设法使之表达、产生出人类所需要的物质，或者实现食品相关功能的改变。

⑦ 通过食品基因工程下游技术对基因产物进行提纯、分离与应用，实现对食品进行改良，以提高食品产量和质量，改善风味，生产出更多、更好的食品。

随着生物技术研究的深入，新的方法和手段不断出现，新的理论也不断产生，这些都丰富了食品基因工程的研究内容，也为食品基因工程的发展和应用提供了更好的理论支持和强大的技术保障。

第三节　食品基因工程的发展与应用概况

基因工程是在分子生物学和分子遗传学综合发展的基础上逐步发展起来的，随着近几十年分子生物学、分子遗传学研究的发展和影响，加上生物化学的发展，基因分子生物学取得了前所未有的进步。现代分子生物学领域理论上的发现和技术上的发明对基因工程的诞生起了决定性作用。食品基因工程是基因工程技术在食品产业中的应用，它的历史是基因工程历史的延续。

一、食品基因工程的发展

民以食为天。基因工程从它诞生的那一天起，就没有离开解决人类食物问题的主题。近几十年随着食品产业的发展和影响，加上生物信息学、新材料学等高新技术的发展，食品基因工程取得了前所未有的进步。总结食品基因工程的发展，可以归纳为前期的准备、食品基因工程的诞生、食品基因工程的快速发展三个阶段。

（一）食品基因工程的前期准备阶段

1856年至1864年，孟德尔（G. Mendel）通过豌豆杂交试验，提出生物体的性状是由遗传因子控制的。

1909年，丹麦生物学家约翰生（W. Johannson）首先提出用“基因”一词来代替孟德尔的遗传因子。

1910年至1915年，美国遗传学家摩尔根（T. H. Morgan）通过果蝇试验，首次将代表某一性状的基因同特定的染色体联系起来，创立了基因学说。

1944年，美国微生物学家埃弗利（O. T. Avery）等通过细菌转化研究，证明DNA是基因载体，明确了基因的分子载体是DNA而不是蛋白质，即遗传的物质基础。

1953年，美国遗传学家华生（J. Watson）和英国生物学家克里克（F. Crick）建立了DNA分子的双螺旋结构模型，解决了基因的自我复制和遗传信息的传递问题，开辟了分子生物学研究的新时代。

1958年克里克确立的中心法则（1970年修改），1961年雅各（F. Ja－cob）和莫诺德（J. Monod）提出的操纵子学说以及三联密码子，成功地揭示了遗传信息的流向和表达问题，为基因工程的发展奠定了坚实的理论基础。

20世纪60年代末70年代初，限制性核酸内切酶和DNA连接酶等被发现和使用，使人们可以对DNA分子进行体外切割和连接。这项技术是基因工程研究中的一项重大突破，并成为基因工程的核心技术。

20世纪70年代前后，人们通过研究发现，病毒、噬菌体及质粒分子具有分子小、易于操作和有筛选标记等优点，是外源DNA片段的理想载体。至此，基因克隆载体的发现、外源基因对大肠杆菌的转化、质粒DNA的提取技术、琼脂糖凝胶电泳技术、核酸分子杂交技术以及DNA序列结构分析等分子生物学实验方法的进步，也为基因工程的创立和发展奠定了强有力的技术基础。

1972年，Berg等首次用限制性内切酶*Eco*R Ⅰ切割病毒SV_{40}DNA和λ噬菌体DNA，经过连接，组成重组DNA分子，第一次实现了DNA的重组。1973年，Cohen将伤寒沙门氏菌（*Salmonella tynhi*）抗链霉素质粒与大肠杆菌抗四环素质粒在体外重组，获得异源的重组质粒DNA，并把重组质粒导入大肠杆菌中，建立了抗四环素和抗链霉素的大肠杆菌克隆体，这一研究标志着基因工程的出现。1980年，人们首次通过显微注射培育出世界上第一只转基因动物——转基因小鼠。1983年，美国和法国的科学家在世界上第一次进行了抗除草剂转基因烟草的田间实验。

不断发展和改进的基因克隆技术、外源基因转化技术、DNA的提取技术、琼脂糖凝胶电泳技术以及杂交技术等，为开展DNA重组技术在食品相关领域中的应用奠定了技术基础。

（二）食品基因工程的诞生

美国食品与药物管理局（Food and Drug Administration，FDA）于1994年5月批准首个转基因食物——番茄FLAVR SAVR进入消费市场。FLAVR SAVR番茄的培育者是Calgene公司，它成立于1980年，总部设在美国加利福尼亚州。1993年，Calgene公司利用反义基因技术抑制了番茄中多聚半乳糖醛酸酶基因（PG）的表达，使这种番茄在采收后能保持其较高的硬度和更长贮藏期。FDA相信该转基因番茄与普通育种生长的番茄同样安全。转基因番茄获准上市，标志着 FDA 首次完成对转基因农产品的评估和放行，也标志着食品基因工程的诞生。

经过几十年的发展，基因工程技术的应用基因工程在农业、医药、食品、环保等领域已显示出巨大的应用价值。

（三）食品基因工程的迅速发展阶段

20 世纪以来，生物技术以前所未有的速度迅速发展，基因工程技术已走出实验室发展成为一个巨大的产业，不仅科研机构进行研究和开发，很多商业机构也积极参与。基因工程在农业及食品工业等领域获得广泛的应用，取得了巨大的经济效益和社会效益。目前，转基因作物在一些国家，像美国、阿根廷等广泛推广，上市的转基因食品已达几千种。食品基因工程的发展与应用给农业、食品业的发展提供了崭新的空间。

1998 年 4 月全世界批准进行田间试验的转基因植物达 4387 项。美国是转基因技术采用最多的国家，1999 年美国农业部已经批准生产的转基因农作物有七大类 35 种，其中晚熟番茄 5 种、耐除莠剂的大豆 2 种、增加月桂酸脂的油菜籽 1 种、抗虫马铃薯 2 种、抗虫和抗除莠剂的玉米 6 种、抗病番木瓜 2 种。仅仅这两种转基因番木瓜，就挽救了美国夏威夷番木瓜产业。2015 年全球转基因作物种植面积由 1996 年的 170 万 hm^2 增加到 1.797 亿 hm^2，增加了百倍之多，其中美国、加拿大、阿根廷、中国四个国家转基因作物的种植面积占全球转基因作物种植面积的 99.9%。全世界转基因作物按种植面积排序分别为大豆、玉米、棉花、油菜籽。1996—2000 年的 5 年间抗除草剂作物种植面积一直占首位，其次是抗虫作物。

我国的农业基因工程研究于 20 世纪 80 年代初期开始启动，并于 20 世纪 80 年代中期开始将生物技术列入“863”国家高技术研究发展计划。据中国农业生物技术学会统计，截至 1996 年年底，我国正在研究的转基因植物种类达 47 种，涉及各类基因 103 个。目前我国有多种转基因植物被批准进行商品化生产，如转基因耐贮藏的番茄、转查尔酮合成酶基因矮牵牛、抗病毒甜椒、抗病毒番茄、抗虫棉花和保龄棉等。

我国转基因动物研究的发展虽不如转基因植物研究那样快，但已取得了长足的进步，目前已获得转生长素激素基因鱼、转生长素基因猪和抗猪瘟病转基因猪等。中科院水生生物研究所在世界上率先进行转基因鱼的研究，成功地将人生长激素基因和鱼生长的激素基因导入鲤鱼，育成当代转基因鱼，其生长速度比对照快并从子代测得生长激素基因的表达。中国农业大学生物学院瘦肉型猪基因工程育种取得初步成果，获得第二、三、四代转基因猪 215 头。另外，我国已生产出生产速度快、节约饵料的转基因鱼上万尾，为转基因鱼的实用化打下基础。

据国际农业生物技术应用机构（International Service for the Acquisition of Agri - biotech Applications，ISAAA）统计和预测，在全球范围内，1998 年转基因作物的销售额为 12.15 亿美元，2000 年达到 30 亿美元，2005 年达到 80 亿美元，2010 年将达到 280 亿美元。有专家预计，21 世纪初，很可能美国的每一种食品中都含有一定量基因工程的成分，美国基因工程农产品和食品的市场规模在 2019 年将达到 750 亿美元。

二、基因工程食品的类型

随着基因工程在食品中的应用，各种类型转基因食品应运而生。全世界已经有近

50 个国家开展了转基因植物田间实验，涉及 60 多种植物。转基因植物的性状中最初只关注农艺性状，如抗病虫、抗除草剂等，被称为第一代转基因作物，之后逐渐进行消费者关注性状的改良，如提高蛋白质含量、维生素 A 含量、油脂品质等，这些被称为第二代转基因作物。据统计，在美国转基因食品高达5000 多种，已成为人们日常生活的普通商品。

按照来源分类，转基因食品分为动物来源、植物来源和微生物来源的转基因食品。按转基因的功能，可以将转基因食品分为以下类型：

（1）增加产量型　农作物的增产与其生长分化、肥料利用、抗逆、抗病、抗虫等因素密切相关，通过转移或修饰相关的基因达到增产效果。

（2）成熟调控型　通过转移或修饰与成熟衰老相关的调控基因，可以使转基因生物成熟衰老延迟或提前，以适应市场需求。最典型的例子是改良果蔬的贮藏特性，提高果实硬度、延缓成熟衰老速度，提高贮运能力，减少腐烂损失。

（3）营养改良型　许多粮食作物蛋白质缺少人体必需的氨基酸，或者其脂肪所含的不饱和脂肪酸比例不够合理，为了改变这种状况，可以从改造种子调控蛋白质基因入手，使其表达的酶蛋白质调控相关氨基酸的合成或者脂肪酸的合成。现已培育成功的有转基因玉米、大豆和菜豆等。

（4）功能保健型　通过转移病原体抗原基因或毒素基因至粮食作物或果蔬中，人们吃了这些粮食、蔬菜和水果，相当于在补充营养的同时服用了疫苗，起到预防疾病的作用。有的转基因食物还可防止动脉粥样硬化和骨质疏松，如一些防病因子可由转基因牛奶或羊奶得到。

（5）新品种型　通过不同品种间的基因重组可形成新品种，由此获得的转基因食品性状可能在品质、口味和色、香方面具有新的特点。

（6）加工型　由转基因产品或者其衍生物作原料加工制成的食品，种类多，花样新。

当然，随着基因工程的发展，还会出现新的食品类型，基因工程将为丰富人们的食品种类、解决人类的食物问题作出应有的贡献。

三、食品基因工程的应用概况

基因工程为食品产业的变革带来了新的机遇。应用基因工程技术对动物、植物、微生物的基因进行改良，不仅可以为食品工业提供营养丰富的动植物原材料、性能优良的微生物菌种以及高活力而价格适宜的酶制剂，而且还可以赋予食品多种功能、优化生产工艺和开发新型功能性食品。基因工程在食品中的应用主要有以下几个方面。

（一）改良食品原料的品质和加工性能

在植物食品原料品质的改良上，基因工程技术得到了广泛的应用，并取得了丰硕成果，主要集中于改良蛋白质、碳水化合物及油脂等食品原料中成分的品质和产量的提高。

1. 改良蛋白质

蛋白质是人类赖以生存的主要营养素之一，植物是人类的主要蛋白质供应源，蛋白质原料中有 65% 来自植物。与动物蛋白相比，植物蛋白的生产成本低，而且便于运输和贮藏，然而其营养价值也较低。谷类蛋白质中赖氨酸（Lys）和色氨酸（Trp）、豆类蛋白质中蛋氨酸（Met）和半胱氨酸（Cys）等一些人类所必需氨基酸含量较低。通过采用基因导入技术，可获得高产蛋白质的作物或高产氨基酸的作物。植物体中有一些含量较低，但氨基酸组成却十分合理的蛋白质，如果能把编码这些蛋白质的基因分离出来，并重复导入同种植物中去使其过量表达，就可以大大提高蛋白质中必需氨基酸的含量，进而提高蛋白质的营养价值。

Yang 等合成了一个 292bp 的能编码高含量必需氨基酸的 DNA 片断，将其导入马铃薯细胞中，该基因在马铃薯细胞中的表达量占蛋白质总量的 0.35%。1990 年有人用 Met 密码子序列取代了拟南芥菜 2S 白蛋白的可复制区域，所获得的转基因拟南芥菜可生产富含 Met 的 2S 白蛋白。

小麦中有一种富含赖氨酸的蛋白质，在其编码序列的 270 位到 370 位区间有富含赖氨酸的片断，Singh 在 1993 年成功地克隆了编码该蛋白质的 DNA，并把该基因确定为小麦蛋白质工程的内源目的基因。

2. 改良油脂

人类日常生活及饮食所需的油脂有 70% 来自植物。高等植物体内脂肪酸的合成由脂肪合成酶（fat acid synthase，FAS）的多酶体系控制，改变 FAS 的组成就可以改变脂肪酸的链长和饱和度，进而可获得高品质、安全及营养均衡的植物油。目前，控制脂肪酸链长的几个酶的基因和控制饱和度的一些酶的基因已被成功克隆，并用于改善脂肪品质的研究。如通过导入硬脂酸－ACP 脱氢酶的反义基因到转基因油菜种子中，可使硬脂酸的含量从 2% 增加到 40%；而将硬脂酸 CoA 脱饱和酶基因导入油菜后，可使转基因油菜种子中的饱和脂肪酸（软脂酸、硬脂酸）的含量有所下降，而不饱和脂肪酸（油酸、亚油酸）的含量则明显增加，其中油酸的含量可增加 7 倍。

目前，在美国，高油酸含量的转基因大豆及高月桂酸含量的转基因油料芥花菜已经成为商品化生产基因工程油料的作物品种。

3. 改良碳水化合物

淀粉是人类最重要的提供能量的营养素，对于发展中国家人们的生存至关重要。对作物而言，淀粉含量的增加或减少都有其利用价值。增加淀粉含量，就可能增加干物质，使其具有更高的商业价值；减少淀粉含量，通过减少淀粉合成的碳流，可生成其他贮存物质，如贮存蛋白的积累增加。

利用基因工程技术来调节淀粉合成过程中特定酶的活力或几种酶之间的比例，从而达到增加淀粉含量或获得性质独特、品质优良的新型淀粉品种。高等植物体内涉及淀粉生物合成的关键酶类主要有三种，分别为 ADP－葡萄糖焦磷酸化酶（ADP Glucose pyrophosphorylase，AGPP）、淀粉合成酶（Starch synthase，SS）和淀粉分支酶（Starch branching enzyme，SBE）。

目前，通过基因工程的方法调控淀粉生物合成而增加或减少淀粉含量，已经取得显著的成效，有多个成功的报道。Stark 等人利用突变的大肠杆菌菌株来源的 AGPP 基因和 CaMV 35S 启动子构建了一个嵌合基因，并把此基因导入烟草、番茄和马铃薯中去，结果得到极少表达的转基因植物，表明 AGPP 基因的组成性表达不利于植物的生长、发育，它很可能引起植物不同组织之间物质积累关系发生变化。后来改用块茎特异表达的 Patatin 基因启动子来构建嵌合基因，得到的转基因马铃薯块茎中淀粉的含量比传统的马铃薯提高了 35%。

在减少淀粉含量方面，Mulle 等人利用含有不同启动子和反向连接的 AGPP 大亚基或小亚基 cDNA 的融合基因，构建表达载体转化马铃薯。在 35S 加上反向连接的 AGPP 大亚基 DNA 的转基因植株中，叶片的 AGPP 活性仅为野生型的 5% ~30%，块茎中 AGPP 的活性仅为野生型的 2%。分析转化植株淀粉含量，发现转化植株块茎淀粉含量仅为野生型的 3.5% ~5%。伴随着淀粉含量的下降，转化植株细胞内可溶性糖含量显著升高，蔗糖和葡萄糖分别占块茎干重的 30% 和 8%。

（二）改良果蔬采收后品质，增加其贮藏保鲜性能

随着对番茄、香蕉、苹果、猕猴桃等果蔬成熟及软化机制的深入研究和基因工程技术的进步，通过基因工程的方法获得耐贮藏果蔬新品种已成为可能。目前转基因番茄已经商品化生产。

研究表明，乙烯是促进果实和器官衰老最主要的植物激素，果实中乙烯生物合成的关键酶是 ACC 合酶（ACC Synthase，ACS）和 ACC 氧化酶（ACC Oxidase，ACO）。在果实成熟过程中这两种酶的活力明显增加，导致乙烯产生急剧上升，促进果实成熟。在对这两种酶基因成功克隆的基础上，利用反义基因技术抑制这两种基因的表达，从而达到延缓果实成熟、延长保质期的目的。

利用反义 RNA 技术抑制酶活力已有许多成功的例子，其中最为成功的就是延缓成熟和软化的转反义 RNA 番茄。Hamilton 等于 1990 年首次构建了反义 ACC 氧化酶载体，利用 RNA 技术获得转基因番茄，在纯合的转基因番茄果实中，乙烯的合成被抑制了 97%，使果实的成熟延迟，贮藏期延长。

导入 ACC 合酶反义基因的番茄也得到了类似的结果，转基因番茄的乙烯合成被抑制了 99.5%，果实不出现呼吸跃变，叶绿素降解和番茄红素合成也都被抑制，果实不能自然成熟，不变红，不变软，只有用外源乙烯处理 6d 后才能使转基因番茄恢复正常成熟。1995 年罗云波、生吉萍等人在国内首次培育出转反义 ACS 的转基因番茄果实，该果实在植株上表现出明显的延迟成熟性状，采收以后室温下放置 15d 果实仍为黄绿色，用 20μL/L 的乙烯处理 12h 后果实开始成熟，5d 后果实出现正常的成熟性状，其风味、颜色和营养素含量与对照没有明显差异；培育得到的转基因番茄纯和体，其乙烯的生物合成被抑制 99% 以上，果实可在室温下贮藏 3 个月而仍具有商品价值（图 1-3，图 1-4）。

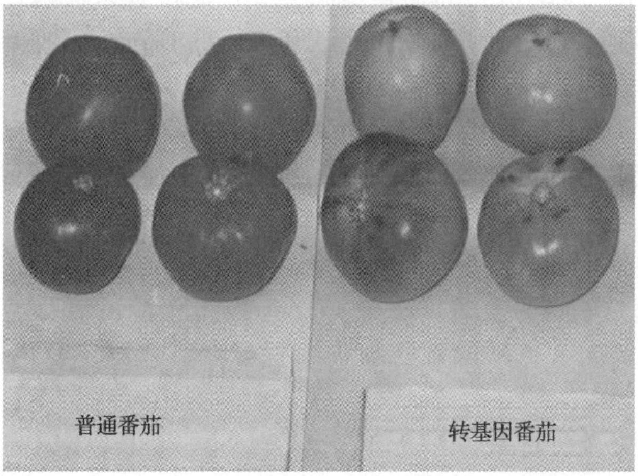

图 1-3　破色期之后 6d 的转反义 ACS 番茄和普通番茄

图 1-4　采收 30d 后的转反义 ACS 番茄

利用反义基因技术可以成功地培育耐贮藏果蔬。目前，此方面的研究已扩大到了草莓、梨、香蕉、芒果、甜瓜、桃、西瓜、河套蜜瓜等，所用的目的基因还包括与细胞壁代谢有关的多聚半乳糖醛酸酶（PG）、纤维素酶基因和果胶甲脂酶基因。

（三）改善发酵制品的品质

发酵食品在人们日常生活中占据重要地位，通过发酵菌株的改良和新型酶制剂的生产，进而改造传统的发酵工业，现已取得很多实用性的成果。其中，基因工程在酱油生产中就得到了成功的应用。

酱油风味的优劣与酱油在酿造过程中所生成氨基酸的量密切相关，而参与此反应的碱性蛋白酶的基因已克隆并转化成功，在构建的基因工程菌株中碱性质白酶的活力可提高 5 倍，用该菌株酿造的酱油的风味更好。另外，在酱油酿造过程中，木糖可与酱油中的氨基酸反应产生褐色物质，从而影响酱油的风味，而木糖的生成与制造酱油用曲霉中木聚糖酶的含量与活力密切相关。用反义 RNA 技术抑制该酶的表达，构建出新型的工程菌株酿造酱油，可大大地降低这种不良反应的发生，从而酿造出颜色浅、口味淡的酱油，以适应特殊食品制造的需要。

把糖化酶基因引入酿酒酵母，构建能直接利用淀粉的酵母工程菌用于酒精生产，能减少传统酒精工业生产中的液化和糖化步骤，实现淀粉质原料的直接发酵，达到简化工艺、节约能源和降低成本的目的。目前已有美国的 Cetus 公司和日本的 Suntory 公司分别把泡盛酒曲霉（Aspergillus awamori）和米根霉（Rhizopus oryzae）的糖化基因转入酿酒酵母获得成功的报道。国内学者唐国敏等从黑曲霉（Aspergillus niger）糖化酶高产株 T21 合成的糖化酶 cDNA，经 5′-端和 3′-端改造后克隆到酵母质粒 YED18 上，转化酿酒酵母成功。

另外，利用基因工程技术可生产出质量和效能都很高的酶产品。世界上第一个应用在食品上的基因工程酶为凝乳酶，它是将牛胃蛋白酶的基因克隆入微生物体内，由细菌生产酶类，解决了奶酪工业受制于牛胃蛋白酶来源不足的问题，降低了生产成本。

（四）开发新型功能性食品

利用基因工程技术可以研制特种保健食品。例如将有助于心脏病患者血液凝结作用的酶的基因克隆至羊或牛中，可以在羊乳或牛乳中产生这种酶。1997 年上海医学遗传所与复旦大学合作的转基因羊的乳汁中含有人的凝血因子，为通过动物大量、廉价地生产新型功能性食品迈出了重要的一步。

β－酪蛋白、乳铁蛋白及α－乳清蛋白是人乳中的重要成分。第一个用植物生产人乳蛋白的例子是Chong等将人乳β－酪蛋白编码基因导入了马铃薯，形成稳定遗传的转基因马铃薯。β－酪蛋白的cDNA被克隆到pPCV701载体上，利用农杆菌介导法转入马铃薯，在直接启动子MasP2的启动下表达出β－酪蛋白。β－酪蛋白的含量只占总可溶性蛋白的0.01%，为了提高表达水平，后来利用了块茎专一性表达的patatin启动子，β－酪蛋白的产量由原来的0.01%增加到2%。乳铁蛋白是人乳中另一种重要的蛋白质，它是铁结合的糖蛋白，将乳铁蛋白基因导入马铃薯后，表达量占可溶性蛋白的0.05%。据推算，一个300g的转基因马铃薯所含β－酪蛋白的量相当于250mL人乳，1hm^2转基因马铃薯创造出的β－酪蛋白和乳铁蛋白分别相当于19250L和12250L的人乳中相应成分的含量。

目前利用转基因植物生产食品疫苗已成为食品基因工程研究的热点之一。食品疫苗就是将某些致病微生物的有关蛋白质（抗原）基因，通过转基因技术导入某些植物受体细胞中，并使其表达，从而使受体植物直接成为能够抵抗相关疾病的疫苗。利用转基因植物生产疫苗始于1990年，美国华盛顿大学Roy Curtis教授研制了利用花茎甘蓝、萝卜生产转基因的食用疫苗。1992年，MasonHS等首次报道了将乙型肝炎病毒表面抗原（HbsAg）基因转入烟草中获得0.01%表达。1995年，MasonHS又将HbsAg基因转入马铃薯中，并使其在块茎中专一性表达，用薯块饲喂小鼠，在小鼠体内检测到保护性抗体。中国农业科学研究院生物技术研究所刘德虎等在马铃薯和番茄中成功地表达了乙肝表面抗原，将转基因马铃薯饲喂小鼠后，在小鼠血液中检测到具有较高活力的乙肝病毒保护型抗体，该技术已经申请国家发明专利。

用转基因植物生产的疫苗能够保持重组蛋白的理化特征和生物活性。有的需提纯后使用，有的则不经提纯即可直接食用。目前，已获成功的还有狂犬病病毒、乙肝表面抗原、链球菌（Streptococcus）突变株表面蛋白等十多种转基因马铃薯、香蕉、番茄的食用疫苗。由于这些重组蛋白基因可以长期地储存于转基因植物的种子中，十分有利于疫苗的保存、生产、运输和推广，因此转基因植物作为廉价的疫苗生产系统虽然才刚刚起步，却展示了很好的发展潜力。

因此，与传统人工培育方法相比，转基因植物疫苗出现人们未预见后果的可能性更少。但将基因以生命树型的一支转移到完全不同的另一支上，仍会带来问题。尽管基因工程技术已经给现代农业发展带来了深远的变革，然而，任何一种新技术都带有一定的不确定性和风险性。鉴于目前的技术水平，转基因在宿主细胞染色体上的整合是随机的，转基因性状的表达同时还伴随着其他不利性状的出现，以目前科学技术的研究水平还不能精确预测外源基因对未来环境产生何种影响。

第四节　食品基因工程发展面临的问题

从人类历史发展的经验来看，科学技术是一把双刃剑，应用得当会给人类社会带来福音，应用不当就会对人类自身或生存环境造成危害。基因工程在食品产业中的应用同样存在这样的问题。在开展基因工程应用的同时，特别要注意其潜在的危险性，切实加强安全管理。

一、基因工程食品的安全性

食品问题是有关人类生存的重大问题，食品的安全性是首要。从前几年的“疯牛病”，到近年来的三鹿奶粉事件，食品的安全性引起了各国政府和消费者的重视。据估计，我国每年吃掉2000 万吨进口转基因食品。转基因食品引发的安全性问题与生物技术的推广应用密切相连，与农业和食品工业的发展紧密相关。

转基因食品本身的安全性问题集中在以下两个方面。

（一）外源基因表达产物的安全性

鉴于新增加的基因是人们熟知的和经过深入研究的，从某种意义上说，转基因作物的培养过程更易控制，因此，在一般情况下，用于培育基因工程食品的外源基因没有直接的毒性问题，标记基因的水平转移可能性也很小，这是因为转基因食物中的绝大部分核酸物质被降解并在胃肠中失活，极小部分的有活性成分要转移整合进入受体细胞也是一个非常复杂的过程。这种整合需要特定的选择环境、合适的调控系统，受体细胞要呈感受态，而且对同源性有一定要求。

由于基因的多效性，外源基因的插入有利也有弊。目前的生物技术水平只能使转入基因的插入位点是随机的，转基因性状的表达同时还伴随着其他不利性状的出现，如引起插入突变，或者引起某些基因失活，或者激活、沉没某些基因，而且所转基因在宿主细胞中的命运也不可控。就目前科学水平来看，还不能完全精确预测外源基因在新的遗传环境中会产生什么样的相互作用。

（二）外源基因编码蛋白质的过敏性

如果基因来自已知的过敏原，且其编码的蛋白质是可食部分，必须提供数据确定该基因是否编码一种过敏原。如果转基因食品有潜在的过敏性，则应该对其安全性进行慎重的评估，如含高蛋氨酸贮藏蛋白的巴西坚果。对标记基因编码蛋白质的降解产物也要进行毒性分析，以防止标记基因翻译后由于修饰作用产生毒性，从而保证转基因食品安全。

二、基因工程食品中外源基因表达的稳定性

转基因植物中外源基因表达的不稳定性主要原因有两个：一是外源基因 DNA 的甲基化；二是基因的共抑制效应。

稳定表达外源基因的转基因植物虽然可以通过筛选后代和育种工程得到，但筛选过程繁杂、耗时，因此，必须采取更为有效的方法来解决转基因植物中外源基因表达的不稳定性问题。

以疫苗食品为例，食用疫苗的安全性、有效剂量以及植物食用部位抗原含量的稳定性、服用时间等问题都需要进行深入研究。由于口服疫苗免疫反应具有抗原特异性，需要在分析单一疫苗的基础上，确定何类植物最适合疫苗的生产，这也将涉及探索外源蛋白在相应植物组织和细胞中的表达方式。这一领域需要分子生物学、细胞生物学、育种学、栽培学、人类免疫学、动物免疫学等学科的共同协作。植物系统生产的抗原疫苗可保持天然

免疫原的形式，这使得大规模生产抗原疫苗成为可能。

三、基因工程食品功能的保持

功能保健型的基因工程食品是通过转移病原体抗原基因或毒素基因至粮食作物或果蔬中获得的，当人们吃这些粮食、蔬菜和水果时，就相当于服用了疫苗。但大多数抗原，尤其是可溶性抗原很容易在消化道里被消化，所以在生产口服疫苗时，一定要研究抗原的包装问题。

重组抗原在植物细胞中的表达可以看作是一种生物包装蛋白质的方法，咀嚼时，食物变成碎块，以便下咽。碎块中的细胞破碎与否取决于时间和细胞类型，细胞壁是组织抗原被降解的第一道屏障，植物细胞膜和细胞器膜可进一步保护抗原，避免胃液、肠液的降解作用，植物细胞的次生壁可以使内含物释放得更慢，以便到达小肠后植物细胞壁才开始破裂，逐步释放抗原，实现免疫功能。这需要对其中的细节进行深入研究，做到使抗原有效激活免疫系统，而不是只经过身体而未被利用。

四、基因工程食品的随意扩散问题与管理规范

基因工程食品必须经过科学的安全评价程序才能进入商业化生产，然后进入市场销售，并且要按要求进行标识。如果没有通过安全评价就进入消费市场，很容易引起安全性问题。2006 年 1 月绿色和平组织对北京市场上的 19 种婴儿食品及零食进行抽样，经国际权威检测机构德国基因时代公司（GeneScan）下属实验室进行独立检测后发现，有一保质期至 2007 年 3 月 12 日的“亨氏婴儿营养米粉”含转基因稻米成分。

随着现代生物技术的快速发展，越来越多的技术趋于成熟，越来越多的基因得到克隆和应用。如果对基因工程技术不加以管理，就可能会对人类产生灾难性的后果，这些后果有短期的，也有长期的。基因及其产物对人类健康和环境安全存在潜在的风险，这就需要建立科学合理的转基因食品风险评估体系和有效的管理机制，来消除生物技术可能给人类带来的不利影响。

我国对转基因食品生产的安全操作制定了一系列的规章制度。1993 年 12 月中华人民共和国科学技术委员会发布了《基因工程安全管理办法》，对基因工程食品的安全等级和安全性评价、申报和审批、安全控制措施等作了相应规定。1996 年 4 月农业部颁布了《农业生物基因工程安全管理实施办法》，对不同的农业生物遗传工程体（Genetically Modified Organism，GMO）作了详细的规定，管理细则分别从受体生物的安全性评价、基因操作的安全性评价、遗传工程体及其产品的安全性评价、释放地点、试验方案上进行管理。2001 年，我国在 1996 年农业部颁布的《农业生物基因工程安全管理实施办法》基础上，由国务院颁布了《农业转基因生物安全管理条例》，以国家法规的形式加强了对转基因食品的管理。2002 年，由农业部出台了配合国务院《农业转基因生物安全管理条例》的三个法规，即《农业转基因生物安全评价管理办法》《农业转基因生物进口安全管理办法》和《农业转基因生物标识管理办法》，这四个法规成为我国对转基因食品实施管理的基础。2015 年 10 月 1 日《中华人民共和国食品安全法》实施。第一百二十五条、第一百五十一条分别规定，生产经营转基因食品应当按照规定显著标示，未按规定进行标示，最

高可处货值5倍以上10倍以下罚款，情节严重的责令停产停业，直至吊销许可证。

目前国家依法对转基因农产品实行安全评价和许可制度，上市的转基因农产品必须获得农业部颁发的农业转基因生物安全证书。到2008年2月为止，中国尚未批准一例转基因水稻安全证书，也没有将转基因水稻进入商品化生产。同时，根据我国法规，在中国境内进行转基因产品的调查和检测，必须遵照中国的技术标准和操作规范，并由农业部委托的检测机构进行检测。

五、基因鸿沟与国际贸易

正如信息产业的发展在穷国与富国之间所形成的数字鸿沟一样，以基因工程为核心的生物技术经济在富国与穷国之间业已形成新的鸿沟——基因鸿沟。这一鸿沟主要表现在以美国、欧洲、日本等为代表的发达国家和地区几乎控制了基因技术行业。名目繁多的基因专利绝大部分被发达国家注册；这一产业所带来的利益，绝大部分被发达国家所瓜分。相反，大多数发展中国家在基因技术产业中所占份额较小，他们不仅分享的利益最少，而且自己拥有的各类基因资源也被发达国家以各种形式所占有，发展中国家处于被动、受控制的不利地位。基因技术导致的基因鸿沟目前呈逐步扩大的趋势，由此引起的富国与穷国之间的贫富悬殊将越来越大，社会不公平也将越来越严重。中国作为最大的，也是最重要的发展中国家，应该积极探索跨越基因鸿沟的对策，这不仅有利于促进中国的现代化建设，也有利于促进世界经济的公平和发展。

六、基因的平等与保护

对人类基因组的研究发现，人的基因有99.9%是相同的，人类大家庭所有成员具有统一性，是人之所以为人的根据；另有0.1%是不同的，每个成员具有各自的特性，是人与人不同的依据。但是，这种差异并非表明基因有优劣之分，所有的基因都是平等的，各有各的用处，即便是有缺损的基因，也有其特殊功能。因此，依据人类基因的统一性，应该人人平等，不应有基因歧视；依据人类基因的差异性，应该尊重个人权利，个人享有基因隐私权。

在一定意义上说，所有的疾病都是基因病，都能从基因中找出原因，而且每个人都可能带有不同的“致病基因”，所以应该一视同仁，不被歧视。特别是那些能够导致遗传的癌症、糖尿病、艾滋病、帕金森氏病的基因，对个人十分重要，常常不愿泄露给别人，也要求保护基因隐私权，不受侵犯。一旦个人遗传密码被破解和记录在案，那些有基因缺陷的人很有可能遭到歧视。在基因上易患癌症、心脏病和其他病症的人，极有可能在就业、提升、人寿保险和其他选择上遭到拒绝；在爱情、婚姻和社交方面也必然会遇到无法克服的障碍。这种基因歧视将使我们的周围出现新的弱势群体，它将使社会更加不公平。

总之，我们可以看到基因工程给人类解决食物问题带来了新曙光，给农业和食品业的发展带来了新的机遇，但我们也应该注意到，基因工程应用中出现的问题也是极其复杂的，关系到人类自身的安全，包括我们生存的环境、种族的延续，甚至伦理道德等。由于篇幅所限，我们不可能面面俱到。但是，人类的发展都是伴随着一次次变革、一次次动荡，在面对以基因工程为核心的生物技术汹涌而来的时候，我们应该顺应历史的发展，尽快建立相应的管理体系和社会制度，消除人们的恐慌，让生物技术更多地造福人类，让我们的生活更美好。

思考题

1. 什么是食品基因工程？
2. 你对转基因技术在食品行业中的地位持什么看法？
3. 举例说明基因工程在食品中的应用。

第二章　食品基因工程常用工具酶

教学目标： 1. 掌握食品基因工程工具酶的基本概念；
2. 熟悉限制性核酸内切酶、DNA 连接酶、DNA 聚合酶、碱性磷酸酯酶核酸酶及逆转录酶这几类常用工具酶的分类、命名及特性；
3. 了解常用工具酶的作用机制及其在食品基因工程中的应用。

基因工程的操作，无论是获得目的基因的过程还是基因重组的过程，都依赖于一些重要的酶作为工具来对基因进行切割和拼接，这些酶被称为工具酶（enzyme of tools）。基因工程的工具酶在基因工程的操作中起着十分重要的作用，到目前为止，已分离纯化的工具酶超过 400 种，主要来源于细菌和真菌。在食品基因工程中较常用的工具酶有：限制性核酸内切酶、DNA 连接酶、DNA 聚合酶、碱性磷酸酯酶、核酸酶和逆转录酶等。本章将系统地介绍这几类工具酶。

第一节　限制性核酸内切酶

限制性核酸内切酶是基因工程研究中所用的重要切割工具，在基因工程的起步和发展中，限制性核酸内切酶起了重要的作用。在基因工程的操作中，首先必须获得所需的 DNA 片段，用限制性内切酶切割 DNA 分子可获得含有完整基因、复制起始位点、转录启动子或转录区等具有特定功能的 DNA 片段。

一、限制性核酸内切酶的发现及概念

人们在研究噬菌体时发现噬菌体的入侵具有特异性，如大肠杆菌（*Escherichia coli*）K 株的噬菌体只能感染 *E. coli K* 株，不能感染其他株，反之亦然，这种现象称为“限制现象”。1962 年，Werner Arber（瑞士微生物遗传学家，图2－1）和他的同事提出了限制－修饰酶假说来解释上述现象。他们认为细菌中含有一种核酸内切酶，它能识别外来双链 DNA（double strand DNA，dsDNA）分子中的某个特定核苷酸序列，并由此切断 dsDNA 分子，使外来 DNA 失去活性，从而限制外来噬菌体的繁殖，保护细胞原有的遗传信息，将这类酶称为限制性核酸内切酶（restriction endonuclease），简称限制酶。

图 2－1　限制性核酸内切酶的发现者 Werner Arber

限制性核酸内切酶能够在 DNA 上寻找特定的“切点”，认准后将 DNA 分子的双链交错地切断。因此，限制性核酸内切酶被称为“分子剪刀”。正是由于限制性核酸内切酶的发现，使得基因工程的第一个试验在 1972 年

首次获得成功。通过这种酶的作用，生物的基因组可以分成许多小的、独立的片段，因而能够从这些片段中分离出目的基因，并可进一步克隆和鉴定它们。

限制性核酸内切酶主要存在于原核生物中，大多数来自于细菌体内。科学家已从原核生物中分离出了许多种限制酶，并且已经商品化，在基因工程中广泛使用。1970 年 Smith 等人首次分离到了Ⅱ型限制性核酸内切酶，为 DNA 分子体外剪切奠定了技术基础。此外，首批被发现的限制性核酸内切酶还包括来源于 *E. coli* 的 *Eco*RⅠ和 *Eco*RⅡ，以及来源于流感嗜血杆菌（*Heamophilus influenzae*）的 *Hind*Ⅱ和 *Hind*Ⅲ。

限制性核酸内切酶的形式多样，从大小上来说，它们可以小到如 *Pvu*Ⅱ（157 个氨基酸），也可以比含有 1250 个氨基酸的 *Cje*Ⅰ更大。在已纯化分类的 3000 多种限制性核酸内切酶中，已发现了超过 250 种的特异识别序列。尽管很多新发现的酶的识别序列与已有的重复（同裂酶），仍然有识别新位点的酶不断被发现。

二、限制性核酸内切酶的命名

限制性核酸内切酶的命名法则最早由 Smith 和 Nathans 于 1973 年提出，1980 年Roberts 对其进行了系统化和分类，1985 年 Kessler 等做了进一步补充和完善。

该法则是以限制酶来源微生物的学名来命名的，具体原则如下：用具有某种限制性核酸内切酶的有机体学名缩写来命名，即：来源微生物属名的第一个字母（大写，斜体）和种名的前两个字母（小写，斜体）构成基本名称，如来源于流感嗜血杆菌（*Heamophilus influenzae*）用 *Hin* 表示，来源于埃希氏大肠杆菌（*Escherichia coli*）用 *Eco* 表示；株系数字通常都省略，但如果酶是存在于一种特殊的菌株中，则在基本名称后面还应该加上菌株的名称符号，如来源于大肠杆菌 R 菌株的酶用 *Eco*R 表示；同一微生物产生的几种限制酶则根据其发现和分离的先后顺序用罗马数字表示，如大肠杆菌 R 菌株中分离的第一种和第二种限制酶分别命名为 *Eco*RⅠ和 *Eco*RⅡ。

三、限制性核酸内切酶的分类和特性

传统上将限制性核酸内切酶按照亚基组成、酶切位置、识别位点、辅助因子等因素划分为Ⅰ型、Ⅱ型和Ⅲ型三大类，每一类都具有一些独特的特性（表 2－1）。其中Ⅱ型限制性核酸内切酶与所对应的甲基化酶是分离的，属于不同的酶分子，而且这类酶的识别切割位点比较专一，广泛应用于 DNA 的重组；而Ⅰ型和Ⅲ型限制性核酸内切酶在同一蛋白质分子中同时具有核酸内切酶活性和甲基化活性，属于限制－修饰酶，因此在分子克隆中很少应用。

表 2－1　限制性核酸内切酶的分类和特性

特性	限制性核酸内切酶		
	Ⅰ型	Ⅱ型	Ⅲ型
蛋白质结构	3 种不同的亚基	单一成分	2 种不同的亚基
辅助因子	ATP、Mg^{2+}、S－腺苷蛋氨酸（SAM）	Mg^{2+}	ATP、Mg^{2+}、S－腺苷蛋氨酸（SAM）

续表

特性	限制性核酸内切酶		
	Ⅰ型	Ⅱ型	Ⅲ型
识别序列	无规则	旋转对称	无规则
切割位点	在距识别位点至少 1000bp 处随机切割	在识别位点或其附近切割	在距识别位点 3′－端大约 25bp 处切割
酶催化转换	不能	能	能
序列特异性切割	不是	是	是
在基因工程中的作用	很少应用	十分有用	很少应用

（一） Ⅰ型限制性核酸内切酶

Ⅰ型限制性核酸内切酶最早由 Messelson 等在 1968 年从大肠杆菌 K 株和 B 株中发现，是一类兼有限制性核酸内切酶和甲基化酶活性、由 3 种不同亚基（R，M 和 S）构成的蛋白质复合体。它们能识别特异性的 DNA 序列，但是没有固定的切割位点，而是在离识别位点很远的地方任意地切割 DNA 链。其切割方式是：先与双链 DNA 上未加修饰的特异性识别序列相互作用，然后沿着 DNA 分子移动，在行进相当于 1000～5000 个核苷酸的距离之后在随机位置上切割单链 DNA；其作用过程依赖于 M 亚基与辅助因子 S－腺苷蛋氨酸（SAM）的相互作用，且作用时还需要 ATP 和 Mg^{2+} 的存在。

以前人们认为Ⅰ型限制性核酸内切酶很稀有，但现在通过对基因组测序的结果发现这一类酶其实很常见，但由于其不能产生确定的限制片段和明确的跑胶条带，在基因工程操作中不具备实用性。

（二） Ⅱ型限制性核酸内切酶

1970 年，Ⅱ型限制性核酸内切酶由 Smith 等首先在流感嗜血杆菌的 Rd 型菌株中发现。目前已有几百种Ⅱ类限制性核酸内切酶被分离，且其数量仍在不断增加。Ⅱ型限制性核酸内切酶是一类分子质量较小的单体蛋白，识别和切割双链 DNA 分子时仅需要 Mg^{2+} 存在即可。Ⅱ型限制酶能够特异性识别四核苷酸或六核苷酸的旋转对称（又称回文方式）核酸序列，并在识别区内特定的核苷酸处内切 DNA 双链中的磷酸二酯键，产生确定的限制片段和跑胶条带，因此Ⅱ型限制酶是三类限制性核酸内切酶中最常用于 DNA 分析和克隆的一类，故通常所指的限制性核酸内切酶都是Ⅱ型限制酶。

Ⅱ型限制酶中最普遍的是像 *Hha*Ⅰ、*Hin*dⅢ和 *Not*Ⅰ这样在识别序列中间进行切割的酶，这一类Ⅱ型限制酶是构成商业化限制酶的主要部分。大部分这类酶都以同型二聚体的形式结合到 DNA 上，因而识别的都是对称序列；但有少数此类酶以单聚体的形式结合到 DNA 上，识别非对称序列。一些Ⅱ型限制酶识别连续的序列（如 *Eco*RⅠ识别 GAATTC），而另一些识别不连续的序列（如 *Bgl*Ⅰ识别 GCCNNNNNGGC）。

另一种比较常见的Ⅱ型限制酶是所谓的ⅡS 型酶，比如 *Fok*Ⅰ和 *Alw*Ⅰ。它们在识别位点之外切开 DNA。这些酶的大小居中，为 400～650 个氨基酸；它们识别连续的非对称序列，有一个结合识别位点的域和一个专门切割 DNA 的功能域。一般认为这类酶主要以单体的形式结合到 DNA 上，但与临近的酶结合成二聚体，协同切开 DNA 链。因此，一些

ⅡS 型的酶在切割有多个识别位点的 DNA 分子时活力可能更高。

第三种Ⅱ型限制性核酸内切酶（有时也被称为Ⅳ型限制性核酸内切酶）是一类较大的、集限制和修饰功能于一体的酶，通常由 850～1250 个碱基组成，在同一条多肽链上同时具有限制和修饰酶活性。有些酶识别连续序列，并在识别位点的一端切开 DNA 链；而另一些酶识别不连续的序列（如 *Bcg* Ⅰ 识别 CGANNNNNNTGC），并在识别位点的两端切开 DNA 链，产生一小段含识别序列的片段。此类酶的氨基酸序列各不相同，但其结构组成是一致的，它们在 N 端有一个负责切开 DNA 的功能域，这个域又与 DNA 修饰域连接；此外还有一到两个识别特异 DNA 序列的功能域构成 C 端，或以独立的亚基形式存在。当此类酶与底物结合时，它们或行使限制性核酸内切酶的功能切开底物，或作为修饰酶将其甲基化。

Ⅱ型限制性核酸内切酶被广泛地应用于基因工程，是分解和重建 DNA 等基因工程操作中的基本工具。本章中将着重介绍Ⅱ型限制酶的特点和作用。

（三）Ⅲ型限制性核酸内切酶

Ⅲ型限制性核酸内切酶兼有限制、修饰两种功能，如 *Mbo* Ⅱ。与Ⅰ型限制酶相似，Ⅲ型限制酶是多亚基蛋白质，由 R 亚基和 MS 亚基组成，其中 MS 亚基具有位点识别和甲基化修饰双重活性。该类酶与 DNA 识别位点的结合严格依赖 ATP，且切割位点不在识别位点上，一般距识别位点 25～27bp，因此是在识别位点之外切开 DNA 链，并且要求识别位点是反向重复序列；它们很少能产生完全切割的片段，因而对分子克隆操作来说不具备实用价值，也没有人将其商业化。

蛋白质测序的结果表明，限制性核酸内切酶的变化多种多样，若从分子水平上分类，则应当远远不止这三种，有待科学工作者们的进一步研究。

四、限制性核酸内切酶的作用机制

限制性核酸内切酶以环状和线状的双链 DNA 为底物，在合适的反应条件下，识别一定的核苷酸序列，使两条核糖链上特定位置的磷酸二酯键断开，产生具有 3′－OH 基团和 5′－P 基团的片段，如图 2－2 所示。

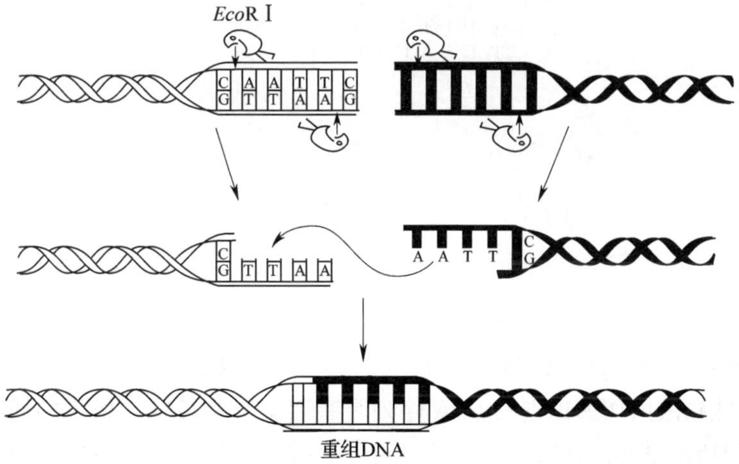

图 2－2　限制性核酸内切酶的作用机制

五、Ⅱ型限制性核酸内切酶的识别序列和切割特性

限制性核酸内切酶可特异地结合于一段被称为限制酶识别序列的DNA序列位点上，并在此处水解双链DNA中每一条链上的磷酸二酯键，从而造成双链缺口，切断DNA分子。不同的限制酶有不同的识别位点，大多数限制酶的识别长度为4、6或8个核苷酸（表2-2），且为呈二重对称的特异序列，即回文结构（palindromes）。切割位点相对于二重对称轴的位置也因酶而异，一些酶恰在对称轴处同时切割DNA双链而产生带平齐末端（blunt end）的DNA片段，而另一些酶则在对称轴两侧相对的位置上分别切断两条链，产生带有单链突出端的DNA片段。例如，最早发现的Ⅱ型限制性核酸内切酶*Eco*RⅠ（从大肠杆菌中分离），可特异地结合在一段6个核苷酸的DNA区域里，在每一条链的鸟嘌呤（G）和腺嘌呤（A）之间切断DNA链（图2-3）。DNA链经*Eco*RⅠ对称切割后会产生两个单链末端，每个末端都会有4个核苷酸延伸出来。这种双链DNA中没有配对的碱基末端，被称为黏性末端（cohesive end）。

表2-2　一些限制性核酸内切酶的识别位点和末端类型

限制性核酸内切酶	识别位点	产生的末端类型	限制性核酸内切酶	识别位点	产生的末端类型
*Kpn*Ⅰ	GGTACC CCATGG	3′-突出 黏性末端	*Not*Ⅰ	GCGGCCGC CGCCGGCG	5′-突出 黏性末端
*Sfi*Ⅰ	GGCCNNNNNGGCC CCGGNNNNNCCGG	3′-突出 黏性末端	*Sau*3AⅠ	GATC CTAG	5′-突出 黏性末端
*Eco*RⅠ	GAATTC CTTAAG	5′-突出 黏性末端	*Alu*Ⅰ	AGCT TCGA	平齐末端
*Hind*Ⅲ	AAGCTT TTCGAA	5′-突出 黏性末端	*Hpa*Ⅰ	GTTAAC CAATTG	平齐末端

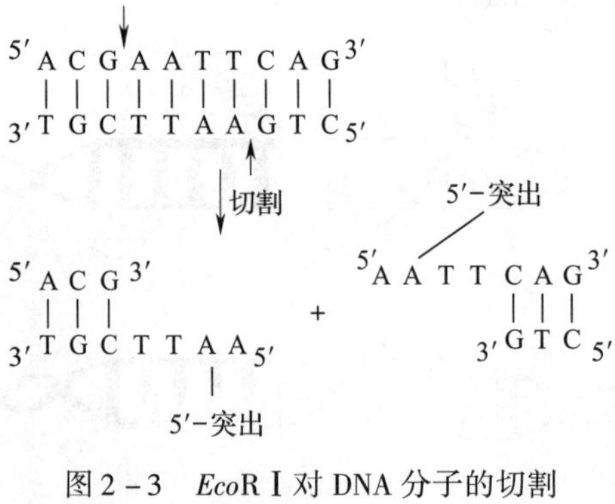

图2-3　*Eco*RⅠ对DNA分子的切割

（一）Ⅱ型限制性核酸内切酶的识别序列——回文结构

Ⅱ型限制性核酸内切酶识别的DNA序列具有回文结构特征。所谓的回文结构是指形似回文的一段DNA序列，其特点是以某一对核苷酸为中轴，轴两侧同数目的核苷酸彼此呈碱基互补，且这两股DNA链若按同方向阅读其核苷酸顺序相同。

一部分限制酶具有非典型的双轴对称性序列，其回文识别序列被一个或几个其他核苷酸所间隔，如 *Sfi* Ⅰ（表 2－2），这种酶的特异性比识别长度相同的典型回文序列的酶略高。

不同限制性核酸内切酶识别的 DNA 序列各不相同。有的识别四核苷酸序列，有的识别六或八核苷酸序列。如果 DNA 中的核苷酸序列是随机排列的，则一个识别四核苷酸序列的内切酶平均每隔 256bp 出现一次该酶的识别切割位点，同样的，对识别六或八核苷酸序列的内切酶则大致上分别是每隔 4kb 或 65kb 出现一次识别切割位点。依此可大致估计一个未知的 DNA 分子限制性核酸内切酶可能的切点频率，以便选用合适的内切酶。

（二）Ⅱ型限制性核酸内切酶的切割特性

限制性核酸内切酶不但有特定的识别序列，并且在切割 DNA 链时总是水解核苷酸 3′－磷酸二酯键和 5′－磷酸二酯键的 3′－位磷酸酯键，使产物的 5′－端带磷酸单酯基团（5′－P），而 3′－末端则为游离羟基（3′－OH）。因此一种限制酶的全部产物的末端具有相同的结构。根据切点序列的结构特点，其产物的末端可分为平齐末端和黏性末端两大类。

1. 平齐末端

限制酶在识别序列的对称轴上对 dsDNA 的双链进行切割，形成两端平整的 DNA 分子，即平齐末端（图 2－4），如 *Nru* Ⅰ等。

5′···TCG↓CGA···3′　　*Nru* Ⅰ　　5′···TCG－P OH－CGA···3′
　　　　　　　　　　　⟶
3′···AGC↑GCT···5′　　　　　　　3′···AGC－OH P－GCT···5′

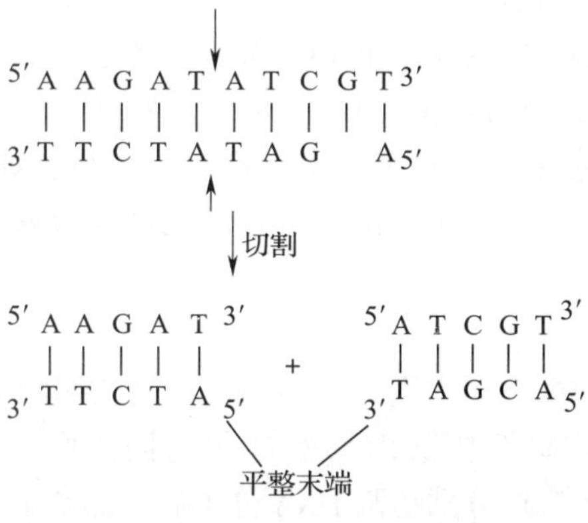

图 2－4　限制性核酸内切酶切割 DNA 分子产生平齐末端的过程

在基因工程的操作中要注意的是，具有平齐末端的 DNA 片段不易重新环化。

2. 黏性末端

黏性末端是指限制酶切割后的 DNA 片段末端带有 1～4 个核苷酸残基的单链结构，而片段两端突出的单链具有互补性。突出的单链因部位的不同，又可分为 5′－和 3′－黏性末端两种，突出的单链带 5′－磷酸单酯（5′－P）的称为 5′－黏性末端，而突出的单链含 3′－羟基（3′－OH）的则称为 3′－黏性末端。

（1）5′－黏性末端　限制酶在其识别序列的对称轴两侧从 5′－P 末端切割 dsDNA 的双链，产生 5′－P 单链延伸的黏性末端，称为 5′－黏性末端。以 *Pst* Ⅰ为例，如下所示。

5′…CTGCA↓G…3′ *Pst* Ⅰ 5′…CTGCA－P OH－G…3′
⟶
3′…G↑ACGTC…5′ 3′…G－OH P－ACGTC…5′

（2）3′－黏性末端 限制酶在其识别序列的对称轴两侧从3′－OH末端切割dsDNA的双链，产生3′－OH单链延伸的黏性末端，称为3′－黏性末端。以*Eoo*PⅠ为例，如下所示。

5′…G↓AATT C…3′ *Eoo*PⅠ 5′…G－P OH－TTAAC…3′
⟶
3′…C ATAA↑G…5′ 3′…CTTAA－OH P－G…5′

在DNA体外重组时，黏性末端是DNA连接酶的有效底物，具有很高的连接效率。因此，可产生黏性末端的Ⅱ型限制性核酸内切酶在基因工程操作中十分重要。

（三）具有特殊性质和关系的Ⅱ型限制性核酸内切酶

限制性核酸内切酶的数量繁多，其中有一些限制酶具有特殊的性质，还有的彼此之间在识别位点和切割特性等方面具有一些特殊的关系，在使用时要格外注意。

1．同裂酶

在已发现的限制性核酸内切酶中，近百种酶的识别顺序已被测定。其中有一些限制酶虽然来源不同，但是具有相同的识别序列，这种限制性核酸内切酶被称为异源同工酶（iso－schizomers），也称同裂酶。如*Bam*HⅠ和*Bst*Ⅰ即为同裂酶，它们的识别序列均为GGATCC。

应该注意的是这些酶虽然有相同的识别顺序，但它们的酶切位点有的相同、有的不同。例如*Xma*Ⅰ和*Sma*Ⅰ都识别六核苷酸CCCGGG，但是*Xma*Ⅰ的切点在C/CCGGG，而*Sma*Ⅰ的切点在CCC/GGG；前者切割DNA分子形成带有黏性末端的DNA片段，而后者则形成平齐末端。当然，也有识别顺序和切点都相同的酶，如*Hap*Ⅱ、*Hpa*Ⅱ、*Mno*Ⅰ，都在识别顺序CCGG内有一相同的酶切位点，又如*Hal*Ⅲ和*Bsu*RⅠ同样在识别顺序GGCC内有一相同的酶切位点。

2．同尾酶

有一些限制性核酸内切酶虽然识别序列不同，但是在切割DNA分子之后，产生相同的DNA末端产物，这种限制性核酸内切酶被称为同尾酶（isocaudarner）。如*Taq*Ⅰ、*Cla*Ⅰ和*Acc*Ⅰ是一组同尾酶，在分别切割DNA分子后，都产生5′－CG的黏性末端。

在基因切割和连接重组时，同裂酶和同尾酶的使用往往能使限制性核酸内切酶的选择变得更容易。

3．识别序列不唯一的限制酶

有的限制性核酸内切酶能够识别两种以上的核苷酸序列，例如*Acc*Ⅰ既可识别GTATAC，又可识别GTCGAC。这种限制性核酸内切酶的存在为多种酶切片段的获得提供了便利。

六、限制性核酸内切酶的反应系统

限制性核酸内切酶的反应系统包括底物DNA、酶和反应缓冲液，另外还需要一定的反应温度。这些因素也正是影响限制性核酸内切酶活力的因素。不同的限制性核酸内切酶生产厂家往往推荐使用截然不同的反应条件，甚至对同一种酶也如此。但是，几乎所有的生产厂家都对其生产的酶制剂优化过反应条件，因此购买的限制酶的说明书上均有其识别序列和切割位点，同时提供酶切缓冲液和最适条件，使得酶切反应变得日益简单。

（一）底物 DNA

限制性核酸内切酶的底物是 dsDNA 分子或片段，因此其作用效率与底物 DNA 的纯度、浓度、分子构型、甲基化程度等多种因素都有密切的关系。

1．底物 DNA 的纯度

底物 DNA 要尽可能地纯化，因为底物 DNA 的纯度低，如在 DNA 样品中含有蛋白质，或没有去除干净制备过程中所用的乙醇、乙二胺四乙酸（EDTA）、十二烷基硫酸钠（SDS）、酚、氯仿和某些高浓度金属离子，均会降低限制性核酸内切酶的催化活性，甚至使酶不起作用。这时就需要增加酶的用量、扩大反应体系和延长反应时间。

2．底物 DNA 分子的浓度

限制性核酸内切酶消化 DNA 的反应效率，在很大程度上取决于所使用 DNA 本身的浓度。DNA 分子的浓度不能过高，否则难以切动 DNA 分子。

3．底物 DNA 的分子构型

DNA 的分子构型也影响限制酶的反应效率。如限制性核酸内切酶切割线性 DNA 分子的效率就明显高于切割超螺旋（共价闭合环）质粒 DNA 和环状病毒 DNA 的效率。对于 DNA－RNA 杂合双链的酶切作用，Molloy 等用 *Eco*RⅠ等 8 种酶切时，其 DNA 链可被切割，但酶用量比双链 DNA 大 20～50 倍。部分限制酶还可切割单链 DNA，如 *Hae*Ⅲ等。

有些限制酶在消化它们自己的处于不同部位的限制位点时，其效率也有明显差异。

4．底物 DNA 的甲基化程度

底物 DNA 甲基化是指 DNA 分子中的某些序列能够特异性地被甲基化酶所修饰的现象。DNA 的甲基化不利于限制酶的酶切作用。

5．识别序列的侧面序列与偏爱位点

（1）侧面序列　指当识别序列两侧的碱基序列达到一定的长度时，限制性核酸内切酶才能正常切割 DNA 分子的现象。如仅含 GAATTC 的寡核苷酸不会被 *Eco*RⅠ切割，只有在 GAATTC 寡核苷酸两侧各延长一个或几个核苷酸后才能被有效切割。几种常用限制性核酸内切酶切割的侧面序列效应见表 2－3。

表 2－3　限制性核酸内切酶切割的侧面序列效应

限制性核酸内切酶	识别序列两侧碱基数				限制性核酸内切酶	识别序列两侧碱基数			
	0	1	2	3		0	1	2	3
*Apa*Ⅰ	－	－	±	＋	*Pst*Ⅰ	－	－	±	＋
*Bam*HⅠ	－	±	＋	＋	*Sac*Ⅰ	＋	＋	＋	＋
*Bst*Ⅺ	－	±	＋	＋	*Sal*Ⅰ	－	±	＋	＋
*Cla*Ⅰ	－	±	＋	＋	*Sma*Ⅰ	＋	＋	＋	＋
*Eco*RⅠ	－	＋	＋	＋	*Spe*Ⅰ	－	±	＋	＋
*Eco*RⅤ	－	－	＋	＋	*Xba*Ⅰ	－	－	±	＋
*Hind*Ⅲ	－	－	＋	＋					

注：“＋”为能切割，“－”为不能切割，“±”为有时能切割有时不能切割。

(2) 位点偏爱　指 DNA 分子中的某些识别序列能够迅速被限制酶切割，而另一些位点则相对不易被切割的现象。如在 pBR332 DNA 上有限制性核酸内切酶 *Nae* Ⅰ 的 4 个识别序列，在未经过特殊位点甲基化修饰的情况下，其中两个识别序列可迅速被 *Nae* Ⅰ 切割，第三个识别序列稍缓切割，而位于 1285 处的第四个识别序列只是部分被切割。

（二）酶

1. 活力单位

某种限制性核酸内切酶的催化活力多数是根据其在最适条件下完全切割一定量 λDNA 所需的最少酶量来确定的。酶在最适反应条件下，60min 内完全切割 1μg λDNA 所需要的酶量定义为 1 个酶活力单位（unit 或 U）。但在实际工作中，往往更看重容积活力（volume activity），即 1μL 酶液中所含的酶活力单位（U/μL）。在商品目录或某些论著中，有些酶被标上星号，如 *Eco*R Ⅰ *，意为在反应体系变化时，酶的性能甚至酶切位点可能会改变，即产生“星号活力”。

2. 限制性核酸内切酶的用量

反应体系中酶的用量取决于酶本身的催化活力和底物 DNA 样品的质量和数量。当酶切反应体系中 DNA 的量确定后，为了完全切割该 DNA 分子，酶的用量与酶的催化活性成反比，酶活力越高，用量则越少。但是限制性核酸内切酶不是作用于 DNA 分子（片断）的全序列，而是其中特定的识别序列。因此，等量的两种 DNA 样品，由于含同种限制性核酸内切酶识别序列的密度不同，则用酶量也不同。密度大的用酶量多，密度小的用酶量少。限制性核酸内切酶的用量不应超过酶切反应总体积的 1/10。

（三）反应缓冲液

限制性核酸内切酶的反应缓冲液中含有氯化镁或醋酸镁、氯化钠或醋酸钾、二硫苏糖醇或 β - 巯基乙醇、Tris - HCl 或 Tris - Ac。只有在最适反应缓冲液中限制性核酸内切酶才能具有最大的催化活性。少数限制性核酸内切酶在上述缓冲液中均不能达到高的催化活性，如 *Mae* Ⅰ、*Mae* Ⅲ、*Nde* Ⅱ 等。生产厂家在销售限制性核酸内切酶时除提供该酶的最佳反应缓冲液外，还会说明该缓冲液的成分。相反有些限制性核酸内切酶在 2 种甚至 4 种反应缓冲液中均有较高的催化活性，如 *Hin*d Ⅲ、*Bam*H Ⅰ、*Bgl* Ⅱ、*Cal* Ⅰ、*Xba* Ⅰ 等，这对于用这些酶同时双酶切 DNA 是非常有利的。另外，有的限制性核酸内切酶在反应缓冲液中必须加入牛血清白蛋白（BSA）100μg/mL。

反应缓冲液中盐的浓度是至关重要的，因此要根据所使用的酶来确定盐的浓度。多数限制酶对镁离子的要求并不严格，5 ~ 30mmol/L 均可作用。但不同限制酶对 NaCl 浓度的要求不同，这是不同限制酶缓冲液组成上的一个主要的不同，据此可分为高盐、中盐和低盐缓冲液。在进行双酶解或多酶解时，若这些酶在同种缓冲液中作用良好，则几种酶可同时进行酶切；若这些酶所要求的缓冲液有所不同，则可采用以下三种方法进行消化反应：① 先用要求低盐缓冲液的限制酶消化 DNA，然后补足适量的 NaCl，再用要求高盐缓冲液的限制酶消化；② 先用一种酶进行酶解，然后用乙醇沉淀酶解产物，再重新悬浮于另一缓冲液中进行第二次酶解；③ 使用所有限制酶均可发挥活性的一种缓冲液。

限制性核酸内切酶的用量一般为每 1μg DNA 1 ~ 5IU，为保险起见以过量 3 ~ 5 倍为宜，但最好先做预实验。另外需要注意的是，限制酶储存缓冲液中含有50%的甘油，酶切反应系统中甘油的浓度高于5%时会影响限制酶的酶切反应。

（四）反应温度

和其他的酶一样，限制性核酸内切酶也需要在适合的反应温度下才能发挥其作用。大多数限制酶的最适反应温度是37℃，只有少数最适反应温度不是37℃，例如*Taq* Ⅰ的最适反应温度是65℃，*Sma* Ⅰ的最适反应温度则是25℃。低于37℃时大部分酶仍有活性，如*Eco*R Ⅰ在5℃仍有活性。在基因工程操作中运用限制性核酸内切酶时要注意对其反应温度的准确控制。

此外，在终止反应时，许多酶可用热处理（65℃）10～15min的方法使酶反应终止。但并非所有酶反应都能热终止，不能热终止的酶可加终止反应液（如添加0.5mol/L的EDTA使Mg^{2+}在溶液中的终浓度达到10mol/L）螯合Mg^{2+}，以终止反应。

（五）反应时间

从理论上讲，反应时间可以通过加大酶量而缩短，或者酶量较少时可以通过延长反应时间以达到完全酶解的目的。不同的DNA底物在一定酶量和一定时间内，其酶解效率不同，可以根据DNA底物上酶切位点的多少，与λDNA存在位点的数目进行比较后，再决定反应时间。大多数酶反应时间不宜超过1.5h，其他酶一般也以1～2h为宜。

七、限制性核酸内切酶的星活性

有些限制性核酸内切酶在特定条件下，可以在不是原来的识别序列处切割DNA，这种现象称为星活性（star activity）。星活性一般在相应限制性核酸内切酶的名称右上角加一个星号（*）表示。几乎所有限制性核酸内切酶都有星活性。星活性出现的频率因采用的限制性核酸内切酶、底物DNA和反应条件的不同而不同。缓冲液为高pH、低离子强度时较易诱发酶的星活性。例如，当缓冲液中的离子强度保持低水平时，如$MgCl_2$浓度由5mmol/L降至2mmol/L（pH8.5）时，*Eco*R Ⅰ对底物专一性识别能力降低，其识别序列可从正常的6核苷酸（GAATTC）减到4核苷酸（NAATTN），识别的特异性发生“松动”，可从其“正确”识别序列以外的其他位点切割DNA分子。*Eco*R Ⅰ的这种星号活性，以*Eco*R Ⅰ*表示。有几种二价金属离子能使限制性*Eco*R Ⅰ变为*Eco*R Ⅰ*，从高到低依次为：Mn^{2+}、Mg^{2+}、Zn^{2+}、Co^{2+}。实验证明，NaCl能稳定*Bsu* Ⅰ对其识别序列GGCC的转移性。但当降低NaCl总浓度和（或）增加pH时，也能促进*Eco*R Ⅰ*的活性。另外，疏水试剂如甘油含量过高（>10%，*V/V*）或二甲基亚砜等存在时，*Bam*H Ⅰ的识别与切割专一性会发生改变，导致不能识别自己的正确序列。

由于限制性核酸内切酶的星活性会导致DNA的切割反应过程中出现非特异性DNA片断，甚至不能获得预计的DNA片断，影响进一步的DNA连接重组，因此，为了避免产生星活性，即使降低酶的切割效率，也要尽可能排除产生星活性的条件，如降低反应系统中的甘油含量、控制反应在pH中性和高盐浓度下进行。

八、限制性核酸内切酶的主要用途和应用举例

限制性核酸内切酶在分子生物学研究中占有极其重要的地位，几乎所有的研究领域都离不开限制性核酸内切酶，如病原微生物DNA分析、DNA序列分析、DNA重组和组建新

质粒、建立 DNA 的物理图谱等。

用限制性核酸内切酶分析（restriction endonuclease analysis，REA）病原微生物 DNA 已成为一种常用的方法，通过酶切消化 DNA，然后电泳染色呈现大小不一的片段，对这些片段的迁移率及数量进行分析，便可了解到病原微生物遗传物质的一定特性，在此基础上采用双酶切割或杂交等方法，就可推测出片段的排列顺序和酶切位点，从而推断出 DNA 间存在的相似性或差异性，对于动物病毒尤其是对疫苗病毒及变异毒株的检测具有重要的意义。

在染色体 DNA 分析方面，可以先将 DNA 用限制酶切割成一系列片断，利用聚丙烯酰胺或琼脂糖电泳得到上述片段，分离并通过测定它们在凝胶中的迁移速度或直接在电镜下观察测量它们的大小。这些碎片在整个基因组的排列次序，主要靠几种不同的限制酶部分水解 DNA，再对产物进行电泳分析。用同样的方法也可以进行 DNA 中脱氧核苷酸的顺序分析。

限制性核酸内切酶还可用于 DNA 复制起点或终点的位置确定。在 DNA 复制开始之后，将 DNA 分离出来，用限制性核酸内切酶处理，再用电镜观察是在什么地方开始复制的，Fareed 等利用 *Eco*R Ⅰ 确定了 SV40 DNA 分子的复制起点。同理也可以确定 RNA 在 DNA 上的转录位置，例如，将标记的 RNA 与未标记的 DNA 杂交，就可以知道这段 RNA 是从哪一段 DNA 上转录的。

由于 *Hpa* Ⅱ 仅能识别切割双链 DNA 分子中 CCGG 顺序，但其中的 Cyt 必须是没有甲基化的；而 *Msp* Ⅰ 识别同样的顺序，但其中的 Cyt 必须是被甲基化的，因此有人利用其对限制性核酸内切酶对真核基因的甲基化程度进行研究。

基因组文库（genomic library）是含有某种生物体全部基因的随机片断的重组 DNA 克隆群体。构建基因组文库时，由于提纯的原核或真核细胞染色体 DNA 相对分子质量均较大，需要限制性核酸内切酶使之消化为一定大小的片断，再与相应的载体连接，构建文库。

对于抗生素平板初步筛选具有重组子的菌落，培养后分离出重组质粒 DNA，用相应的限制酶消化重组子释放出插入片断，然后应用凝胶电泳检测插入片断和载体的大小。对于可能存在双向插入的重组子，还可以用限制酶消化鉴定插入方向。

理论上限制性核酸内切酶对 DNA 分子的切割反应应为完全消化作用（complete digestion）。但实际上，由于组成 DNA 分子的 4 种核苷酸的含量不是等量的，其排列顺序也不是随机的，限制性核酸内切酶对 DNA 分子的实际消化作用要低于完全消化的频率，将此类不完全的限制酶消化反应称为局部酶切消化（partial digestion）。通过缩短酶切反应的时间，或降低反应的温度以约束酶的活性，就可以达到局部消化的目的，可用于绘制 DNA 物理图谱（图 2－5）。

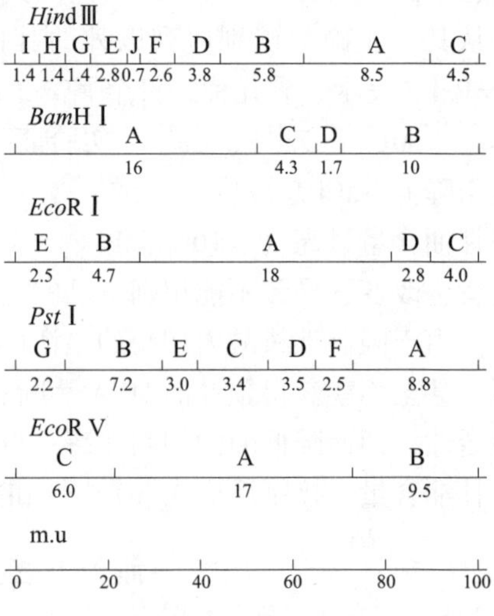

图 2－5　鹅源腺病毒 Y81G4 株基因组 DNA 的物理图谱

九、限制性核酸内切酶应用常见问题分析

限制性核酸内切酶是基因工程中的重要工具酶，在基因工程实验室使用量非常大，如果使用方法不当或者对其特性了解不够全面，会极大地影响使用效率和实验结果的准确性，因此有必要对该酶活力的影响因素和在使用过程中会遇到的问题进行介绍。

1. DNA 来源的影响

限制性核酸内切酶单位的定义是以 λ 嗜菌体 DNA 作为底物进行测定的，所得数据并不能说明对于其他来源的 DNA 也会产生同样的效果。因为酶的活力还依赖于 DNA 的线性和盘绕结构、识别位点的频率、位点两侧的序列，因此遇到消化不彻底等情况时，最好先查清该酶对特定底物的作用后再作调整。

2. DNA 纯度的影响

DNA 的制备，尤其是少量制备，经常可能包含许多污染物，如酚、氯仿、醇、去垢剂、EDTA、钠盐等。这些均可能部分或全部地抑制酶的活力，出现酶消化不充分的情况。可以将样本与 λ 嗜菌体 DNA 并列作一次实验，如果单独的 λ 嗜菌体 DNA 样品消化正常，而混合样品不正常，则必须重新纯化样品。

3. 甲基化程度的影响

每一种限制性核酸内切酶对甲基化均有一定的敏感性，识别位点上的甲基化有时部分甚至全部抑制了酶的活性。实验室常用的 *E. coli* 经常会包含 dam 和 dcm 两种甲基化［dam 和 dcm 是两种甲基转移酶，dam 识别 GATC 位点，而 dcm 识别 CCA（T）GG 位点］，特别是在 CG 和 C 上容易产生甲基化，如果出现不充分消化，应该检查是否选用了对甲基化敏感的酶。

4. 反应条件的影响

限制性核酸内切酶的活力较大地依赖于以下几个因素：孵育的温度、离子强度、pH、Mg^{2+}浓度等，注意酶星活力的出现。有时牛血清蛋白（BSA）的存在对酶的活性起至关重要的作用，因为 BSA 能结合掉一些杂质，防止酶被试管壁吸附，使酶更稳定，所以应尽可能采用生产商提供的反应条件和反应缓冲液。有时候酶的活力下降是由反应缓冲液造成的，应当根据生产商提供的配方重新配制缓冲液。应尽量减少反应体积，但要确保酶的体积不超过反应总体积的 10%，否则酶活性将受到甘油的抑制。

5. 不恰当的稀释和加入酶的影响

为了得到正确的浓度，经常需要对酶进行稀释，浓缩的限制性核酸内切酶可在使用前以 1 × 限制酶缓冲液稀释，切勿用水稀释，以免酶变性。笔者推荐如下稀释液配方：20mmol/L K_3PO_4（pH7.0），1mmol/L EDTA，7mmol/L β－ 巯基乙醇，10% 甘油，0.2ng/mL的 BSA，被稀释的酶应尽可能在一天内用完。直接采用反应缓冲液稀释可能会抑制酶的活性，因为反应缓冲液的离子强度较低，并且缺少稳定剂。一般限制性核酸内切酶应在反应的最后一步加入。

6. 多种酶消化体系的影响

多种酶消化时若缓冲液条件相同，可同时加入；否则，先做低温或低盐的酶消化，再做高温或高盐的酶消化。

7. 甘油浓度的影响

有些限制性核酸内切酶，如 *Nco* Ⅰ、*Bsp* Ⅰ、*Hpa* Ⅰ等，在反应中对甘油的浓度非常敏感，如果所提供的酶含有 50% 的甘油，应当使反应的甘油终浓度小于 5%，否则会抑制酶的活性。

8. 不完全消化产物的出现

在辨别一些不完全消化的产物时，有时会遇到一些困难，因为部分消化的条带微弱，比正常带的位置要高，而在正常位置不出现或出现微弱的条带，或在预期出现的最低位置没有出现条带，这可以通过延长孵育时间和增加酶的用量来使其消化完全。在消化过程中可取少量反应液进行微量凝胶电泳以检测消化进程。

9. 非特异性切割

有些限制酶在某些情况下特异性下降，切割除识别位点以外的位点，这种情况引起的条带一般要比正常的条带位置低，比预期出现的最高位置的条带也要低，如果延长孵育时间或增加酶量会加重这种情况。解决的方法是用酶尽量不要过量，采用生产商提供的反应缓冲液和降低甘油浓度。

10. 其他限制酶的污染

如果以上原因均排除了，仍有不正常条带出现，尤其是小的条带出现，除现存不正确的操作外，可能还存在其他限制酶的污染，这种污染往往不是限制酶本身造成的，而可能是反应缓冲液、终止液或在 DNA 制备过程中带入的。

11. 出现弥散的条带

当利用限制酶切割 DNA 以后，电泳时出现弥散的条带，可以考虑以下对策：

① 检查制备的 DNA 是否足够纯，可以不加限制酶进行试验；

② 根据生产商指定的标准底物进行酶切对照，观察是否出现正常的条带；

③ 有时由于某些蛋白质与 DNA 结合导致此现象，可以在电泳上样前加 0.1% 的 SDS（终浓度）65℃保温 10min 来消除此现象。

12. 酶切片断的连接效率低

当酶切 DNA 片断连接时出现连接效率低的情况，可能是由以下原因引起：

① 缓冲液中某些成分容易降解：连接缓冲液中含有的 ATP 和 DTT 容易降解，会影响连接的效率，应重新配制连接缓冲液；

② 限制酶的活性仍存在：如果反应缓冲液中的限制酶在 65℃还没有完全灭活，会造成连接效率低，可以通过重新灭活、酚抽提或乙醇沉淀的方法来解决；

③ 酶的纯度不能保证：限制酶、连接酶、DNA 制备中的不正确操作，都可能会带入非特异性的核酸酶，造成连接效率低，应将这些可能性排除；

④ 连接酶的浓度太低：在平端连接时连接酶的浓度应在 100～500U/mL，有些限制酶如 *Bcn* Ⅰ、*Bsp*68 Ⅰ、*Eam*1105 Ⅰ、*Eco*72 Ⅰ、*Eco*8 Ⅰ、*Mva* Ⅰ等酶切后连接效率非常低，最好采用高浓度的连接酶（20～40U/μg DNA 片断）和 10% 的聚乙二醇（PEG），酶切后最好重新纯化后再连接。

13. 酶的低温保存

购买的限制性核酸内切酶多保存于 50% 甘油中，－20℃下是稳定的。在进行酶切消化时，将除酶以外的所有反应成分加入后即混匀，再从－20℃冰箱中取出酶，立即放置于冰上。每次取酶时都应更换一个无菌吸头，以免酶被污染。加酶的操作应尽可能快，用完

后应立即将酶放回 -20℃冰箱。

第二节　DNA 连接酶

DNA 重组技术的核心步骤是 DNA 片断的体外连接，能将两段 DNA 拼接起来的酶称为 DNA 连接酶（DNA ligase）。DNA 连接的本质是一个由连接酶催化的生物化学过程，在这个过程中连接酶的活性对连接产物的形成至关重要。因此，DNA 连接酶是体外重组 DNA 分子必不可少的基本工具酶之一。

一、DNA 连接酶催化 DNA 连接的机制

DNA 连接酶是 1967 年在三个实验室同时发现的。它是一种封闭 DNA 链上缺口的酶，借助 ATP 或 NAD^+（烟酰胺腺嘌呤二核苷酸，nicotinamide adenine dinucleotide）水解提供的能量催化 DNA 链的 $5'-PO_4$ 与另一 DNA 链的 $3'-OH$ 生成磷酸二酯键，将 DNA 单链缺口封合起来。但这两条链必须是与同一条互补链配对结合的（T_4DNA 连接酶除外），而且必须是两条紧邻的 DNA 链。

DNA 连接酶利用 NAD^+ 或 ATP 中的能量催化相邻两个核酸链的 $3'-OH$ 和 $5'-P$ 之间形成磷酸二酯键，其作用机制是分三步进行，如图 2-6 所示。

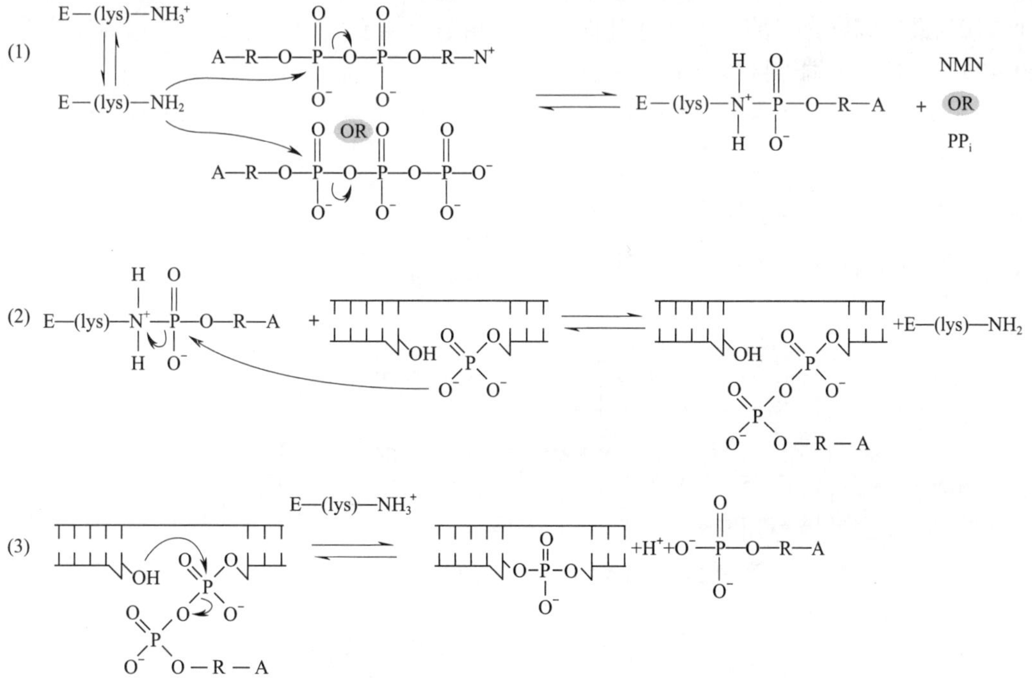

图 2-6　DNA 连接酶的作用机制

第一步，NAD^+ 或 ATP 将其腺苷酰基转移到 DNA 连接酶的一个赖氨酸残基的 ε - 氨基上形成共价的酶 - 腺苷酸中间物，同时释放出烟酰胺单核苷酸（NMN）或焦磷酸。在 *E. coli* 中，酶 + NAD^+ → 酶 - AMP + 烟酰胺单核苷酸。

第二步，将酶 - 腺苷酸中间物上的腺苷酰基再转移到 DNA 的 5′ - 磷酸基端，形成一

个焦磷酰衍生物，即 DNA－腺苷酸，使其失活。

第三步，这个被激活的5′－磷酰基端可以和 DNA 的3′－OH 端反应合成磷酸二酯键，同时释放出 AMP。但连接酶不能连接单链，必须要有模板的存在；也不能连接3′－OH 和5′－PPP 以及 DNA 与 RNA。在后随链的合成、DNA 损伤的修复、重组及转座中 DNA 连接酶都发挥着重要的作用。

DNA 连接酶所催化的整个过程是可逆的（图2－7）。酶－腺苷酸中间产物可以与 NMN 或 PP_i 反应生成 NAD^+ 或 ATP 及游离酶，DNA－腺苷酸也可以和 NMN 及游离酶作用重新生成 NAD。该逆反应过程可以在 AMP 存在的情况下使共价闭环超螺旋 DNA 被连接酶催化，产生有缺口的 DNA－腺苷酸，生成松弛的闭环 DNA。

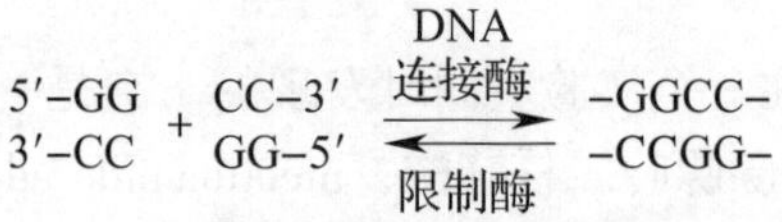

图2－7　DNA 连接酶与限制酶催化的反应

DNA 连接酶可连接平齐末端，也可连接黏性末端（图2－8）。反应需有 Mg^{2+} 和 ATP 存在，pH7.5～7.6。DNA 连接酶连接缺口 DNA 的最佳反应温度是37℃，但是在此温度下黏性末端之间的氢键结合是不稳定的。如由 *Eco*RⅠ产生的黏性末端，连接之后的结合部位一共有4个 A－T 碱基对，在37℃下是不足以抵抗这种热的破坏作用的。因此，连接黏性末端的最佳温度介于酶作用的最佳温度和末端结合温度之间，一般平齐末端连接选择20～25℃，黏性末端连接选择12℃左右。

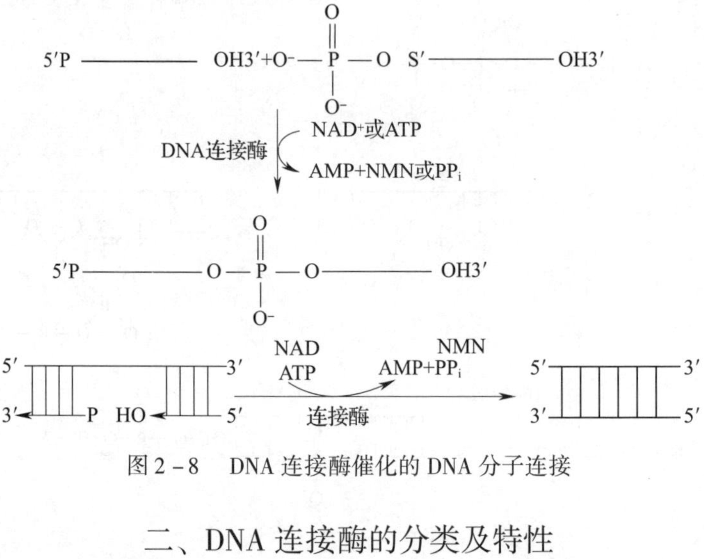

图2－8　DNA 连接酶催化的 DNA 分子连接

二、DNA 连接酶的分类及特性

大肠杆菌和动植物细胞中都有 DNA 连接酶。用于共价连接 DNA 限制片段的连接酶有两个不同的来源，一种是由大肠杆菌染色体编码的连接酶，另一种是由大肠杆菌 T_4 噬菌体 DNA 编码的 T_4DNA 连接酶。

大肠杆菌的 DNA 连接酶是由大肠杆菌染色体基因组中的 *lig* 基因编码的，为分子质量为75ku 的多肽链。*lig* 基因已经被克隆，并能在相应大肠杆菌细胞中大量表达。此连接酶不能催化平齐末端DNA分子之间的连接，其底物只能是带缺口的双链DNA分子和具有同源互补黏性末端的不同DNA分子。大肠杆菌DNA连接酶对胰蛋白酶敏感，可被其水解。水解后形成的小片段仍具有部分活性，可以催化酶与NAD（而不是ATP）反应形成酶-AMP中间物，但不能继续将AMP转移到DNA上促进磷酸二酯键的形成。DNA连接酶在大肠杆菌细胞中约有300个分子，和DNA聚合酶Ⅰ的分子数相近，这也是比较合理的现象。因为DNA连接酶的主要功能就是在DNA聚合酶Ⅰ催化聚合后，填满双链DNA上的单链间隙后封闭DNA双链上的缺口。这在DNA的复制、修复和重组中起着重要的作用，但连接酶有缺陷的突变株不能进行DNA的复制、修复和重组。

T_4DNA连接酶是由大肠杆菌T_4噬菌体DNA30编码的产物，最早是从T_4噬菌体感染的大肠杆菌中分离纯化的，分子质量为68ku，是一种单链多肽酶。能催化相邻两个核酸链的3′-OH和5′-P之间形成磷酸二酯键，需要ATP作为辅助因子，并由ATP提供能量。T_4DNA连接酶可连接DNA-DNA、DNA-RNA和双链DNA黏性末端或平齐末端（图2-9），其活性很容易被0.2mol/L的KCl和精胺所抑制。

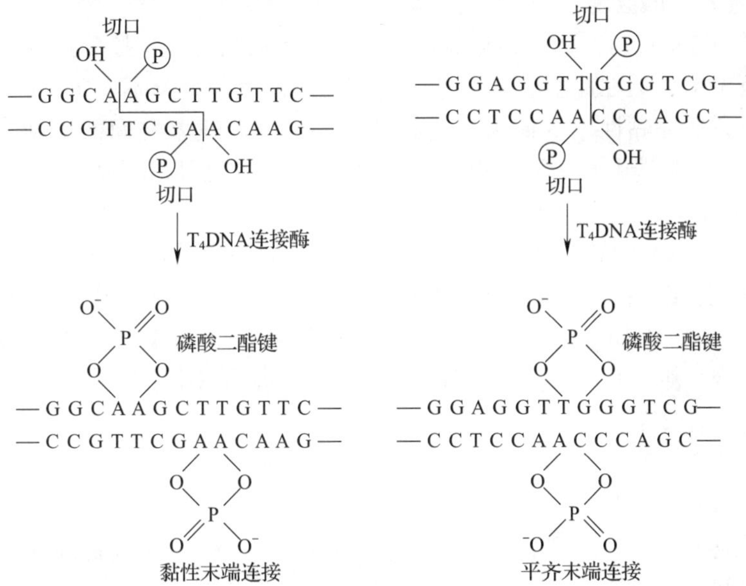

图2-9　T_4DNA连接酶的作用机制

在T_4DNA连接酶催化DNA分子连接的反应中，T_4DNA连接酶首先与ATP形成复合物，通过ATP中的磷酸与T_4DNA连接酶中的亮氨酸的氨基形成磷酸-氨基键而连接，即形成酶-ATP复合物（T_4DNA连接酶-亮氨酸-*N*-核糖-腺嘌呤）；酶-ATP复合物活化DNA链5′-端的磷酸基团，形成磷酸-磷酸键；DNA链3′-端的羟基活化并取代ATP，与5′-端磷酸根形成磷酸二酯键，并释放AMP，完成DNA链之间的连接。

为将限制性酶切片段共价地连接起来，可使用T_4DNA连接酶，或大肠杆菌连接酶，而以前者最为常用。大肠杆菌DNA连接酶是在大肠杆菌及其他细菌中催化DNA分子的连接反应，用NAD^+作能源辅因子；T_4DNA连接酶则是在动物细胞及噬菌体中催化DNA分子连接反应，用ATP作能源辅因子。大肠杆菌DNA连接酶只能够催化双链DNA片断互补黏性末端之间的连接，不能催化双链DNA片段平齐末端之间的连接；而T_4DNA连接酶既能催化双链 DNA 片断互补黏性末端之间的连接，又能催化双链 DNA 片段平齐末端之间的连接。另外，NH_4Cl 可以提高大肠杆菌 DNA 连接酶的催化速率，而对 T_4DNA 连接酶则无效。无论是 T_4DNA 连接酶，还是大肠杆菌 DNA 连接酶，都不能催化两条游离的 DNA 链相连接。

在真核生物细胞中也存在 DNA 连接酶，主要有两种类型，分别称为连接酶Ⅰ和连接酶Ⅱ，反应中利用 ATP 提供能量。DNA 连接酶Ⅰ分子质量约为 200ku，主要存在于生长旺盛的细胞中；DNA 连接Ⅱ分子质量约为 85ku，主要存在于生长不活跃的细胞（resting cell）中。

三、DNA 连接酶的连接效率

1986 年，V. King 和 W. Blakeskey 提出，以连接反应产物转化感受态细胞的能力作为判断连接效率的标准。连接反应的温度、连接酶的浓度、ATP 的浓度、连接反应时间和插入片断与载体分子的物质的量之比等参数，均可影响连接反应产物的转化效率。

（一）连接反应的温度

温度是影响连接反应产物的转化效率最重要的参数之一。连接酶连接缺口 DNA 的最佳反应温度是 37℃，但在此温度下，黏性末端之间的氢键结合不稳定。因此，连接反应的最佳温度应该保证黏性末端退火及连接酶活性、反应速率之间的平衡，一般以 20 ~ 25℃为最佳。黏性末端中 GC 含量多时，其连接反应温度也可相应提高。

（二）酶的用量

在平齐末端 DNA 的连接反应中，最适宜的反应酶量为 1 ~ 2U；而对于黏性末端（*Eco*RⅠ）间的连接，在同样条件下，酶的用量仅为黏性末端酶用量的十分之一。对于不同的生产厂家，由于其所规定的连接酶的活力单位定义不同，因此 T_4DNA 连接酶的活性可能相差几十倍，甚至上百倍，在实际应用中应参考说明书确定使用酶量。

（三）ATP 的浓度

ATP 浓度的变动范围一般应保持在 10μmol/L ~ 1mmol/L。

（四）连接反应时间

当连接反应温度为 12 ~ 30℃时，连接反应时间为 1 ~ 16h。若连接温度更低（如 4℃），连接时间应适当延长至 24 ~ 48h。

（五）插入片断与载体分子的物质的量之比

插入片断与载体分子的物质的量以（2 ~ 3）∶1 的比例最为合适。

四、DNA 连接酶在基因工程中的应用

（一）对同源黏性末端 DNA 分子的连接

同源黏性末端包括同一种限制酶产生的黏性末端和不同的限制酶产生的互补黏性末端，后者连接成的 DNA 顺序不能再被原切割限制酶识别切割。这种连接反应的产物中存在一定数量的载体自身环化分子，使转化菌种出现较高的假阳性克隆。在连接前将线性 DNA 分子进行 5′ – 端脱磷酸处理，可避免假阳性克隆的出现。

（二）对平齐末端 DNA 分子的连接

大肠杆菌 DNA 连接酶不能催化平齐末端 DNA 片断的连接，平齐末端 DNA 分子之间

的连接需要 T_4DNA 连接酶的催化。此种连接方式既可以恢复原始的酶切位点，又可以创建一个新的酶切位点，使某些重组子的筛选鉴定大大简化。平齐末端 DNA 分子连接的效率较黏性末端 DNA 分子低，加入适量的 PEG 能促进平齐末端 DNA 分子的连接。

第三节　DNA 聚合酶

DNA 聚合酶（DNA polymerase）在细胞内 DNA 的复制过程中起着重要的作用。基因工程中很多都需要 DNA 聚合酶催化 DNA 体外合成反应，这些酶作用时大多都需要模板，合成产物的序列与模板互补。大肠杆菌 DNA 聚合酶（*E. coli* DNA pol）、大肠杆菌 DNA 聚合酶Ⅰ的 Klenow 大片段酶（Klenow 酶）、T_4噬菌体 DNA 聚合酶（T_4DNA pol）及 T_7噬菌体 DNA 聚合酶（T_7DNA pol）、*Taq* DNA 聚合酶等均是基因工程中常用的 DNA 聚合酶，其共同特点是：能够把脱氧核糖核苷酸连续地加到 dsDNA 分子引物链的 3′－OH 端，催化 DNA 分子聚合，而引物不从 DNA 模板上解离（表 2－4）。下面将常用的几种 DNA 聚合酶作简单介绍。

表 2－4　　DNA 聚合酶特性

聚合酶的名称	来源	3′→5′外切酶活性	5′→3′外切酶活性	聚合反应速率	持续合成能力
E. coli DNA pol	大肠杆菌	低	有	中	低
Klenow 酶	大肠杆菌	低	无	中	低
T_4DNA pol	T_4 噬菌体	高	无	中	低
T_7DNA pol	T_7 噬菌体	高	无	快	高
Taq DNA 聚合酶	栖热水生菌	无	有	快	高

一、大肠杆菌 DNA 聚合酶

大肠杆菌 DNA 聚合酶有三种不同的类型，即 DNA 聚合酶Ⅰ、DNA 聚合酶Ⅱ和 DNA 聚合酶Ⅲ，分别简称为 polⅠ、polⅡ和 polⅢ。polⅠ和 polⅡ的主要作用是参与 DNA 的修复过程，polⅢ与 DNA 的复制有关。在基因工程中，polⅠ与分子克隆的关系最为密切。

（一）DNA 聚合酶Ⅰ

1. DNA 聚合酶Ⅰ的结构

1957 年，美国生物化学家 A. Kornberg 首次证实，在大肠杆菌提取物中存在一种 DNA 聚合酶，即 DNA 聚合酶Ⅰ（DNA polⅠ）。此酶被研究得最清楚，而且代表了其他 DNA 聚合酶的基本特点。DNA 聚合酶Ⅰ是一种多功能的酶，是由 *pol* A 编码的单个肽链分子（图 2－10），分子质量为 103ku，枯草芽孢杆菌（*Bacillus subtilis*）蛋白可将其切成两个片段，小片段位于 N 端，分子质量为 35ku，具有 5′→3′外切酶活性。该酶的活性发挥需要 Zn^{2+}，在 37℃条件下，每个酶分子每分钟能催化 667 个核苷酸掺入正在延长的 DNA 链中。

DNA 聚合酶Ⅰ有 6 个结合位点：① 模板结合位点；② 引物结合位点；③ 引物 3′－OH 结合位点；④ 底物 dNTP 结合位点；⑤ 5′→3′外切酶结合位点；⑥ 3′→5′校正位点。DNA 聚合酶Ⅰ在不同的位点执行着不同的功能。

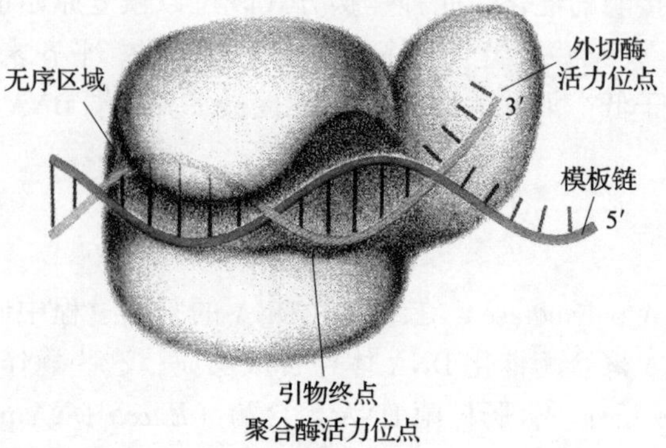

图 2-10　DNA 聚合酶 I 的结构

2. DNA 聚合酶 I 聚合反应的特点

① DNA 聚合酶 I 必须在具有全部四种脱氧核苷三磷酸 dNTPs（dATP、dGTP、dCTP、dTTP）和 Mg^{2+} 存在时，才能催化合成 DNA 互补链。

② 催化 DNA 链的合成是按 5′→3′方向进行的，即在生长链的 3′-OH 末端掺入新的核苷酸，这就要求引物链带有 3′-OH。

③ 模板可以是 dsDNA，也可以是 ssDNA。

3. DNA 聚合酶 I 的功能

（1）5′→3′聚合活性　DNA 聚合酶 I 的聚合活性和其他 DNA 聚合酶的特点相同，但主要用于 DNA 的修复和后随链中 RNA 引物的置换（图 2-11）。DNA 聚合酶 I 使用模板的范围较宽，有三种：① 有引物的 ssDNA（无论线状或环状）；② 有缺口（无论大小）的 dsDNA；③ 有切口（nick）的双链 DNA。而 DNA 聚合酶 Ⅲ 只能利用小于 100nt 缺口的 dsDNA 作模板。

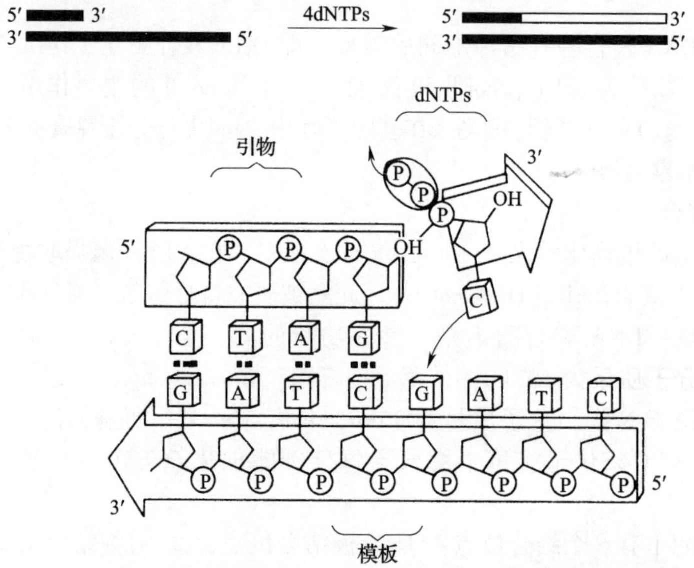

图 2-11　DNA 聚合酶 I 的 5′→3′DNA 聚合活性

(2) 3′→5′外切活性　DNA 聚合酶 I C 端有一纵沟，沟底由 6 个反向平行的 β - 折叠构成，宽 2.0 ~ 2.4nm，沟的两个侧面由 α - 螺旋构成，深 2.5 ~ 3.0nm，可以容纳一条 DNA。聚合活性区域在 C 端，3′→5′外切活性区域在中间部位。在新合成的 DNA 链中，错误的碱基即使蒙混过关进入 DNA 中，但插入的速率很低，同时也不能形成正确的氢键，因而使双螺旋发生形变，直径加大，DNA 不能再在沟中向前滑动，只有倒退，错误碱基正好位于 3′→5′外切活性功能域，它激发了此区域 3′→5′外切活性，将其切除，转换成游离的 dNMP，“障碍”排除后，DNA 继续向前移动，合成新链。

(3) 5′→3′外切活性　由 35ku 小片段执行的 5′→3′外切功能，切除小片段 DNA，一次切除 10 个碱基（图 2 - 12）。这与合成、校正活性是相一致的，这种活性为 DNA 聚合酶 I 提供了在有缺口的 DNA 上开始体外复制的能力。在磷酸二酯键断裂处，此酶可以延伸 3′ - OH，从而可以进行：① 切口平移（nick translation）；②链的置换；③模板转换（template - switching）。由于 DNA 聚合酶 I 既具有 5′→3′聚合活性，又有 5′→3′外切活性，所以它可以一边从缺口的 5′ - P 开始行使外切功能降解 DNA，同时从缺口的 3′ - OH 开始合成新链，填补缺口，使“缺口”像是从 5′→3′不断在移动，反应停止后留下的缺口由连接酶来封闭。这一功能常出现在 DNA 的损伤修复和后滞链中引物的切除中，在体外也常用来作为 DNA 标记的一种途径。控制酶的反应条件使其 5′→3′外切活性消失，产生链的取代和模板转移。链的置换被认为是重组机制中的重要一环，在 *E. coli* 中只有 DNA 聚合酶 I 具有独立的链置换能力。在其他蛋白质的帮助下，先导链可进行链的置换（置换了互补链），但后随链中无此现象。

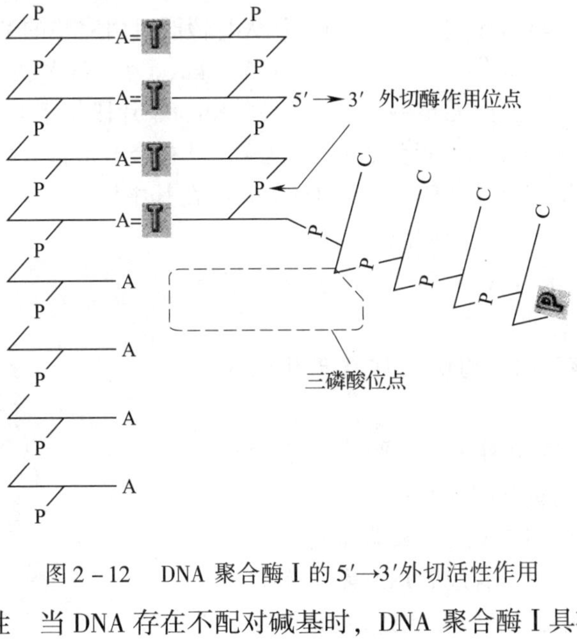

图 2 - 12　DNA 聚合酶 I 的 5′→3′外切活性作用

(4) 内切酶活性　当 DNA 存在不配对碱基时，DNA 聚合酶 I 具有内切酶活性，在不配对碱基的 5′ - P 端的后面切开磷酸二酯键。DNA 聚合酶 I 的内切酶活性主要存在于切除修复系统中，在正常复制中无此活性。

4. DNA 聚合酶 I 在基因工程中的应用

DNA 聚合酶 I 的 5′→3′聚合活性和 5′→3′外切活性协同作用，可以使 DNA 链上的切口向前推进，即没有新的 DNA 合成，只有核苷酸的交换，这种反应称为切口平移（图 2－13）。当 dsDNA 上某个磷酸二酯键断裂产生切口时，DNA pol Ⅰ能从切口开始合成新的 DNA 链，同时切除原来的旧链。这样就从切口开始合成了一条与被取代的旧链完全相同的新链。如果新掺入的脱氧核苷三磷酸为［$\alpha-{}^{32}P$］dNTP，则重新合成的新链即为带有放射性同位素标记的 DNA 分子，可以制备探针进行分子杂交实验。

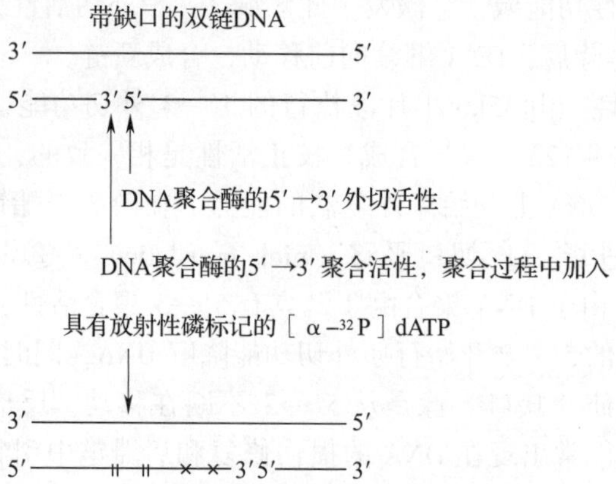

图 2－13　切口平移标记 DNA 探针

（二）DNA 聚合酶Ⅰ的 Klenow 大片段酶

大肠杆菌 DNA 聚合酶Ⅰ的 Klenow 片段（*E. coli* DNA pol Ⅰ Klenow fragment）又称 Klenow 聚合酶或 Klenow 大片段酶，它是由大肠杆菌 DNA 聚合酶Ⅰ全酶用枯草芽孢杆菌蛋白酶裂解后产生的大片段分子（图 2－14）。该大片段既可由完整的 DNA 聚合酶Ⅰ裂解产生，也可通过克隆技术而获得。它的分子质量是 76ku，为一条多肽单链，具有 5′→3′聚合活性和 3′→5′外切活性，而无 5′→3′外切活性。Klenow 片段位于 DNA 聚合酶Ⅰ的 C 端，在 C 端 2/3 区域是含正电荷的直径为 2nm 的裂缝，具有聚合活性，DNA 双链就结合在裂缝中，一旦结合，随即裂缝就关闭，此时 DNA 只能在其中滑动。余下 1/3 N 端区域具有校正的外切酶活性，这两个区域间隔 3nm。

在基因工程中，Klenow 片段主要应用于以下方面：

① 补平限制性核酸内切酶切割 DNA 产生的 3′－凹端；

② 用［$\alpha-{}^{32}P$］dNTP 补平 3′－凹端，对 DNA 片段进行末端标记，以制备基因探针；

③ 对带 3′－突出端 DNA 进行末端标记；

④ cDNA 克隆中，用于合成 cDNA 第二链；

⑤ 在体外诱变中，用于从单链模板合成双链 DNA；

⑥ 应用双脱氧链末端终止法进行 DNA 测序。

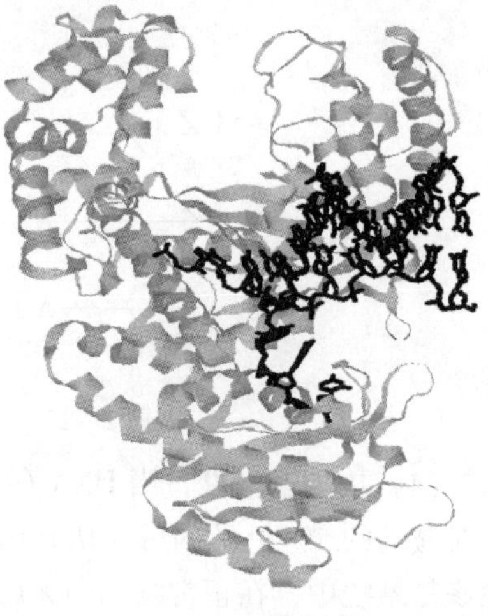

图 2－14　DNA 聚合酶Ⅰ Klenow 片段的结构

（三）DNA 聚合酶Ⅱ

DNA 聚合酶Ⅱ（DNA pol Ⅱ）是在 1970 年被发

现的。此酶分子质量为 120ku，每个细胞约有 100 个酶分子，但活性只有 DNA pol Ⅰ 的 5%。该酶的催化特性如下：

① 聚合作用：该酶催化 DNA 的聚合，但是对模板有特殊的要求。该酶的最适模板是双链 DNA 中间有空隙的单链 DNA 部分，而且该单链空隙部分不长于 100 个核苷酸。对于较长的单链 DNA 模板区，该酶的聚合活性很低。但是用单链结合蛋白（SSBP）可以提高其聚合速率，可达原来的 50～100 倍。

② 具有 5′→3′聚合活性和 3′→5′外切活性，而没有 5′→3′外切活性。

③ 该酶对作用底物的选择性较强，一般只能将 2－脱氧核糖核苷酸掺入到 DNA 链中。

④ 该酶不是 DNA 复制的主要聚合酶，因为此酶缺陷的大肠杆菌突变株的 DNA 复制都正常。当细胞 DNA 受到化学或物理损伤时，DNA 聚合酶Ⅱ在修复过程中起特殊作用。

（四）DNA 聚合酶Ⅲ

1．DNA 聚合酶Ⅲ的结构

DNA 聚合酶Ⅲ（DNA pol Ⅲ）是在 DNA 复制过程中起主要作用的聚合酶，它在细胞中是以多亚基复合物的形态存在和发挥功能，这种复合物称为 DNA 聚合酶Ⅲ全酶（DNA polymerase Ⅲ holoenzyme）。其分子质量大于 600ku，整个酶分子形成一个不对称的二聚体。每个大肠杆菌细胞中只有 1000 个 DNA 聚合酶Ⅲ分子，但催化 dNTP 参入 DNA 链的速率却是最快的，9000 核苷酸/每分钟/每个酶分子。这也证明了 DNA pol Ⅲ是 DNA 复制过程中主要发挥作用的酶。

DNA pol Ⅲ的结构和半不连续复制的机制是相吻合的。如图 2－15 所示，这是一种不完全对称的结构，左侧负责先导链的合成，右侧负责后随链的合成。除了不能使具引物的单链 DNA 和具切口的 DNA 复制外，DNA pol Ⅲ的催化活力与 DNA pol Ⅰ相似。DNA pol Ⅲ全酶中，DNA pol Ⅲ核心酶（core enzyme）与聚合作用直接有关。该“核心酶”含有 α，ε 和 θ 三个亚基。α 亚基为基因 *pol* C 的产物，具有聚合酶活力，能够合成 DNA。ε 亚基为基因 *dna* Q 的产物，具有 3′→5′外切酶功能，起到校正的作用。α 亚基和 ε 亚基混合后会产生 1∶1 的复合物，这时聚合酶活力就增加了 2 倍，3′→5′核酸外切酶活力增加了 50～100 倍，接近核心酶的水平。θ 亚基的功能还不清楚，可能与亚基间的结合有关，在 pol Ⅲ的组装中发挥功能。但核心酶的进行性是低的，通常只合成约 11 个碱基就从模板上解离下来。

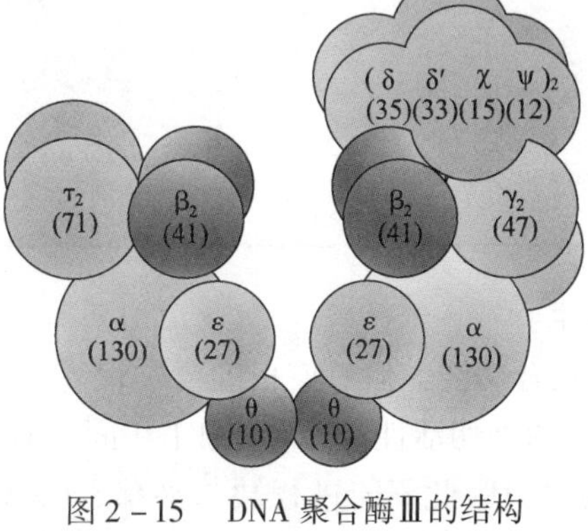

图 2－15 DNA 聚合酶Ⅲ的结构

注：图中 α、ε、θ、β、γ、τ、δ、δ′、χ、ψ 均为构成 DNA 聚合酶Ⅲ的亚基，括号内为各亚基的分子质量（单位：ku）

DNA Pol Ⅲ全酶中，对核心酶以外亚基的功能还不是很清楚，但它们的参与提高了反应的速率和持续性，这可能与有些亚基使核心酶与模板紧密结合有关，从而加强了作用的持续性。

DNA 聚合酶Ⅲ全酶在 DNA 上的装配主要分为三个阶段（表 2-5）：① 一个 β 二聚体加上一个 γ 复合体识别引物模板形成一种前起始复合物。在此反应中，γ 复合体水解 ATP 并将 β 亚基转运到引发模板上。一对 β 亚基形成一个“夹子”，夹在 DNA 的后随链上，γ 复合体成为这种“夹子”的“支架”，它负责水解 ATP，移动 β 亚基结合 DNA。② DNA 在与 β、γ 复合体结合的位点构象发生改变，而对核心酶产生了高亲和性，使核心酶能与 DNA 结合。③ τ 二聚体结合核心酶，使其二聚化，也就是与另一个核心酶结合，第二个核心酶又和另一个“β 夹子”结合，这样就装配好了全酶。值得注意的是，全酶只有一个 γ 复合体。不同层次的 DNA 聚合酶Ⅲ持续能力不同，如表 2-6 所示。

表 2-5　DNA 聚合酶Ⅲ全酶的主要亚基及其组装层次

亚基	质量(ku)	基因	组装层次			
α	130①	dnaE	pol Ⅲ (核心酶)	pol Ⅲ′	pol Ⅲ*	全酶
ε	27.5①	dnaQ(mutD)				
θ	10					
τ	71①	dnaX				
γ	47.5①	dnaX	γ 复合体			
δ	35					
δ'	33					
χ	15					
ψ	12					
β	40.6①	dnaN				

注：① 基于 DNA 序列，其他基于电泳结果。

表 2-6　不同层次 DNA 聚合酶 Ⅲ反应的持续性

层　次	反应的持续性（核苷酸数）	刺 激 因 子
DNA pol Ⅲ	10	无
DNA pol Ⅲ′	60	亚精胺
DNA pol Ⅲ*	200	单链结合蛋白（SSB）
全酶	$>10^5$	SSB

2. DNA 聚合酶Ⅲ的特性

DNA pol Ⅲ具有 5′→3′聚合功能，但对模板的要求很高，仅有缺口小于 100nt 的 dsDNA 才可作为模板。其 3′→5′的外切活性与 DNA pol Ⅰ相同，有校对的功能；但 5′→3′的外切活性不同，仅以单链为底物，因此不能进行缺口平移。DNA pol Ⅲ是合成 DNA 的“主角”，一般合成长片段，如先导链的合成和冈崎片段的合成。

在大肠杆菌染色体 DNA 进行复制时，DNA 聚合酶Ⅲ全酶并不是单独起作用的，而是与引发体、解链酶等构成一个复制体（replisome）。由于复制体的存在，先导链和后随链可以同时复制（图2－16）。DNA pol Ⅲ是由多亚基组成的不对称二聚体，它可能同时负责先导链和后随链的复制，在φX174噬菌体的复制中观察到引发体总是伴随着DNA环的存在。由于后随链的模板DNA在DNA聚合酶Ⅲ全酶上绕转了180°而形成一个环，因此冈崎片段的合成方向能够与先导链的合成方向以及复制体的移动方向保持一致。

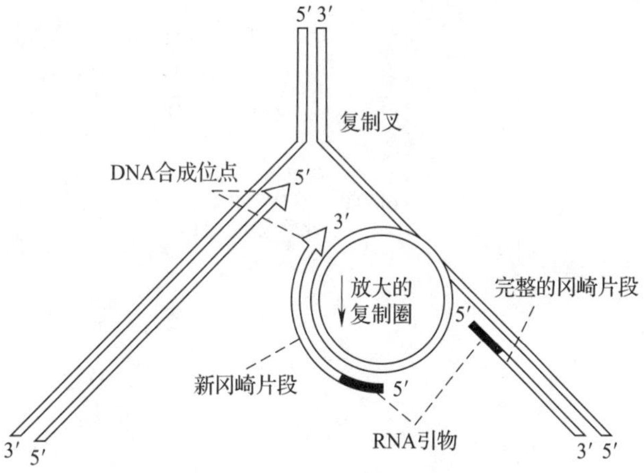

图2－16　DNA聚合酶Ⅲ催化先导链和后随链的合成

随着DNA pol Ⅲ向前移动，在先导链的合成逐渐延长的同时，冈崎片段也在不断延长，这一环也在不断扩大。当冈崎片段合成到前一个片段的5′－端时，这一大环就释放出来，由于复制叉向前移动又可将另一部分后随链的模板置换出来，由引发体合成新的引物，然后再形成一个小的环，进行新的冈崎片段的合成。由此模型不难看出：后随链的合成需要周期性的引发，因此其合成进度总是与前导链相差一个冈崎片段的长度。冈崎片段完成后，其5′－端的RNA引物由DNA pol Ⅰ的5′→3′外切活性切除，由此造成的空隙再由DNA pol Ⅰ的5′→3′聚合活性催化dNTP得到填补。所以，DNA的复制是在DNA pol Ⅲ和DNA pol Ⅰ的互相配合下完成的。在DNA聚合作用中，核苷酸添加的错误率达1/10000。由于DNA聚合酶Ⅰ和DNA聚合酶Ⅲ全酶的3′→5′外切酶活性可以终止核苷酸加入并除去错误核苷酸，然后再继续加入正确的核苷酸，因此可将错误率减少到百万分之一或更少。

（五）DNA聚合酶的特性及应用

DNA聚合酶有多种，*E. coli*就有三种。通常DNA聚合酶具有以下共同特点：

① 需要DNA模板［图2－17（1）］，因此这类酶又称为依赖DNA的DNA聚合酶（DNA dependent DNA polymerase，DDDP）；

② 需要RNA或DNA作为引物（primer），即DNA聚合酶不能从头催化；

③ 催化dNTP加到引物的3′－OH末端，其速率为1000 nt/min，因而DNA合成的方向是5′→3′［图2－17（2）］；

④ 三种DNA聚合酶都属于多功能酶，它们在DNA复制和修复过程的不同阶段发挥作用（表2－7）。

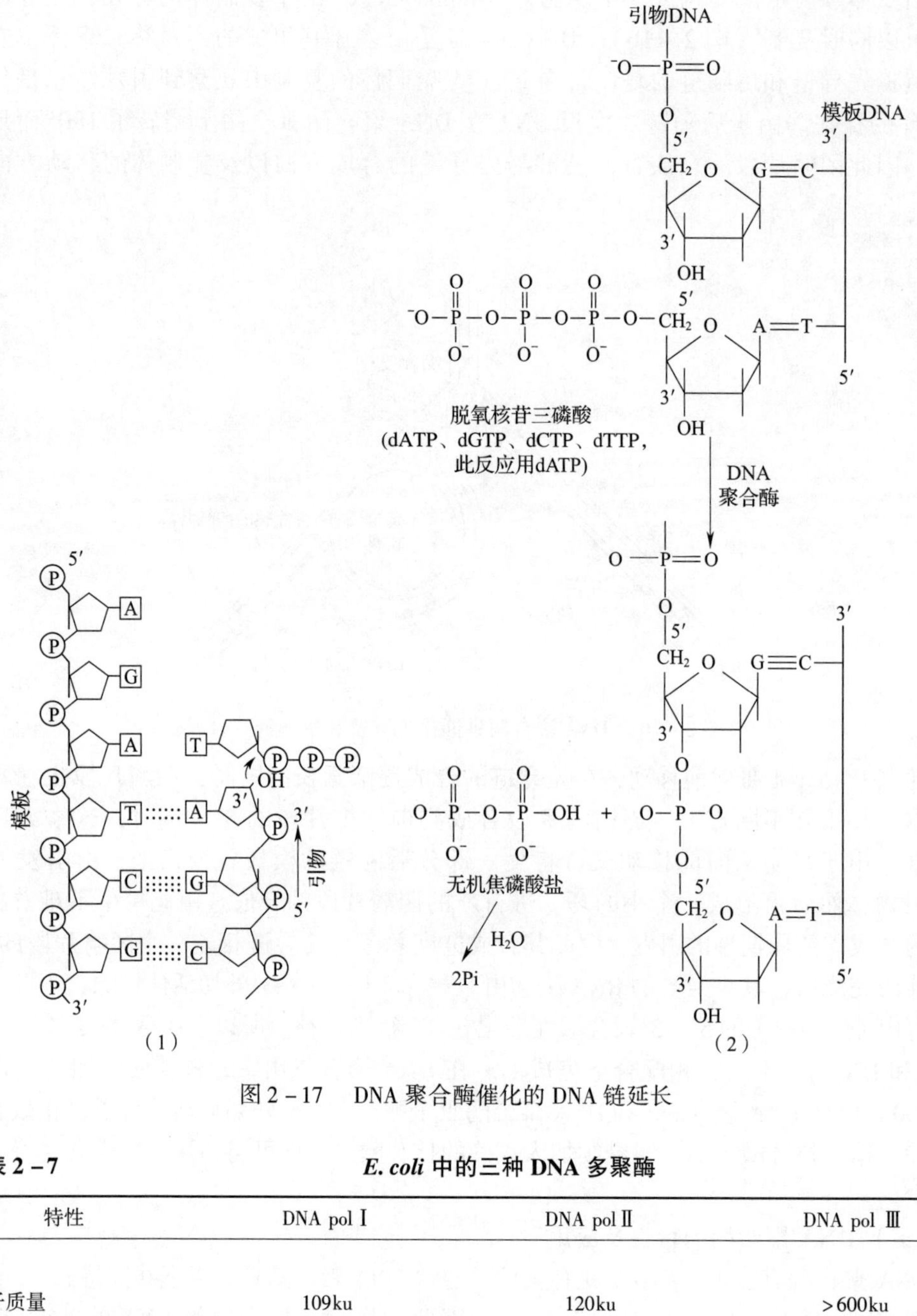

图 2-17　DNA 聚合酶催化的 DNA 链延长

表 2-7　*E. coli* 中的三种 DNA 多聚酶

特性	DNA pol Ⅰ	DNA pol Ⅱ	DNA pol Ⅲ
结构			
分子质量	109ku	120ku	>600ku
构成	单体	单体	异多聚体
每个细胞中含有酶的分子数	400	17~100	10~20
37℃转化率/（核苷酸数/酶分子·min）	600	30	30000
酶活性			
5′→3′聚合活性	+	+	+

续表

特性	DNA pol Ⅰ	DNA pol Ⅱ	DNA pol Ⅲ
3′→5′外切活性	+	+	+
5′→3′外切活性	+	-	-
切口平移活性	+	-	-
对 dNTP 的亲和力	低	低	高
突变体			
突变位点	pol A	pol B	pol C（*dnaE*），*dnaN*，*dnaZX*，*dnaQ*，*dnaT*
突变表型	修复有缺陷，仅 5′→3′外切活性	能修复	阻止复制
条件致死	受影响时，存活率下降	不受影响	条件致死
功能	修复（去除引物、填补空缺）	修复	复制

E. coli 的 DNA pol Ⅰ涉及 DNA 损伤修复，在半保留复制中起辅助的作用。DNA pol Ⅱ在修复损伤中也具有重要的作用。DNA pol Ⅲ是一种多亚基的蛋白质，在 DNA 新链的从头合成中起复制酶的作用。

复制的忠实性问题会影响到翻译的精确性，这种忠实性主要依赖于碱基的特异性配对。据估计每个碱基对将有 10^{-3} 的概率会发生错配，但实际的错配率只有 $10^{-8} \sim 10^{-10}$，即每 1000 个细菌复制周期中，每个基因组只产生一次错误。DNA 多聚酶能增加互补碱基的特异性，该特异性主要表现在以下两方面：

① 能够检查进入的碱基是否和模板互补，这时通过一个匹配的化学特点加以识别，这是合成前的一种预防措施，称为合成前（presynthetic）错误控制；

② 在新的碱基加到链上以后，检查碱基是否配对。若发生错配，将会把刚加上去的错误碱基切除掉，这是校正控制（proofreading）。

细菌的三种 DNA 聚合酶都具有 3′→5′外切活性，逆 DNA 合成方向进行加工，提供校对功能。在链的延伸阶段中，一个核苷酸进入生长链的末端，形成键，该酶就向前移一个碱基对，准备下一个碱基对的进入。若一个错误产生了，这个酶就向回退，切除最后加进来的这个碱基，产生一个位点，然后被正确的碱基取代。

不同 DNA 多聚酶聚合和校正之间的关系是不同的。有时，这些活性是由相同的蛋白质亚基产生的，但有时它们又还有不同的亚基。一个错误碱基的排除实际上是十分复杂的，因为这种切除反应是由不同位点催化的。

二、T_4噬菌体 DNA 聚合酶及 T_7噬菌体 DNA 聚合酶

（一）T_4噬菌体 DNA 聚合酶

T_4噬菌体 DNA 聚合酶（T_4DNA pol）是从 T_4噬菌体感染的大肠杆菌培养物中分离纯化出的聚合酶，由噬菌体基因 43 编码，分子质量为 114ku，功能与 Klenow 片段相似，都具有 5′→3′聚合活性及 3′→5′外切活性，但其 3′→5′外切活性对单链 DNA 的作用比对双链 DNA 的作用更强，而且外切活性比 Klenow 片段要强 200 倍。在催化 DNA 合成时，可以

ssDNA 为模板，也可以有缺口的 dsDNA 为模板，但后者需要有基因 32 蛋白质的辅助。利用单链 DNA 为模板进行扩增，可同时利用它作为引物，即此单链 DNA 的 3′－端能环绕其本身的某一顺序形成氢键配对，3′－端未杂交部分即被 T_4 噬菌体 DNA 聚合酶的 3′→5′外切活性切去，然后在其作用下 3′－OH 端开始聚合，合成该模板 DNA 的互补链，再以互补链为模板合成原来的 ssDNA。

T_4 噬菌体 DNA 聚合酶主要应用于以下方面：

① 补平或标记限制性核酸内切酶消化 DNA 后产生的 3′－凹端；

② 对带有 3′－突出端的 DNA 分子进行末端标记；

③ 标记用作探针的 DNA 片段；

④ 将双链 DNA 的末端转化成为平端；

⑤ 使结合于单链 DNA 模板上的诱变寡核苷酸引物得到延伸。

（二）T_7 噬菌体 DNA 聚合酶及其改造的测序酶

T_7 噬菌体 DNA 聚合酶（T_7 DNA pol）是所有已知 DNA 聚合酶中持续合成能力最强的一个。它是从 T_7 噬菌体感染的大肠杆菌寄主细胞中分离纯化出的一种核酸酶，具有 DNA 聚合酶活性及 3′→5′外切酶活性。T_7 噬菌体 DNA 聚合酶所催化合成的 DNA 的平均长度要比其他 DNA 聚合酶催化合成的 DNA 平均长度大得多；它的 3′→5′核酸外切酶活性约为 Klenow 片段的 1000 倍，但它没有 5′→3′核酸外切酶活性。

T_7 噬菌体 DNA 聚合酶主要应用于以下方面：

① 用于拷贝长段模板的引物延伸反应；

② 通过补平或交换（置换）反应进行快速末端标记。

改造后 T_7 噬菌体 DNA 聚合酶的持续合成能力很强，是双脱氧链终止法对长段 DNA 进行测序的理想用酶。后来由美国 Biochemical 公司以测序酶（sequenase）作为商品名投放市场，现在已通过基因手段生产出一种改进的测序酶，它已经完全丧失了核酸外切酶活性。

三、耐热 DNA 聚合酶

耐热 DNA 聚合酶（*Taq* DNA pol）最初是由 H. A Erlich 于 1969 年从美国黄石国家森林公园火山温泉中嗜热水生菌（*Thermus aquaticus*）YT－1 中分离纯化出来的。此菌生活在70～75℃的环境中，在嗜热脂肪芽孢杆菌（*Baccilus stearothermophilus*）及其他嗜热菌中也得到类似的耐热 DNA 聚合酶。

Taq DNA 聚合酶基因全长 2496 个碱基，编码 832 个氨基酸，分子质量为 94ku，比活力为 200000u/mg，是一种耐热的依赖 DNA 的 DNA 聚合酶。它在 70～75℃时具有最高的生物学活性，能以从高温变性的靶 DNA 分子中分离出的 ssDNA 为模板，以分别结合在扩增区段两端的引物为起点，按 5′→3′方向合成互补 DNA 的新生链。75～80℃条件下，每个酶分子每秒可延伸约 150 个核苷酸，温度降低时，*Taq* DNA 聚合酶催化新生链延伸速度明显下降。70℃时延伸率大于 60 个核苷酸/s，55℃时为 24 个核苷酸/s。温度过高（90℃以上）或过低（22℃以下）都可影响 *Taq* DNA 聚合酶的活性。该酶最为突出的特点是具有良好的热稳定性，在聚合酶链式反应（PCR）循环的高温条件下仍能保持较高的活性：在 92.5℃、95℃、97.5℃时，PCR 混合物中的 *Taq* DNA 聚合酶分别经 130min、40min 和

5～6min 后，仍可保持 50% 的活性。实验表明，PCR 反应时，在变性温度 95℃下、保温 20s、50 个循环后，*Taq* DNA 聚合酶仍有 65% 的活性。

Taq DNA 聚合酶是 Mg^{2+}依赖性酶，该酶的催化活性对 Mg^{2+}浓度非常敏感。以活性程度很低的鲑鱼精 DNA 为模板，dNTP 的浓度为 0.7～0.8mmol/L 时，用不同浓度 Mg^{2+}进行 PCR 反应 10min，测定结果为 $MgCl_2$浓度在 2.0mmol/L 时该酶催化活性最高，此浓度能最大限度地激活 *Taq* DNA 聚合酶的活性。Mg^{2+}过高就抑制酶活性，当 $MgCl_2$浓度在 10mmol/L 时可抑制 40%～50% 的酶活性。由于 Mg^{2+}能与 dNTP 结合而影响 PCR 反应液中游离的 Mg^{2+}浓度，因而 $MgCl_2$的浓度在不同的反应体系中应适当调整，优化浓度。一般反应中 Mg^{2+}浓度至少应比 dNTP 总浓度高 0.5～1.0mmol/L。另外，适当浓度的 KCl 能使 *Taq* DNA 聚合酶的催化活性提高 50%～60%，其最适浓度为 50mmol/L，高于 75mmol/L 时明显抑制该酶的活性。

Taq DNA 聚合酶是 PCR 反应中重要的酶。PCR 过程中，解链温度多采用 94℃、30s，循环 30～35 次，*Taq* 酶完全能保证 PCR 反应的正常进行，自身不会因高温而失活。*Taq* DNA 聚合酶的发现，使 PCR 技术得到迅速发展和广泛应用。现在可以用基因工程技术生产并出售。它除了具有 5′→3′聚合活性外，还具有依赖于的聚合物 5′→3′外切活性，可用于 DNA 测序和聚合酶链式反应对 DNA 片段进行体外扩增。在 PCR 反应中如果发生单核苷酸的错配，是不能够及时校正的，一般情况下出现碱基错配的概率为 2.1×10^{-4}。

四、末端转移酶

末端脱氧核苷酸转移酶（terminal deoxynucleotidyl transferase）简称末端转移酶（terminal transferase），是从动物胸腺和骨中提取得到的分子质量约为 34ku 的碱性蛋白酶。

末端转移酶催化脱氧核苷酸添加到 DNA 分子的 3′-OH 末端上，即进行 5′→3′方向聚合作用（图 2-18）。该酶的催化作用不要求有模板，就可以催化 DNA 分子聚合，但需有 Co^{2+}的存在。末端转移酶可给一些 DNA 分子的 3′→OH 末端接上寡 dA 或 dG，给另一些 DNA 分子的 3′→OH 末端接上寡 dT 或 dC，混合这些分子，即可使同聚物尾部退火形成环状分子。

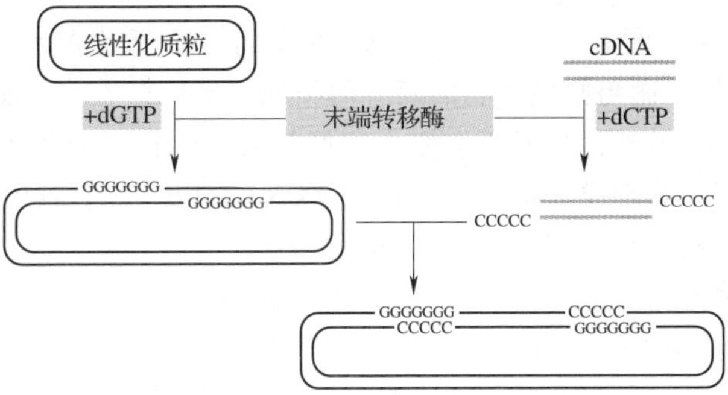

图 2-18　末端转移酶的作用机制

末端转移酶在基因工程中主要应用于以下方面：

（1）给载体或 cDNA 的 3′-OH 末端加尾　末端转移酶是一种非特异性酶，当反应混合物中只有一种 dNTP 时，形成只有一种核苷酸组成的 3′-尾巴，称之为同聚物尾巴

(homopolymeric tail)。在基因工程中，利用末端转移酶分别给载体分子和外源 DNA 片段加上互补的同聚物尾巴，造成人工黏性末端，有利于 DNA 重组。

(2) 催化 DNA 片段的 3′-OH 末端标记，用于 DNA 序列分析　在 DNA 序列分析中，末端转移酶催化 [α-^{32}P] - 3′脱氧核苷酸加入到 DNA 分子的 3′-末端，使该 DNA 不再具有游离的 3′-OH 末端，可终止单核苷酸的掺入作用，通过凝胶电泳后的放射自显影，就可以读出 DNA 的序列。

(3) 制备 3′-末端标记的 DNA 探针　末端转移酶可催化标记的 dNTP 掺入到 DNA 片段的 3′-OH 末端，制备 3′-末端标记的探针。

五、真核生物中的 DNA 聚合酶

真核生物中也具有 DNA 聚合酶（DNA pol），包括 α、β、γ、δ 及 ε（表 2-8）。但这些聚合酶多数都没有 3′→5′或 5′→3′外切酶活性，主要活性是催化 dNTP 的 5′→3′聚合活性，其聚合反应机制与原核生物的聚合一样。

表 2-8　真核生物中的 DNA 聚合酶

特性	α	β	γ	δ	ε
亚基数	4	4	4	2	5
分子量/ku	>250	36~38	160~300	170	256
细胞内定位	核	核	线粒体	核	核
5′→3′聚合活性	+	+	+	+	+
3′→5′外切酶活性	-	-	-	-	-
功能	复制、引发	修复	复制	复制	复制

真核细胞在 DNA 复制中起主要作用的是 DNA pol α，占酶总量的 80% ~90%，分子质量为 300ku，含有 4 个或 5 个亚基，主要负责染色体 DNA 的复制。DNA pol β，分子质量 45ku，仅含有一条链，其模板特异性是针对具有缺口的 DNA 分子，主要作用是修复核内 DNA。DNA pol γ，分子质量 140ku，存在于线粒体内，负责催化线粒体 DNA 的复制。DNA pol δ 是最近从兔的骨髓细胞之中分离到一种新的 DNA 聚合酶，这种酶与上述真核生物的 DNA 聚合酶不同，而与原核生物的聚合酶类似，不但有 5′→3′聚合活性，而且还具有 3′→5′外切酶活性。另外，从酵母、原虫等低等真核生物中分离到一些 DNA 聚合酶。一般来说，这些低等生物都没有相对分子量低的 DNA pol β，而且其中的 DNA 聚合酶与原核生物的 DNA 聚合酶相似，具有 3′→5′外切酶活性。

现在普遍认为真核生物 DNA 的复制是在 DNA pol α 和 DNA pol δ 协同作用下进行的，先导链的合成靠 DNA pol δ 催化，并且还需要一种细胞周期调节因子增殖细胞核抗原 (proliferating cell nucleus antigen, PCNA) 的参与，而后随链的合成靠 DNA pol α 和引发酶配合作用完成。

六、DNA 连接酶与 DNA 聚合酶的区别

DNA 聚合酶只能将单个核苷酸加到已有的核酸片段 3′-末端的羟基上，形成磷酸二

酯键；而 DNA 连接酶是在两个 DNA 片段之间形成磷酸二酯键，不是在单个核苷酸与 DNA 片段之间形成磷酸二酯键。

DNA 聚合酶是以一条 DNA 链为模板，将单个核苷酸通过磷酸二酯键形成一条与模板链互补的 DNA 链；而 DNA 连接酶是将 DNA 双链上的两个缺口同时连接起来，因此 DNA 连接酶不需要模板。

第四节　碱性磷酸酶

一、碱性磷酸酶的分类及作用机理

在基因工程中得到广泛使用的碱性磷酸酶（图 2－19）有两种，一种是从大肠杆菌分离纯化的细菌碱性磷酸酶（becterial alkaline phosphatase，BAP）；另一种是从牛小肠中提取的牛小肠碱性磷酸酶（calf intestinal alkaline phosphatase，CAP）。两种碱性磷酸酶均能催化去除 DNA、RNA、rNTP 和 dNTP 的 5′－P，从而使 DNA 或 RNA 分子的 5′－P 末端转换为 5′－OH 末端，即所谓的核酸分子脱磷酸作用。碱性磷酸酶的底物可以是 ssDNA、dsDNA 或者 RNA，也可以是核糖或脱氧核糖核苷二磷酸。

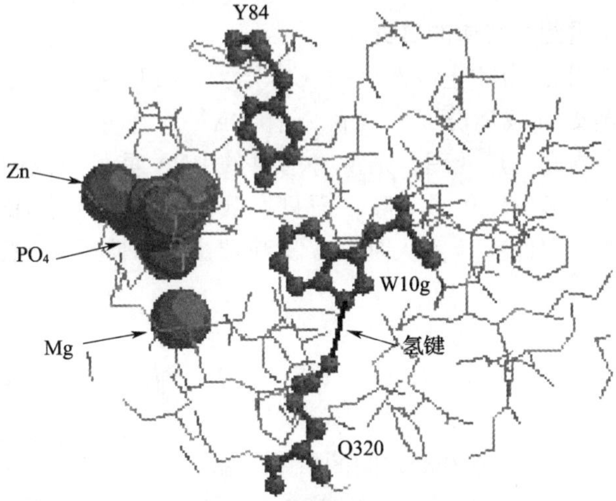

图 2－19　碱性磷酸酶结构

细菌碱性磷酸酶和牛小肠碱性磷酸酶两种酶的反应均需 Zn^{2+} 参与。二者在理化特性上稍有不同，牛小肠碱性磷酸酶的特异活性较细菌碱性磷酸酶高 10～20 倍。由于细菌碱性磷酸酶耐热，所以要终止它的作用比较困难，需要酚/氯仿反复抽提多次；而牛小肠碱性磷酸酶对热较不稳定，在 70℃ 加热 10min、在 SDS 中加热到 68℃ 或经酚抽提就完全失活。因此，牛小肠碱性磷酸酶应用更广泛。

二、碱性磷酸酶在基因工程中的应用

（一）制备 5′－末端标记的核酸探针

碱性磷酸酶脱磷酸作用的产物是具有 5′－OH 末端的核酸分子，有底物［$\gamma-{}^{32}P$］ATP 存在的条件下，在 T_4 多聚核苷酸激酶催化下，将 ATP 分子上的［$\gamma-{}^{32}P$］基团转移到 DNA 或 RNA 分子的 5′-OH 上，就可以得到 5′-末端标记的核酸探针，继而进行序列分析（图 2-20）。

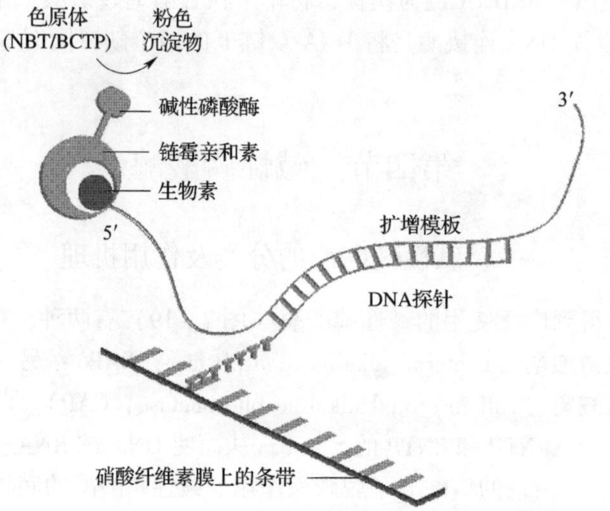

图 2-20　碱性磷酸酶在线性探针分析（line probe assay，LiPA）中的应用

（二）防止 DNA 重组中载体的自身环化

在体外 DNA 重组中，为防止线性化的载体分子自我环化或自身连接，在连接反应之前，用碱性磷酸酶处理载体分子，去除载体 DNA 的 5′-P，加入目的 DNA 进行重组，再对此反应混合物进行热处理，则没有与目的 DNA 重组的载体分子解链恢复为线性结构，这样就不能够形成转化子克隆，而只有载体分子与目的 DNA 形成的重组体才可以在受体细胞内形成阳性克隆，从而很容易筛选出来，降低本底，提高重组 DNA 检出率。

第五节　核　酸　酶

核酸分解的第一步是水解核苷酸之间的磷酸二酯键，在高等动植物中都有作用于磷酸二酯键的核酸酶（nuclease）。不同来源的核酸酶，其专一性、作用方式都有所不同。有些核酸酶只能作用于 RNA，称为核糖核酸酶（RNase）；有些核酸酶只能作用于 DNA，称为脱氧核糖核酸酶（DNase）；有些核酸酶如核酸酶 S_1，专一性较低，可降解单链 DNA 和 RNA，用量增大也可降解双链核酸，它可用于切去双链-cDNA（double strand cDNA，ds-cDNA）合成中产生的发夹环，因此统称为核酸酶。

一、核酸酶 S_1 的特性

核酸酶 S_1 是从米曲霉（*Aspergill sltoryzae*）中提取的。核酸酶 S_1 是一种特异性单链核苷酸外切酶，主要降解单链 DNA 和单链 RNA，产生 5′-P 末端的单链核苷酸或寡核苷酸片段（图 2-21）。双链 DNA、双链 RNA 和 DNA-RNA 杂交分子对核酸酶 S_1 具有较大的抵抗力，只有高浓度的酶才可使其消化。

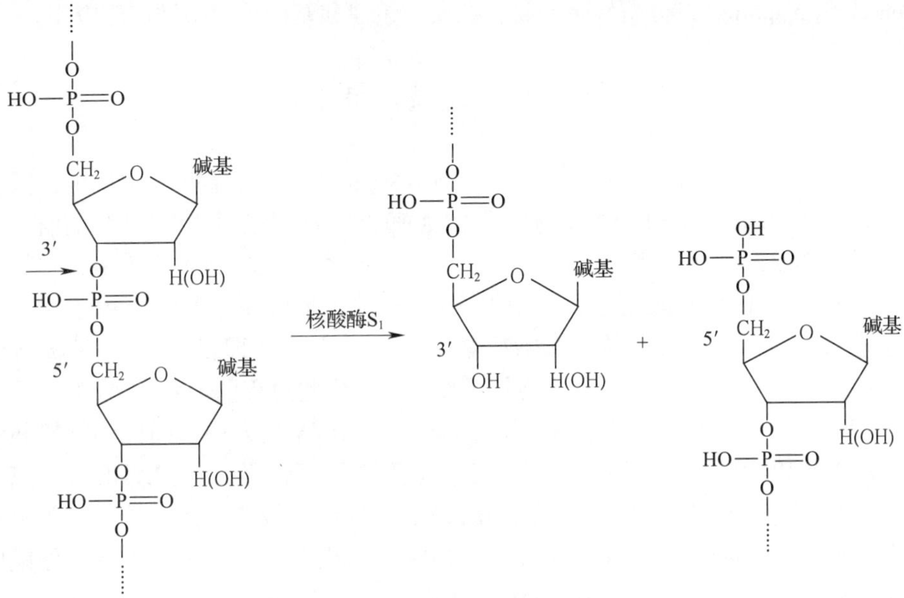

图 2－21　核酸酶 S_1 的作用机制

核酸酶 S_1 水解单链 DNA 的速率要比水解双链 DNA 快 75000 倍。其反应的最适 pH 为 4.0～4.3，pH4.9 时酶活力下降 50%。通常核酸酶 S_1 反应在 pH4.6 进行，以防 DNA 变性。酶反应需要低浓度 Zn^{2+}，但可被 EDTA 和柠檬酸盐等螯合剂所抑制。在 10～300mmol/L 范围内变化的 NaCl 浓度对核酸酶 S_1 活性无影响，但最佳浓度为 100mmol/L。该酶在尿素、SDS 和甲酰胺中稳定。

二、核酸酶在基因工程中的应用

（一）RNA 分子定位

一个 RNA 分子是由其 DNA 模版的一定核苷酸序列编码的，若这个 RNA 分子同包括该模板的 DNA 分子（碱基组成多于该模板）杂交，则形成具有单核苷酸链的 RNA－DNA 杂种双链分子，利用 S_1 核苷酸酶去除单链尾巴，回收双链分子，碱变性后进行琼脂糖凝胶电泳或聚丙烯酰胺凝胶电泳，就可以测出 RNA－DNA 杂种分子中 DNA 片段的大小，从而对 RNA 分子进行定位。

（二）测定真核基因中内含子的位置

由两个外显子拼接的 mRNA 与模板 DNA（由两个外显子和外显子之间的内含子组成）杂交，形成三种 RNA－DNA 杂交分子：一种是组成的 RNA－DNA 杂种分子在两个外显子之间形成一个单链 DNA 环，利用核酸酶 S_1 降解掉单链 DNA 环和两端的单链 DNA 尾巴，可获得两外显子全长的 DNA 分子；另两种是各有一个外显子 DNA 与 RNA 组成的 RNA－DNA 杂交分子，核酸酶 S_1 降解掉多余的内含子和两端的单链 DNA 尾巴，可获得与每个外显子相对应的 DNA 分子。通过琼脂糖凝胶电泳，可得到各个 DNA 的相应谱带，从而确定内含子的位置。

此外，核酸酶 S_1 还可以去除 DNA 片段的单链突出端，使之成为平端，利于某些情况下片段之间的连接；去除 cDNA 合成时形成的发夹结构；施行核酸酶 S_1 保护试验（S_1 protection 或 S_2 mapping），分析转录产物；在质粒组建和基因重组中被广泛应用。

第六节　逆 转 录 酶

逆转录酶（reverse transcriptase）又称依赖 RNA 的 DNA 聚合酶。1970 年美国科学家 H. M. Temin 和 D. Baltimore 分别于动物致癌 RNA 病毒中发现该酶，他们因此获得 1975 年度诺贝尔生理学或医学奖。病毒逆转录酶含 Zn^{2+}，催化以单链 RNA 为模板，根据碱基配对原则，按照 RNA 的核苷酸顺序（其中 U 与 A 配对）生成双链 DNA。由于这一反应中的遗传信息的流动方向正好与绝大多数生物转录生成方向（即以 DNA 为模板转录生成 RNA 的方向）相反，所以此反应称为逆转录作用，催化此过程的 DNA 聚合酶被称为逆转录酶或反转录酶。后来发现逆转录酶不仅普遍存在于 RNA 病毒中，哺乳动物的胚胎细胞和正在分裂的淋巴细胞中也有逆转录酶。艾滋病毒即是一种反转录病毒。目前，已经从多种 RNA 肿瘤病毒中分离到这种酶，有的逆转录酶已提纯，最普遍使用的是来源于鸟类骨髓母细胞瘤病毒（avian myeloblastosis virus，AMV）的逆转录酶及来源于莫洛尼鼠白血病病毒（Moloney murine leukemia virus，M－MLV）的逆转录酶。逆转录酶具有三种活性：RNA 指导的 DNA 合成反应；DNA 指导的 DNA 合成反应；RNA 的水解反应。

一、AMV 的生化特性

含逆转录酶的 RNA 病毒也称为逆转录病毒（retrovirus）。AMV 逆转录病毒基因组含 3 种基因：*gag*、*pol* 和 *env*。*gag* 基因编码一种多聚蛋白（polyprotein），它通过自身的蛋白水解酶活力裂解为 3～4 种病毒核心蛋白。*pol* 编码逆转录酶，逆转录酶由 α 和 β 两条多肽链组成，其分子质量分别为 65ku 和 95ku。*pol* 编码的为 β 亚基，而 α 亚基是 β 亚基的水解产物。α 链具有逆转录酶活性和 RNase H 活性，RNase H 活性是一种核糖核酸外切酶活性，能以 $5'\rightarrow3'$ 或 $3'\rightarrow5'$ 方向特异地降解 RNA－DNA 杂交分子中的 RNA 链，继而作为引物或被逆转录成小片段 DNA，干扰全长 cDNA 的合成，因而在反应中起副作用，应尽量去除它的活性。β 链具有以 RNA－DNA 杂交分子为底物的 $5'\rightarrow3'$ 脱氧核糖外切酶活性。*pol* 产物还能使蛋白质水解生成使病毒 DNA 整合进寄主基因组所需整合酶（integrase）。*env* 编码另一多蛋白，它产生构成被膜的蛋白质。在病毒 RNA 的两端为长末端重复（long terminal repeat，LTR），它长达几百个核苷酸，与病毒基因的调节有关。

逆转录酶是一个具有多功能的酶，此外还有 DNA 依赖的 DNA 聚合酶活性和 DNA 解旋酶活性。

二、逆转录酶催化 DNA 合成的分子机制

逆转录酶具有 $5'\rightarrow3'$ 方向的聚合活性。该酶能利用具有 $3'$－端 poly（A）的 mRNA 为模板，在引物 oligo（dT）$_n$（寡聚脱氧胸腺嘧啶核苷）的引导下，合成与 mRNA 互补的 DNA 链（即 cDNA，complementary DNA），此 cDNA 成为第一链 cDNA。该反应的产物是一种 RNA－DNA 杂交分子，通过碱处理去除 mRNA 模板，再以第一链 cDNA 为模板，在

特异性引物指引下，由大肠杆菌聚合酶Ⅰ（或 *Taq* DNA 聚合酶）催化合成第二链 cDNA（图2－22）。

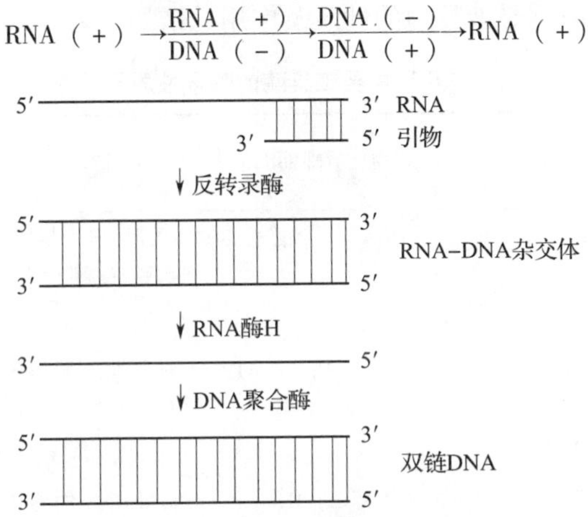

图 2－22　逆转录酶的作用机制

由于单链 cDNA 3′－末端易与自身环化，形成发夹结构，因此需用核酸酶 S_1 降解发夹结构。此种体外以 RNA 为模板合成 DNA 大量进行扩增的方法又称为逆转录 PCR（reverse transcript polymerase chain reaction，RTPCR）。

逆转录酶与其他 DNA 和 RNA 聚合酶一样含 Zn^{2+}。逆转录酶作用时也需引物，它是包含于病毒粒子内的一种转运 RNA（tRNA），它与病毒 RNA 5′－端的互补序列相配对从而提供DNA 延伸所需的3′－端，DNA 合成同样按5′→3′方向进行。逆转录酶与 RNA 聚合酶一样不具 3′→5′核酸外切酶活力，聚合的差错率达 1/20000 核苷酸，其后果是容易突变。

三、逆转录酶在基因工程中的应用

逆转录酶在理论和应用上都有重要意义。逆转录病毒引起癌症和艾滋病，而逆转录酶在其中起主要作用，此外逆转录酶也与真核生物基因组中一些重复序列的来源有关。真核的许多转座子具有与逆转录病毒基因组十分相似的结构，在其两翼为氨基酸，编码区包括含有还原病毒逆转录酶同源的序列，它们有时也称为逆转录转座子（retrotransposon），它在基因组中可能通过 RNA 中间体的逆转录实现转座。

逆转录酶作为合成某些特定 RNA 的互补 DNA 的工具酶，也可用于 DNA 的序列分析和克隆重组 DNA。真核生物基因组 DNA 非常庞大，且含有大量的重复序列。无论是采用电泳分离技术还是通过杂交的方法，均不能直接分离到目的基因片段。逆转录酶的发现和应用，使通过信使 RNA（mRNA）得到 DNA 进行克隆成为现实。

（一）构建 cDNA 基因文库

在基因工程中，逆转录酶的主要用途是转录 mRNA 为 cDNA，制备基因片段，从而构建 cDNA 基因文库。

（二）以 ssDNA 或 RNA 为模版制备核酸探针

以 poly（A）mRNA 为模板，在引物 oligo（dT）$_n$的引导下，当存在四种 dNTP 时，逆转录可催化 cDNA 的合成，若在 dNTP 中加入［α－^{32}P］标记的 dNTP 时，则新合成的

cDNA 就成为放射性同位素标记的 DNA 链，通过纯化，就可以获得单链^{32}P标记的 cDNA 探针。逆转录酶的引物也可以是特异的寡核苷酸引物，还可以采用随机寡核苷酸作为引物。

将本章所涉及的几种重要工具酶的性质及应用总结如下表（表 2 -9）。

表 2 -9　　几种重要工具酶的酶学性质及其应用

酶	来源	活性	底物	辅助因子	特点	基因工程中的主要用途
限制酶Ⅱ	微生物	内切	dsDNA	Mg^{2+}	特异性识别与切割，产生平齐或黏性末端	基因重组；组建物理图谱；制备探针；DNA 测序
DAN 连接酶	*E. coli* T_4 噬菌体	连接 DNA 的 3′-OH 与 5′-P；5′→3′聚合	dsDNA ssDNA	Mg^{2+}、ATP	对黏性末端的连接效率高于平齐末端	DNA 重组；构建新质粒
DNA pol Ⅰ	*E. coli*	5′→3′外切；3′→5′外切	dsDNA	Mg^{2+}	对 dsDNA 的外切酶活性被 5′→3′聚合活性抑制	制备探针；DNA 测序
逆转录酶	RNA 肿瘤病毒	RNA → DNA 合成； DNA → RNA 合成； RNaseH 解旋	ssRNA ssRNA RNA - DNA cccDNA	Mg^{2+}	RNA 指导 DNA 指导 RNA - DNA 杂交链 解超螺旋	制备 cDNA；构建基因文库；制备探针
核酸酶 S_1	稻米曲霉	降解单链核酸	ssRNA ssDNA	Zn^{2+}		RNA 定位 测定间隔子
末端转移酶	小牛胸腺	在 3′-末端掺入核苷酸	ssDNA	Mg^{2+}	Co^{2+}存在时，可以 dsDNA 为模板	3′-同聚尾人工黏性末端构建新质粒
Bal 31	乳白短杆菌	外切	dsDNA	Ca^{2+}	5′-、3′-两端同时等速外切	测定 DNA 中限制酶识别位点
BAP CAP	细菌 牛小肠	切去 5′磷酸	ds/ssDNA	Mg^{2+}		防止载体或片段自身环化；制备探针

思考题

1. 什么是工具酶？了解工具酶在食品基因工程操作中的作用。

2. 什么是限制性核酸内切酶？了解其命名法则、分类及其作用机制。熟悉常用的限制性核酸内切酶。

3. 什么是 DNA 连接酶？了解其作用机制，说明 DNA 连接酶在基因工程中的应用。

4. DNA 连接酶与 DNA 聚合酶的区别有哪些？了解 DNA 聚合酶的特性，举例说明 DNA 聚合酶在基因工程中的应用。

5. 碱性磷酸酶分为哪几类？简述碱性磷酸酶在基因工程中的应用。

6. 了解核酸酶的特性及作用机制，熟悉核酸酶在基因工程中的应用。

7. 简述 AMV 的生化特性及逆转录酶催化 DNA 合成的分子机制。熟悉逆转录酶在基因工程中的应用。

第三章　食品基因工程常用载体

教学目标： 1. 掌握基因工程载体的基本概念、特征；
2. 了解基因工程载体的种类、基本结构与功能；
3. 熟悉质粒载体、动植物病毒载体、噬菌体载体的应用。

载体是基因工程技术的核心，分离或改建的基因和核酸序列自身不能繁殖，需要载体携带它们到合适的细胞中实现复制和表现功能。没有合适的载体，外源基因是很难进入受体细胞中的，即使能够进入，一般也不能进行复制和表达。有了合适的载体，通过体外 DNA 重组方式，可以把基因与载体相连，转移到适当的受体细胞中，进行无性繁殖，从而获得大量的基因片段或相应的蛋白质产物。因此，基因工程操作是离不开载体的。

目的基因或 DNA 片段一般不容易进入受体细胞，即使采用物理或化学的方法使其进入受体细胞，也不容易在受体细胞稳定存在。承载目的基因或外源 DNA 片段进入宿主细胞，并且使其得以稳定存在的 DNA 分子，称为基因工程载体（vector，或 carrier）。

第一节　基因工程载体的基本特征及种类

一、基因工程载体的特征

一般来说，理想的基因工程载体应具备以下特征：

① 能在宿主细胞内进行独立和稳定的 DNA 自我复制。在外源 DNA 插入其 DNA 之后，仍能保持稳定的复制状态和遗传特性。

② 易于从宿主细胞中分离，并进行纯化。

③ 在其 DNA 序列中有适当的限制性核酸内切酶单一酶切位点。这些位点位于 DNA 复制的非必需区内，可以在这些位点上插入外源 DNA，但不影响载体自身 DNA 的复制。

④ 具有能够直接观察的表型特征（有报告基因），在插入外源 DNA 后，这些特征可以作为重组 DNA 选择的标志。

自 1977 年 Bolivar 等人构建了第一个系列的克隆载体 pBR 以来，已建立起多种基因工程载体，以应用于不同研究目的和不同生物种类的基因研究。

二、基因工程载体的种类

基因工程载体的种类很多，往往分类的依据不同，载体的种类也不同。

（一）依据来源分类

按照载体的来源划分，基因工程载体可分为以下三种类型：

1. 质粒载体

该类载体所含的复制起点主要来自不同的原核生物，特别是大肠杆菌和一些低等真核生物（如酵母菌和一些丝状真菌）中的质粒 DNA。有的复制起点则来自染色体 DNA（如酵母菌）。许多载体 DNA 上只含有一种复制起点，如用于大肠杆菌的 pBR 和 pUC 系列质粒载体，然而有的克隆载体却含有两种复制子顺序，它们常来自不同的生物，如大肠杆菌－酿酒酵母（*Saccharomyces cerevisiae*）穿梭载体 YRp12 和 YEp13，这类载体能在这两种不同的生物中自主复制。

2. 动植物病毒载体

植物病毒载体主要有置换型载体、插入型载体和互补型载体 3 种类型。在动物细胞中，已有好几种病毒复制被用来组建克隆载体，目前动物病毒载体常用的有逆转录病毒、牛痘病毒、腺病毒、单纯疱疹病毒和猴病毒 SV40 等。

3. 噬菌体载体

噬菌体是寄生在细菌中的病毒，又称细菌病毒，由蛋白质外壳和头部外壳内的 DNA 组成。噬菌体 DNA 分子作为载体，可插入 10～20kb 甚至更大的一段外源 DNA 片段。由于噬菌体具有较高的增殖能力，有利于目的基因的扩增。噬菌体载体包括 λ 噬菌体、M13 载体和黏性质粒载体等。

（二）依据功能分类

按照载体的功能或用途来划分，可将 DNA 载体分为普通型载体和表达型载体。

1. 普通型载体

此类载体主要用于各种基因组文库和 cDNA 文库的建立，比如常用的 pBR322，由 λ 噬菌体衍生的载体和 *cos* 质粒，以及一些大肠杆菌－酿酒酵母穿梭载体，如 YRp7、YEp13 等。染色体 DNA 片段或 cDNA 均可用这类载体进行增殖。它们通常含有两个或两个以上的标记基因，其中一个基因用于选择转化体（transformant），另一基因则是用于检查载体中是否有外源 DNA 插入。

2. 表达型载体

此类载体主要用于研究基因的表达或是用于大量生产一些有用的转录产物或蛋白质，有的也可用于 cDNA 文库的建立。这类载体除具有普通型载体的特征外，还含有某些基因的启动子序列，有的还含有转录终止子序列，为了基因表达产物便于检测或是为了简化基因表达产物的分离纯化，有的表达型载体除含有基因启动子序列外，它还有一段被信号肽链编码的 DNA 序列，这段信号肽链可以使蛋白质分泌到细胞外。

第二节　基因工程载体的基本结构

用于不同生物和不同目的的分子克隆载体至少有几千种，但所有的分子克隆载体都具备以下三个最基本的结构：

① 至少有一个复制起点，因而至少可在一种生物体中自主复制；

② 至少有一个克隆位点，以供外源 DNA 插入；

③ 至少有一个遗传标记基因，以指示载体或重组 DNA 分子是否进入宿主细胞。

一、载体的复制起点

由于DNA的复制是始于复制起点的，因此只要一个DNA分子有了复制起点，那么这个DNA分子就可以自主复制。如果一个分子克隆载体有了复制起点，那么该载体就可以在某种生物的细胞中自主复制，因此这个载体就可以多拷贝地存在于某种细胞内。

多拷贝DNA有两个好处：一是可以用于大量制备克隆载体DNA分子，以利于外源基因的克隆，这样可大大减少工作量；二是如果载体中插入了外源基因，那么外源基因的拷贝数也就大量增加了，这就有利于大量地表达外源基因，从而获得大量的基因表达产物，这也正是基因工程的目的之一。

如果一个载体有两个或两个以上的复制起点，就有两种情况：一是两个复制起点适用的宿主细胞不一样，比如说，一个复制起点适合大肠杆菌，另一个复制起点适合另一种细菌或真核生物细胞，那么这种克隆载体常被称为穿梭载体（shuttle vector），换言之，穿梭载体可在两种生物内进行来回地穿梭；另一种情况是同一个载体中的两个复制起点都是适合于一种细胞的，只不过这两个复制起点分别是在一定遗传背景条件下起作用，这种类型的载体多数是属于大肠杆菌的载体。

二、载体的克隆位点

分子克隆载体的目的就是要将外源基因通过体外重组，形成重组DNA分子，然后再转移到某种宿主细胞内，那么克隆载体就应该有一个位点供外源DNA插入，这个位点就是克隆位点。克隆位点一定是一个限制酶切位点，而且必须是由6个核苷酸或6个核苷酸以上的序列组成的限制酶识别位点。虽然克隆位点是限制酶识别位点，但不是载体上所有的限制酶位点都能作为克隆位点。一般说来，载体中的克隆位点必须是唯一的，即同一种限制酶识别位点在一个载体中只能有一个。由于不同基因的末端可以由不同的限制酶所产生，因而为了减少分子克隆的工作量，科学家们构建了具有多个克隆位点的载体，而且将多个克隆位点集中在一个很短的序列内，这种序列常常被称为多克隆位点区（multiple cloning site）。

三、载体的标记基因

当试图把一个载体DNA或重组DNA分子导入某种宿主细胞时，我们如何知道载体或重组DNA分子已经进入了宿主细胞？标记基因就能起到这个作用。获得了外源DNA分子进入的细胞被称之为转化细胞。标记基因往往可以赋予宿主细胞一种新的表型，这种转化细胞可明显地区别于非转化细胞，转化细胞有了新的表型，而非转化细胞仍保持原有的表型。这种表型的区别往往是选择性的，即只有转化细胞才能在研究者提供的生长条件下生长，而那些没有载体DNA分子进入的细胞就不能在相同的生长条件下生长，因此，转化细胞和非转化细胞是十分容易区别开来的。这是标记基因最重要的功能，即指示哪些细胞是转化细胞。

标记基因还有一个十分重要的功能，即指示外源DNA分子是否插入载体分子形成了重组子。换句话说，当我们把一个DNA片段插入到某一个标记基因内时，该基因就失去了相应的功能。当把这种重组 DNA 分子转到宿主细胞后，该基因原来赋予的表型也就消失了。要是转化细胞仍保留了原来的表型，细胞内含有的 DNA 分子一定不是重组子。很显然，既要指示外源 DNA 是否进入了宿主细胞，又要指示载体 DNA 分子中是否插入了外源 DNA 片段，那么这种载体必须至少具有两个标记基因。

上述的标记基因只是针对一种生物而言的，那么当载体可用于多种生物时，一个载体就可以有多个标记基因。每个标记基因的用途是不相同的，不同的标记基因可能只适合某种生物，比如植物的克隆载体就可能有 3～4 个标记基因。由于绝大多数标记基因都是分离自原核生物，因而这些标记基因若要用于其他生物，还得对这些基因进行改造，即将基因的启动子和终止子换成另一种生物的基因启动子和终止子。

现有标记基因的种类很多，可以将它们划分为以下三大类：

（一）抗性标记基因

这类抗性基因可赋予宿主细胞对这些物质的抗性，而这些物质对宿主细胞可能是致死的，因此，这类标记基因可直接用于选择转化子。这类基因又可分为以下 3 类：

1. 抗生素抗性基因

这类抗性基因常常赋予宿主细胞对抗生素产生抗性，而抗生素往往对宿主细胞是致死的。这类标记基因中常用的基因有氨苄青霉素抗性基因（Amp^r）、四环素抗性基因（Tc^r）、氯霉素抗性基因（Cm^r）、卡那霉素抗性基因（Kan^r）、$G418$ 抗性基因（$G418^r$）、潮霉素抗性基因（Hyg^r）、新霉素抗性基因（Neo^r）。

2. 重金属抗性基因

重金属对生物细胞是有毒的，但有的基因能产生一些可与重金属相结合的蛋白质，从而从环境中除去重金属。目前所用的重金属抗性基因有铜抗性基因（Cu^r）、锌抗性基因（Zn^r）和镉抗性基因（Cd^r）。

3. 代谢抗性基因

代谢抗性基因包括抗除草剂基因和胸苷激酶基因（*TK*）。

在上述三种抗性标记基因中，抗生素抗性基因使用最为频繁，且适用范围很广，包括动物、植物和微生物；抗除草剂基因在植物中使用较为广泛。

（二）营养标记基因

有的生物细胞因为突变而导致需要某些营养物质才能生长，其原因是参与某些营养物质合成的基因发生了突变。如果将没有发生突变的相应基因转入这种突变体细胞中，那么这些细胞就不再需要相应的营养物质，而那些未被转化的细胞则不能生长，因而这类标记基因也可直接用于选择转化子。这类基因主要是参与氨基酸、核苷酸及其他必需营养物合成酶类的基因，在酵母转化中使用最频繁，如色氨酸合成酶基因（*trp*1）、尿嘧啶合成酶基因（*ura*3）、亮氨酸合成酶基因（*leu*2）、组氨酸合成酶基因（*his*4）等。

（三）生化标记基因

这类标记基因的表达产物可催化某些易检测的生化反应，常用的基因有 β－半乳苷酶基因（*lacz*）、葡萄糖苷酸酶基因（*gus*）、氯霉素乙酰转移酶基因（*cat*）。

第三节　质粒载体

质粒（plasmid）是能自主复制的双链环状 DNA 分子，在细菌中独立于染色体之外而存在（图 3 - 1）。质粒广泛存在于多种细菌的细胞中，在一些蓝藻、真菌和绿藻细胞中也发现质粒的存在。

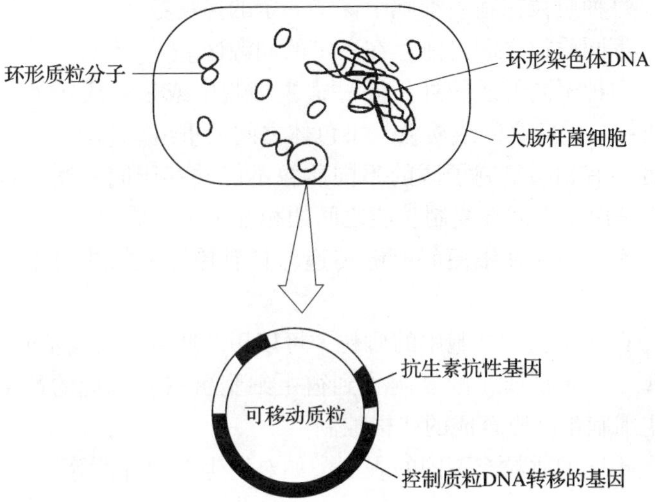

图 3 - 1　质粒载体

资料来源：罗云波等，2002。

一、质粒载体的一般特性

（一）质粒 DNA 的构型

质粒 DNA 分子可以持续稳定地处于染色体外的游离状态，但在特定条件下又会可逆地整合到寄主染色体上，随着染色体的复制而复制，并通过细胞分裂传递到下一代。每个质粒都含有一段 DNA 复制起始位点的序列，它帮助质粒 DNA 在宿主细胞中复制。

一般情况下，质粒在宿主细胞中是以超螺旋共价闭合环形存在的。当两条多核苷酸链中有一条保持着完整的环形结构，而另一条出现缺口时，质粒就成为开环 DNA 分子。当质粒 DNA 分子经过适当的限制性核酸内切酶切割后，发生双链断裂而形成线性分子。这是环形双链 DNA 分子的三种不同构型。

（二）质粒的大小、分布与数目

质粒的大小差异很大，小的不到 1kb，大的超过 500kb。质粒广泛地分布于原核生物细胞中，也存在于某些真核细胞中。几乎所有的细菌株系都含有质粒。一个细胞内的质粒数量变化也很大，有 1 个至几个的，也有几十个的，甚至有的达数百个。质粒按照作用被分为多种类型，如携带帮助其自身从一个细胞转入另一个细胞的信息的质粒，即 F 质粒；表达对一种抗生素抗性的质粒，即 R 质粒；携带参与或控制一些不同寻常的代谢途径基因的质粒，即降解质粒。

（三）质粒 DNA 的理化性质

质粒 DNA 具有一般核酸分子的理化特性，能溶于水，不溶于乙醇等有机溶剂，在一定 pH 下可解离而带电荷，能吸收紫外线，可以嵌入某些染料，如溴化乙锭（EB），具抗切割和抗变性能力。

（四）质粒 DNA 的生物学特性

（1）寄生性　质粒只能在宿主的细胞内复制。

（2）稳定性　每种质粒在宿主细胞中保持一定的拷贝数。

（3）同源性　不同质粒之间可能存在一定的同源区。

（4）重组性　两种不同的质粒处于同一宿主细胞中或一种质粒处于同一种宿主细胞中，有可能发生质粒与质粒之间或质粒与染色体之间的重组。

（5）不相容性　有相同复制子区的不同质粒不能共存于同一宿主细胞中。该不相容性的分子基础主要是由于它们在复制功能之间的相互干扰造成的。

（6）传递性　有些质粒在细菌间能够传递，具有传递性的质粒带有一套与传递有关的基因。

（7）消除性　存在于宿主细胞中的质粒，可以用某些方法将其消除。

（8）复制类型　严紧型质粒的复制受到宿主细胞蛋白质合成的严格控制，松弛型质粒的复制不受宿主细胞蛋白质合成的严格控制。

（9）表现型　不同的质粒有不同的表型，如对抗生素的抗性等。

二、质粒的命名原则

质粒的命名，通常用一个小写的 p 来代表质粒，而用一些英文缩写或数字来对这个质粒进行描述。以 pBR322 为例，BR 代表研究出这个质粒的研究者 Boli - var 和 Rogigerus，322 是与这两个科学家有关的数字编号。

有些质粒在每个宿主细胞中可以有 10 ~ 100 个拷贝，称为高拷贝数质粒；另一些质粒在每个细胞中只有 1 ~ 4 个拷贝，为低拷贝数质粒。质粒拷贝数是指生长在标准的培养基条件下，每个细菌细胞中所含有的质粒 DNA 分子的数目。在一个细菌细胞中，质粒最多可以占到细菌总 DNA 的 0.1% ~5%。高拷贝数质粒通常在松弛控制下进行复制，而低拷贝数质粒则常常是在严紧控制下复制。高拷贝数质粒 DNA 复制的启动是由质粒编码基因合成的功能蛋白质调节的，因此，当用蛋白质合成抑制剂氯霉素或壮观霉素处理宿主细胞时，松弛的质粒仍可继续扩增，而低拷贝质粒只能与宿主细胞染色体同步复制。

有些质粒的复制起始点较特异，只能在一种特定的宿主细胞中复制，称为窄宿主范围质粒；还有些质粒的复制起始点不太特异，可以在许多种细菌细胞中复制，称为广宿主范围质粒。

三、理想质粒载体的必备条件

作为一种自主性自我复制的遗传因子，质粒具有携带外源 DNA、成为克隆载体的潜在可能性，但质粒要变成克隆载体，需要对它进行遗传改造。一种理想的用作克隆载体的质粒必须满足以下几个要求：

1. 具有复制起点

构建的质粒载体要在转化的受体细胞中进行有效的复制，其必不可少的基本条件就是应具有复制起点。一般情况下，一个质粒只含有一个复制起始点，构成一个独立的复制子。但穿梭质粒含有两个复制子，一个是原核生物复制子，另一个是真核生物复制子，以确保其在两类细胞中均能得到扩增。

2. 具有较多的拷贝数

一般来说，一个细胞中每种质粒拷贝数的多寡是通过控制 DNA 合成的启动速度来调节的。如果一个转化子细胞是由低拷贝质粒的单拷贝 DNA 转化而来，那么在细胞分裂之前，它只需要复制少数几次就可以拥有足够的拷贝数；如果一个转化子细胞是由多拷贝质粒的单拷贝 DNA 转化而来，那么转化的质粒 DNA 就需要重复地进行多次的复制，直至达到所需的拷贝数为止。

3. 质粒载体的分子质量应尽可能小

质粒转化受体细胞的效率同质粒 DNA 分子的大小相关，小分子质粒的转化率较高。实验证明，质粒大于 15kb 时，其将外源 DNA 转入大肠杆菌的效率就大大降低。另外，低分子质量的质粒往往含有较高的拷贝数，这不仅有利于质粒 DNA 的制备，同时还会使细胞中克隆基因的剂量增加。

4. 带有用来克隆外源 DNA 的单一的限制性核酸内切酶识别位点

这种单一的限制性核酸内切酶位点数量要尽可能得多，质粒载体中，一个小的区域或位点内含有连续多个单一的限制性核酸内切酶的，被称为多克隆位点（MCS）。一方面多克隆位点便于基因的克隆和重组载体的构建，另一方面不影响质粒的复制。

5. 带有一个或多个选择标记基因

一个理想的质粒克隆载体最好有两种标记基因，以便为宿主细胞提供容易检测的表型性状作为选择记号。在选择标记基因区内有合适的克隆位点，当外源 DNA 插入后使得标记基因失活，成为选择重组子的依据。

四、质粒载体的选择标记

一般来说，绝大多数质粒载体都是使用抗生素抗性基因作为选择标记。这些选择标记主要包括四环素抗性、氨苄青霉素抗性、链霉素抗性以及卡那霉素抗性等。这些选择抗性一方面是由于许多质粒本身就含有抗生素抗性基因的 R 因子，另一方面是由于抗生素抗性标记使得基因克隆更易于操作，便于选择，通常是在构建质粒载体时加入。

常见抗生素的作用机制如表 3－1 所示。

表 3－1　若干抗生素抗性基因的作用机制

抗生素	作用方式	抗性机理
氨苄青霉素（Amp）	一种青霉素的衍生物，通过干扰细菌胞壁合成之末端反应而杀死生长的细胞	氨苄青霉素抗性基因编码一种周质酶，即 β－内酰胺酶，可特异地切割氨苄青霉素的 β－内酰胺环，从而使之失去杀菌的效力
氯霉素（Cml）	一种抑菌剂，通过同核糖体 50*S* 亚基的结合作用，干扰细胞蛋白质的合成，并阻止肽键的形成	氯霉素抗性基因编码的乙酰转移酶，它特异地使氯霉素乙酰化而失活
卡那霉素（Kan）	一种杀菌剂，通过同 70*S* 核糖体的结合作用，导致 mRNA 发生错读	卡那霉素抗性基因编码的氨基糖苷磷酸转移酶，可对卡那霉素进行修饰，从而阻止其同核糖体之间发生相互作用

续表

抗生素	作用方式	抗性机理
链霉素（Sm）	一种杀菌剂，通过同核糖体的 30*S* 亚基的结合作用，导致 mRNA 发生错译	链霉素抗性基因编码一种特异性酶，可对链霉素进行修饰，从而抑制其同核糖体 30*S* 亚基的结合
四环素（Tet）	一种抑菌剂，通过核糖体 30*S* 亚基之间的结合作用，组织细菌蛋白质的合成	四环素抗性基因编码一种特异性的蛋白质，可对细菌的膜结构进行修饰，从而阻止四环素通过细胞膜从培养基中转运到细胞内

五、质粒载体的种类

（一）高拷贝数质粒载体

除了一些特殊用途的克隆载体，一般情况下的克隆实验仅仅是为了分离得到大量高纯度的 DNA 片段，因此选择分子质量小、高拷贝数的质粒，如 ColE1、pMB1，它们在没有蛋白质合成的情况下仍能继续复制。高拷贝数质粒载体，有时也称作“松弛型”复制控制的质粒（relaxed plasmid）。

（二）低拷贝数质粒载体

低拷贝数质粒载体，有时也称作“严紧型”复制控制的质粒（stringent plasmid）。低拷贝数质粒载体在一些情况下有特定的用途。因为有些克隆的编码基因用高拷贝数质粒载体时，其产物含量过高会严重干扰宿主细胞的正常新陈代谢，因此选用低拷贝数质粒载体可使蛋白质产物对宿主细胞的毒害作用降低到最低限度。

（三）失控型质粒载体

一些克隆基因表达的蛋白质会导致细胞死亡，因此不能选择高拷贝数质粒载体。而低拷贝数质粒载体的拷贝数太少，不能满足实验的需求。因此解决的办法是使用失控型质粒载体。pBEU1 和 pBEU2 在 30℃下，每个细胞中只有适量的拷贝数，当培养温度超过 35℃时，质粒的复制失去控制，每个细胞的拷贝数持续上升。在高温下，细胞生长和蛋白质合成可正常持续 2 ~ 3h，当克隆基因产物超过常量导致细胞死亡时，质粒 DNA 分子质量的积累已经满足了实验的要求。

（四）插入失活型质粒载体

在基因克隆时，选择插入失活型质粒载体，将外源 DNA 片段插入选择标记基因（如抗生素抗性基因）中间，这样会导致该基因失活，接着就可以通过抗生素抗性的筛选使得到阳性重组子的几率提高。

（五）正选择的质粒载体

根据遗传学上的正选择原理，正选择质粒载体只有在外源基因插入后，质粒 DNA 分子的宿主细胞才能用正常的培养条件进行选择。如 pLX100，在质粒载体所带有的木糖异构酶基因序列中，带有连续的 *Hin*d Ⅲ、*Pst* Ⅰ、*Bam*H Ⅰ和 *Xho* Ⅰ的单一限制性酶切位点，而且是在 lac 启动子控制之下。带有 pLX100 质粒的大肠杆菌无法在含木糖的培养基中生长，只有当外源 DNA 片段插入到它的单一酶切位点时，其转化子才能在该培养基中生长。

六、常见的质粒载体

（一）pBR322

pBR322 是目前研究最多、使用最广泛的质粒载体之一。pBR322 大小为 4363bp，含有两个抗生素抗性基因（氨苄青霉素抗性基因和四环素抗性基因），还有单一的 *Bam*H Ⅰ、*Hin*d Ⅲ和*Sal* Ⅰ的识别位点，这 3 个位点都在四环素抗性基因内，另一个单一的 *Pst* Ⅰ识别位点在氨苄青霉素抗性基因内。pBR322 带有一个复制起始位点，它可以保证这个质粒只在大肠杆菌中行使复制功能（图 3－2）。在大肠杆菌里，pBR322 以高拷贝数形式存在。

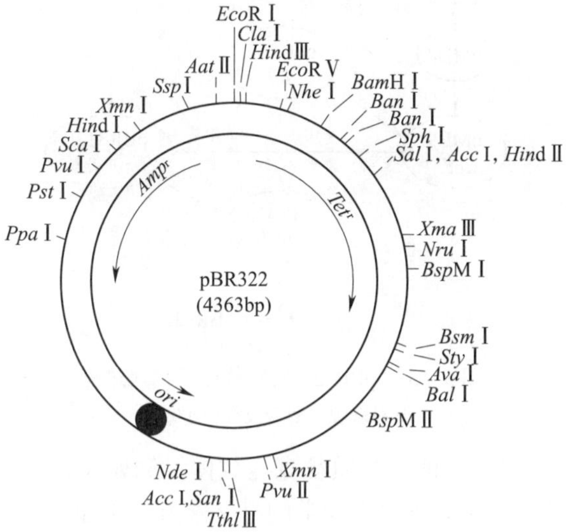

图 3－2　质粒载体 pBR322 酶切位点示意图

资料来源：马建岗，2001。

pBR322 质粒载体由三个不同来源的部分组成：第一部分是来源于 pSF2124 质粒转座子 Tn3 的氨苄青霉素抗性基因（Amp^r），第二部分是来源于 pSC101 质粒的四环素抗性基因（Tet^r），第三部分是来源于 ColE1 的派生质粒 pMB1 的 DNA 复制起点（*ori*），如图 3－3所示。

pBR322 质粒载体有以下优点：

① 具有较小的分子质量，不仅易于自身的纯化，而且即使克隆了一段大小为 6kb 的外源 DNA，其重组体分子的大小仍然能满足实验的需要。

② 该质粒具有两种抗生素抗性基因可作为转化子的选择标记。*Eco*R Ⅴ、*Nhe* Ⅰ、*Bam*H Ⅰ、*Sph* Ⅰ、*Sal* Ⅰ、*Xam* Ⅲ和 *Nru* Ⅰ位点插入外源基因会导致四环素抗性基因失活，在 *Pst* Ⅰ、*Sca* Ⅰ位点插入外源 DNA 会导致氨苄青霉素抗性基因失活，这种插入失活效应为基因克隆重组子的选择提供了方便。

③ 该质粒具有较高的拷贝数，而且经过氯霉素处理之后，每个细胞中可累积 1000～3000 个拷贝，重组体 DNA 的制备变得极其方便。

（二）pUC 19

pBR322 使用广泛，但它带的单一克隆位点较少，筛选程序还较费时间，因此，人们

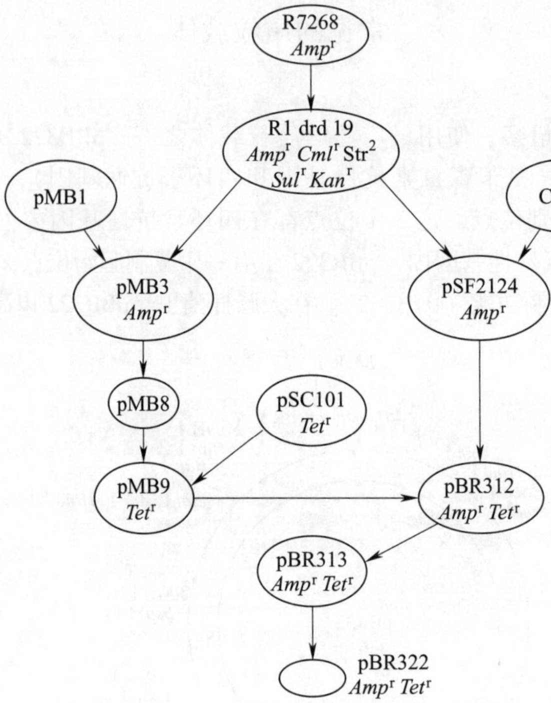

图 3-3　pBR322 质粒载体的构建过程

资料来源：罗云波等，2002。

就在 pBR322 的基础上发展了其他一些质粒克隆载体，例如质粒 pUC19。此类载体取名为 pUC 是因为它是由美国加利福尼亚州立大学的科学家首先构建的。

pUC19 长 2686bp，带有 pBR322 的复制起始位点、一个氨苄青霉素抗性基因和一个大肠杆菌乳糖操纵子半乳糖苷酶基因（*lac* Z）的调节片段、一个调节 *lac* Z 基因表达的阻遏蛋白（repressor）的基因 *lac* Ⅰ，还有多个单克隆位点（图 3-4），另外，pUC19 的筛选过程相对来说比较简单。

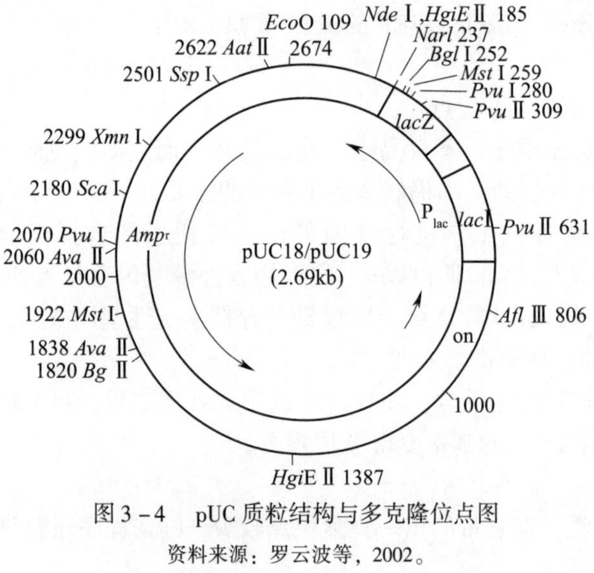

图 3-4　pUC 质粒结构与多克隆位点图

资料来源：罗云波等，2002。

与 pBR322 相比，pUC19 有以下三方面的优点：

① 具有更小的分子质量和更高的拷贝数。

② pUCl9 适用于组织化学方法检测重组体，由于其含有大肠杆菌操纵子的 *lac* Z 基因，所编码的 α - 肽链可参与 α - 互补作用，可用 X - gal 显色的组织化学方法一步实现对重组转化子的鉴定。

③ 具有多克隆位点 MCS 区，在这个区域有连续 10 个单一限制性核酸内切酶位点，为基因的克隆和重组提供了极大的方便。

（三）穿梭质粒载体

所谓穿梭质粒载体（shuttle plasmid vector），是指一类由人工构建的具有两种不同复制起点和选择记号，因而可在两种不同的寄主细胞中存活和复制的质粒载体。由于这类质粒载体可以保证外源 DNA 序列在不同物种的细胞之间得到扩增，特别是能在原核和真核细胞之间往返穿梭，因而在基因工程研究中具有广泛的用途。

早期发展的大肠杆菌 - 枯草芽孢杆菌穿梭质粒载体，大多是由这两种细菌的质粒载体融合构建的。例如，pHV14 是由 pBR322 和 pC194 融合而成，pER 是由 pBR322 和 pUB110 融合而成。大肠杆菌 - 酿酒酵母穿梭质粒载体，含有两种分别来自大肠杆菌和酿酒酵母的复制起点与选择标记，既可以在大肠杆菌中复制又可以在酵母系统中复制，使得科研工作者可以自如地在两种不同的寄主细胞之间来回转移基因，并单独或同时在两种寄主细胞中研究目的基因的表达活性及其他调节功能。

选择大肠杆菌 - 酿酒酵母穿梭质粒载体。必须慎重考虑以下因素：

① 大肠杆菌和酵母均有适当的遗传标志；

② 结合实际需要，考虑在酵母中的复制方式；

③ 目的基因在酵母和大肠杆菌中的拷贝数；

④ 要有简单易行的筛选插入物的方式。

根据转化细胞中的复制机制，可将酵母质粒载体分为两个基本类型，即整合型载体和自我复制型载体。整合型酵母质粒载体包含一个酵母 URA3 标志基因和大肠杆菌的复制和报告基因，由于质粒 DNA 与酵母基因组 DNA 之间发生同源重组，在转化的细胞中可检测到质粒的整合复制。整合型载体中的 YIp 载体（yeast integrating plasmid）转化效率较低，而且不稳定，目前使用较少。自我复制型酵母质粒载体因在酵母中有自我复制的能力而得名，属于这类载体的有 YRp（yeast replication plasmid）、YEp（yeast extrachromosomal plasmid）和 YCp（yeast centromere plasmid）。其中 YEp 在遗传学方面序列稳定，应用较多。应用酵母人工染色体构建的载体是 pYAC，该质粒不仅可直接克隆大片段 DNA，而且可在连接反应后直接利用线性 DNA 转化细胞，并按标准方法筛选。

酿酒酵母是基因克隆的良好寄主，作为一种克隆载体，其在调节表达序列（RNA 聚合酶识别位点及核糖体识别位点）的应用方面是十分有效的。某些自我复制型质粒（如大肠杆菌质粒）使酵母细胞核中亦能获得高拷贝。要在酵母中最大限度地表达基因，需要特异的启动子（乙醇脱氢酶、同工酶Ⅰ、磷酸甘油激酶、酸性磷酸酶和 α 因子等基因的启动子）。

（四）农杆菌质粒载体

农杆菌（*Agrobacterium*）质粒载体是天然存在的优良载体，经过人工改造之后，现已成为植物基因工程中最为重要的载体之一，例如根癌农杆菌 Ti 质粒和发根农杆菌 Ri 质粒。

1．根癌农杆菌 Ti 质粒

Ti 质粒是一种天然的极好的基因工程载体，它是土壤农杆菌中的质粒，通过感染植物（特别是双子叶植物）的伤口，诱发伤口组织形成冠瘿瘤（crown gall tumout），同时在冠瘿瘤内合成一类精氨酸衍生物，即冠瘿碱（opines）（图 3－5）。冠瘿碱主要包括章鱼碱（octopine）和胭脂碱（nopaline），由此，Ti 质粒也分为两类，即章鱼碱型 Ti 质粒和胭脂碱型 Ti 质粒。冠瘿瘤是农杆菌唯一的碳源和氮源，而其他有机体，包括植物和微生物则不能利用。冠瘿瘤中的植物细胞在体外培养时，在没有激素的条件下仍能快速生长。

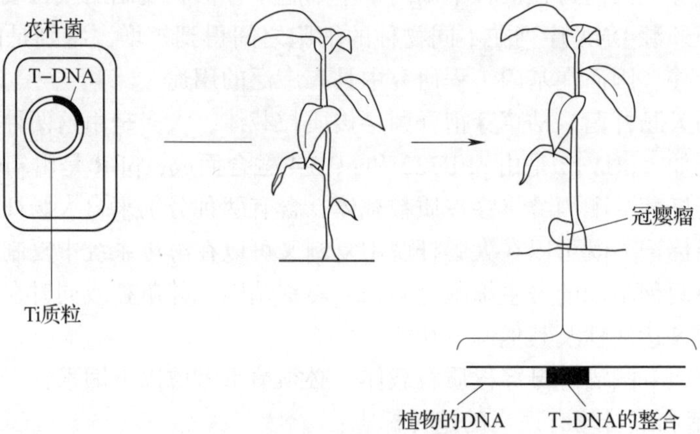

图 3－5　根癌农杆菌 Ti 质粒诱导冠瘿瘤的形成

资料来源：谢友菊，1990。

冠瘿瘤中植物细胞所具有的重要特性完全是由农杆菌中 200kb 左右大小的 Ti 质粒所引起的。图 3－6 显示了 Ti 质粒的基因图，从基因图中可以看出，Ti 质粒有以下几个重要区域：① T－DNA（transfer DNA，即转移－DNA）区域，也称 T 区（T－region），它含有冠瘿碱生化合成和冠瘿瘤生长的基因，冠瘿瘤中细胞转化的原因就是 Ti 质粒上的T－DNA 进入细胞核并整合到植物染色体上；② *Vir*（Virulence）区域，即毒性区，是引起T－DNA 转移的区域，和冠瘿瘤的形成有关；③ 细菌吸收和利用冠瘿碱的区域；④ 其他区域。

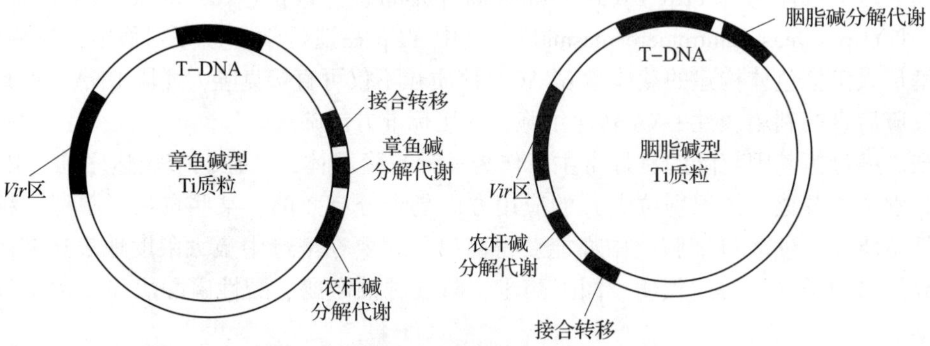

图 3－6　两种土壤农杆菌 Ti 质粒的基因图

资料来源：谢友菊，1990。

农杆菌侵染植物伤口以后，在 Ti 质粒的 *Vir* 区和农杆菌染色体的某些位点的帮助下，Ti 质粒上的 T－DNA 进入细胞核，并随机整合到植物的染色体上。T－DNA 有左右边界，是转移必需的部分，其上有致瘤因子（包括生长素合成酶基因和细胞分裂素合成酶基因）以及冠瘿碱合成酶基因等。这些基因能利用植物细胞的表达系统进行表达，为农杆菌的生存创造条件。

由此可见，Ti 质粒上的 T－DNA 具有转化功能，这就为 Ti 质粒作为植物遗传工程的载体创造了先决条件。但是如果将 Ti 质粒直接应用，还存在许多问题：一是野生型 Ti 质粒太大，不便于操作；二是未经改造的 T－DNA 转入植物基因组后，引起不正常的生长和分化特性，以至于不能再生成植株。因此，必须对 Ti 质粒进行改造。改造的原则是：保留 T－DNA 的转移功能，取消 T－DNA 的致瘤性并将外源基因插入 T－DNA 中。

经过研究和试验发现，去除 T－DNA 上的致瘤因子造成 T－DNA 的大段缺失，或在 T－DNA上插入外基因，并不影响 T－DNA 的转移和整合功能，由此建立了改造 Ti 质粒的共整合系统。另外，与 T－DNA 转移有关的 *Vir* 区对 T－DNA 的转移是反式起作用的，即 T－DNA 与 *Vir* 区并不需要连在一起，而可以分别位于两个复制子上，其中一个质粒上的 *Vir* 区可以使另一个质粒上的 T－DNA 进行转移。在含有 T－DNA 的质粒上加入多克隆位点和抗生素抗性基因，以便于插入外源基因并选择转化植物细胞，这一质粒就称为双元载体。双元载体既能在农杆菌中复制，又能在大肠杆菌中复制，并且质粒分子小，便于操作，因此成为目前植物基因转化最主要的载体。

以农杆菌 Ti 质粒为载体的转化方法有以下优点：第一，寄主范围广，可浸染多种双子叶植物及少数单子叶植物。据不完全统计，约有 93 科 331 属 643 种双子叶植物对 Ti 质粒敏感；第二，操作简单，不需要特别的组织培养技术；第三，转化频率和可重复性高；第四，目的基因能比较完整地转入受体细胞，整合到染色体上，并以孟德尔方式遗传和表达。这些特点是非载体法无法比拟的。

2. 发根农杆菌 Ri 质粒

发根农杆菌（*A. rhizogenes*）和根癌农杆菌同属根瘤菌科的植物病原细菌。它也能侵染大多数双子叶植物，并在伤口处引起植物细胞迅速扩增，形成大量根毛，这些根毛是由病菌中的 Ri 质粒（Root－inducing plasmid）引起的。Ri 质粒在结构和功能上与 Ti 质粒具有一定的共性，其 T－DNA 也可整合到寄生植物细胞的染色体上。

目前已发展出了以 Ri 质粒为基础的基因克隆载体，此类载体的优点是可构建完整的 onc^{+} 载体。这是因为在许多种植物中，由 Ri 质粒诱发产生的不定根经过植物激素的刺激作用，都可分化成完整的植物。

第四节　病 毒 载 体

一、植物病毒载体

植物病毒载体的研究起步较晚，1984 年才诞生了第一例由植物副逆转录病毒——花椰菜花叶病毒（Caulimoviruses，CaMV）构建的载体。在植物中表达外源基因有两种途径，一种是用转基因的方法将外源基因整合入植物基因组进行稳定表达；另一种是应用植物病毒载体系统进行瞬时表达。植物病毒能够在被感染的植物寄主细胞中实现复制和表达，因为这类病毒核酸具备与植物 DNA 复制及转录有关的一些酶的识别顺序，而且也编码一些可以改变宿主细胞功能的基因，因此，这些 DNA 序列和编码区段有可能被用作植物细胞内复制和表达外源基因的载体。正是因为植物病毒载体具有的这些特点，可以在短时间内生产大量成本较低的外源蛋白，所以可以用来满足医药及工业用蛋白质日益增加的需求。1984 年之后，人们尝试了多种植物病毒载体。近年来，也逐步利用植物病毒载体作为探针，去研究植物和植物病原基因的表达调控、编码产物的功能以及植物与病原的相互作用。

（一）植物病毒载体的种类

植物病毒载体主要有置换型载体、插入型载体和互补型载体 3 种类型。

1. 置换型植物病毒载体

这是最原始的植物病毒载体类型，由外源基因置换对植物病毒基因组复制影响不大的基因构建而成。置换型载体一般用于转染原生质体进行瞬时表达，用于验证构建载体的可行性，较少接种于植株系统表达外源基因。构建的置换型载体用于转染原生质体时，通常不必考虑病毒的组装，所以可携带较大的外源基因。

但是，在植株系统表达外源基因时，就必须考虑病毒的包装限制，因为绝大多数植物病毒系统侵染时都需要组装成完整的病毒粒子。第一例植物病毒载体是用大肠杆菌二氢叶酸还原酶基因（*dhfr*）置换 CMV 编码蚜虫传播蛋白因子的基因 II 构建而来。第一例植物病毒载体也是置换型载体，雀麦花叶病毒的基因被氯霉素乙酰转移酶（CAT）基因置换后，在大麦原生质体中表达了 CAT。

2. 插入型植物病毒载体

这种载体的构建方式是将外源编码序列插入病毒基因组不重要的非编码区，或者将外源编码序列与复制酶基因以外的其他基因（如 CP 基因）同框融合，用以避免对病毒的复制或移动造成不利影响。对于球状或二十面立体等轴对称病毒来说，包装限制决定了插入的外源编码序列不能太大。丝状或杆状植物病毒，如烟草花叶病毒、马铃薯 Y 病毒和杆状 DNA 病毒等因不存在包装限制，适于构建插入型载体。

3. 互补型植物病毒载体

互补型载体是研究人员为了避免置换型载体和插入型载体的不足而设计出来的。这类载体是将外源基因插入缺陷型病毒或用外源基因置换病毒的某个基因构建而成。在构建互补型载体时，只要能反式提供失活基因的表达产物，一些重要的基因也被外源基因置换或插入。方法有两种：一是由转基因植株反式提供失活基因产物；一是将构建的植物病毒载体与辅助病毒一起接种，由辅助病毒提供失活基因产物。

（二）植物病毒载体表达外源基因的优点

目前已有多种病毒用于构建在植物中表达的病毒载体，其中如前所述，由花椰菜花叶病毒、烟草花叶病毒（tobacco mosaic virus，TMV）和马铃薯 X 病毒（potato virus X，PVX）构建的载体最为常用。与转基因植物相比，利用植物病毒载体表达外源基因具有如下优点：

① 基因表达水平高：伴随病毒细胞的快速增殖和生长，外源基因可以高水平地表达。

② 产生表型速度快：由于病毒可以直接感染植物，加上病毒增殖速度快，许多载体可通过机械伤接种感染大面积的植物，并且通常在接种后 1～2 周外源基因就可大量表达，

因此避免了耗时的植物遗传转化和再生过程。

③ 易于纯化和保存。

④ 宿主范围广：病毒载体能侵染农杆菌不能或很难转化的单子叶、豆科和多年生木本植物，因此扩大了基因工程中用于转化的宿主范围，同样扩大了植物研究和改良的范围。

（三）植物病毒载体的功能用途

植物病毒载体转移的基因可以超量表达目标产物，也可以抑制目标产物的表达。

在烟草（*Nicotiana benthamiana*）中过量表达八氢番茄红素合酶（phytoene synthase）可使植物中八氢番茄红素合酶的量增加 10 倍。通常在烟草中不存在辣椒红，如果在烟草中过量表达甜椒（*Capsicum frutescens* L.）中的辣椒红 - 辣椒红素合酶基因（capsanthin - capsorubinsynthase），可在烟草中产生辣椒红素，并且其含量能达到植株中类胡萝卜素总量的 35%。

植物病毒载体可以抑制目的基因的表达或使目的基因沉默。目前知道这种功能主要是通过转录后基因沉默（post - transcriptional gene silencing，PTGS）机制进行的，并且利用这种特性可以研究许多基因的功能。病毒诱导的基因沉默（virus - induced gene silencing，VIGS）是指携带植物功能基因 cDNA 的病毒侵染植物体后，能诱导植物发生基因沉默而出现表型突变，进而研究该基因的功能。如在番茄果实中利用含有乙烯合成关键酶基因 *LeACS*2 片段的烟草脆裂病毒载体（图 3 - 7），就可以引起果实中 *LeACS*2 基因的沉默，从而抑制乙烯生物合成，延缓果实的成熟衰老过程。

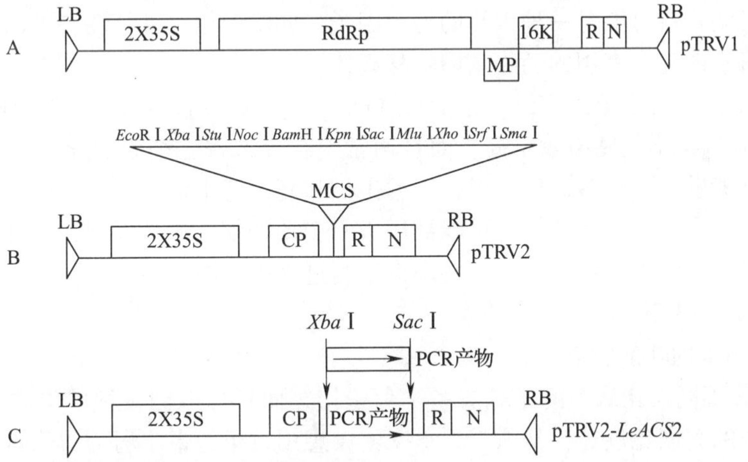

图 3 - 7　烟草脆裂重组病毒载体 pTRV1 和 pTRV2 - *LeACS*2

资料来源：罗云波等，2002。

植物病毒载体还被用来大规模地生产医药用蛋白，以提高表达量，降低成本。例如，在大肠杆菌中表达 α - 天花粉蛋白时，表达量仅占细菌总蛋白的 0.01%，而用烟草花叶病毒做载体，表达量高达可溶性蛋白的 2%，而且构建的载体还可以系统侵染烟草植株。由于 α - 天花粉蛋白在治疗人免疫缺损病毒（human immunodeficience virus，HIV）病中具有很好的疗效，因此大量生产 α - 天花粉蛋白不仅可望用于临床治疗，还可以用于研究 HIV 的分子致病机理。所以，植物病毒载体正发挥着越来越重要的作用。

二、动物病毒载体

感染动物的病毒经改造而用作动物细胞的载体，称为动物病毒载体。由于动物细胞的培养和操作较复杂、花费也较多，因而病毒载体构建时一般都把细菌质粒复制起始序列放置其中，使载体及其携带的外来序列能方便地在细菌中繁殖和克隆，然后再引入真核细胞。

目前常用的动物病毒载体有逆转录病毒、牛痘病毒、腺病毒、猿猴空泡病毒40载体和单纯疱疹病毒等。使用这些病毒载体的目的多为将目的基因或序列放入动物细胞中表达或试验其功能，或用作基因治疗等。下面简单介绍这几种动物病毒载体，虽然目前在食品基因工程中的应用还不多，但希望能给食品科学工作者一些启示。

（一）逆转录病毒载体

1．逆转录病毒的特点

逆转录病毒（retro－viruses）是一类用于构建基因转移载体的动物RNA病毒。其基因组是由2条相同的单链RNA分子组成，除此之外，在病毒颗粒内部还包含转运RNA（tRNA）引物分子、反转录酶和整合酶等组分。目前，在鸟类及哺乳类动物中发现了许多种逆转录病毒，例如鸟类的脾坏死病毒、鼠类的乳腺肿瘤病毒、莫洛尼氏小鼠白血病病毒等，但其中研究得最为详尽的是劳斯肉瘤病毒（RSV）。

2．逆转录病毒作为载体的优势

逆转录病毒的许多特点，便于其发展成为一种优良的动物基因克隆载体。

① 在大多数情况下，逆转录病毒的肿瘤基因（ONC）都能够在细胞中转录。这种特性说明逆转录病毒有可能是一种天然的转录因子，同时根据这种特性，可以在正常细胞中进行操作，将它改建为有用的动物基因转移载体。

② 逆转录病毒寄主范围广泛，包括无脊椎动物，其中有的还能够在人体细胞中生长。

③ 逆转录病毒不但感染效率高，而且通常不会导致寄主细胞的死亡，被它感染或转化的动物细胞能够持续许多世代，保持正常生长和病毒感染性的能力。

因此，逆转录病毒作为载体有可能被用于改变动物细胞的基因型，并可遗传到子代细胞。但是，逆转录病毒载体不稳定，在病毒复制过程中外源基因易发生重排与丢失。

（二）牛痘病毒载体

1．牛痘病毒的功能特点

① 牛痘病毒同天花病毒的亲缘关系十分密切，而且当人们接种了牛痘病毒之后，便可获得对天花的高度免疫性，基因工程学家就设想用重组的牛痘病毒作载体，期望表达抗多种病原体的活疫苗。

② 牛痘病毒的感染率及外源基因表达水平高，又为裂解性病毒，其基因组与宿主细胞基因组整合的几率非常小，因而无致癌性。

③ 重组牛痘病毒疫苗多为活性重组疫苗，具有用量少、抗原不需纯化等优点。用其免疫接种后，重组病毒在体内产生大量抗原，刺激机体产生体液免疫和细胞免疫。

④ 病毒载体本身还可发挥佐剂效果。

所有这些特性使牛痘病毒可能成为肿瘤疫苗的合适载体。

2．牛痘病毒的结构特点

牛痘病毒颗粒结构复杂，大约200mm×300mm，其庞大的基因组能够有150种以上的多肽编码容量。牛痘病毒颗粒具有 5′-加帽和甲基化及 3′-端多聚腺苷酸化作用能力，因此能产生有功能的 mRNA。病毒在宿主细胞质中可以完成整个生活周期，这是因为病毒本身能产生 DNA 聚合酶以及 RNA 合成和修饰的酶系。

由于牛痘病毒基因组非常大，因此在体外构建重组病毒特别困难。即使能做到这点，离体的病毒 DNA 也没有感染力。为此，只有通过含牛痘病毒顺序的质粒载体与该病毒基因组在感染的细胞内进行同源重组，才能使外源 DNA 插入牛痘病毒基因组之中。

3. 构建表达外源基因的牛痘病毒载体的过程

构建一个表达外源基因的牛痘病毒载体，主要有两个步骤：

① 首先是装配一个含有嵌合基因的质粒载体，其组成有牛痘基因的启动子及其下游的多个单一的内切酶位点供插入外源基因。在这两种成分的两侧应各有一段牛痘病毒基因组 DNA，它来自牛痘病毒基因组非必需区域或病毒的胸腺嘧啶核苷激酶（TK）基因。最后，载体中当然还要有一段质粒复制起始区和抗性基因。

② 通过同源重组将含有外源基因的嵌合基因载体插入牛痘病毒的基因组中。

近年来研制成功的非复制型牛痘病毒载体，除具有牛痘病毒载体的特点外，还具有在人体中不能繁殖后代，却能有效表达外源基因的优点，从而大大减少了免疫缺损病人在“种痘”后出现并发症的可能性，使该疫苗用于人体更为安全。用非复制型牛痘病毒载体构建的狂犬疫苗和人免疫缺损病毒（HIV）疫苗在国外也已进入人体试验阶段。我国在“九五”期间成功研制了人乳头瘤病毒 16 非复制型牛痘病毒疫苗，但该疫苗在动物实验中被证实具有特异性细胞毒 T 淋巴细胞反应和抗肿瘤移植反应。研究者将人乳头瘤 16 治疗性重组牛痘病毒疫苗与蛋白疫苗联合使用，获得了理想的免疫效果。

（三）腺病毒载体

1. 腺病毒的结构特点

腺病毒的形态是特征性的二十面体病毒壳体，其病毒壳体含有 3 种主要的蛋白质：六邻体（Ⅱ）、五邻体基底（Ⅲ）和纤突（Ⅳ），还有多种其他的辅助蛋白。腺病毒基因组是一个线性的双链 DNA，长度大约为 36000bp，其 5′-端与一种末端蛋白（TP）共价结合，5′-端上还具有末端反向重复序列（long terminal repeat sequence，LTRs）。

整个基因组的基因可以按其功能和表达的时间顺序而分为两类：早期基因（early）和晚期基因（late）。早期基因的转录和表达紧随着病毒对细胞的感染，而晚期基因的表达则开始于病毒感染细胞后约 7h。在腺病毒基因组中，已经存在有 6 个早期基因和 5 个晚期基因。6 个早期基因分别为 *E1a*、*E1b*、*E2a*、*E2b*、*E3* 和 *E4*，而 5 个晚期基因则依次为 *L1* 到 *L5*。

2. 腺病毒载体的特点与构建

早期转录区域至少编码 30 种 mRNA，晚期转录区域有一个共同的称为三联先导序列，主要由晚期启动子控制，转录产物多为顺反子，再通过不同的转录加工，产生不同的 mRNA。大多数腺病毒载体是用腺病毒 2 型和腺病毒 5 型构建而来，而且绝大多数编码有潜在治疗作用的基因载体是用腺病毒 5 型构建的。目前允许最大插入长度为 7.5kb。

有两种不同的腺病毒载体，即 E3 区被缺失和置换所构建的有复制能力的载体和 E1 区被缺失和置换所构建的复制缺陷型载体。E1 和 E3 区分别可去除 2.2kb、5.5kb，允许插入的最大外源基因长度分别为 4.0kb、7.5kb。插入位点有三处，即 E1、E3 以及 E4 与末端反向重复系列右臂之间。

一般不需要再加基因表达控制元件，利用腺病毒本身的调节元件即可获表达。构建方法为：通过原先的克隆与适当的启动子和聚合信号一起，将有关的编码区克隆到腺病毒基因组左手末端序列质粒下游。利用位于去除了 *E1a* 和 *E1b* 基因以及含包装必需区和一个复制起始点的 *Ad5* 基因组左手末端单一的 ClaI 位点，将质粒所装载的基因切下并连接到缺失 *E1* 基因的病毒片段上，进而转染到 293 细胞，通过空斑纯化便可选择出所需载体。用类似方法，可将外源基因插入缺失 E1 区载体的 E3 区。另外，通过同源重组方法，与一个携带外源基因和适当的腺病毒 DNA 序列的质粒共转染也可产生载体。这类载体称为“第一代腺病毒载体”。

3. 腺病毒载体的功能

实践证明，在体外腺病毒载体（adenoviral vector，AVV）有高效地传递和表达基因的能力。然而，体内的免疫反应限制了腺病毒载体的实际应用和发展。因此，在要求转基因持续表达以弥补缺损基因活性的病例中，非常关键的一点就是控制或抑制针对病毒载体和转基因的免疫反应。

对腺病毒感染的生物学研究得知，腺病毒诱导机体产生免疫反应的主要抗原来自它所表达的晚期蛋白，而晚期蛋白的表达很大程度上受早期基因产物的调控。腺病毒本身还可通过 E3 区表达的早期蛋白降低宿主细胞 MIC I 类分子在膜上的表达，从而减少机体对感染细胞的免疫监视。

降低机体免疫反应的“第二代腺病毒载体”的构建正是从这一生物学特点入手的。目前的措施有如下两方面：

第一，失活第一代腺病毒载体的 E2a 区功能。*E2a* 基因编码一种结合蛋白，是腺病毒复制不可缺少的。人们发现 E1 区缺失的腺病毒载体转染细胞后仍有足够多的 E2a 表达和低水平的晚期蛋白合成。通过使这种载体的 *E2a* 基因失活，可明显减少这种早期和晚期的基因表达，并使外源基因表达的持续时间大大延长。

第二，构建 E1 + E4 联合缺失的载体。E4 区编码七种蛋白质，其功能涉及晚期蛋白的合成、病毒 DNA 的复制，以及关闭宿主细胞蛋白的合成等。其中开放阅读框 3 或 6（ORF3 或 ORF6）的产物主要是参与晚期病毒基因的表达调节。E4 ORF3 或 ORF6 的缺失，将导致晚期蛋白的表达减少，从而降低机体对转移细胞的免疫损害。由于目前尚未建立同时互补 E1 和 E4 功能的细胞系，有人将克隆有 E4 ORF6 或全部 E4 区基因的质粒通过多聚赖氨酸与 E1 和 E4 都缺失的腺病毒载体连接成复合体，再转染 293 细胞，可互补 E4 区功能以产生 E1 和 E4 缺失的重组体腺病毒，并取得良好的效果。

（四）猿猴空泡病毒 40 载体

猿猴空泡病毒 40（Simian vacuolating virus 40，SV40）载体的发展速度，远远超过了其他动物病毒载体，其主要原因在于，它是迄今为止研究得最为详尽的空泡病毒之一。SV40 的基因组是一种环形双链的 DNA，整个基因组仅有 5243pb 大小，分子质量较小，很适合基因操作。它是第一个完成基因组 DNA 全序列分析的动物病毒，对其复制及转录方面的特性也已有相当深刻的了解。这些都为发展 SV40 作为基因克隆的载体奠定了很好的基础。

野生型的 SV40 颗粒的包装范围相当严格，超过其基因组大小（5. 2kb）的重组 DNA 就不能够被包装为成熟的病毒颗粒。而且，SV40 还存在着寄主细胞的局限性，只能在受体细胞中增殖，并最终导致寄主细胞的死亡，这样就不能作长期培养使用。因此，野生型的SV40必须经过改造之后，才能发展成为基因克隆的有用载体。

目前改造的方法多是只保留SV40的复制点、早期或晚期启动子、多聚腺苷酸化位点和RNA剪切的位点。一个最典型的SV40改建后的表达载体是pSV2载体原型，该载体具备了上述几个基本成分，即SV40复制、转录调控区域（包括SV40复制起始区、早期启动子、增强子序列），此外，还有一段t抗原基因的内含子（剪接信号）和多聚腺苷酸化位置。pSV2载体也包括一段原核基因的序列，即pBR322的复制起始区（*ori*）和氨苄青霉素抗性基因（Amp^r），这样既可使载体在大肠杆菌中扩增，又能直接用于转染哺乳动物细菌。这类载体不通过病毒颗粒的包装过程，所以可插入较大长度的DNA片段。但经过改造的SV40不能通过感染途径转入动物细胞，只能以DNA的形式转染进入动物细胞，故转染效率很低，仅为$10^{-6}\sim10^{-4}$。若使用标记基因，则可较为容易地筛选转化株，从而克服了转染效率过低的缺陷。

（五）单纯疱疹病毒载体

单纯疱疹病毒载体（Herps simplex virus，HSV）是一种长约152kb的双链DNA病毒，可在受染细胞核中复制。HSV载体具有以下优点：① 宿主细胞广泛；② 病毒滴度高；③ 外源基因容量大；④ 对神经细胞具有嗜向性，可在神经元细胞中建立终生潜伏性感染。HSV载体的不足之处在于它的毒性。Miyanohara等利用HSV治疗Ⅸ因子缺乏（丙型血友病）获得成功，但Ⅸ因子表达并不持久。此外，HSV/AVV重组病毒似乎能延长基因表达（7d），但随之又很快出现针对靶细胞的炎症和免疫反应。人们利用肝炎病毒、HIV作为载体直接注射肝叶获长期表达，但对其安全性还有待进一步证实。

HSV-1可被改造成两类载体：一类是扩增子载体，即仅把HSV的复制起点和包装信号序列插入到细菌质粒中，当其转染至包装细胞，用HSV辅助病毒超感染，便可获得含有扩增子的假病毒。另一类为重组1型单纯疱疹病毒，即删除了与复制相关及非必需的基因，以减少细胞毒性，可用于宿主神经元细胞中长期表达外源治疗基因。但如果宿主神经元已经潜伏了野生型单纯疱疹病毒，则很可能重新激活病毒而进入裂解期。哈佛大学报道利用病毒自身的“反式主要负调节物”（trans dominant negative）而构建了一个既可抑制自身病毒复制，又可抑制野生型病毒复制的重组病毒。此病毒可以作为新型安全性高的单纯疱疹病毒载体，用于临床试验的研究。

第五节　噬菌体载体

细菌质粒载体在基因工程研究中快速简便，但由于其自身特性的限制，最大可以克隆的DNA片段一般在10kb左右，若要构建一个基因文库，往往需要克隆更大一些的DNA片段，以减少文库中克隆的数量，为满足这一要求，人们把噬菌体发展成为一种克隆载体。

一、噬菌体的特点

噬菌体（phage）是寄生在细菌中的病毒，又称细菌病毒。噬菌体由蛋白质外壳和头部外壳内的DNA组成（图3-8）。当噬菌体感染细菌时，先将头部吸附到细菌的表面，随后像注射器一样从尾部将DNA注入细菌体内，蛋白质外壳留在外面。噬菌体DNA借助细菌的原料和能量，增殖出新的子代噬菌体，子代噬菌体生长使细菌细胞破裂，释放出噬菌体。如此反复侵染、增殖。

噬菌体 DNA 分子作为载体，可插入 10～20kb 甚至更大的一段外源 DNA 片段。由于噬菌体具有较高的增殖能力，有利于目的基因的扩增，从而成为当前基因工程研究的重要载体之一。其中，λ 噬菌体就是目前基因克隆中最常用的一种。

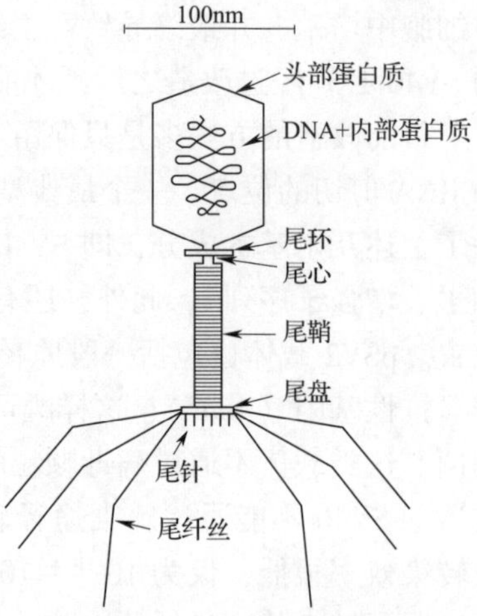

图 3－8　噬菌体的形态结构

资料来源：马建岗，2001。

二、λ 噬 菌 体

λ 噬菌体是一种温和噬菌体，由头和尾构成，其基因组是长约 49kb 的线性双链 DNA 分子，组装在头部蛋白质外壳内部，其序列已被全部测出。

（一）λ 噬菌体的溶菌和溶源循环

λ 噬菌体感染时，通过尾管将基因组 DNA 注入大肠杆菌，而将其蛋白质外壳留在菌外。λ 噬菌体将 DNA 注入大肠杆菌之后，可以进入溶菌和溶源两种循环。当 λ 噬菌体进入溶菌循环，20min 后就可使宿主细胞发生裂解，同时释放出大约 100 个噬菌体颗粒。当 λ 噬菌体进入溶源循环，注入的 DNA 整合到大肠杆菌的染色体中，与染色体一起复制，而并不给寄主带来任何危害。当在某种营养条件或是环境胁迫条件下，整合的 λ 噬菌体 DNA 可以被切割出来，进入溶菌循环（图 3－9）。

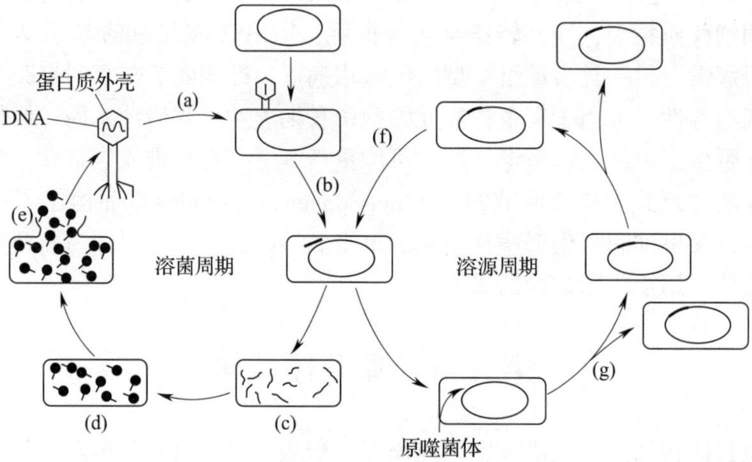

图 3－9　溶源性噬菌体的生命周期

注：当温和噬菌体的 DNA 注入到感染的寄主细胞之后，有时会如烈性噬菌体一样马上进行增殖，有时又会整合到寄主染色体上，转变成原噬菌体。（a）噬菌体增殖吸附到寄主细胞上；（b）噬菌体 DNA 注入寄主细胞内；（c）噬菌体 DNA 大量增殖；（d）子代噬菌体 DNA 的组装；（e）寄主细胞溶菌，释放出大量的新的噬菌体颗粒；（f）噬菌体的 DNA 从寄主染色体 DNA 上删除下来（发生这样的情况很少，平均每万次溶源性细胞染色体的分裂周期才有一次这样的几率）；（g）溶源性细胞通常按照正常细胞的速率进行分裂。

资料来源：吴乃虎，2006。

（二）λ 噬菌体 DNA 的繁殖方式

λ 噬菌体 DNA 进入大肠杆菌后，可以以两种不同的方式繁殖。

（1）溶菌性方式（lytic pathway）　在营养充足、条件适合细菌繁殖时，利用宿主菌中的酶类和原料，λ 噬菌体 DNA 上的基因可按调控的顺序表达构成噬菌体头、尾和尾丝所需的各种蛋白质，λ 噬菌体 DNA 经多次复制合成许多子代 λ 噬菌体 DNA，于是装配成许多子代的 λ 噬菌体，最后裂菌，释放出许多新的 λ 噬菌体。

（2）溶源性方式（lysogenic pathway）　进入细菌的 λ 噬菌体 DNA 可整合入细菌的染色体 DNA 中，随细菌染色体 DNA 复制，传给细菌后代，这个稳定潜伏在细菌染色体 DNA 中的 λ 噬菌体 DNA 称为原噬菌体（prophage），含有原噬菌体的细菌称为溶源菌（lysogen）。λ 噬菌体 DNA 的整合是可逆的，原噬菌体可从宿主 DNA 中切出，进入溶菌性方式繁殖。

（三）λ 噬菌体的基因构成

λ 噬菌体 DNA 中，其中大约 20kb 对于整合切割过程极为关键，称为整合切割（I/E）区域。对于构建核基因文库来说，可将这 20kbDNA 片段去掉，强迫重组的 λ 噬菌体进入裂解循环。

λ 噬菌体的线状双链分子包含有 60 多个基因，基因组分几个不连续的区域（图 3-10），这对于作为基因工程的载体来说非常有用。λ 噬菌体 DNA 通常由 3 个片段组成：

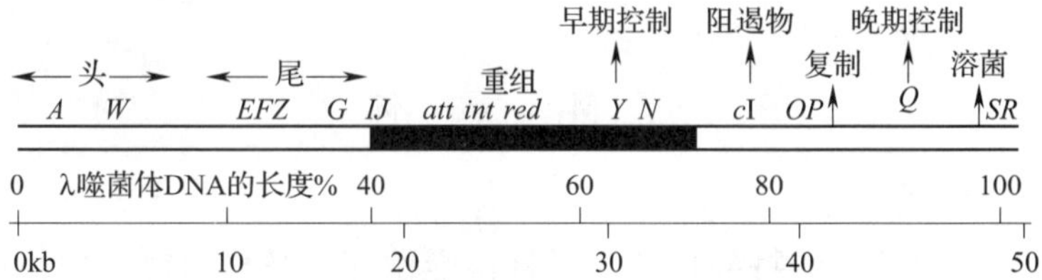

图 3-10　λ 噬菌体基因简图

注：黑色为非必需区，其余为必需区

资料来源：罗云波，生吉萍，2006。

① 左臂为 19.6kb，从 *A* 至 *J* 共 12 个构成头部和尾部外壳蛋白的基因；

② 中央片段为 12～24kb，含有 PL 控制的 *red* 基因和 *gam* 基因；

③ 右臂为 9～11kb，含有与 λ 噬菌体 DNA 复制和溶菌有关的蛋白质编码基因，而与裂解有关的 *S* 基因和 *R* 基因、与 DNA 复制有关的 *O* 基因和 *P* 基因等也都分别聚集在右臂上。

左右两臂包含了复制和溶菌所需的全部功能蛋白质编码，而中央片段为非必需区，即从 *J* 基因到 *N* 基因的片段可被其他大肠杆菌 DNA 片段所取代。

（四）λ 噬菌体载体的构建

利用 λ 噬菌体作载体，主要是将外来的目的 DNA 替代或插入中段序列，使其随左右臂一起包装成噬菌体，去感染大肠杆菌，并随噬菌体的溶菌繁殖而繁殖。现在广泛使用的 λ 噬菌体载体是已做过许多人工改造的，主要的改造原则是将 λ 噬菌体的非必需区做部分切除，使之减少或增加某些限制性内切酶的酶切位点，或者插入某种报告基因。具体构建过程如下：

① 设计去除 λ 噬菌体 DNA 上的一些限制性酶切位点。这是因为 λ 噬菌体 DNA 较大，

序列中的限制性酶切位点过多，妨碍其应用。

② 在中段非必需区替换插入某些标志基因，如可供蓝白筛选 lacI－lacZ′序列和多克隆位点等。

（五）λ 噬菌体载体的类型与特点

构建出的 λ 噬菌体载体分为两类：

一类是插入型载体，是只含有一个限制性位点可供插入外源 DNA 的载体，常用的 λgt 系列载体一般容许插入 5～7kb 外来 DNA。

另一类是转换型（置换型）载体，是可被外源 DNA 置换的 λ 噬菌体非必需区两侧有一对限制性酶切位点的载体，如 IMBL 系列载体。

对插入或置换 λ 噬菌体 DNA 中段的外来 DNA 的长度是有一定限制的，当 λ 噬菌体 DNA 长度大于野生型 λ 噬菌体基因组 105% 或小于 78% 时，包装而成的噬菌体存活力显著下降。所以，λ 噬菌体载体可插入长 5～20kb 的外来 DNA，这比质粒载体能插入的 DNA 长得多；而且包装的 λ 噬菌体感染大肠杆菌要比质粒转化细菌的效率高得多，所以 λ 噬菌体载体常用于构建 cDNA 文库或基因组文库。但 λ 噬菌体载体的克隆操作要比质粒载体复杂。

利用 λ 噬菌体颗粒的组装机制，人们发明了体外包装系统，只需将 λ 噬菌体 DNA、尾巴和纯化的空的头部混在一起，就可以在体外产生具侵染性的噬菌体颗粒。λ 噬菌体文库可用 DNA 探针或免疫分析进行筛选，其差异只是细菌文库形成单菌落，而噬菌体文库形成单个噬菌斑（plaque）。

三、M_{13} 载　体

1. M_{13}载体的构成

M_{13}载体是一种细丝状的特异性的大肠杆菌噬菌体，又称单链噬菌体载体。它含有 6407 个核苷酸的单链环状 DNA 基因组（图 3－11）。在基因Ⅱ和基因Ⅴ之间（共有 10 个基因）有一个 508bp 的非必需区，可插入外源 DNA 而不影响噬菌体的增殖，称为 IS 区。

2. M_{13}载体的扩增

M_{13}只感染带有 F^- 因子的雄性细胞（JM101、JM103 等），在成熟的病毒粒子中的 DNA 称为正链 DNA，进入细胞后以正链 DNA 为模板合成负链，这样构成的环状双链分子称为复制型 DNA（RF DNA）。RF DNA 可从细胞中分离提取出来，用作双链 DNA 克隆载体。

扩增到 100～200 拷贝时，M_{13}的合成改为不对称复制，只产生两条 DNA 链中的正链 DNA 单链，形成大量由正链构成的 M_{13}颗粒。这是由于在细胞内累积了一种噬菌体编码的单链特异的 DNA 结合蛋白所致。这种蛋白质特异地与正链 DNA 结合，阻断了其与互补链的生成，这样细胞中的负链 DNA 继续作为模板，合成正链 DNA。游离的正链 DNA 掺入到外壳蛋白质中，形成噬菌体颗粒。这种颗粒陆续感染细胞并自细胞中释放，但不裂解宿主，不发生溶菌效应。

虽然 M_{13}的感染不杀死细胞，但在某种程度上干扰了细菌的正常生长，所以看到的是一种浑浊型的“噬菌斑”，这是由感染和未感染的细胞两者间的生长速度不同造成的。

图 3－12 所示为 M_{13}噬菌体的生命周期。M_{13} 噬菌体颗粒在基因Ⅲ编码的向导蛋白质的作用下，通过寄主细胞表面的性须进入细胞内。之后，释放出来的单链基因组便在基因

Ⅱ编码的蛋白质的作用下，形成双链的 RF DNA。此种 DNA 指导合成子代 M_{13} 单链基因组。这些单链的 M_{13} 噬菌体 DNA 随之被包装成噬菌体颗粒，并被挤压出寄主细胞。

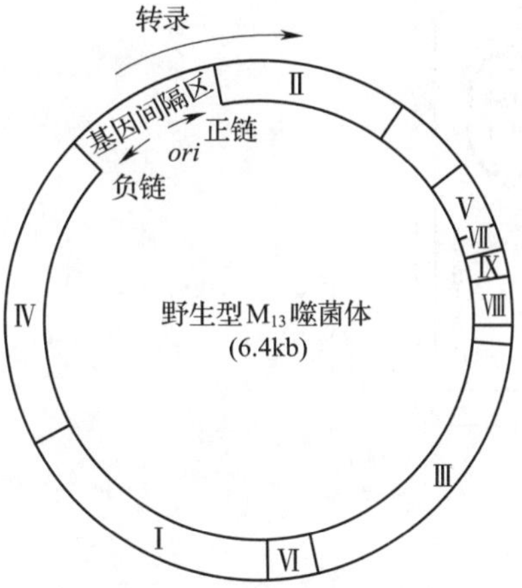

图 3 - 11　野生型 M_{13} 单链噬菌体的基因图

资料来源：马建岗，2001。

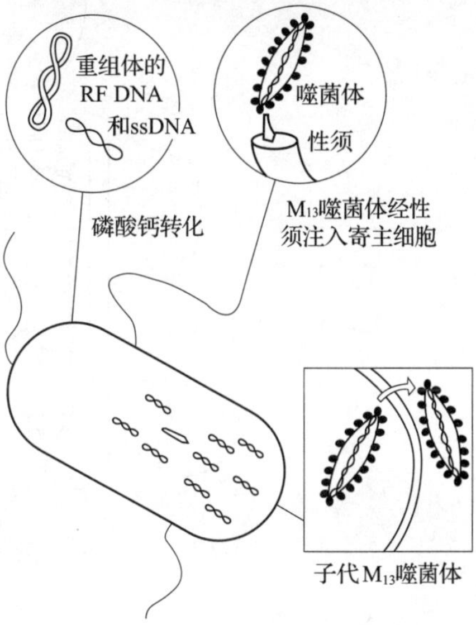

图 3 - 12　M_{13} 单链 DNA 噬菌体生命周期示意图

资料来源：马建岗，2001。

3．M_{13} 载体的构建

M_{13} 载体的构建，是通过将某一序列插入到 M_{13} 噬菌体基因组中的 IS 区而实现的。根据所插入的序列不同，可分为两种类型。第一种是在 IS 区内插入一个大肠杆菌的 lac 操纵子片段，它包括 β - 半乳糖苷酶前面的 146 个氨基酸，称为 α 多肽。它能与部分缺失 *lacZ* 基因的大肠杆菌突变株（JM101 细胞）进行 α 互补，产生出完整的 β - 半乳糖苷酶。

图 3 - 13 和图 3 - 14 所示分别为 α 互补以及 JM101 的遗传组成。M_{13} 载体和寄主 JM101 菌株单独存在时，都不能产生有功能活性的 β - 半乳糖苷酶，只有二者结合在一起，才能产生有活性的 β - 半乳糖苷酶。寄主细胞被感染后，由于 α 互补作用，获得了 lac^+ 表型。在含有 IPTG 和 Xgal 的平版上，β - 半乳糖苷酶降解 Xgal，产生蓝色物质，可根据蓝色噬菌斑筛选转化细胞。这样的 M_{13} 载体称做 M_{13}mp1。

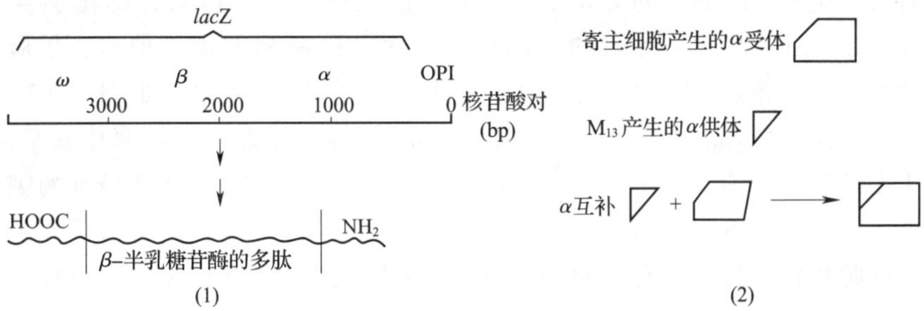

图 3 - 13　*lacZ* 基因及 α 互补示意图

I - 调节基因　P - 启动子　O - 操纵基因　α，β，ω - Z 基因上的不同区域

资料来源：马建岗，2001。

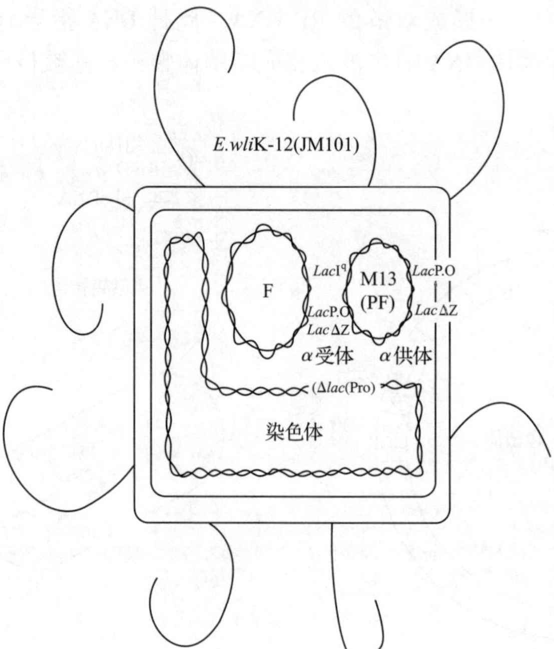

图 3-14　JM101 的遗传组成

Δ-缺失　Pro，P-启动子　*lac*-乳糖操纵子　I^q-突变的调节基因　O-操纵基因

资料来源：马建岗，2001。

M_{13}mp1 是发展 M_{13} 载体的前体，随后的一系列 M_{13} 载体都是在它的基础上改造派生出来的。M_{13}mp1 具有筛选标记，但没有常用限制酶的单一切点，这是它作为克隆载体的一大缺点。为此，有人把 β-半乳糖苷酶 α 多肽链的第五个氨基酸密码子中的一个鸟嘌呤点突变成腺嘌呤，在这个序列中，产生出一个 *Eco*R I 限制酶的识别位点（GAATTC）。由此产生的 M_{13} 载体称为 M_{13}mp2。虽然这种碱基转换的结果导致天冬氨酸被天冬酰胺所取代，但这一取代对 α 多肽的互补作用没有造成实质性的影响。用类似的方法得到了 M_{13}mp3 和 M_{13}mp4 载体。

图 3-15 所示为 M_{13}mp2 的构建过程。图中甲基化的鸟嘌呤（Me-G）同胸腺嘧啶（T）配对，但在 DNA 复制过程中，胸腺嘧啶则是同腺嘌呤配对的，结果导致 G-C 碱基对被 A-T 碱基对所取代。

第二种类型是在 M_{13}mp2 的 *Eco*RI 位点上再插入一个人工接头，即化学合成的多聚衔接物（polylinker），在此小片段的衔接物上有多个限制酶的识别位点，扩展了克隆位点的组成范围。根据衔接物的不同，构成 M_{13} 的系列衍生物载体，如 M_{13}mp7、M_{13}mp8、M_{13}mp9、M_{13}mp10、M_{13}mp11、M_{13}mp18 和 M_{13}mp19 等。在 β-半乳糖苷酶基因（lacZ）中插入人工衔接物小片段，并不影响 β-半乳糖苷酶 α 多肽与 β-半乳糖苷酶突变体的互补能力，即 α 互补。若在此衔接物片段中再插入外源 DNA 片段，则将破坏互补作用。含有插入片段的噬菌体生长在含有 IPTG 和 Xgal 的平板上产生无色噬菌斑，可作为重组体噬菌体筛选标记。

M_{13}mp10 和 M_{13}mp11 的分子结构如图 3-16 所示。它们都带有一段限制位点相同而取向相反的多克隆位点序列。这一对 M_{13} 载体对于 *Eco* R Ⅰ、*Sst* Ⅰ、*Sma* Ⅰ/*Xma* Ⅰ、*Bam*H

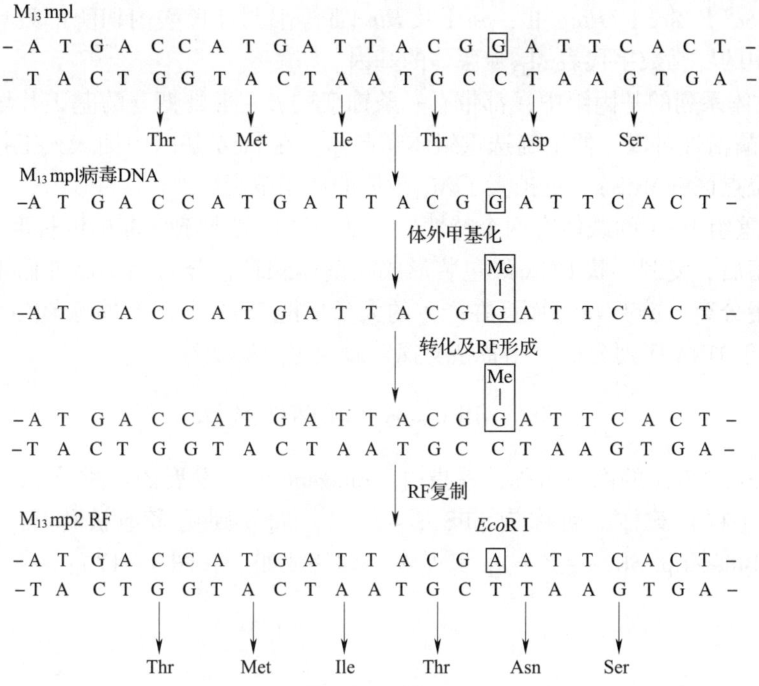

图 3－15　M_{13}mp1 载体 *lac Hind* Ⅱ区段的体外诱变形成 M_{13}mp2 的过程

资料来源：马建岗，2001。

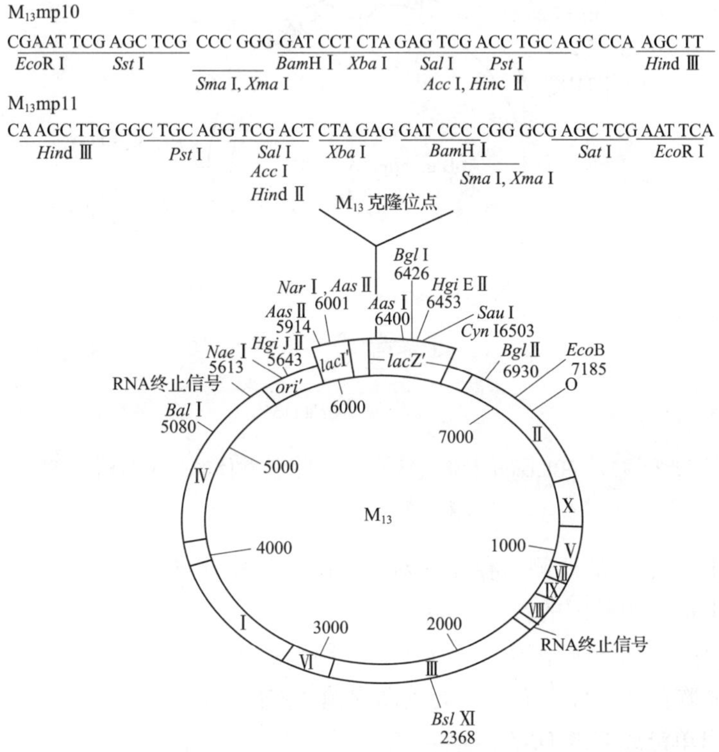

图 3－16　M_{13}mp10 和 M_{13}mp11 的分子结构图

资料来源：马建岗，2001。

Ⅰ、*Xba* Ⅰ、*Sal* Ⅰ/*Acc* Ⅰ/*Hinc* Ⅱ、*pst* Ⅰ及 *Hind* Ⅲ等限制性核酸内切酶都只具有单一的限制位点。图中的罗马数字代表 M_{13} 噬菌体的基因。

在 M_{13} 载体系列的基因组中，都带有一条饰变的 β - 半乳糖苷酶基因片段，根据有无 β - 半乳糖苷酶活性可以方便地筛选重组体噬菌体。在 lacZ′基因中插入人工接头，带有密集的多克隆位点区（MCS），更扩大了 M_{13} 载体的使用范围。

M_{13} 作为重组 DNA 的载体有两个特性，一是允许包装大于病毒单位长度的外源 DNA；二是感染细菌后，复制环状 DNA 经包装形成噬菌体颗粒，分泌到细胞外而不溶菌。这些特性不仅便于分离单链 DNA，而且在产生的大量单链 DNA 中含有外源 DNA 序列。因此，M_{13} 载体可用于 DNA 序列分析、制备杂交探针以及定点突变等。

四、pBluescript 噬菌体载体

pBluescript 是专用的商品名称，系指由 Stratagene 公司发展的一类从 pUC 载体派生而来的噬菌体（粒）载体，简称为 pBS（+/-），如今则更多地被称作 pBluescript KS（+/-）或 pBluescript SK（+/-），其基本结构特征如下（图 3-17）：

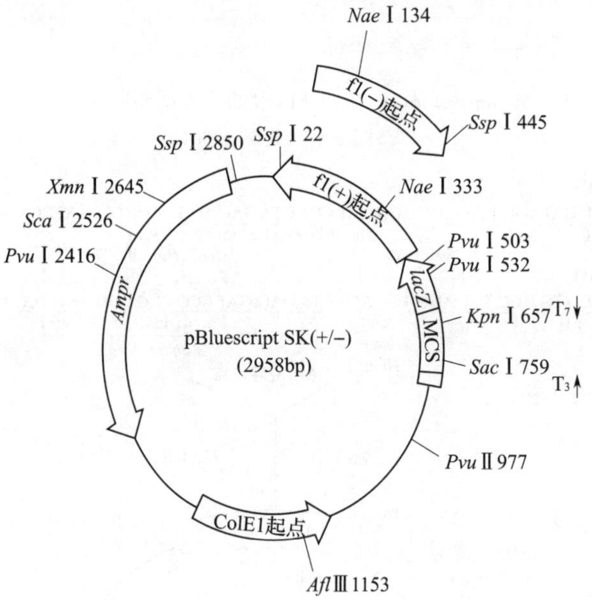

图 3-17　pBluescript SK（+/-）噬菌体载体的分子结构示意图

资料来源：朱玉贤，2002。

① 在多克隆位点区的两侧，存在一对 T_3 和 T_7 噬菌体的启动子，用以定向指导插入在多克隆位点上的外源基因的转录活动；

② 同时具有一个单链噬菌体 M_{13} 或 f1 的复制起点和一个来自 Col E1 质粒的复制起点，保证 pBluescript 噬菌体载体在有或没有辅助噬菌体共感染的不同情况下，按照不同的复制形式分别合成出单链或双链 DNA；

③ SK 表示多克隆位点区的一种取向，即 *lacZ* 基因是按照 *Sac* Ⅰ至 *Kpn* Ⅰ的方向转录；（+/-）表示单链噬菌体 f1 复制起点的两种相反的取向。f1（+）起点表示当 pBluescript 噬菌体载体和辅助噬菌体共感染寄主细胞时，能够回收到 *lac*Z 基因的有意义链 DNA；而 f1（－）起点则表示当 pBluescript 噬菌粒载体与辅助噬菌体共感染寄主细胞时，可回收到 *lac*Z 基因的无意义链 DNA；

④ 编码有一个氨苄青霉素抗性基因，作为转化子克隆的选择标记；

⑤ 含有一个 *lac*Z 基因，可以按照 X－gal－IPTG 组织化学显色法筛选噬菌粒载体的重组子。

第六节　黏性质粒载体

黏性质粒载体（cosmid vector），也称柯斯质粒，是指含有抗性基因、单一克隆位点以及 λDNA *cos* 位点的细菌质粒。"cosmid" 一词是由英文 "cos site－carrying plasmid" 缩写而成，其原意是指带有黏性末端位点的质粒。因此，所谓柯斯质粒其实是一类由人工构建的含有 λ 噬菌体 DNA 的 *cos* 序列和质粒复制子的特殊类型的质粒载体。

一、柯斯质粒载体的特点

在柯斯质粒 pHC79 中，除 *cos* 位点之外，其两侧还具有与噬菌体包装有关的 λDNA 短序列。质粒 DNA 部分则是一个完整的复制子，包括一个复制起点和两个抗菌素抗性基因 Amp^r 和 Tet^r。很明显，pHC79 柯斯质粒兼具了 λ 噬菌体载体和 pBR322 质粒载体两方面的优点，其克隆能力为 31～45kb，而且能够被包装成为具有感染能力的噬菌体颗粒。柯斯质粒载体具有以下特点：

1．具有 λ 噬菌体的特性

柯斯质粒载体在克隆了合适长度的外源 DNA，并在体外被包装成噬菌体颗粒之后，可以高效转染对 λ 噬菌体敏感的大肠杆菌寄主细胞。进入宿主细胞之后的柯斯质粒 DNA 分子，能按照 λ 噬菌体 DNA 同样的方式环化。

2．具有质粒载体的特性

柯斯质粒载体具有质粒复制子，因此能像质粒 DNA 一样在宿主细胞内进行复制，并且能在氯霉素作用下，获得进一步扩增。此外，柯斯质粒载体通常也都具有抗菌素抗性基因，可作为重组体分子表型选择标记，其中有一些还带有基因插入失活的克隆位点。

3．具有高容量的克隆能力

柯斯质粒载体的分子仅由一个复制起点、一两个选择记号和 *cos* 位点等三部分组成，其分子较小，一般只有 5～7kb。因此，可以插入柯斯质粒载体并能被包装成 λ 噬菌体颗粒的最大外源 DNA 片段，即柯斯质粒载体的克隆极限可达 45kb 左右。

二、柯斯质粒载体的克隆方式

柯斯质粒上除了具有多个单克隆位点、两个 *cos* 位点，即 DNA 复制启始位点和抗生素抗性基因之外，在两个 *cos* 位点之间还有一个限制性核酸内切酶位点。以柯斯质粒作载体克隆时，先用限制性内切酶（RE1）将柯斯质粒切开，再用单克隆位点中的另一个限制性内切酶（RE2）酶解，然后将 RE2 酶解的长约 40kb 大小的外源 DNA 片段克隆到单克隆位点上，形成一个长约 50kb 的线性 DNA 分子。由于分子两端含有 *cos* 位点，因此可以在体外包装进入空的噬菌体头部，其中没有插入 DNA 的空载体，或者插入片段大小不符合要求的重组分子则无法包装。

重组噬菌体的 DNA 可以通过侵染大肠杆菌而传递，如图 3－18 所示。重组噬菌体的 DNA 进入大肠杆菌之后，由于进入头部时两个 *cos* 位点都已被切割掉了，它们通过碱基配对可以将整个 DNA 分子变成一个环状的质粒分子。另外，复制起始位点的存在又可以保证其在宿主细胞中稳定复制保存，转化的细胞可以通过抗生素进行筛选。柯斯质粒适用于基因簇和大基因的克隆。

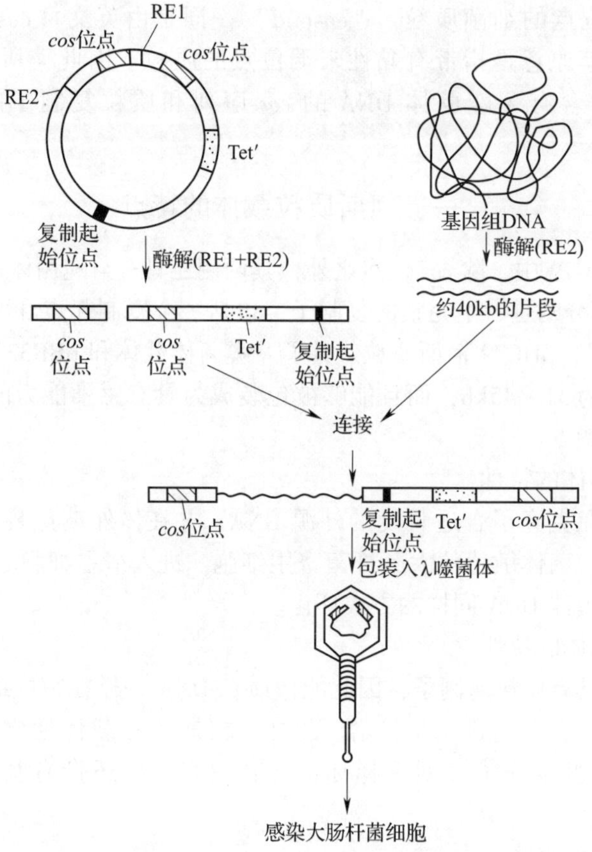

图 3－18　用柯斯质粒克隆大片段 DNA 的流程示意图

资料来源：罗云波，2002。

第七节　表 达 载 体

在基因工程技术中，克隆载体主要用于目的基因的数量扩增。当需要获得目的基因的表达产物时，则需要使用基因表达载体。表达载体可以是质粒载体、病毒载体，也可以是其他的具有表达功能的载体。

一、表达载体的要求

在生物体内，完整的基因包括启动子区域、编码区域和终止区域（图3－19），因此表达载体将外源基因在宿主细胞中表达成蛋白质必须具备以下条件：

① 需要很强的启动子，并能被宿主细胞的 RNA 聚合酶识别并启动转录，这样可以保证基因的大量表达；

② 需要很强的终止子，使得 RNA 聚合酶转录目的基因的序列而不是其他无关的序列；

③ 目的基因的编码区必须具有翻译起始密码子 ATG，原核表达载体还需要 SD 序列。

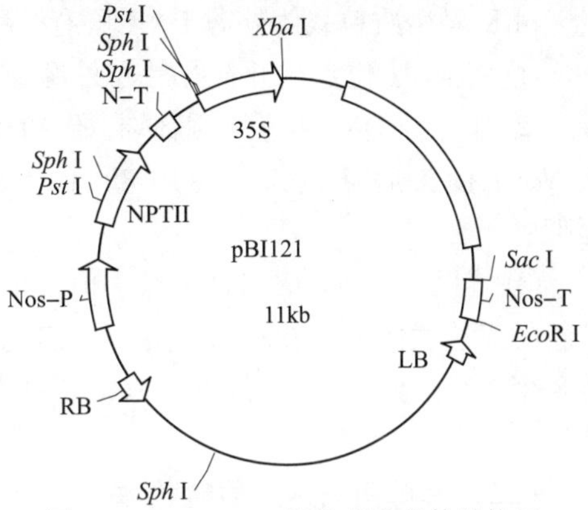

图 3－19　pBI121 植物表达载体结构图

资料来源：罗云波，2002。

二、常见质粒型表达载体

（一）pKK 表达质粒载体

pKK 质粒的启动子为 P_{tac}，由大肠杆菌强启动子 P_{trp} 和 P_{lac} 杂合组成。pKK233－3 表达载体含有 *tac* 启动子、*lacE* 的 RBS、pUC8 的多克隆位点，在远端还有一个 *rrnB* 的转录终止信号（图 3－20）。另一个设计是 pKK233－2，其特点是 RBS 的下游 8 个核苷酸处有一

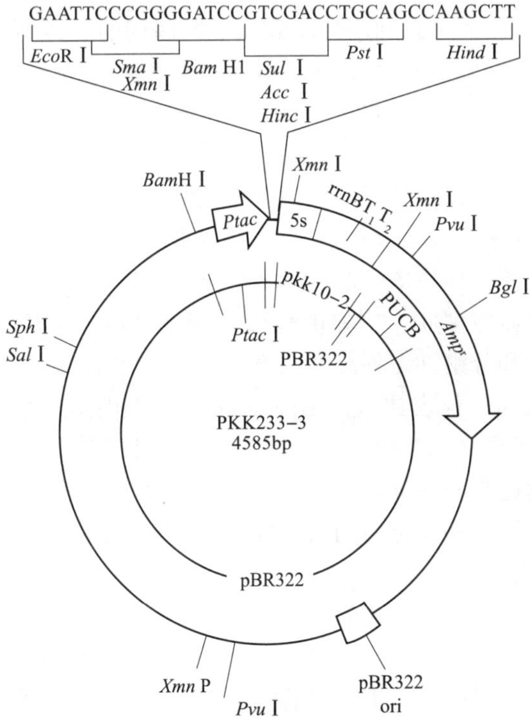

图 3－20　pKK233－3 物理图谱

资料来源：孙树汉，2002。

个 ATG 序列，该 ATG 和它的前后核苷酸（CCATGG）一起又组成了 *Nco* Ⅰ位点，其后又有可供插入用的 *Pst* Ⅰ及 *Hind* Ⅲ位点，最后接上 *rrnB* 的转录终止信号。

pKK 表达质粒载体外源 DNA 可有 3 种插入法：

① 将 NcoⅠ位点切开补齐后与外源 DNA 平端连接；

② 如外源 DNA 也含有翻译起始 ATG，*Nco*Ⅰ位点则可直接连接，如为其他位点可加入 *Nco* Ⅰ接头后连接，常使用 8、10 或 12 个核苷酸的 *Nco*Ⅰ接头以获得正确的读码框架；

③ 使用 *Pst* Ⅰ或 *Hind*Ⅲ位点，但此时会在表达蛋白的 *N* – 末端增加 2 ~ 5 个氨基酸。较新的表达载体 pKK388 – 1 含有 *tac* 启动子及 *rrnB* 抗位点 *Nco*Ⅰ位终止序列、RBS 以及下游 8 个核苷酸处的 *Nco*Ⅰ位点，紧接着是来自 pUC18 的多位接头，最后是 *rrnB* 的转录终止信号。

（二）酵母菌表达型质粒载体

1．启动子

外源基因在酵母细胞中表达，一定要有酵母启动子，否则就不能表达。常用的酵母启动子有醇脱氢酶（ADH）、磷酸甘油酸激酶（PGK）、3 – 磷酸甘油醛脱氢酶（GAP）、蔗糖酶（SUC）、酸性磷酸酯酶（PHO）、酵母交配因子 α（MFα）、半乳糖降解酶（GAL）等。

这些启动子所构建的表达型质粒可分为两类：一类是不可调控型表达质粒，含一个不可调控启动子（例如 ADH 启动子）；另一类是可调控型表达质粒，含有一个可调控启动子（例如 SUC 启动子），它受到外源物质或表达所需遗传位点控制，主要用于调节基因产物的表达量及表达基因产物的时间。

通过重组 DNA 技术，还可以利用酵母载体生产医用的外源蛋白。用酵母生物技术方法得到的第一种医用产品是乙型肝炎疫苗，其他类似产品包括人小肠三叶因子、胰岛素和水蛭素。

2．信号肽

酵母分泌型表达载体可以使外源蛋白质分泌到细胞外。这类质粒除含有酵母一般表达型质粒的必要组成成分以外，还必须带有一个控制蛋白质分泌的信号序列，这种信号序列含有较多的疏水性氨基酸，称作信号肽。酵母分泌型表达载体中的信号肽编码序列主要来自酵母细胞的某些蛋白质或多肽，例如由酵母 α 因子基因的前导肽编码序列构建的分泌型表达质粒，能够表达和分泌许多外源蛋白质。

酵母生产外源蛋白的最佳表达盒（expression box）包括有效的启动子序列（可为诱导性或组成性）、目的蛋白 cDNA 和转录终止序列。应注意产生蛋白的性质，因为这将决定产物是在细胞内表达还是向外分泌。使用酿酒酵母表达系统还要考虑：启动子和终止子的选择；表达盒的稳定性；外源蛋白的累积部位；产量的高低。

3．表达载体的类型

根据重组表达载体产生的蛋白质的存在形式，可将表达载体分为融合型载体和非融合载体。一般情况而言，实验者是希望得到非融合蛋白，但是融合蛋白有其独特的优势，一方面，载体上的融合标签序列使得蛋白质的纯化变得容易；另一方面，融合序列可使蛋白质的翻译效率提高，基因产物较为稳定；最后，融合蛋白可通过化学方法裂解成非融合蛋白。

谷胱苷肽巯基转移酶（GST）融合表达系统是一种极好的基因表达和纯化系统（图3-21）。载体的组成成分基本上与其他表达载体相似，含有启动子 *tac* 及 *lac* 操纵基因、SD 序列下游就是 *GST* 基因，而克隆的外源基因则与 *GST* 基因相连。当基因表达时，表达产物为 GST 与目的基因的融合体。该载体具有以下优点：

（1）可诱导，能高效表达所需基因或基因片段　异丙基-β-D-硫代半乳糖苷（IPTG）可诱导 *tac* 启动子进行高效表达；

（2）融合蛋白容易纯化　GST 分子质量为 26ku，作为一种酶在大肠杆菌中表达或与外源基因融合表达时，与自然界存在的酶具有相同的酶活性，用亲和层析柱如 Glutathione Sepharose 4B 极容易从烈解液中分离纯化出融合蛋白，也可用显色法或免疫学方法方便地检测外源蛋白的表达量；

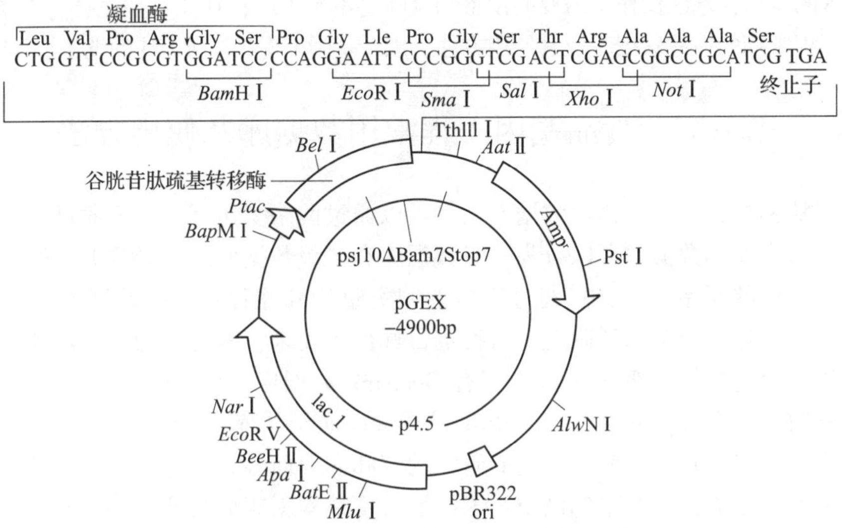

图 3-21　融合型载体 pGEX 的物理图谱

资料来源：孙树汉，2002。

（3）可方便地从融合蛋白中获取单一外源蛋白　在 pGEX 多克隆位点上游有一个位点特异的蛋白酶（如凝血酶、Prescission protease、FactorXa）识别和切割位点，可方便地将所需蛋白从融合蛋白中切割出来并纯化。

近年来谷胱苷肽巯基转移酶融合表达系统已广泛地应用于基因表达、分子免疫学、疫苗生产及 DNA-蛋白质相互作用的研究等方面。

思考题

1. 什么叫基因工程载体？基因工程载体有哪些特征，是如何进行分类的？
2. 分子克隆载体都具备哪几个最基本的结构？
3. 标记基因的功能是什么？简述其分类和应用。
4. 质粒载体有哪些特性？构建理想质粒载体必须具备哪些条件？
5. 列举常见的质粒载体的名称及其优点。
6. 什么是动植物病毒载体？植物病毒载体有哪些用途？常用的动物病毒载体有哪些？
7. 列举几种常见的噬菌体载体，并简述它们的作用特点。

第四章　食品基因工程常用数据库与设备

教学目标： 1. 了解食品基因工程常用的核酸、蛋白质数据库的种类与使用方法；
2. 熟悉基因工程操作常用的设备与使用方法。

近年来大量生物学实验数据的积累，形成了当前数以百计的生物信息数据库。它们各自按一定的目标收集和整理生物学实验数据，并提供相关的数据查询、数据处理等服务。同时，随着生物技术的发展，基因操作所需要的设备和设施也不断出现，功能日益完善。本章主要介绍食品基因工程常用的一些数据库及其使用方法，以及基因工程操作所需要的设备及其使用方法。

第一节　食品基因工程常用数据库及使用方法

随着因特网的普及，生物学数据库大多可以通过网络来访问，或者通过网络下载。一般来说，这些生物学数据库可以分为一级数据库和二级数据库。一级数据库的数据都直接来源于实验获得的原始数据，只经过简单的归类整理和注释；二级数据库是在一级数据库、实验数据和理论分析的基础上针对特定目标衍生而来，是对生物学知识和信息的进一步整理。国际上著名的一级核酸数据库有 Genbank 数据库、EMBL 核酸库和 DDBJ 库等，蛋白质序列数据库有 SWISS - PROT、PIR 等，蛋白质结构库有 PDB 等。国际上的二级生物学数据库非常多，它们因针对不同的研究内容和需要而各具特色，如人类基因组图谱库 GDB、转录因子和结合位点库 TRANSFAC、蛋白质结构家族分类库 SCOP 等。目前网络上存在许多的生物学数据库，往往可以通过多个站点对同一数据库及其镜像站点进行访问，根据不同的需要使用不同的数据库，本节介绍常用的一些数据库。

一、核酸数据库

（一）GenBank 数据库

GenBank 是比较完整的核苷酸序列数据库，由美国国立生物技术信息中心（NCBI，National Center for Biotechnology Information）建立和维护，是美国最主要的核酸序列数据库，也是世界两大核酸数据库之一。它和欧洲分子生物学实验室（European Molecular Biology Laboratory，EMBL）数据库、日本 DNA 数据库（DDBJ）每日更新，彼此补充，内容是完全一致的。不同的数据库采用的注释信息内容基本一致，只是格式不完全相同，例如 GenBank 与 DDBJ 的格式相同，而与 EMBL 不同。GenBank 包含了所有已知的核酸序列和蛋白质序列，以及与它们相关的文献著作和生物学注释，包括不同物种、不同来源和不同类型的核酸序列，如 mRNA、cDNA、基因组 DNA、表达序列标签（expressed sequence tag，EST）、基因序列分析（genome sequence survey，Gss；由基因组计划直接提交）等。

搜索 GenBank 有两种方式，用 ENTREZ 或 BLAST 进行搜索。它的数据直接来源于测序工作者提交的序列、由测序中心提交的大量 EST 序列和其他测序数据，以及与其他数据机构协作交换的数据。Genbank 每天都会与 EMBL. DDBJ 数据库交换数据，使这三个数据库的数据同步。截止到2016 年10 月，Genbank 中收集的序列数量已达到1.97 亿条、2207 亿个碱基，而且数据增长的速度还在不断加快（图4－1）。可以从 NCBI 的 FTP 服务器上免费下载 Genbank 数据完整的库，或下载积累的新数据。NCBI 还提供广泛的数据查询、序列相似性搜索及其他分析服务，用户可以从 NCBI 的主页上找到这些服务（图4－2）。

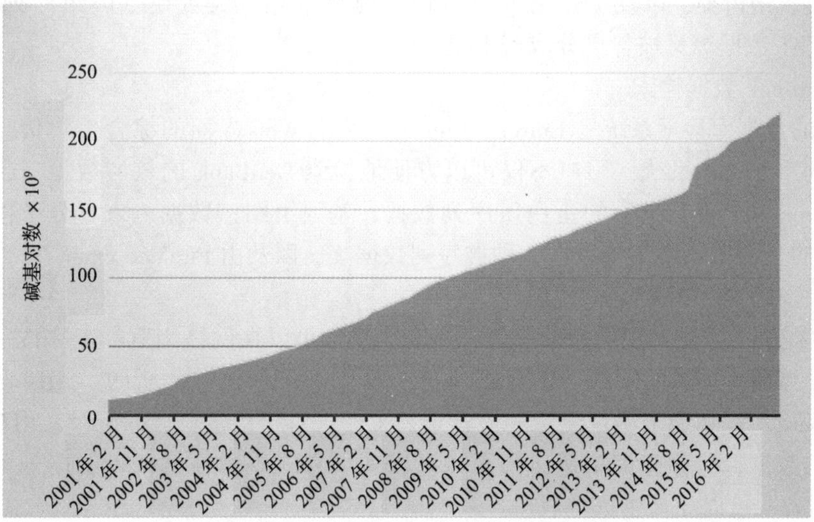

图4－1　GenBank 数据增长趋势（2001～2016 年）

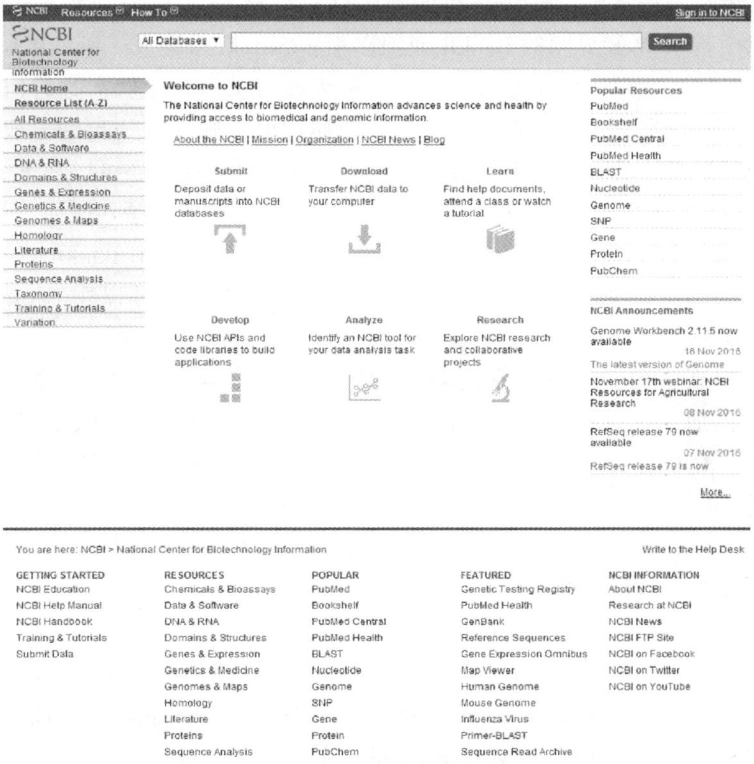

图4－2　NCBI 主页

GenBank 数据库里的数据截止至 2016 年 10 月已含有 1.11 亿个记录，包括来源于 64277 个物种的0.73 亿条蛋白信息的记录和0.17 亿条 RNA 信息的记录。每条 GenBank 数据记录包含了对序列的简要描述、它的科学命名、物种分类名称、参考文献、序列特征表以及序列本身。序列特征表里包含对序列生物学特征的注释，如编码区、转录单元、重复区域、突变位点或修饰位点等。所有数据记录被划分在若干个文件里，如细菌类、病毒类、灵长类、啮齿类，以及 EST 数据、基因组测序数据、大规模基因组序列数据等 16 类，其中 EST 数据等又被各自分成若干个文件。

1. GenBank 数据检索

NCBI 的数据库检索系统是 Entrez。Entrez 是基于 Web 界面的综合生物信息数据库检索系统。利用 Entrez 系统，用户不仅可以方便地检索 GenBank 的核酸数据，还可以检索来自 GenBank 和其他数据库的蛋白质序列数据、基因组图谱数据、来自分子模型数据库（MMDB）的蛋白质三维结构数据和种群序列数据集，以及由 PubMed 获得 Medline 的文献数据。

Entrez 提供了方便实用的检索服务，所有操作都可以在网络浏览器上完成。用户可以利用 Entrez 界面上提供的限制条件（Limits）、索引（Index）、检索历史（History）和剪贴板（Clipboard）等功能来实现复杂的检索查询工作。对于检索获得的记录，用户可以选择需要显示的数据，保存查询结果，甚至可以以图形方式观看检索获得的序列。更详细的 Entrez 使用说明可以在该主页上获得。

2. 向 GenBank 提交序列数据

测序工作者可以把自己工作中获得的新序列提交给 NCBI，添加到 GenBank 数据库。这个任务可以由基于 Web 界面的 BankIt 或独立程序 Sequin 来完成。BankIt 是一系列表单，包括联络信息、发布要求、引用参考信息、序列来源信息以及序列本身的信息等。BankIt 可以直接从网上进行提交，用户提交序列后，会通过电子邮件收到自动生成的数据条目、GenBank 的新序列编号以及完成注释后的完整的数据记录。用户还可以在 BankIt 页面下修改已经发布序列的信息。BankIt 适合于独立测序工作者提交少量序列，而不适合提交大量序列，也不适合提交很长的序列，EST 序列和 GSS 序列也不应用 BankIt 提交。BankIt 的使用说明和对序列的要求可详见其主页面。大量的序列提交可以由 Sequin 程序完成。Sequin 需要下载到本地，Sequin 程序能方便地编辑和处理复杂注释，并通过一系列内建的检查函数来提高序列的质量。它还被设计用于提交来自系统进化、种群和突变研究的序列，并可以加入比对的数据。Sequin 除了用于编辑和修改序列数据记录，还可以用于序列的分析，任何以 FASTA 或 ASN.1 格式序列为输入数据的序列分析程序都可以整合到 Sequin 程序下。在不同操作系统下运行的 Sequin 程序都可以在 ftp://ftp.ncbi.nih.gov/sequin/下找到，Sequin 的使用说明可详见其网页。对已经提交的序列，也可以直接通过 GenBank 的网页提交修改，非常方便。

NCBI 的网址：http://www.ncbi.nlm.nih.gov/

Entrez 的网址：http://www.ncbi.nlm.nih.gov/Class/MLACourse/Modules/Entrez/。

BankIt 的网址：http://www.ncbi.nlm.nih.gov/WebSub/?tool=genbank。

Sequin 的相关网址：http://www.ncbi.nlm.nih.gov/Sequin/。

（二）EMBL 核酸序列数据库

欧洲分子生物学实验室核酸序列数据库（图4－3）是欧洲最主要的核酸序列数据库，为世界两大核酸数据库之一。目前此数据库由其分支机构——欧洲生物信息学研究所（the European Bioinformatics Institute，EBI）维护。由于与 Genbank 和 DDBJ 的数据合作交换，它也是一个全面的核酸序列数据库。该数据库提供免费的生物数据和使用工具，数据库包括 Ensembl（http：//asia. ensembl. org/index. html）、UniProt（http：//www. uniprot. org/）、PDBe（http：//www. ebi. ac. uk/pdbe/）、Europe PMC（http：//europepmc. org/）、Expression Atlas（http：//europepmc. org/）、ChEMBL（https：//www. ebi. ac. uk/chembl/），工具包括 Clustal Omega、InterProScan、BLAST 和 HMMER 等。Ensembl 是脊椎动物基因组数据库，含有大量基因组注释信息，能够运行多重比对程序检索序列信息，含有序列预测的调节功能和疾病相关功能。Ensembl 工具包括应用于所有物种的 BLAST、BLAT 和 BioMart 等。UniProt 提供有深度的、高质量的蛋白质序列和功能信息。PDBe 是收集、整理和传播生物大分子结构信息的数据，并与全球蛋白质数据库（wwPDB）和 EMDataBank 合作，维护与蛋白质数据库（PDB）和电子显微镜数据库（EMDB）的数据交流。

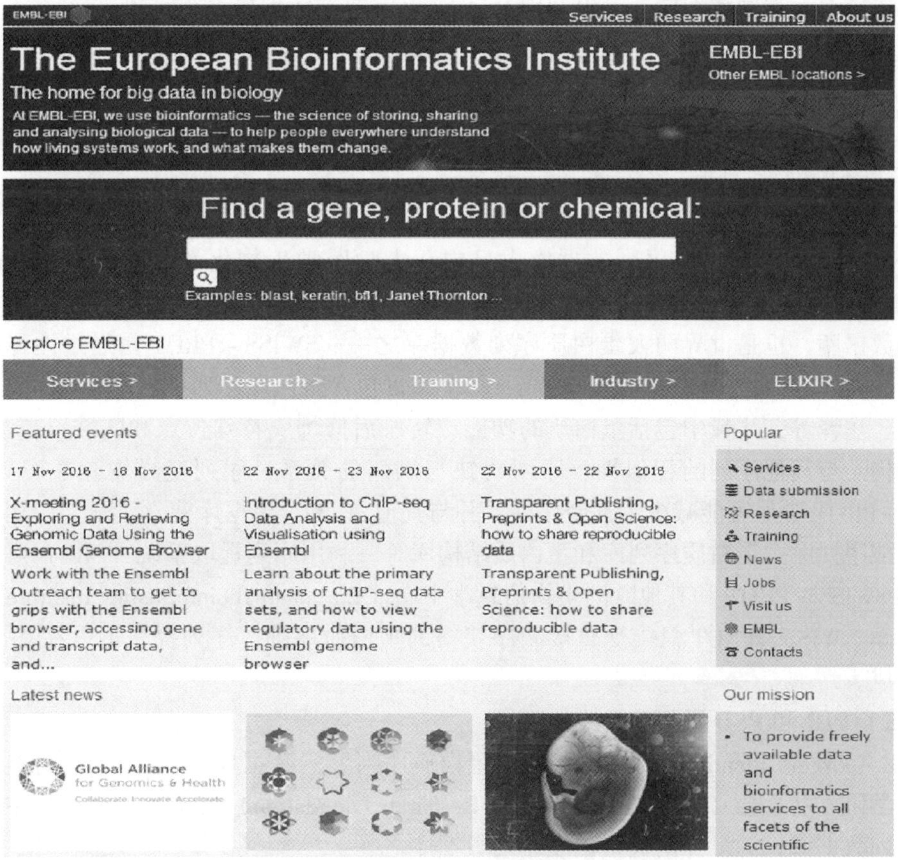

图4－3　EMBL 核酸序列数据库主页

（三）DDBJ 数据库

日本 DNA 数据库（DNA database of Japan，DDBJ）是亚洲主要的核酸序列数据库，也是一个全面的核酸序列数据库。它与 Genbank 和 EMBL 核酸库合作交换数据。可以使用其主页上提供的序列提取系统（SRS）进行数据检索和序列分析，并可以用 Sequin 软件向该数据库提交序列。

DDBJ 的网址：http：//www. ddbj. nig. ac. jp/。

二、蛋白质数据库

根据基因组序列可以预测编码区域，并推测其产物（即蛋白质）的序列。因此，随着基因组序列的不断增长，蛋白质序列也在不断增加。目前常用的蛋白质数据库主要是 UniProt（Universal Protein Resource，http：//www. uniprot. org/）。

（一）UniProt 数据库

UniProt 是 2002 年 EBI 将 SWISS－PROT 、PIR 和 TrEMBL 3 个蛋白质数据库联合起来建成的。UniProt 包含 4 个部分：（1）UniProt Knowledgebase（UniProtKB），这是蛋白质序列、功能、分类、交叉引用等信息存取中心；（2）UniProt Non－redundant Reference（UniRef）数据库，该数据库将密切相关的蛋白质序列组合到一条记录中，以便提高搜索速度；（3）UniProt Archive（UniParc），是一个资源库，记录所有蛋白质序列的历史。用户可以通过文本查询数据库，可以利用 BLAST 程序搜索数据库，也可以直接通过 FTP 下载数据；（4）Proteomes 数据库，大多数 Proteomes 数据是由完全测序的基因组序列信息翻译而来，往往包含染色体外的序列，例如质粒或细胞器基因组。还有一些蛋白质序列由于测序错误和缺口（gaps）的存在，不能准确的定位到基因组上。

UniProt 的网址：http：//www. uniprot. org/。

（二）SWISS－PROT 数据库

SWISS－PROT 蛋白质序列数据库由日内瓦大学医学生物化学系（the Department of Medical Biochemistry of the University of Geneva）与 EMBL 共同维护，是欧洲最主要的蛋白质序列数据库，也是世界两大蛋白质序列数据库之一。SWISS－PROT 是经过注释的蛋白质序列数据库，由蛋白质序列条目构成，每个条目包含蛋白质序列、引用文献信息、分类学信息、注释等，注释中包括蛋白质的功能、转录后修饰、特殊位点和区域、二级结构、四级结构、与其他序列的相似性、序列残缺与疾病的关系、序列变异体和冲突等信息。SWISS－PROT 中尽可能减少了冗余序列，并与其他 30 多个数据库建立了交叉引用，其中包括核酸序列库、蛋白质序列库和蛋白质结构库等。利用序列提取系统（SRS）可以方便地检索 SWISS－PROT 和其他欧洲生物信息学中心（European Bioinformatics Institute，EBI）的数据库。WISS－PROT 只接受直接测序获得的蛋白质序列，序列提交可以在其 Web 页面上完成。

（三）PIR 和 PSD 数据库

PIR（Protein Identification Resource）蛋白质序列鉴定数据库（图 4－4）由美国国家生物医学研究基金会（National Biomedical Research Foundation）维护，是美国最主要的蛋白质序列数据库，为世界两大蛋白质序列数据库之一。

PIR 国际蛋白质序列数据库（PSD）是由蛋白质信息资源（PIR）、慕尼黑蛋白质序列信息中心（MIPS）和日本国际蛋白质序列数据库（JIPID）共同维护的国际上最大的公共蛋白质序列数据库。这是一个全面的、经过注释的、非冗余的蛋白质序列数据库，所有序

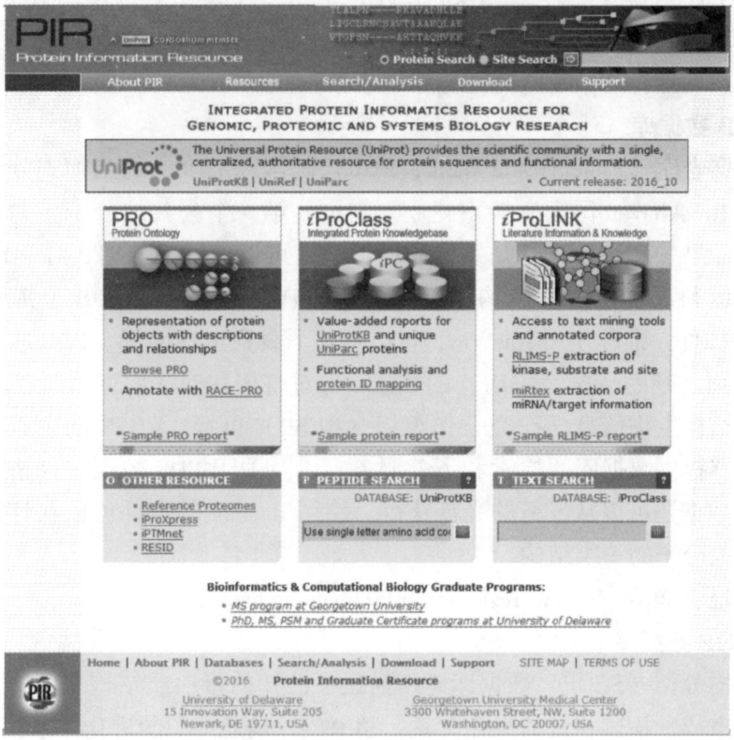

图 4－4　PIR 主页

列数据都经过了整理，超过 99% 的序列已按蛋白质家族分类，一半以上还按蛋白质超家族进行了分类。PSD 的注释中还包括对许多序列、结构、基因组和文献数据库的交叉索引，以及数据库内部条目之间的索引，这些内部索引帮助用户在复合物、酶－底物相互作用、活化和调控级联和具有共同特征的条目之间方便地检索。PSD 每季度都发行一次完整的数据库，每周可以得到更新部分。

PSD 数据库有几个辅助数据库，如基于超家族的非冗余库等。PIR 提供三类序列搜索服务：基于文本的交互式检索；标准的序列相似性搜索，包括 BLAST、FASTA 等；结合序列相似性、注释信息和蛋白质家族信息的高级搜索，包括按注释分类的相似性搜索、结构域搜索 GeneFIND 等。

PIR 的网址：http：//www. proteininformationresource. org/。

PIR 数据下载地址：http：//www. proteininformationresource. org/p/r www/download/ftp-center. shtml。

（四）PROSITE 数据库

PROSITE 数据库收集了有显著生物学意义的蛋白质位点和序列模式，并能根据这些位点和模式快速、可靠地鉴别一个未知功能的蛋白质序列应该属于哪一个蛋白质家族。有的情况下，某个蛋白质与已知功能蛋白质的整体序列相似性很低，但由于功能的需要保留了与功能密切相关的序列模式，这样就可能通过 PROSITE 的搜索找到隐含的功能模体（motif），因此是序列分析的有效工具。PROSITE 中涉及的序列模式包括酶的催化位点、配体结合位点、与金属离子结合的残基、二硫键的半胱氨酸、与小分子或其他蛋白质结合的区域等；除了序列模式之外，PROSITE 还包括由多序列比对构建的数据图（profile），能更敏感地发现序列的相似性。PROSITE 的主页上提供各种相关检索服务。

PROSITE 的网址：http：//www. expasy. ch/prosite/。

（五）PDB 数据库

蛋白质数据仓库（Protein Data Bank，PDB）是国际上唯一的生物大分子结构数据档案库，由美国 Brookhaven 国家实验室建立。它也是第一个公共的分子生物学数据库，可以直接查询。如果查询是否有已知结构的同源物，可以通过 BLASTP 对 PDB 数据库进行搜索。为了显示和观察蛋白质结构，还需要一些软件，如下载 PDB 上提供的 Chime 和 RasMol 等软件插件，推荐使用 RasWin，可以将其下载到本地使用。PDB 收集的数据来源于 X 光晶体衍射和核磁共振（NMR）的数据，经过整理和确认后存档而成。目前 PDB 数据库的维护由结构生物信息学研究合作组织（RCSB）负责。RCSB 的主服务器和世界各地的镜像服务器提供数据库的检索和下载服务，以及关于 PDB 数据文件格式和其他文档的说明，PDB 数据还可以从发行的光盘获得。使用 Rasmol 等软件可以在计算机上按 PDB 文件显示生物大分子的三维结构。

PDB 的网址：http：//www. rcsb. org/pdb/home/home. do

（六）SCOP 数据库

蛋白质结构分类（SCOP）数据库详细描述了已知的蛋白质结构之间的关系。分类基于若干层次：家族，描述相近的进化关系；超家族，描述远源的进化关系；折叠子，描述空间几何结构的关系；折叠类，所有折叠子被归于全 α、全 β、α/β、$\alpha+\beta$ 和多结构域等几个大类。SCOP 还提供一个非冗余的 ASTRAIL 序列库，这个库通常被用来评估各种序列比对算法。此外，SCOP 还提供一个 PDB - ISL 中介序列库，通过与这个库中序列的两两比对，可以找到与未知结构序列远缘的已知结构序列。

SCOP 的网址：http：//scop. mrc - lmb. cam. ac. uk/scop/。

三、其他数据库资源

PubMed 数据库

PubMed 是 NCBI 维护的文献引用数据库，提供对 MEDLINE、Pre - MEDLINE 等文献数据库的引用查询和对大量网络科学类电子期刊的链接。利用 Entrez 系统可以对 PubMed 进行方便的查询检索。

PubMed 的网址：http：//www. ncbi. nlm. nih. gov/pubmed。

除了以上提及的数据库之外，还有许多专门的生物信息数据库，涉及目前生物学研究的各个层面和领域，由于篇幅所限无法一一详述。国内也有一些大数据库的镜像站点和自己开发的有特色的数据库，如欧洲分子生物学网络组织 EMBNet 中国节点北京大学分子生物信息镜像系统、上海博容基因公司与上海嘉瑞软件公司合作开发的国产汉化基因数据库及分析管理系统，同时国家级的生物信息学中心也在筹建之中。我们期待国内能有更多高质量和使用便利的数据库资源，推动我国生物信息学和整个生命科学的发展。

清华大学生物信息学研究所网址：http：//bioinfo. tsinghua. edu. cn。

北京大学生物信息镜像系统网址：http：//www. cbi. pku. edu. cn。

四、序列比对和数据库搜索

比对是科学研究中最常见的方法，即通过将研究对象相互比较来寻找对象可能具备的特性。在生物信息学研究中，比对是最常用和最经典的研究手段。

最常见的比对是蛋白质序列之间或核酸序列之间的两两比对，通过比较两个序列之间的相似区域和保守性位点，寻找二者可能的分子进化关系。进一步的比对是将多个蛋白质或核酸同时进行比较，寻找这些有进化关系的序列之间共同的保守区域、位点和数据图，从而探索导致它们产生共同功能的序列模式。此外，还可以把蛋白质序列与核酸序列相比来探索核酸序列可能的表达框架；把蛋白质序列与具有三维结构信息的蛋白质相比，从而获得蛋白质折叠类型的信息。

比对还是数据库搜索算法的基础，将查询序列与整个数据库的所有序列进行比对，从数据库中获得与其最相似序列的已有数据，能最快速地获得有关查询序列的大量有价值的参考信息，对于进一步分析其结构和功能都会有很大的帮助。近年来随着生物信息学数据的大量积累和生物学知识的整理，通过比对方法可以有效地分析和预测一些新发现基因的功能。

（一）序列两两比对

序列比对的理论基础是进化学说，如果两个序列之间具有足够的相似性，就推测二者可能有共同的进化祖先，经过序列内残基的替换、残基或序列片段的缺失以及序列重组等遗传变异过程分别演化而来。序列相似和序列同源是不同的概念，序列之间的相似程度是可以量化的参数，而序列是否同源需要有进化事实的验证。在残基－残基比对中，可以明显看到序列中某些氨基酸残基比其他位置上的残基更保守，这些信息揭示了这些保守位点上的残基对蛋白质的结构和功能是至关重要的，例如它们可能是酶的活性位点残基、形成二硫键的半胱氨酸残基、与配体结合部位的残基、与金属离子结合的残基或形成特定结构模体的残基等。但并不是所有保守的残基都一定对其结构功能重要，可能它们只是由于历史的原因被保留下来，而不是由于进化压力而保留下来。因此，如果两个序列有显著的保守性，要确定二者具有共同的进化历史，进而认为二者有近似的结构和功能还需要更多实验和信息的支持。通过大量实验和序列比对的分析，一般认为蛋白质的结构和功能比序列具有更大的保守性，因此粗略地说，如果序列之间的相似性超过30%，它们就很可能是同源的。

早期的序列比对是全局的序列比较，但由于蛋白质具有的模块性质，可能由于外显子的交换而产生新的蛋白质，因此局部比对会更加合理。通常用打分矩阵描述序列两两比对，两条序列分别作为矩阵的两维，矩阵点是两维上对应两个残基的相似性分数，分数越高则说明两个残基越相似。因此，序列比对问题变成在矩阵里寻找最佳比对路径，目前最有效的方法有 Needleman－Wunsch 动态规划算法、在此基础上又改良产生的 Smith－Waterman 算法和 SIM 算法。在 FASTA 程序包中可以找到用动态规划算法进行序列比对的工具 LALIGN，它能给出多个不相互交叉的最佳比对结果。

在进行序列两两比对时，有两方面问题直接影响相似性分值：取代矩阵和空位罚分。粗糙的比对方法仅仅用相同/不同来描述两个残基的关系，显然这种方法无法描述残基取代对结构和功能的不同影响效果，缬氨酸对异亮氨酸的取代与谷氨酸对异亮氨酸的取代应该给予不同的打分。因此，如果用一个取代矩阵来描述氨基酸残基两两取代的分值会大大提高比对的敏感性和生物学意义。虽然针对不同的研究目标和对象应该构建适宜的取代矩阵，但国际上常用的取代矩阵有 PAM 和 BLOSUM 等，它们来源于不同的构建方法和不同的参数选择，包括 PAM250、BLOSUM62、BLOSUM90、BLOSUM30 等。对于不同的对象可以采用不同的取代矩阵以获得更多信息，例如对同源性较高的序列可以采用 BLOSUM90 矩阵，而对同源性较低的序列可采用 BLOSUM30 矩阵。

空位罚分是为了补偿插入和缺失对序列相似性的影响，由于没有合适的理论模型能很好地描述空位问题，因此空位罚分缺乏理论依据而更多地带有主观特色。一般的处理方法是用两个罚分值，一个是对插入的第一个空位罚分，如 10 ~ 15；另一个是对空位的延伸罚分，如 1 ~ 2。对于具体的比对问题，采用不同的罚分方法会取得不同的效果。

对于比对计算产生的分值，到底多大才能说明两个序列是同源的，对此有统计学方法加以说明，主要的思路是把具有相同长度的随机序列进行比对，把分值与最初的比对分值相比，看看比对结果是否具有显著性。相关的参数 E 代表随机比对分值不低于实际比对分值的概率。对于严格的比对，E 值必须低于一定阈值才能说明比对的结果具有足够的统计学显著性，这样就排除了由于偶然的因素产生高比对得分的可能。

GenBank、SWISS - PROT 等序列数据库提供的序列搜索服务都是以序列两两比对为基础的。不同之处在于为了提高搜索的速度和效率，通常的序列搜索算法都进行了一定程度的优化，如最常见的 FASTA 工具和 BLAST 工具。FASTA 是第一个被广泛应用的序列比对和搜索工具包，包含若干个独立的程序。为了提高序列搜索的速度，FASTA 会先建立序列片段的“字典”，查询序列先会在字典里搜索可能的匹配序列，字典中的序列长度由 ktup 参数控制，缺省的 ktup =2。FASTA 的结果报告中会给出每个搜索到的序列与查询序列的最佳比对结果，以及这个比对的统计学显著性评估 E 值。FASTA 工具包可以在大多数提供下载服务的生物信息学站点上找到。

BLAST 是目前应用最广泛的序列相似性搜索工具，相比 FASTA 有更多改进，速度更快，并建立在严格的统计学基础之上。NCBI 提供了基于 Web 的 BLAST 服务，用户可以把序列填入网页上的表单里，选择相应的参数后提交到数据服务器上进行搜索，从电子邮件中获得序列搜索的结果。BLAST 包含五个程序和若干个相应的数据库，分别针对不同的查询序列和要搜索的数据库类型（表 4 - 1，表 4 - 2）。其中翻译的核酸库指搜索比对时会把核酸数据按密码子所有可能的阅读框架转换成蛋白质序列。

表 4 - 1　　BLAST 程序

程序	数据库	查　询	简　述
blastp	蛋白质	蛋白质	可能找到具有远源进化关系的匹配序列
blastn	核酸	核酸	适合寻找分值较高的匹配，不适合远源关系
blastx	蛋白质	核酸（翻译）	适合新 DNA 序列和 EST 序列的分析
tblastn	核酸（翻译）	蛋白质	适合寻找数据库中尚未标注的编码区
tblastx	核酸（翻译）	核酸（翻译）	适合分析 EST 序列

表 4－2　　BLAST 的数据库

数据库		简　述
核酸数据库	Human G＋T	人类基因组序列，含未在染色体注释和定位的序列
	Mouse G＋T	老鼠基因组序列，含未在染色体注释和定位的序列
	nr/nt	GenBank＋EMBL＋DDBJ＋PDB＋RefSeq 非冗余序列
	refseq_ rna	NCBI 转录参考序列
	refseq_ genomic	NCBI 基因组参考序列
	refseq_ representative	NCBI RefSeq 参考序列和真核生物，细菌，古细菌，病毒和类病毒的代表
	refseq_ Gene	RefSeqGene 数据库序列
	est	GenBank＋EMBL＋DDBJ 数据库的 EST 序列
	gss	Single－pass 基因组数据库，exon－trapped 序列，Alu PCR 序列
	HTGS	未完成的高通量基因组测序
	pat	GenBank 专利部分的核苷酸序列
	pdb	PDB 核酸数据库
	alu_ repeats	人类 Alu 重复元件
	dbsts	GenBank ＋EMBL＋DDBJ 的 STS 序列
	chromosome	NCBI 染色体组序列
	wgs	全基因组鸟枪法重叠群序列
	TSA	转录组 shotgun 测序拼接序列
	Bacteria and Archaea	细菌和古细菌的 16S 核糖体 RNA 序列
	SRA	SRA 数据库序列
蛋白质数据库	nr	非冗余蛋白质序列
	refseq_ protein	NCBI 的参考蛋白质序列
	landmark	SmartBLAST 中 27 个基因组的蛋白质组序列
	swissprot	非冗余 UniProtKB / SwissProt 序列
	pat	GenBank Molecule 的蛋白质序列
	pdb	PDB 蛋白质数据库
	env_ nr	WGS 宏基因组项目的蛋白质序列
	tsa_ nr	转录组 shotgun 测序拼接序列

BLAST 对序列格式的要求是常见的 FASTA 格式。FASTA 格式第一行是描述行，第一个字符必须是“ > ”字符；随后的行是序列本身，一般每行序列不要超过 80 个字符，回车符不会影响程序对序列连续性的看法。序列由标准的 IUB/IUPAC 氨基酸和核酸代码代表；小写字符会全部转换成大写；单个“ － ”代表不明长度的空位；在氨基酸序列里允许出现“U”和“ * ”；任何数字都应该被去掉或换成字母（例如，不明核酸用“N”，不

明氨基酸用“X”)。此外，对于核酸序列，除了A、C、G、T、U分别代表各种核酸之外，R代表G或A（嘌呤)；Y代表T或C（嘧啶)；K代表G或T（带酮基)；M代表A或C（带氨基)；S代表G或C（强)；W代表A或T（弱)；B代表G、T或C；D代表G、A或T；H代表A、C或T；V代表G、C或A；N代表A、G、C、T中任意一种。对于氨基酸序列，除了20种常见氨基酸的标准单字符标识之外，B代表Asp或Asn；U代表硒代半胱氨酸；Z代表Glu或Gln；X代表任意氨基酸；“＊”代表翻译结束标志。

PSI－BLAST是在BLAST的基础上发展来的。PSI－BLAST的特色是每次用数据图搜索数据库后再利用搜索的结果重新构建数据图，然后用新的数据图再次搜索数据库，如此反复直至没有新的结果产生为止。PSI－BLAST先用带空位的BLAST搜索数据库，将获得的序列通过多序列比对来构建第一个数据图。PSI－BLAST自然地拓展了BLAST方法，能寻找蛋白质序列中的隐含模式，有研究表明这种方法可以有效地找到很多序列差异较大而结构功能相似的相关蛋白，甚至可以与一些结构比对方法，如threading相媲美。PSI－BLAST（http：//www. ebi. ac. uk/Tools/sss/psisearch/）服务可以在EMBL找到（图4－5)。

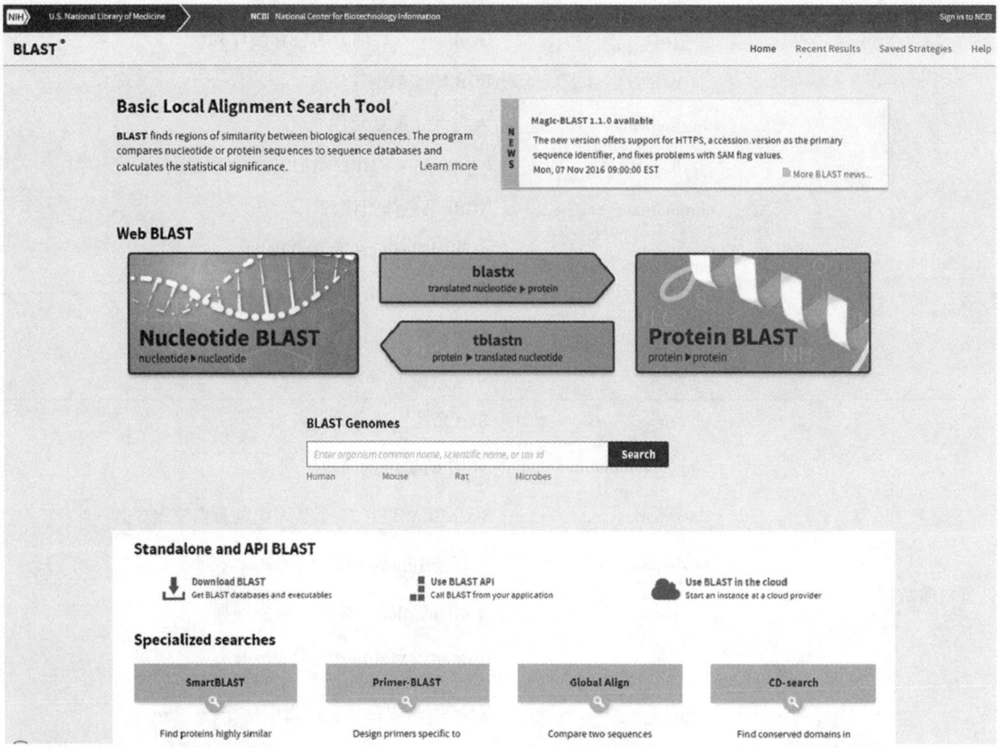

图4－5　下载BLAST的网址

NCBI的BLAST网址：http：//blast. ncbi. nlm. nih. gov/Blast. cgi。

下载BLAST的网址：http：//blast. ncbi. nlm. nih. gov/Blast. cgi？CMD＝Web & PAGE_TYPE＝Blast Docs & DOC_TYPE＝Download。

安装程序和源代码获得网址：ftp：//ftp. ncbi. nlm. nih. gov/blast/executables/blast＋/LATEST/。

（二）多序列比对

顾名思义，多序列比对就是把两条以上可能有系统进化关系的序列进行比对的方法。目前对多序列比对的研究还在不断前进中，现有的大多数算法都是基于渐进的比对的思想，是在序列两两比对的基础上逐步优化多序列比对的结果。进行多序列比对后可以对比对结果进行进一步处理，例如构建序列模式的数据图、将序列聚类构建分子进化树等。

目前使用最广泛的多序列比对程序是 CLUSTAL（它的 PC 版本是 CLUSTALX）。CLUSTAL 是一种渐进的比对方法，先将多个序列两两比对构建距离矩阵，反映序列之间两两关系；然后根据距离矩阵计算产生系统进化指导树，对关系密切的序列进行加权；然后从最紧密的两条序列开始，逐步引入临近的序列并不断重新构建比对，直到所有序列都被加入为止。

在 EBI 上使用的多重序列对比程序是 Clustal Omega，NCBI 使用 MSA VIEWER 对比对的结果进行分析。

EBI 的 CLUSTALW 网址：http：//www. ebi. ac. uk/Tools/msa/clustalo/。

EBI 的 Clustal Omega 程序网址：http：//www. ebi. ac. uk/Tools/msa/。

NCBI 的 MSA VIEWER 工具：https：//www. ncbi. nlm. nih. gov/tools/msaviewer/。

五、核酸与蛋白质结构和功能的预测分析

人们获得各种核酸和蛋白质序列的目的是为了了解这个序列在生物体中充当了怎样的角色。例如，DNA 序列中重复片段、编码区、启动子、内含子/外显子、转录调控因子结合位点等信息；蛋白质的分子质量、等电点、二级结构、三级结构、四级结构、膜蛋白的跨膜区段、酶的活性位点以及蛋白质之间相互作用等结构和功能信息。虽然用实验的方法是多年以来解决这类问题的主要途径，但新的思路是利用已有的对生物大分子结构和功能特性的认识，用生物信息学的方法通过计算机模拟和计算来“预测”出这些信息或提供与之相关的辅助信息。由于生物信息学的特点，可以用较低的成本和较快的时间就能获得可靠的结果。近 10 年来，生物学序列信息的爆炸性增长大大促进了各种序列分析和预测技术的发展，目前已经可以用理论预测的方法获得大量的结构和功能信息。要注意的是，尽管各种预测方法都基于现有的生物学数据和已有的生物学知识，但在不同模型或算法基础上建立的不同分析程序有其一定的适用范围和相应的限制条件，因此最好对同一个生物学问题尽量多用几种分析程序，综合分析各种方法得到的结果和结果的可靠性。此外，生物信息学的分析只是为生物学研究提供参考，这些信息能提高研究的效率或提供研究的思路，但很多问题还需要通过实验的方法得到验证。

（一）针对核酸序列的预测方法

针对核酸序列的预测就是在核酸序列中寻找基因，找出基因和功能位点的位置，以及标记已知的序列模式等过程。在此过程中，确认一段 DNA 序列是一个基因需要有多个证据的支持。一般而言，在重复片段频繁出现的区域里，基因编码区和调控区不太可能出现；如果某段 DNA 片段的假想产物与某个已知的蛋白质或其他基因的产物具有较高序列相似性的话，那么这个 DNA 片段就非常可能属于外显子片段；在一段 DNA 序列上出现统计上的规律性，即所谓的“密码子偏好性”，也是说明这段 DNA 是蛋白质编码区的有力

证据；其他的证据包括与“模板”序列的模式相匹配、简单序列模式如 TATA Box 等相匹配等。一般而言，确定基因的位置和结构需要多个方法综合运用，而且需要遵循一定的规则：对于真核生物序列，在进行预测之前先要进行重复序列分析，把重复序列标记出来并除去；选用预测程序时要注意程序的物种特异性；要弄清程序适用的是基因组序列还是 cDNA 序列；很多程序对序列长度也有要求，有的程序只适用于长序列，而对 EST 这类残缺的序列则不适用。

1. 重复序列分析

对于真核生物的核酸序列而言，在进行基因辨识之前应该把简单的大量的重复序列标记出来并除去，因为很多情况下重复序列会对预测程序产生很大的扰乱，尤其是涉及数据库搜索的程序。常见的重复序列分析程序有 CENSOR 和 RepeatMasker 等（图4－6），可以在 Web 界面上使用这些程序，或者用 Email 来进行。如果有大量序列需要处理，可以使用 XBLAST 程序，它可以从互联网上下载得到。NCBI 开发了适用于重复序列检索的程序 RMBLAST 和 BLAST +，相关的使用和程序下载可以从网站获得。

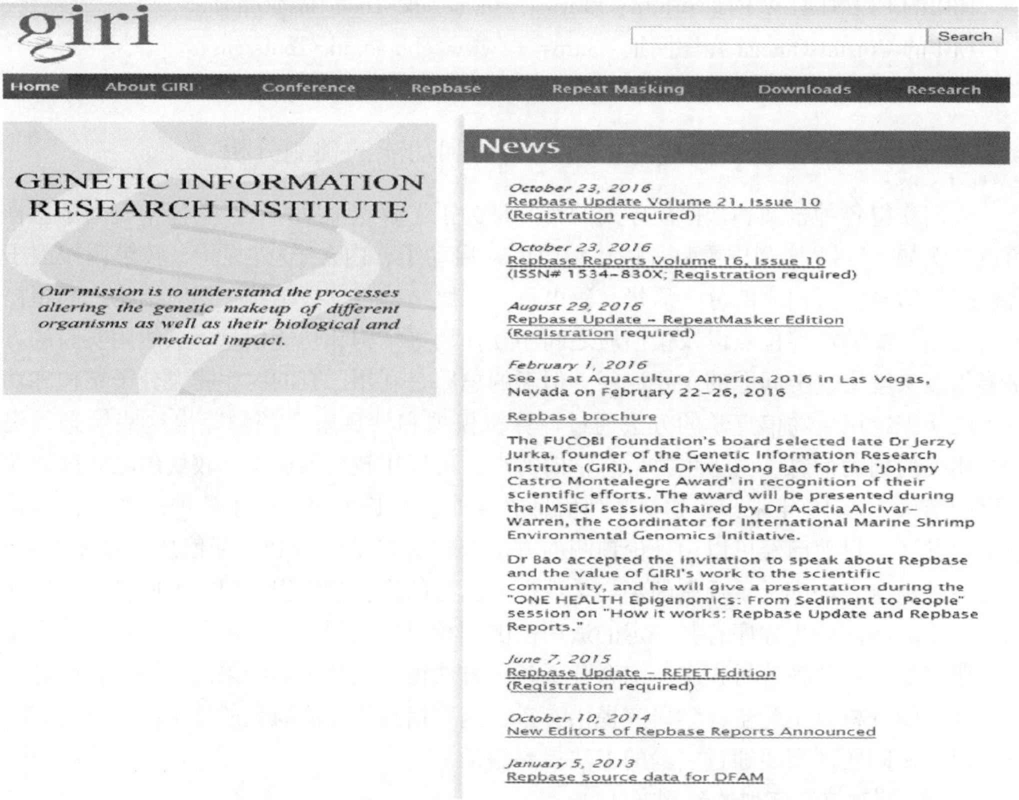

图4－6　CENSOR 和 Repbase 的网址

CENSOR 和 Repbase 的网址：http：//www. girinst. org/。

RepeatMasker 的网址：http：//www. repeatmasker. org/。

RMBlast 的下载网址：ftp：//ftp. ncbi. nlm. nih. gov/blast/executables/rmblast/2. 2. 28/。

BLAST + 的下载网址：ftp：//ftp. ncbi. nlm. nih. gov/blast/executables/blast +/2. 2. 28/。

RepeatMasker 的下载网址：http：//www. repeat masker. org/RMDownload. html。

2. 数据库搜索

把未知核酸序列作为查询序列，在数据库里搜索与之相似的已有序列是序列分析预测的有效手段，在上一节中已经专门介绍了序列比对和搜索的原理和技术。但值得注意的是，由相似性分析作出的结论可能导致错误的流传；有一定比例的序列很难在数据库里找到合适的同源伙伴。对于 EST 序列而言，序列搜索将是非常有效的预测手段。

3. 编码区统计特性分析

统计获得的经验说明，DNA 中密码子的使用频率不是平均分布的，某些密码子会以较高的频率使用而另一些则较少出现，这样就使得编码区的序列呈现出可察觉的统计特异性，即所谓的"密码子偏好性"。利用这一特性对未知序列进行统计学分析可以发现编码区的粗略位置。这一类技术包括：双密码子计数（统计连续两个密码子的出现频率）；核苷酸周期性分析（分析同一个核苷酸在 3、6、9…位置上周期性出现的规律）；均一性/复杂性分析（长同聚物的统计计数）；开放可读框架分析等。

常见的编码区统计特性分析工具将多种统计分析技术组合起来，给出对编码区的综合判别。

4. 启动子分析

启动子是基因表达所必需的重要序列信号，识别出启动子对于基因辨识十分重要。有一些程序根据实验获得的转录因子结合特性来描述启动子的序列特征，并依次作为启动子预测的依据，但实际的效果并不十分理想，遗漏和假阳性都比较严重。总的来说，启动子仍是值得继续研究探索的难题。

5. 内含子/外显子剪接位点分析

剪接位点一般具有较明显的序列特征，但是要注意可变剪接的问题。由于可变剪接在数据库里的注释非常不完整，因此很难评估剪接位点识别程序预测剪接位点的敏感性和精度。如果把剪接位点和两侧的编码特性结合起来分析则有助于提高剪接位点的识别效果。

常见的基因识别工具很多都包含了剪接位点识别功能。独立的剪接位点识别工具有 NetGene2 等。NetGene2 能够识别人类、线虫和拟南芥基因组序列的剪接位点。

NetGene2 的网址：http：//www. cbs. dtu. dk/services/NetGene2/。

6. 翻译起始位点分析

对于真核生物，如果已知转录起始点，并且没有内含子打断 5′-非翻译区的话，"Kozak 规则"可以在大多数情况下定位起始密码子。原核生物一般没有剪接过程，但在开放阅读框中找正确的起始密码子仍很困难，这时由于多顺反操纵子的存在，启动子的定位不像在真核生物中那样起关键作用。

7. 翻译终止信号分析

polyA 和翻译终止信号不像起始信号那么重要，但也可以辅助划分基因的范围。

8. 其他综合基因预测工具

除了上面提到的程序之外，还有许多用于基因预测的工具，它们大多把各个方面的分析综合起来，对基因进行整体的分析和预测。多种信息的综合分析有助于提高预测的可靠性，但也有一些局限：物种适用范围的局限；对多基因或部分基因，有的预测出的基因结构不可靠；预测的精度对许多新发现基因比较低；对序列中的错误很敏感；对可变剪接、重叠基因和启动子等复杂基因语法效果不佳。相对不错的工具有 GENSCAN，可以通过 Web 页面或 Email 获得 GENSCAN 服务。

GENSCAN 的网址：http：//genes. mit. edu/GENSCAN. html。

9. tRNA 基因识别

tRNA 基因识别比编码蛋白质的基因识别简单，目前基本已经解决了用理论方法预测 tRNA 基因的问题。tRNAscan－SE 工具中综合了多个识别和分析程序，通过分析启动子元件的保守序列模式、tRNA 二级结构的分析、转录控制元件分析和除去绝大多数假阳性的筛选过程，据称能识别 99% 的真 tRNA 基因。可以在 Web 上使用这个工具，也可以下载这个程序。

tRNAscan－SE 的网址：http：//lowelab. ucsc. edu/tRNAscan－SE/。

（二）针对蛋白质的预测方法

传统的生物学认为，蛋白质的序列决定了它的三维结构，也就决定了它的功能。由于用 X 光晶体衍射和 NMR 核磁共振技术测定蛋白质的三维结构，以及用生化方法研究蛋白质的功能效率不高，无法适应蛋白质序列数量飞速增长的需要，因此近几十年来许多科学家致力于研究用理论计算的方法预测蛋白质的三维结构和功能，经过多年努力取得了一定的成果。

1. 从氨基酸组成辨识蛋白质

根据组成蛋白质的 20 种氨基酸的物理和化学性质可以分析电泳等实验中的未知蛋白质，也可以分析已知蛋白质的物化性质。ExPASy 工具包是蛋白质组学分析的常用工具（图 4－7），其中提供了一系列相应程序：

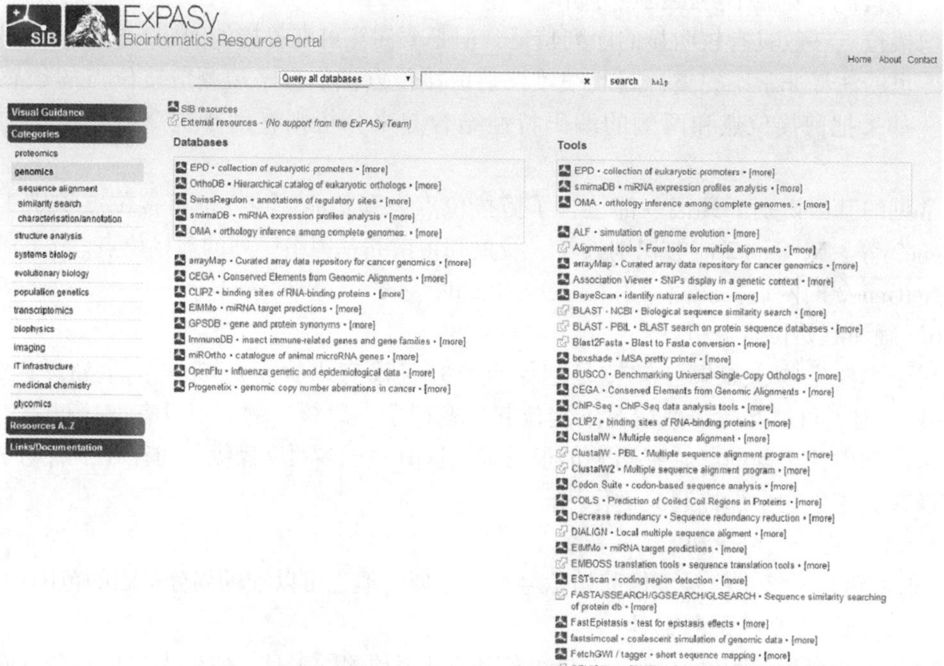

图 4－7　ExPASy 的页面

AACompIdent：根据氨基酸组成辨识蛋白质。这个程序需要的信息包括：氨基酸组成、蛋白质的名称（在结果中有用）、p*I* 和 Mw（如果已知）以及它们的估算误差、所属物种或物种种类或“全部（ALL）”、标准蛋白的氨基酸组成、标准蛋白的 SWISS - PROT 编号、用户的 Email 地址等，其中一些信息可以没有。这个程序在 SWISS - PROT 和（或）TrEMBL 数据库中搜索组成相似的蛋白质。

AACompSim：与前者类似，但比较在 SWISS - PROT 条目之间进行。这个程序可以用于发现蛋白质之间较弱的相似关系。

ExPASy 的网址：http：//www. expasy. org/。

2．预测蛋白质的物理性质

从蛋白质序列出发，可以预测出蛋白质的许多物理性质，包括等电点、分子质量、酶切特性、疏水性、电荷分布等，相关工具有：

Compute pI/MW：是 ExPASy 工具包中的程序，计算蛋白质的等电点和分子质量。对于碱性蛋白质，计算出的等电点可能不准确。

PeptideMass：是 ExPASy 工具包中的程序，分析蛋白质在各种蛋白酶和化学试剂处理后的内切产物。蛋白酶和化学试剂包括胰蛋白酶、糜蛋白酶、LysC、溴化氰、ArgC、AspN 和 GluC 等。

TGREASE：是 FASTA 工具包中的程序，分析蛋白质序列的疏水性。这个程序延序列计算每个残基位点的动态平均疏水性，并给出疏水性 - 序列曲线，用这个程序可以发现膜蛋白的跨膜区和高疏水性区的明显相关性。

SAPS：蛋白质序列统计分析，对提交的序列给出大量全面的分析数据，包括氨基酸组成统计、电荷分布分析、电荷聚集区域、高度疏水区域、跨膜区段等。

下载 FASTA 的网址：ftp：//ftp. virginia. edu/pub/fasta/。

SAPS 的网址：http：//www. isrec. isb - sib. ch/software/SAPS_ form. html。

3．蛋白质二级结构预测

二级结构是指 α 螺旋和 β 折叠等规则的蛋白质局部结构元件。不同的氨基酸残基对于形成不同的二级结构元件具有不同的倾向性。按蛋白质中二级结构的成分可以把球形蛋白分为全 α 蛋白、全 β 蛋白、$\alpha+\beta$ 蛋白和 α/β 蛋白等四个折叠类型。预测蛋白质二级结构的算法大多是以已知三维结构和二级结构的蛋白质为依据，用人工神经网络、遗传算法等技术构建预测方法。还有的是将多种预测方法结合起来，获得“一致序列”。总的来说，二级结构预测仍是未能完全解决的问题，一般对于 α 螺旋预测精度较好，对 β 折叠差些，而对除 α 螺旋和 β 折叠等之外的无规则二级结构则效果很差。

nnPredict：用神经网络方法预测二级结构，蛋白质结构类型分为全 α 蛋白、全 β 蛋白和 α/β 蛋白，输出结果包括“H”（螺旋）、“E”（折叠）和“ - ”（转角）。这个方法对全 α 蛋白能达到 79% 的准确率。

PredictProtein：提供了序列搜索和结构预测服务。它先在 SWISS - PROT 中搜索相似序列，用 MaxHom 算法构建多序列比对的数据图，再在数据库中搜索相似的数据图，然后用一套 PHD 程序来预测相应的结构特征，包括二级结构。返回的结果包含大量预测过程中产生的信息，还包含每个残基位点的预测可信度。这个方法的平均预测准确率可达到 72% 。

SOPMA：带比对的自优化预测方法，将几种独立二级结构预测方法汇集成“一致预测结果”，采用的二级结构预测方法包括 GOR 方法、Levin 同源预测方法、双重预测方法、PHD 方法和 SOPMA 方法。多种方法综合应用的平均效果比单个方法更好。

nnPredict 的网址：http：//www. bioinf. manchester. ac. uk/dbbrowser/bioactivity/nnpredictfrm. html。

PredictProtein 的网址：http：//www. bio-sof. com/predictprotein/。

SOPMA 的网址：http：//nhjy. hzau. edu. cn/kech/swxxx/jakj/dianzi/Bioinf7/Expasy/Expasy/8. htm。

4. 其他特殊局部结构

其他特殊局部结构包括膜蛋白的跨膜螺旋、信号肽、卷曲螺旋（Coiled Coils）等，具有明显的序列特征和结构特征，也可以用计算方法加以预测。

COILS：卷曲螺旋预测方法，将序列与已知的平行双链卷曲螺旋数据库进行比较，得到相似性得分，并据此算出序列形成卷曲螺旋的概率。

TMpred：预测蛋白质的跨膜区段和在膜上的取向，它根据来自 SWISS－PROT 的跨膜蛋白质数据库 Tmbase，利用跨膜结构区段的数量、位置以及侧翼信息，通过加权打分进行预测。

SignalP：预测蛋白质序列中信号肽的剪切位点。

COILS 的网址：http：//www. ch. embnet. org/software/COILS_ form. html。

TMpred 的网址：http：//www. ch. embnet. org/software/TMPRED_ form. html。

SignalP 的网址：http：//www. cbs. dtu. dk/services/SignalP/。

5. 蛋白质的三维结构预测

蛋白质三维结构预测是最复杂和最困难的预测技术。研究发现，序列差异较大的蛋白质序列也可能折叠成类似的三维构象，自然界里的蛋白质结构骨架的多样性远少于蛋白质序列的多样性。由于蛋白质的折叠过程仍然不十分明了，从理论上解决蛋白质折叠的问题还有待进一步的科学发展，但也有了一些有一定作用的三维结构预测方法。最常见的是“同源建模”和“Threading”方法。前者先在蛋白质结构数据库中寻找未知结构蛋白的同源伙伴，再利用一定计算方法把同源蛋白的结构优化构建出预测的结果。后者将序列“穿”入已知的各种蛋白质的折叠子骨架内，计算出未知结构序列折叠成各种已知折叠子的可能性，由此为预测序列分配最合适的折叠子结构。除了“Threading”方法之外，用 PSI－BLAST 方法也可以把查询序列分配到合适的蛋白质折叠家族，实际应用中发现这个方法的效果也不错。

SWISS－MODEL：自动蛋白质同模源建服务器，有两个工作模式：第一步模式（First Approach mode）和优化模式（Optimise mode）。程序先把提交的序列在 ExPdb 晶体图像数据库中搜索相似性足够高的同源序列，建立最初的原子模型，再对这个模型进行优化产生预测的结构模型（图 4－8）。

CPHmodels：也是利用神经网络进行同源建模预测蛋白质结构的方法。

SWISS－MODEL 的网址：http：//www. expasy. ch/swissmod/SWISS－MODEL. html。

CPHmodels 的网址：http：//www. cbs. dtu. dk/services/CPHmodels/。

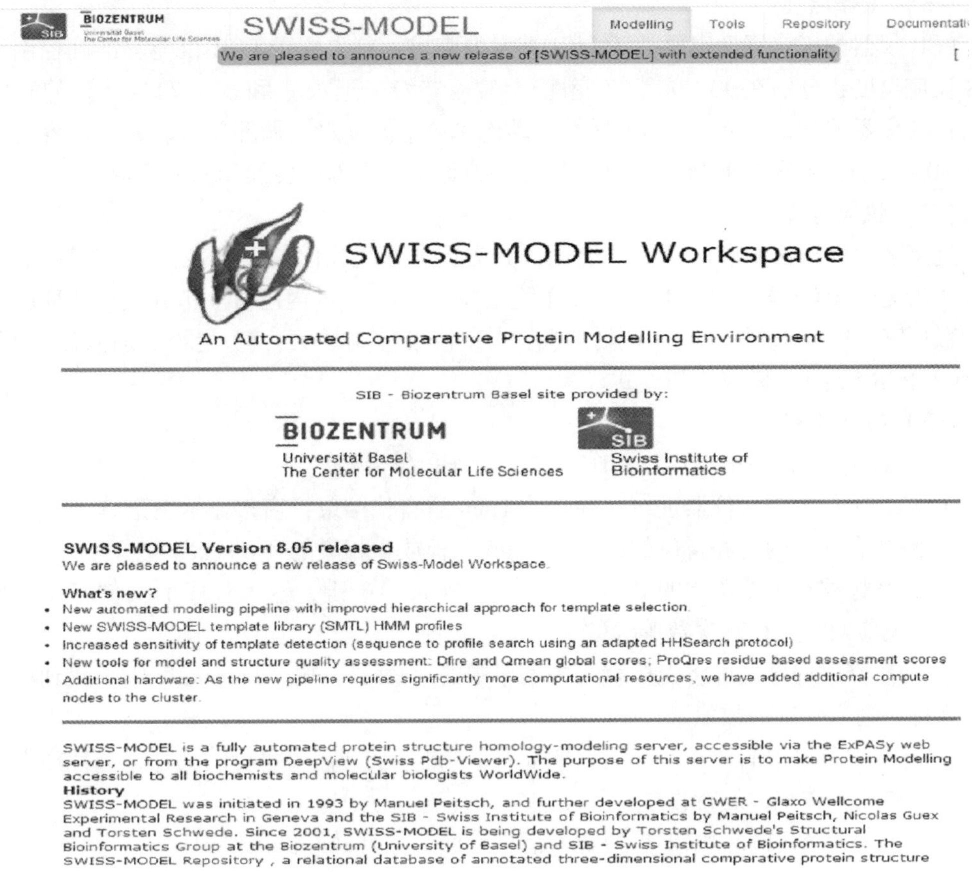

图 4－8　SWISS－MODEL 的网页

第二节　食品基因工程常用设备及使用方法

高新技术的发展和先进仪器的使用极大地提高了人类描绘和构建复杂生物系统的能力。食品基因工程是基因工程技术在食品领域中的应用，是指以现代分子生物学理论为基础，结合现代工程技术，用全新的方法和手段设计新型的食品或食品原料。食品基因工程涉及的仪器设备门类众多，工作原理各异，熟悉和掌握这些仪器设备的使用尤为重要。为更好地了解该领域相关仪器设备的工作原理和操作流程，以便更好地进行实验，本文着重针对 PCR 仪、离心设备、电泳设备、水浴设备、培养箱、摇床、组培设备、杂交仪、DNA 合成仪、测序仪等食品基因工程中的常用设备进行介绍。

一、PCR 仪

PCR 仪是精密光机技术、微电子技术、计算机技术和测量控制技术的有机结合产物，是实现聚合酶链式（Polymerase Chain Reaction，PCR）反应的自动化操作仪器。国际上，美国 PE 公司于 1988 年推出世界上首台商品化的 PCR 热循化仪。1990 年，国内研制成功我国第一台微电脑自动基因扩增仪。目前，最新的 PCR 仪已经完全用计算机进行控制。

（一）工作原理

PCR 仪器的工作原理主要基于 PCR 技术的需求：首先要求 PCR 仪能够准确控制三个 PCR 反应温度，分别在 90～95℃（变性）、37～55℃（退火）和 60～72℃（延伸）之间取值；其次要求 PCR 仪能使 DNA 样品自动地在三个温度之间循环反应，并控制各自反应时间 30～120s；再次要求 PCR 仪能将样品快速地从一个温度转换到另一个温度。

（二）仪器选择

近年来，PCR 仪的设计日益智能化，分类更加细化，比较有代表性的厂家有瑞士罗氏公司、美国 MJ 公司、美国应用生物工程公司（ABI）；国内已有上市并获得认证的仪有极少数厂家。PCR 选择的参考因素主要有：① 温度控制模式；② 是否要加入液体石蜡；③ 所用 PCR 管；④ 模块冷却模式。

（三）操作规程

PCR 仪的操作规程的介绍以 PTC－225 型 PCR 仪为例。

① 打开主机电源，仪器进行自检。约 1min 后自检结束，窗口显示主菜单。

② 将装有样品的已经封口的离心管或 96 孔板放入相应的“Block”。

③ 将光标移至主菜单中的“Enter”，按“Proceed”键，输入程序的文件名，分步设置温度、反应时间、循环次数等参数，并保存文件。

④ 如需修改程序，可将光标移至主菜单中的“Edit”，按“Proceed”键，找到需要修改的文件，输入正确的数值。

⑤ 打开主菜单中的“Run”，按“Proceed”键，找到需要执行的文件，选择样本所放的位置，并输入体积，运行程序。

⑥ 运行程序结束后，取出扩增管，清理台面，认真做好仪器使用记录。

⑦ 若想对扩增样品进行过夜保存，可将终止温度设定为负值。

（四）注意事项

PCR 仪对精密度要求较高，一旦失控，仪器将不能正常工作，所以 PCR 仪需要定期检测和维护。

① PCR 仪应放在水平固定的工作平台上，电源接口要求具有良好的接地线，工作环境要求温湿度适宜。

② PCR 仪器需要定期检测，一般半年至少一次。

③ 当检测发现 PCR 仪实际温度偏离设置温度大于 1～2℃时，可以运用温度修正法纠正。

④ PCR 反应过程的关键是升、降温过程的时间控制。如果 PCR 仪降温过程时间过长，必须检查修理仪器的制冷系统。

⑤ 仪器出现问题时，不要轻易打开或调整仪器的电子控制部件，应及时请专业人员修理。

二、杂 交 仪

自 1969 年美国耶鲁大学 Gall 和 Pardue 利用染色体原位杂交技术成功地定位了爪蟾中的多拷贝序列至今，核酸分子杂交技术已成为分子生物学领域中应用最为广泛的技术之一。由于核酸分子杂交的高度特异性及检测方法的高度灵敏性，核酸分子杂交箱在分子生物学领域中被广泛应用于基因克隆的筛选、酶切图谱的制作、基因组中特定基因序列的定量和定性检测、基因突变分析以及疾病的诊断等方面。

（一）工作原理

核酸分子杂交技术是基于核酸分子加热变性、降温复性原理的基础上产生和发展起来的。其基本原理是具有一定同源性的来源不同的 DNA（或 RNA）片段在一定的条件下（适宜的温湿度及离子强度等）按碱基互补配对的关系形成杂交双链分子（heteroduplex）。

（二）杂交类型

核酸分子杂交类型可分为固相杂交和液相杂交两大类。固相杂交是将需要杂交的一条核酸先固定在固体支持物上，另一条核酸链游离在液体中；液相杂交是参加反应的两条核酸链都游离在液体中。由于固相杂交后，未杂交的游离片段可容易地漂洗除去，膜上留下的杂交物容易检测和能防止靶 DNA 自我复性等优点，故该法最为常用。常用的固相杂交类型有：菌落原位杂交、斑点杂交、狭缝杂交、Southern 印迹杂交、Northern 印迹杂交、组织原位杂交和夹心杂交等。液相杂交是一种研究最早且操作简单的杂交类型，在过去的 30 年里虽有时被应用，但总不如固相杂交那样普遍，其主要原因是杂交后过量的未杂交探针在溶液中除去较为困难和误差较高。近几年由于杂交检测技术的不断改进，商业性基因探针诊断盒的实验室应用推动了液相杂交技术的迅速发展。

（三）操作规程

① 选择试管和合适的反应滤膜、反应物。

② 以 Southern 杂交为例，将湿润的滤膜放入杂交试管内，使其能够贴附在管壁上，有 DNA 的一面朝内。操作过程中要避免产生大的气泡，只要滤膜的表面浸没在杂交缓冲液中，较小的气泡不会影响杂交。

③ 将试管放入杂交箱中，确保其能自由旋转，关上箱门。

④ 将杂交箱与电脑连接好之后，打开电源开关。

⑤ 进行温度控制和速度调整。

⑥ 根据滤膜的数量以及试管的体积，加入一定体积的杂交缓冲液浸没滤膜，进行一定时间的预杂交。

⑦ 倒置试管，排净预杂交缓冲液，通过顶端小孔用注射器注入含有放射性探针的杂交缓冲液进行杂交。

⑧ 根据不同杂交种类对滤膜进行洗涤。

（四）注意事项

① 杂交过程中注意保持滤膜湿润。

② 操作人员进行实验操作时应采取适当防护措施，如戴手套。

③ 注意不要使探针从杂交试管顶端小孔溢出，更要避免倒置试管而导致液体流出。

④ 放射性废弃物应收集起来集中处理，严禁任何具有潜在危险的处理方法。

三、DNA 合成仪

20 世纪 80 年代后，DNA 化学合成的突破促进了分子生物学的飞速发展。在生命科学领域，DNA 合成技术主要用于合成 PCR 引物、DNA 杂交探针等。自动化 DNA 合成仪的使用极大地缩短了寡核苷酸的合成时间，使人们从繁重的劳动中逐步解脱出来。目前生产

DNA 自动合成仪的厂家主要有美国应用生物系统公司（ABI）、美国贝克曼公司（BECKMAN）等几家公司。

（一）工作原理

DNA 合成仪的工作原理是使 DNA 的合成、切除、脱保护及纯化 4 个过程自动完成，定量、自动地收集 DNA 产品。这些过程在 3 种同时运行的模块中完成。

（二）仪器构造

DNA 合成仪的系统组成包括 3 个可调控力源、12 或 15 个试剂和溶剂储液瓶、输送阀、2 根或 4 根柱子、出口的废液瓶以及连接各种部件的输送管路。所有试剂输送系统的内表面都是由惰性材料制成的。

（三）操作规程

以 ABI391DNA 合成仪为例介绍操作规程。

① 检查合成仪上所有试剂瓶中的试剂量，必要时换掉试剂瓶；将标记好的收集瓶装在合成仪上。

② 在合成仪中输入要合成的 DNA 序列。

③ 检查所选合成步骤是否正确。

④ 选择结束方法："Trityl Off Auto" 是仪器的原始状态，若打算以 5′ - DMT 基团连接纯化寡核苷酸，则将其转变为 "Trityl On Auto" 结束状态。

⑤ 在每个柱监视器的 "User name" 下，输入保存名字。

⑥ 用相应 DNA 序列的代替代码标记每一个收集瓶。

⑦ 打印每一个柱设置的详细资料，并检查打印出来的资料是否正确。

⑧ 运行 "Start Column" 步骤检查每一个柱的位置，确保合成仪上合成柱处于正确的位置。

⑨ 检查连接在合成仪上的废液瓶是否充满溶剂残留。

⑩ 确保分部收集器试管充分清洁干净，DMT 废液管路通向分部收集器。

⑪ 启动循环，运行开始程序清洗试剂管路，除去原来的试剂。

（四）注意事项

① 定期检查 "O" 形环，最少 1 年换 1 次。

② 瓶子都要放在亚磷酸酰胺及储液瓶位置上，保持氩气压力以及管路清洁。

③ 为了防止阻塞，节流阀应经常清洗，先在水中煮沸 15min，然后再在甲醇中超声波清洗。

四、测　序　仪

DNA 序列测定是研究基因结构和功能的有力工具。随着分子克隆技术的日臻完善，DNA 序列测定的简便方法和仪器设备应运而生，DNA 序列的测定也从手工测定逐步发展到半自动化和全自动，为大型基因组测序奠定了基础。如今大多数蛋白质序列都是通过基因或 cDNA 的核苷酸序列推导出来的。

（一）工作原理

DNA 测序仪的工作原理基于双脱氧链终止法。该法利用 DNA 聚合酶具有两种酶催化反应的特性，即能够利用单链 DNA 做模板，准确合成出 DNA 互补链，并能利用 2′，3′ -

双脱氧核苷三磷酸作底物，将其掺入到寡核苷酸链的3′-端，终止DNA链的生长。在DNA测序反应中，加入模板DNA、特异性引物、DNA聚合酶，以及带放射性标记的dATP、dTTP、dGTP、dCTP和ddNTP（双脱氧核苷三磷酸），经适当温浴后，产生不同长度的DNA片段混合物，加到变性凝胶上进行电泳分离，即可获得一系列全部以3′-端ddNTP为终止残基的DNA片段的电泳谱带模式，通过放射自显影的方法检测单链DNA片段的放射性带，就可直接读出DNA的核苷酸顺序。

（二）仪器选择

DNA测序技术从20世纪70年代发展到今天，高通量、高速度的毛细管自动测序仪已占据主导地位，但对于从事分子生物学和基因组学的研究者来说，应根据自己的研究情况选择通量和价格合适的测序仪。一般说来，进行大规模的基因组测序研究者，美国应用生物系统公司的3730型毛细管自动测序仪、安玛西亚公司的MegaBACE 4000型毛细管自动测序仪是目前市场的主流产品；而对于只需中小规模测序的研究者来说，美国应用生物系统的377型垂直板自动测序仪和3100型毛细管自动测序仪、安玛西亚公司的MegaBACE 500型毛细管自动测序仪、MJ公司的BaseStation水平板自动测序仪和贝克曼公司的CEQ系列毛细管自动测序仪，则在性能和价格上比较合适。

（三）操作规程

以全自动DNA测序仪为例介绍该类仪器的使用方法。

全自动DNA测序仪实际上是一台带有自动检测系统的高压电泳装置，PCR反应后，样品可自动加样到凝胶中进行电泳。测序时所用的标记物为荧光素，由于不同的ddNTP标记了不同的荧光，样品可在同一孔中进行电泳，而不必分4个孔。在高压电场的作用下，DNA片段依其分子大小依次穿过检测区。检测系统在电泳过程中实时进行信号扫描采集，检测窗口有激光器发出的光束，在凝胶中电泳的DNA片段上的荧光基团吸收激光束提供的能量而发射出具有特征波长的荧光，该荧光被一个灵敏度极高的光电倍增检测并转化为电信号，这些信号通过模数转换接口装置传入计算机处理。电泳结束后，计算机将其收集到的荧光信号的波长和强度与空间坐标建立一个多维数据库，其软件可以该数据库为基础模拟显示电泳分离后的DNA排列图像并自动读出DNA序列。此外，计算机还可以比较同一样品多次测序结果，以便操作者进一步校正测序结果。

（四）注意事项

① 新玻璃板中的油渍难以用普通清洁剂清洗，必须用乙醇氢氧化钾溶液或浓度为3mol/L的HCl溶液洗涤。

② 电泳结束后，玻璃板用美国ABI公司提供的仪器专用洗涤液Alconox（1%）擦洗，热水彻底冲洗，再用去离子水冲洗，置于超净工作台晾干。

③ 实验结束后，尽快取下前散热板、玻璃板，关掉电源。

④ 溶液瓶的冷却溶液需每月更换，以确保电泳时聚丙烯酰胺凝胶的温度保持在51℃。

⑤ 不要用笔标记上下电泳缓冲液槽、电泳梳子及玻璃瓶，以免电泳时传送到电脑的图像出现非特异的迁移荧光性物质。

五、电泳设备

毛细管电泳是20世纪80年代后期在全世界范围内迅速发展起来的一种电泳分离分析

技术。与传统电泳仪器相比，毛细管电泳仪具有操作简便、溶剂消耗少、环境污染小等优点，受到了科研工作者的青睐。

（一）工作原理

毛细管电泳仪的石英毛细管柱在 pH > 3.0 时，其内表面带负电，和溶液接触形成双电层。在高电压作用下，双电层中的水合阳离子引起流体整体朝负极方向移动。正离子的运动方向和电渗流一致，故最先流出；中性粒子的电泳速度为“零”，故其迁移速度相当于电渗流速度；负离子的运动方向与电渗流方向相反，但因电渗流速度一般都大于电泳流速度，故它将在中性粒子之后流出，从而实现不同迁移速度的粒子的分离。

（二）仪器构造

毛细管电泳仪的基本结构包括一个高压电源、一根毛细管、一个检测器及两个供毛细管两端插入而又可和电源相连的缓冲液贮瓶。这些基本部件与自动化进样器、多孔注射器、样品/毛细管温控装置、程控电源、复合检测器、片段收集以及计算机界面配合使用，可大大扩展其功能。

（三）操作规程

以 Waters Quanta 4000 型毛细管电泳仪为例介绍该类仪器的操作规程。

① 选择合适电源、毛细管和检测器，检查仪器和记录仪连线是否正确。

② 经常更换清洗毛细管用的超纯水和酸、碱溶液。

③ 打开仪器电源，启动毛细管电泳仪和记录仪，分步设定记录仪和主机参数。

④ 在确定毛细管畅通的情况下，对样品进行测试。

⑤ 实验完毕，取出样品管和电极瓶，清洗毛细管，关掉记录仪和主机电源，记录仪器使用情况。

（四）注意事项

不论哪种型号的毛细管电泳仪，其实验操作过程都应注意以下要点：

① 毛细管电泳仪应安置在装有空调的房间，确保室温恒定。同时，控制毛细管及仪器恒温。

② 缓冲液使用前需过滤，并要求经常更换。

③ 毛细管使用前要先用氢氧化钠溶液、水和缓冲液进行清洗；每次更换缓冲液时，要先用水和缓冲液进行冲洗平衡后，再进样。

④ 为获良好峰形，样品最好溶于 5 ~ 10 倍的缓冲液。

⑤ 为提高定量准确性，最好加入内标。

⑥ 摸索实验条件时，可先用一短柱，用磷酸盐、硼砂或 Tris 在不同的 pH 条件下试验。

⑦ 每次做完实验后，用水冲洗 5min，也可将毛细管两端置于水中保存，用氮气吹干后保存。

六、离心设备

自 1872 年 Misher 首次利用离心机分离生物体物质至今，离心机的问世已经有一个多世纪。离心机的发展经历了由简单到复杂的过程，离心技术的基本理论日益成熟。20 世纪 60 年代后，离心机的发展趋于智能化、专业化，以高速冷冻离心机为例，其基本构造包括离心室、驱动系统、真空系统、制冷系统、光学系统、控制系统六大部分。

（一）工作原理

不同型号的离心机功能不同，操作过程也略有差别，但是其基本原理是一致的，即按照离心机物质分离过程中所需要的转速、温度、时间以及分离物质的体积选择合适的转头，设置正确的时间和温度对混合溶液进行分离和沉淀。

（二）操作规程

以日立 CR22G 高速冷冻离心机为例介绍该类仪器的操作规程。

① 打开电源，根据待分离物质的容器选择合适的转头，将空转头装上，进行自检，确认转头运行情况良好后方可进行后续操作。

② 平衡好两个待离心的样品管，对称放入转头的孔中。

③ 根据离心物质的需要，按键移动光标至所需改变参数处，逐步设定速度、温度、时间、加速、减速等参数的数值。

④ 参数设置完毕后，按“Start”键，即开始离心。

⑤ 离心机运转到设置的时间后（或按“Stop”键）自动停止。

⑥ 离心机完全停止运转后，开盖，取出样品，用吸湿软布擦净离心室和转头，关闭电源。

⑦ 实验完毕，做好实验记录。

（三）注意事项

① 离心机定期开机运行，保证工作正常。

② 严格按照离心机的操作规程使用，不允许使用超过转头的最大转数或超过转头所能承受的最大离心力和最大允许速度。

③ 定期检测离心轴或离心机体是否水平，若不平则必须调整。

④ 样品应注意质量平衡和对称放置，严禁在非对称的情况下负载运行。

⑤ 注意转头工作情况，如出现异常应及时更换转头。

⑥ 不同厂家的转头不能混用，应该是配套使用。

⑦ 对离心机进行定期擦拭、清洗。

七、ELISA 设　备

1971 年，瑞典学者 Engvall 和 Penlman、荷兰学者 Van Weemen 和 Schuurs 分别报道将免疫技术发展为检测体液中微量物质的固相免疫检测方法，称为酶联免疫吸附分析（enzyme - linked immunosorbent assay，ELISA）。近年来，ELISA 已发展成为常用的微量物质定性定量分析技术。

（一）ELISA 的工作原理

ELISA 是一种固相酶免疫测定法，其原理有两点：① 抗原 - 抗体反应的高度专一性和敏感性；② 酶的高效催化特性。ELISA 把这两者有机地结合起来，即被分析物先与其相应的抗体或抗原反应，然后再检测抗体和抗原上酶标记物的活性，从而达到定性或定量测定的目的。

ELISA 方法的分类至今还没有统一的标准，根据固相化抗原或抗体可分为三类：间接法测定抗体、双抗体夹心法测抗原、竞争法测抗原。前面两种方法主要用于测定抗体和大分子抗原，通常用于临床诊断，而竞争法是测定小分子抗原的方法，适用于食品安全的检测。

（二）酶标仪

酶标比色仪简称酶标仪，通常指专用于测读 ELISA 结果吸光度的光度计，也是 ELISA 的主要分析仪器。

1. 工作原理

光源灯发生的光线经过单色器后成为一束单色光束，经过微孔板中的待测标本，标本吸收掉一部分后，余下的光信号经光电检测器转变成电信号，再经过前置放大、对数放大、数模转换等模拟信号处理后，送入微处理器进行数据处理和计算，并由打印机将测试结果打印出来。

2. 操作规程

以 Thermo Electron 公司产品为例介绍该类仪器的操作与使用方法。

① 接通电源，打开开关，轻轻按下系统键，仔细观察各部位运行是否正常。

② 设置实验所需波长，选择测试空白位置分析域值，以及打印报告类型。

酶标仪域值矩阵设定一般可设为阴性、可疑、阳性，按经验可疑范围设定为临界的上下 15%（也称灰色区），可疑范围上限必须考虑到双波长时会出现负吸光值和超范围报告的情况；同时，阴性范围的下限和阳性范围要充分考虑到影响 ELISA 结果的因素。

③ 测试样品时，要将微孔板外残留的液体用滤纸擦干净，再将样品放入测试槽内，以免影响结果判读。

④ 测试完毕，打印数据，小心地从槽内将微孔板取出，液体不能外溢，以免污染板槽。

3. 注意事项

① 酶标仪应避免阳光直射，使用前先预热仪器 15～30min，使读数更稳定，操作时室温最好控制在 15～30℃。

② 优良的酶标仪的读数一般可精确到 0.001，准确性为 ±1%，重复性达 0.5%。重复测试数次，检查 *A* 值（吸光度）是否在此范围内。

③ 酶标仪的可测范围视各酶标仪的性能不同而不同。普通的酶标仪在 0.000～2.000，新型号的上限可达 2.900，甚至更高。超出可测上限的 *A* 值常以“over”或“＊”等符号表示。值得注意的是，线性范围通常小于可测范围，如某一酶标仪的可测范围为 0.000～2.900，而其线性范围仅为 0.000～2.000，这在定量 ELISA 中制作标准曲线时应予注意。

④ 测读 *A* 值时，要选用产物的敏感吸收峰，如底物为邻苯二胺（OPD）时选用 492nm 的波长。有些酶标仪可用双波长式测读，即不移动 ELISA 板的位置，每孔分别在最适波长和不敏感波长下测读两次，最终的 *A* 值为两种波长下 *A* 值之差（$W_1 - W_2$）。双波长式测读可减少由容器上的划痕或指印等造成的光干扰。

根据各种酶标仪性能的不同，使用也略有不同，这在说明书中有详尽的说明。

八、组培设备

植物组织培养是利用植物细胞具有的全能性特性，取植物的部分组织或者单个细胞，在合适的培养基上培育长成一株完整的植株。植物组织培养实验室一般由准备实验室、无菌操作室、培养室组成，其中涉及的仪器设备主要有高压蒸气灭菌锅、无菌超净台、人工气候箱等。

(一) 操作规程

① 洗涤玻璃器皿，配制培养基。

② 利用高压灭菌锅对培养基和玻璃器皿进行消毒灭菌。

③ 接种前，打开无菌超净台紫外灯对操作平台进行杀菌，时间约为30min；之后用酒精棉擦洗工作平台以及台面上各种器皿、接种工具等，确保超净台内达到无菌状态。

④ 打开无菌风，在无菌超净台内接种植物组织，并用封口膜密封培养皿。

⑤ 将培养皿倒置放入人工气候箱，调好人工气候箱的温度、湿度和光照强度进行组织培养。

(二) 注意事项

① 灭菌过程中，高压蒸汽灭菌锅的电热圈要始终浸没在水中；严禁干烧灭菌锅。

② 灭菌锅加热时要先把冷空气排掉，再关闭排气阀。

③ 开启灭菌锅盖之前要先排气，直到锅内压强指针指示零位置时方能开启。

④ 无菌超净台内操作过程中，接种镊和手术刀片要经常用酒精棉擦洗，防止污染。

⑤ 接种过程中，超净台前玻璃要尽量拉低，避免外界杂质污染。

⑥ 定期观察人工气候箱工作状态以及培养皿内植物组织发育情况。如果培养皿内植物组织被微生物感染，应立刻拿出，避免污染扩散。

九、其他设备

(一) 水浴设备

电热恒温水浴锅是已知水浴设备中应用最为广泛的产品类型之一，具有温度波动小、温度控制智能化、加热速度快等优点，受到了化学、生物化学、分子生物学、医学等众多领域研究者的欢迎。在实验室中电热恒温水浴锅主要用于蒸馏、浓缩、干燥、温渍化学药品或生物制品。

1. 工作原理

以水为介质，用电热管加热，通过智能数字控温仪的控制，当水介质的温度值达到温度设定值时，控制电路自动切断电源，电热管停止加热；当水介质的温度值低于温度设定值时，控制电路自动接通电源，启动电热管重新加热，水介质的温度值再次达到温度设定值。如此循环反复工作，水介质的温度值始终处在恒定状态，从而满足使用时所需的温度要求。

2. 操作规程

① 向恒温水浴锅内加水，加水量应在搁板 30mm 以上，在放入试验器皿后距上口 50mm 以下。

② 接通外电源，开启恒温水浴锅开关。

③ 设置恒温水浴锅工作温度，确认控制仪温度读数处在相对稳定状态后方可使用。

④ 工作完毕，将温控旋钮置于最小值，切断电源。

3. 注意事项

① 使用前先向锅内注入清水，任何时候水面必须高于加热圈，不能干烧；在使用过程中，必须注意经常检查水位，水位应保持在搁板 30mm 以上。

② 供电电源须与产品使用电源要求相一致，电源插座必须具有良好接地线。

③ 使用时操作者不可长时间远离，要经常查看水位；工作结束后或遇到停电时，操作者必须关闭电源开关。

④ 定期用温度计检测水浴锅内水温是否与测温表显示的温度一致，如出现偏差应及时调整维修。

⑤ 选择振荡频率，将选择钮沿顺时针方向慢慢旋动，直至旋至所需的频率为止，同时观测振荡瓶的情况。

⑥ 恒温水浴锅使用时应注意水浴锅是否有渗漏现象。

（二）摇床

摇床，也称为振荡器，主要用于生物样品和细胞组织的培养，是植物、微生物、遗传工程等科研、教学和生产部门的常用设备。目前实验室中广泛使用的恒温冷冻摇床是一种以空气或者液体为导温介质，具有加热、制冷功能且温度可调控的培养箱和摇床相结合的生化仪器。恒温冷冻摇床主要由摇台、驱动系统、电控系统、制冷系统、热源室、箱体等部件构成。

1. 操作规程

① 开机前，仪表板上的控制开关均应处在非工作状态，调旋钮应置于断开位置。

② 打开摇床门，检查紧固螺钉是否牢固。装入试剂瓶，以摇台板几何中心为中心，对称平衡均匀分布。注意装载试剂不得超出摇台外，关好工作腔门。

③ 接通外电源，按下摇床“电源”开关。

④ 按下“启动”开关，缓慢调节调速旋钮，至显示器上显示出所需要的转速为止。

⑤ 按下“置温”按键，转动“调温”旋钮，至显示器上显示出所需要的温度数值为止。如果环境温度低于设定温度，按下“加热”键；如果环境温度高于设定温度，按下“制冷”键。

⑥ 停机时必须将调速旋钮退至电位关断位置，各控制按键均处于非工作状态，最后关闭电源开关。

⑦ 仪器一般配有几种容量的摇台，可视实验需要选购及更换，更换时只要将摇台中部四个紧固螺钉卸下，换上需要的摇台并将螺钉紧固。

2. 注意事项

① 仪器应放置在平坦、坚固的地面上。工作环境应保持清洁整齐、通风干燥，避免阳光直接照射和尽可能远离其他热源。

② 检查保险丝盒、控制元件及仪器各处紧固螺钉是否松动。

③ 定期保养电机和加注润滑脂。

④ 当电机电刷磨损造成工作不正常时，应及时更换电刷。

⑤ 当传动器轴承磨损造成噪音过大或不能正常工作时，应由专门维修人员进行更换轴承。

⑥ 如果皮带太松，可松开电机地板紧固螺栓，调节电机安装底板，使皮带适度紧张；如果皮带出现裂纹或大量毛边等现象，必须更换。

⑦ 如果制冷系统出现了故障，必须由专业维修氟利昂制冷机的技术人员检查修理。

（三）培养箱

培养箱广泛应用于医学、遗传学、微生物、农业科学等领域的研究和生产。二氧化碳培养箱是在普通培养箱的基础上加以改进，通过提供一定量的二氧化碳来维持培养液的酸碱度，以满足培养微生物或动植物细胞、组织所需的环境。常用的二氧化碳培养箱分为气套式和水套式两种类型。

1．工作原理

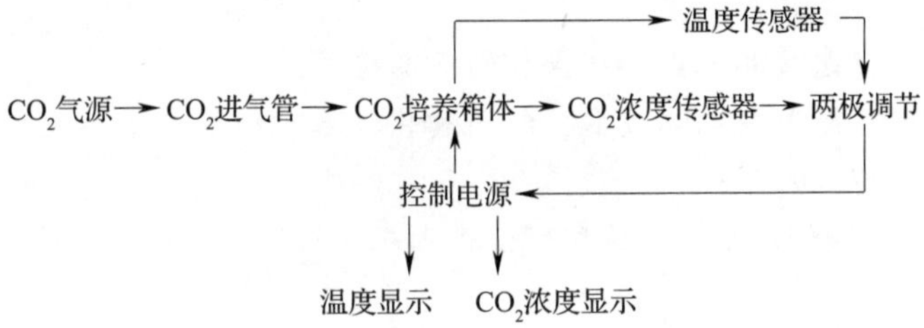

图4－9　培养箱工作原理示意图

2．注意事项

培养箱使用过程中，供电电压不稳、参数设置或操作不当等都会导致不必要的故障发生。为使故障率降至最低，必须注意以下事项：

① 加足去离子水或蒸馏水，同时盖上密封塞，以减少水套内水的蒸发。

② 在供电不稳定的单位，最好为其配备 1 个高性能稳压器，以减少因电压不稳导致的故障。

③ 在 CO_2钢瓶上安装 1 个低压 0～0.25MPa 的 CO_2减压阀，使输出气压较稳，这样可避免使用中因输入箱内 CO_2压力过高憋掉 CO_2进气管，使 CO_2控制阀长期处于工作状态而损坏。

④ 在通电不做培养的情况下，需将温度设定为 0℃，将 CO_2浓度设定为 0%，这样可使它们的控制阀处于不工作状态，从而避免控制阀长期处于工作状态而损坏。

⑤ 门温设置要比箱内温度高 1℃左右，以降低存取物品时箱内温度的波动。

⑥ 在夏季室温较高的地区，室内最好安装空调。

3．仪器维护

由于二氧化碳培养箱经常与水和气体接触，气体内的杂质可能会进入气路管道，造成机器无法正常工作。日常工作需要从以下几方面进行保养：经常检查水套的水位，如果水位低就要加水；定期检查二氧化碳气瓶，不能让二氧化碳气瓶用空；检查二氧化碳的供气管道和接口有无漏气现象；定期给机器除尘，防止灰尘阻塞气道及电磁阀。

思考题

1．食品基因工程常用的核酸数据库的种类有哪些？举例说明其使用方法。

2．食品基因工程常用的蛋白质数据库的种类有哪些？

3．说出三种基因工程操作常用的设备名称，并简要说明其用途。

第五章　食品基因工程操作基本技术

教学目标： 1. 熟悉食品基因工程操作的基本技术；
2. 了解凝胶电泳技术、细菌转化技术、核酸分子杂交技术的原理、特点以及应用；
3. 理解DNA核苷酸序列分析、基因的化学合成、基因扩增的技术原理。

基因工程之所以在20世纪70年代诞生，主要是由科学技术的发展水平决定的。特别是现代分子生物学实验方法的进步，为基因工程的创立与发展奠定了强有力的技术基础。本章主要介绍食品基因工程操作基本技术，包括凝胶电泳技术、细菌转化技术、核酸分子杂交技术、DNA核苷酸序列分析技术、基因化学合成技术和基因扩增技术。

第一节　凝胶电泳技术

带电物质在电场中向相反电极移动的现象称为电泳（electrophoresis）。电泳技术是19世纪初发明的，但直到瑞典的Tiselius创造纸电泳以后，才迅速发展起来。人们不断创新，开发各种材料作为电泳支持介质，其中最突出的是以琼脂糖和聚丙烯酰胺为支持介质的凝胶电泳。

自从琼脂糖和聚丙烯酰胺凝胶电泳被引入核酸研究以来，按分子质量大小分离DNA的凝胶电泳技术，已经发展成为一种分析鉴定重组DNA分子及蛋白质与核酸相互作用的重要实验手段，同时也是DNA核苷酸序列分析、限制性酶切作图等许多分子生物学研究方法的技术基础。

一、凝胶电泳技术的基本原理

生物大分子在一定pH条件下可以解离成带电荷的离子，在电场中会向相反的电极移动。这种在电场作用下分子的迁移速度，称做电泳的迁移率，它同电场的强度和电泳分子本身所携带的净电荷数成正比。也就是说，电场强度越大，电泳分子所携带的净电荷数量越多，其迁移的速度也就越快，反之则越慢。由于在电泳中使用了无反应活性的稳定的支持介质，如琼脂糖凝胶和聚丙烯酰胺凝胶等，降低了对流运动，故电泳的迁移率同分子的摩擦系数成反比，而摩擦系数是分子大小、极性及介质黏度的函数。因此，根据分子大小、构型、形状的差异以及所带净电荷的多少，便可以通过电泳将蛋白质或核酸分子混合物中的各种成分分离开来。

在生理条件下，核酸分子糖－磷酸骨架中的磷酸基团呈离子化状态。从这种意义上讲，DNA和RNA的多核苷酸链可以称做多聚阴离子。因此，当核酸分子被放置在电场中，它们就会向正电极的方向迁移。由于糖－磷酸骨架在结构上的重复性，相同数量的双链DNA几乎具有等量的净电荷，所以，它们能以相同的速度向正电极的方向迁移。在一定的电场强度下，DNA 分子的这种迁移速度亦即电泳的迁移率，取决于核酸分子本身的大小和构型。在构型相同的情况下，分子质量较小的 DNA 分子比分子质量较大的迁移速度快；在分子质量相同的情况下，构型较紧密的 DNA 分子比松散开环的 DNA 分子或线性的 DNA 分子要快些。这就是凝胶电泳技术分离 DNA 片段的基本原理。

二、琼脂糖凝胶电泳

（一）琼脂糖

琼脂糖是从海藻中提取出来的一种线状高聚物。当琼脂糖溶液加热到沸点后再冷却凝固便会形成良好的电泳介质，其密度是由琼脂糖的浓度决定的。经过化学修饰的低熔点的琼脂糖在结构上比较脆弱，因此，在较低的温度下便会熔化，可用于 DNA 片段的制备电泳。

凝胶的分辨能力同凝胶的类型和浓度有关（表 5－1）。琼脂糖凝胶分辨 DNA 片段的范围为 0.2～0.5kb；而要分辨较小分子质量的 DNA 片段，则须用聚丙烯酰胺凝胶，其分辨范围为 1 个碱基对到 1000 个碱基对。琼脂糖浓度的高低影响凝胶介质空隙的大小，浓度越高，空隙越小，其分辨能力也就越强；反之，浓度降低，空隙就越大，其分辨能力也就随之减弱。例如，20g/L 的琼脂糖凝胶可以分辨小到 300bp 的双链 DNA 分子，而对于较大片段的 DNA，则只需要用低质量浓度（3～10g/L）的琼脂糖。

表 5－1　琼脂糖凝胶分辨 DNA 片段的能力

凝胶中的琼脂糖含量/（g/L）	线状 DNA 分子的有效分离范围/kb
3	5～60
6	1～20
7	0.8～10
9	0.5～7
12	0.4～6
15	0.2～3
20	0.1～2

（二）琼脂糖凝胶中 DNA 的染色

观察琼脂糖凝胶中 DNA 最常用的方法是利用荧光染料溴化乙锭（ethidium bromide，简称 EB）进行染色。溴化乙锭含有一个可以嵌入 DNA 堆积的碱基对之间的平面基团（图 5－1），它与 DNA 的结合几乎没有碱基序列特异性。在高离子强度的饱和溶液中，大约每 2.5 个碱基插入一个溴化乙锭分子。当染料分子插入后，其平面基团与螺旋的轴线垂直并通过范德华力与上下碱基相互作用。这个基团的固定位置及其与碱基的密切接近导致与 DNA 结合的染料呈现荧光，其荧光产率与游离于溶液中的染料相比有所增加。

DNA 吸收 254nm 处的紫外辐射并传递给染料，而被结合的染料本身吸收 302nm 和 366nm 的光辐射。在这两种情况下，被吸收的能量在可见光谱红橙区的 590nm 处重新发射出来。由于溴化乙锭－DNA 复合物的荧光产率比没有结合 DNA 的染料高出 20～30 倍，所以当凝胶中含有游离的溴化乙锭（0.5μg/mL）时，可以检测到少至 10ng 的 DNA 条带。

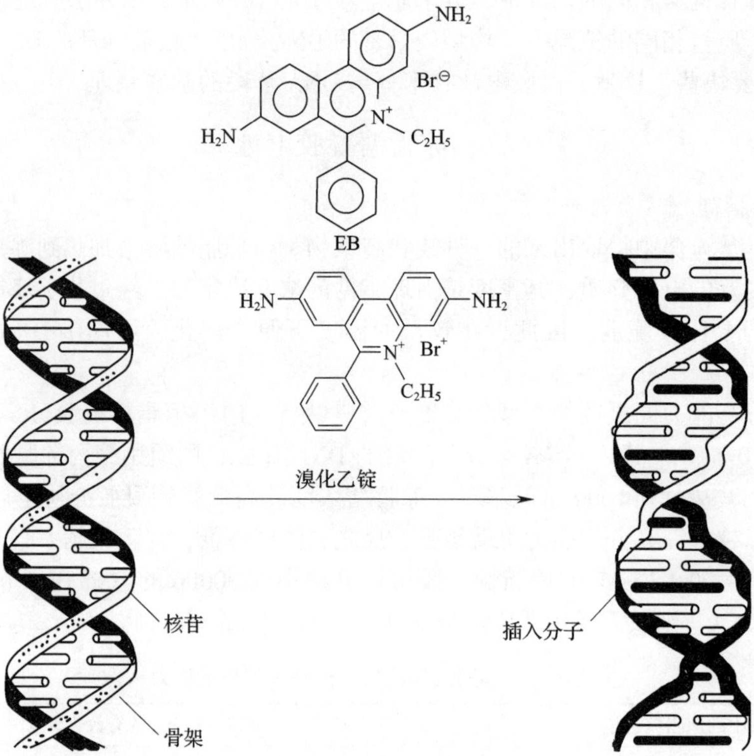

图 5－1　溴化乙锭染料分子的化学结构及其对 DNA 分子的插入作用

（三）影响琼脂糖凝胶中 DNA 迁移率的因素

1．DNA 分子大小

线状双链 DNA 分子在电场中以其一端指向电场一极，在凝胶基质中其迁移速率与碱基对数目以 10 为底的对数值成反比。分子越大，其摩擦阻力越大，也就越难在凝胶空隙中移动，因而迁移得越慢。

2．琼脂糖质量浓度

一个给定大小的线状 DNA 片段，其迁移速率在不同浓度的琼脂糖中各不相同。DNA 电泳迁移率（μ）的对数与凝胶浓度（τ）成线性关系，可用如下等式表示：

$$\lg \mu = \lg \mu_0 - K_r \tau$$

其中，μ_0为 DNA 的自由电泳迁移率；K_r为回归系数，是一个与凝胶的性质、迁移分子的形状和大小有关的常数。因此，采用不同浓度的凝胶，有可能分辨范围不同。

3．DNA 的构象

分子质量相同的超螺旋环状（Ⅰ型）、带切口环状（Ⅱ型）及线状（Ⅲ型）DNA 通过凝胶时速度不同。这三种 DNA 的相对迁移率主要取决于凝胶的琼脂糖浓度，但也受所用的电流强度、缓冲液的离子强度及Ⅰ型 DNA 超螺旋度的影响。一般情况下，Ⅰ型 DNA 迁移速率比Ⅲ型 DNA 快；但在某些条件下，则恰恰相反。

4．所加电压

在低电压时，线状 DNA 片段的迁移速率与所加电压成正比。但是，随着电场强度的增强，高分子质量 DNA 片段的迁移速率将以不同的幅度增长。因此，随着电压的增加，琼脂糖凝胶的有效分离范围缩小。要使大于 2kb 的 DNA 片段的分辨率达到最大，琼脂糖凝胶上所加的电压不应超过 5V/cm。

5. 电场方向

如果电场方向保持不变，则大于 50～100kb 的 DNA 分子在琼脂糖凝胶上的迁移速率相同。但是，如果电场方向呈周期性变化，则 DNA 分子就会被迫改变路径。由于 DNA 分子越大，为适应新的电场方向而重新排列所需的时间就越长，因此，可以通过脉冲电场凝胶电泳来分辨极大分子 DNA（达 10000kb）。

6. 嵌入染料

荧光染料溴化乙锭用于检测琼脂糖和聚丙烯酰胺中的 DNA，它会使线状 DNA 的迁移率降低 15%。将染料嵌入到堆积的碱基对之间，会拉长线状和带切口的环状 DNA，使其刚性更强。溴化乙锭是致癌剂，操作时应小心；所有含有溴化乙锭的溶液在弃置前应当进行净化处理。

7. 电泳缓冲液的组成

电泳缓冲液的组成及其离子强度会影响 DNA 的电泳迁移率。在没有离子存在时（如凝胶中不慎未加缓冲液），电导率最小，即使 DNA 还能移动，迁移率也很小。在高离子强度的缓冲液中（如误加 10×电泳缓冲液），电导率很高并明显产热。最坏的情况是引起凝胶溶解而使 DNA 发生变性。常用的几种缓冲液有 Tris－乙酸（TAE）、Tris－磷酸（TPE）、Tris－硼酸（TBE）和碱性缓冲液等。

三、聚丙烯酰胺凝胶电泳

聚丙烯酰胺凝胶电泳可以根据电泳样品的电荷、分子大小及形状的差别分离样品物质。这种介质既具有分子筛效应，又具备静电效应，所以分辨力高于琼脂糖凝胶电泳，适合于低分子质量蛋白质（低于 100μ）、寡聚核苷酸的分离和 DNA 序列的分析。聚丙烯酰胺凝胶电泳具有分离只差一个核苷酸的不同 DNA 片段的能力，是 DNA 序列分析中的关键技术之一。

聚丙烯酰胺是由丙烯酰胺和交联共聚单体 *N*，*N'*－亚甲双丙烯酰胺在 *N*，*N*，*N'*，*N'*－四甲基乙二胺（TEMED）和过硫酸铵的催化下聚合交联形成的。虽然聚丙烯酰胺凝胶的制备和电泳都比琼脂糖凝胶繁杂，但以下几种优点是琼脂糖凝胶电泳所不具备的：

① 分辨能力强：在同一 DNA 混合物中，即使最大的片段比最小的片段长 500 倍（如 1～500bp）也能很好地分离；

② 比琼脂糖凝胶的载样量大：在 1cm×1mm 的胶孔中 DNA 样品的最大上样量可达 10μg，而分辨率并无明显下降；

③ 从聚丙烯酰胺凝胶中回收的 DNA 纯度很高，可适用于要求非常严格的实验；

④ 在聚丙烯酰胺凝胶分子的交联网状结构中，带有酰胺侧链的 C－C 聚合物不带或少带离子侧链基团；

⑤ 聚丙烯酰胺凝胶无色透明，比琼脂糖凝胶的紫外吸收低，抗腐蚀性强，机械强度高，韧性好。

四、脉冲电场凝胶电泳

所有超过一定大小的线状双链 DNA 分子在琼脂糖凝胶电泳中的迁移速率相同。换句话说，就是当线状双链 DNA 的螺旋半径超过凝胶孔径时，琼脂糖凝胶电泳即达到其分辨力的极限。此时琼脂糖凝胶不能再按分子大小来筛分 DNA，那么如何筛分分子质量较大的 DNA 呢？

我们知道，凝胶孔径越大，所能筛分的 DNA 就越大。因此，低质量浓度（1～2g/L）的琼脂糖凝胶可以分辨极大的 DNA 分子，这一方法似乎可以解决上述问题，但是这种凝胶相对较脆，必须极其缓慢地进行电泳。而且即使这样，仍不能分辨大于 750kb 的线状 DNA 分子。

1984 年，D. C. Schwartz 和 C. R. Cantor 两位科学家发明了脉冲电场凝胶电泳（pulsed－field gel electrophoresis，简称 PFGE）技术，该技术可以用来成功地分离整条染色体这样的超大分子质量的 DNA 分子。其原理是在常规的琼脂糖凝胶电泳中，超过一定大小范围的所有双链 DNA 分子都是按相同的速率迁移的。这是因为它们在单向恒定电场的作用下，仅以“一端向前”（end－on）的方式游动穿过整个胶板；而在脉冲电场中，DNA 分子的迁移方向是随着所用的电场方向的周期性变化而不断改变的。在标准的脉冲电场凝胶电泳中，头一个脉冲的电场方向与核酸移动方向成 45°夹角，而下一个脉冲的电场方向与核酸移动方向在另一侧亦成 45°夹角。由于加在琼脂糖凝胶上的电场方向、电流大小及作用时间都在交替变换着，这就使得 DNA 分子能够随时地调整其移动方向，以适应凝胶空隙的无规则变化。因此，与分子质量较小的 DNA 分子相比，分子质量较大的 DNA 分子需要更多次地更换其构型和方位，以使其可以按新的方向移动，在琼脂糖介质中的迁移速率也就显得更慢一些，从而达到了分离超大分子质量 DNA 分子的目的。

第二节　细菌转化技术

在基因工程的研究中，细菌转化（transformation）是实现外源 DNA 导入宿主细胞的最常用、最有效的方法之一。细菌转化是受体细胞直接吸收外源的游离 DNA 片段，并在细胞中通过基因重组将其整合到自身染色体上表达遗传信息，进而获得相应遗传性状、表现特殊功能的过程。人们通常应用细菌转化技术将以质粒为载体构建的重组 DNA 在一定的条件下导入受体细胞，使其在受体细胞内稳定的复制和表达。

细菌转化现象最早是由 F. Griffith 于 1928 年在研究肺炎双球菌时发现的。15 年之后，O. T. Avery 等人于 1944 年证实引起这种细菌转化的因子是 DNA。早期人们只是在实验室内观察到了这种现象，后来经研究发现，在实验室以外的自然界中也同样会发生细菌的自然转化。随着细菌转化机制研究的深入和 DNA 重组技术的建立，人们已经可以通过对那些没有自然转化能力的细菌进行人工处理使其获得从周围介质中捕获外源 DNA 的能力。这些处理包括使用高剂量的二价阳离子（如 Ca^{2+} 或 Mg^{2+}）诱导、溶菌酶处理形成原生质体以及电击形成穿孔等方法。

一、自然转化

人们通常将不经过特殊处理的细菌细胞从周围环境介质中吸收外源 DNA 的过程称为自然转化。这种现象在原核生物中广泛存在，是自然界中原核生物基因重组的一种主要方式。

自然转化一般可以分为三个主要的阶段：感受态的出现；外源 DNA 的吸收与导入；DNA 的整合。以革兰阳性菌为例，细菌转化的可能机制包括以下几个基本步骤。

（一）感受态细胞的形成

在天然转化体系中，细菌一般都是在进入了一种特殊的生理状态时，才能够捕获外源的 DNA 片段，这种细胞处于最适合吸收和容忍外源 DNA 的生理状态，称为感受态。其主要具有如下特点：

① 细胞表面暴露出可接受外源 DNA 的位点。

② 细胞膜通透性增加，使外源 DNA 可直接穿过质膜进入细胞。

③ 细胞的修饰酶活性表现最高，而限制酶活性表现最低，使导入的外源 DNA 分子不易被切除或降解。

④ 细胞自身处于染色体相对稳定的非生长繁殖阶段。

因此，转化的第一个至关重要的步骤是需要使细菌处于感受态。至于感受态出现的时间和维持的时期长短会因微生物物种的差异和细菌生长条件的变化而不同。一个菌株能否出现感受态，不但由其自身的遗传特性所决定，同时也会受外界环境条件的影响。

关于感受态细胞形成的机制，一般认为当转化 DNA 接近细菌细胞时，受体细胞会分泌一种小分子的激活蛋白，又称为感受因子，它可以与细胞表面特异受体结合，诱导细菌自溶素等特异蛋白的合成，使细胞壁部分溶解，局部暴露出细胞膜上的 DNA 结合蛋白和核酸酶等，此时细菌处于感受态，极易接纳周围环境中的外源 DNA 以实现转化。

（二）转化因子的吸收与导入

受体菌细胞膜上的 DNA 特异性结合蛋白可与转化因子双链 DNA 进行特异性结合，激活邻近的核酸酶，然后吸附在细胞表面的转化因子在两种核酸酶的作用下进入细胞内。一种是核酸内切酶，它可将吸附在细胞壁上的 DNA 随机切割成 4000～5000ku 长的片段；另一种是核酸外切酶，它将吸附着的双链 DNA 片段的一个单链分解掉，使得另一个单链与感受态－特异蛋白结合，并以这种形式转移到受体菌细胞。

进入受体细胞的单链 DNA 与另一种游离的蛋白因子结合，形成整合复合物前体，它能有效地保护单链 DNA 免受各种胞内核酸酶的降解，并将其引导至受体菌细胞染色体 DNA 处。

（三）单链 DNA 转化因子的整合

整合复合物前体中的单链 DNA 片段可以通过同源重组，置换受体细胞染色体 DNA 的同源区域，形成异源杂合双链 DNA 结构。受体菌染色体进行复制，杂合区段亦随之进行半保留复制，当细胞分裂后，该染色体发生分离，形成一个新的转化子。

上述细菌转化机制是以革兰阳性菌为例阐述的，大肠杆菌等革兰阴性菌由于细胞表面的结构和组成与革兰阳性菌有所不同，自然条件下很难进行转化，其主要原因是转化因子的吸收较为困难，尤其是那些亲缘关系较远的 DNA 分子更是如此。

在基因工程的研究和应用中，转化到受体菌细胞的是人们根据需要构建的外源重组质粒 DNA 分子，而非来自供体菌的游离 DNA 分子。因此在大肠杆菌的重组质粒 DNA 分子的转化实验中，很少采用自然转化的方法，通常的做法是先采用人工处理的方法制备感受态细胞，然后再进行转化实验。

二、人工转化

自然环境中已知的很多细菌都没有自然转化能力，其中包括大肠杆菌。众所周知，大肠杆菌是分子生物学中常用的实验材料，也是基因工程重要的实验菌株。人们意识到，要使细菌转化成为基因工程的有效手段，就必须解决革兰阴性菌，尤其是大肠杆菌的转化问题。然而，很早就进行的试图用 DNA 转化大肠杆菌的尝试都未获得成功。因此，长期以来，一直认为大肠杆菌缺乏天然的转化机制。直到 20 世纪 70 年代早期，在 DNA 重组技术取得了很多突破性进展的基础上，一些关键的转化技术也被开发出来，当时人们发现经过冷的盐溶液浸泡的大肠杆菌细胞比未经浸泡处理的细胞获取外源 DNA 的能力要高得多。后来，又相继出现了一些用物理和化学的方法处理细菌以提高它们获取 DNA 能力的技术。人工转化方法逐渐成为基因工程领域里实现外源 DNA 导入宿主细胞的最常用、最有效的手段之一，其中代表性的方法之一是 Ca^{2+} 诱导的大肠杆菌转化法。

（一）Ca^{2+} 诱导大肠杆菌转化法

1970 年，夏威夷大学的 Mandel 和 AHiga 首先报道了在加入 DNA 之前预先用 $CaCl_2$ 处理大肠杆菌细胞，便能够人为地诱导这些细胞呈现感受态。他们发现，将正在生长的大肠杆菌在 0℃ 下加入到低渗的 $CaCl_2$ 中，便会造成细胞膨胀，形成原生质球，同加入在转化混合物中的 λ 噬菌体 DNA 形成一种黏着在细胞表面的对 DNase 抗性的复合物，再转移到 42℃ 进行短暂的热激处理，这种复合物便会被细胞所吸收。在富裕培养基上生长一段时间使转化基因实现表达之后，再涂布在选择性培养基中筛选分离转化子。这种基本的转化程序稍加修改之后，已被成功应用于在正常情况下不能吸收外源 DNA 的各种不同的细菌体系。现在已经知道，几乎所有的大肠杆菌菌株都可被质粒 DNA 所转化，只是转化的频率有所不同而已。随后的研究还指出，在转化过程中 Mg^{2+} 对于维持 DNA 的稳定性可能起到了重要的作用。因此，在很多目前使用的转化方法中，都采用了 $MgCl_2$ 处理细菌的步骤。

随着研究技术的改进和经验的积累，人们已经建立了用 Ca^{2+}、Mg^{2+} 等诱导转化的标准程序，能对大肠杆菌 C600、JM101、JM109、DH5 α 等进行有效的转化。最传统的转化方法是：先将大肠杆菌培养至 $OD_{600}=0.5\sim1$，接着用 50 ~ 100mmol/L $CaCl_2$ 处理制备感受态细胞；然后将 DNA 与感受态细胞混合，在冰浴中反应 20 ~ 40min 后进行 42℃ 瞬间热击处理；冰浴几分钟后加入培养基，经培养后筛选出相应的转化子。转化效率可以达到每微克质粒 DNA 获得 10^7 个转化子（图 5 -2）。

（二）PEG 介导转化法

不能自然形成感受态的革兰氏阳性细菌，如枯草芽孢杆菌（*Bacillus subtilis*）等，可以通过聚乙二醇（polyethylene glycol，PEG，一般用 PEG6000）的作用实现转化。这类细菌必须先用细胞壁降解酶完全除去其肽聚糖层，然后使其维持在等渗的培养基中，在聚乙二醇存在下，质粒或噬菌体 DNA 就可以被高效地导入原生质体。在已建立的成熟的转化体

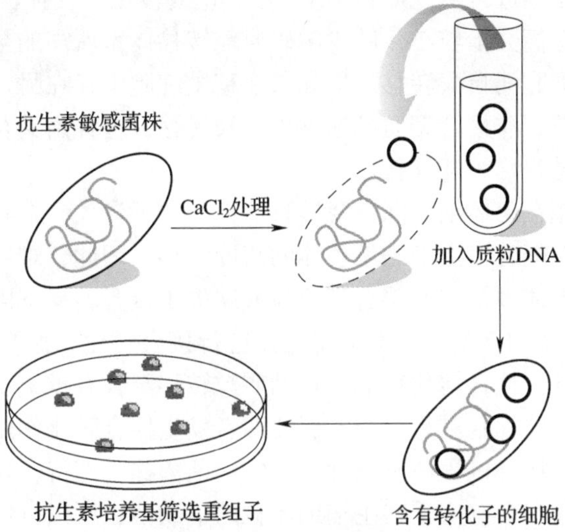

图 5－2　Ca^{2+}诱导感受态细菌细胞对 DNA 的结合和吸收

系中，例如枯草芽孢杆菌转化，利用聚乙二醇技术可使 80% 的细胞被转化，每微克质粒 DNA 可获得 10^7个转化子。

（三）电穿孔转化法

在很多细菌和真核系统中，既无自然的感受态呈现也不能用上述的方法建立感受态，因此，人们发展了一些新型的将核酸分子导入细胞的方法，最突出的是电穿孔转化法。

电穿孔转化法对真核生物和原核生物都适用，这种方法最早是用于将 DNA 导入真核细胞，后来逐渐用于转化包括大肠杆菌在内的原核细胞。其基本原理是利用高压脉冲电流击破细胞膜或将细胞膜击成小孔，形成可逆的瞬间通道，使各种大分子（包括 DNA）能够通过这些小孔进入细胞，从而促进外源 DNA 的有效吸收。电穿孔转化法的效率受电场强度、电脉冲时间和外源 DNA 浓度等参数的影响，通过优化这些参数，每微克 DNA 可以得到 10^9 ~ 10^{10}个转化子。电压增高或电脉冲时间延长，转化效率会有所提高，但同时会导致受体细胞存活率降低，转化效率的提高也因此被抵消。研究表明，当电场强度和脉冲时间的组合方式导致 50% ~70% 细菌死亡时，转化水平达到最高。

用于电穿孔转化法的细胞处理要比感受态细胞的制备容易得多。当细菌生长到对数中期后予以冷却、离心，接着用低盐缓冲液充分清洗以降低细胞悬浮液的离子强度，并用 10% 的甘油重悬细胞，使其细胞浓度为 3×10^{10}个/mL，分装后在液氮或干冰上速冻，然后置于 －70℃贮存。每小份细胞融解后即可用于转化，有效期达 6 个月以上。一般电穿孔转化必须在低温下（0 ~4℃）进行，转化效率比在室温下提高约 100 倍。由于细菌细胞相对较小，因此与 DNA 导入真核细胞相比，大肠杆菌的电转化要求有更高的场强，而反应体积则相对要小，以 20 ~40μL 为宜。

（四）三亲本杂交接合转化法

三亲本杂交（tri－parental mating）接合转化法，简称三亲本杂交转移法，是基于非接合型质粒的迁移作用而建立的一种 DNA 转化方式，尤其适用于那些难以采用 Ca^{2+}诱导转化法或电穿孔转化法等进行重组质粒 DNA 分子直接转化的受体菌。非接合型质粒与接合型质粒有所不同，它们分子较小，缺少编码质粒转移体系所需的全部基因，因此不能像接合质粒那样在宿主细胞间自我转移。但如果在宿主细胞中存在另外一种溶合性的接合型质粒，也称为辅助质粒，非接合型质粒通常也会被转移，这种由共存的接合型质粒引发的非接合型质粒的转移过程称为迁移作用。

接合型质粒虽然能在菌体细胞间自我转移，但其分子较大，自我转移的随意性强，同时在转移过程中经常伴随着宿主细胞染色体的高度转移，因此，难以作为基因工程载体使用。目前常用的质粒载体多是在非接合型质粒或缺失了接合转移基因的接合型质粒的基础上构建的，所以重组质粒 DNA 分子也不能直接进行接合转化，而只能通过其迁移作用来完成。为此，首先将具有接合转化功能的辅助质粒转移至含有重组质粒的供体细胞中，然后将这种供体细胞与受体细胞进行混合，促使两者发生接合转化作用，将重组质粒导入受体细胞。由于上述整个接合过程涉及三种有关的细菌菌株，即待转化的受体菌、含有要转化的重组质粒的供体菌和含有广泛宿主辅助质粒的辅助菌，所以，此种方法称为三亲本杂交接合转化法。

三、细菌转化效率及其影响因素

细菌转化率是指 DNA 分子转化受体菌获得转化子的效率，一般有两种表示方式，第一种是转化子数与用于处理的 DNA 分子数或质量的比率，第二种是转化子数与用于转化处理的受体细胞数的比率。为了更为直观的反映转化率，也可以用每单位质量的 DNA 分子获得的转化子数量来表示，单位通常是每微克 DNA 分子的转化子数量，但这种方法难以反映分子大小与转化效率之间的关系。若以用于转化处理的受体细胞数为基数来计算转化率，首先必须通过菌液 OD 值测定或细菌计数来计算出用于制备感受态细胞的受体菌总数，然后计算转化子与受体菌的比率。

细菌转化效率的高低受很多因素影响，这些因素包括待转化 DNA 的浓度、纯度、构型、转化细胞的生理状态及其在 $CaCl_2$ 处理和保藏之后的成活率，以及转化的环境条件，诸如温度、pH、离子浓度等，主要的影响因素如下：

1. DNA 分子大小

不同的 DNA 分子对同一受体菌细胞进行转化的效率是不一样的。通常分子质量较小的质粒 DNA 分子转化率较高，而分子质量较大的质粒 DNA 分子转化率较低，对于大于 30kb 的质粒 DNA 分子则很难进行转化。

2. DNA 分子的构型

对于同样的质粒 DNA 分子的转化效率，处于双螺旋闭环结构的质粒载体要比处于开环结构或线性结构的质粒载体高出 10～100 倍。闭环结构的质粒 DNA 分子进入细胞之后，能够抗御细胞中固有的核酸酶的作用；而线性的 DNA 分子，则对自由末端的降解作用极其敏感。用线性的 DNA 分子进行转化作用时，不仅涉及 DNA 进入细菌的问题，而且还涉及线性 DNA 分子转变成能够进行复制的环形质粒分子的问题。改变 DNA 分子的末端，便可阻止线性分子的环化作用。线性 DNA 分子成功的环化和复制过程，包含着两种酶学反应之间的竞争，即由 DNA 连接酶催化的形成环化分子的连接反应和由核酸外切酶催化的 DNA 线性分子的降解反应之间的竞争。

3. 细菌的限制修饰系统

许多细菌都具有限制修饰系统，严重影响了转化的效率。宿主细胞的限制性核酸内切酶能够将未经同一菌株的修饰酶修饰过的外源 DNA 切割掉，从而使转化效率显著下降。显而易见，当应用来源于大肠杆菌以外的 DNA 做大肠杆菌的转化实验时，这样的 DNA 就不具有阻止受体菌限制系统降解作用的适当的修饰模式。为了克服这方面的困难，用作转化受体的大肠杆菌菌株一般都是选用在宿主控制的限制和修饰系统上有缺陷的突变体，即 $hsdR^-$ 和 $hsdM^-$ 突变体菌株。由于具有 $hsdR^-$ 表型的大肠杆菌是无限制作用突变株，可以使进入的外源 DNA 免遭限制作用，从而极大地提高了非同源 DNA 的转化效率。

4. 转化方法

选择不同的转化方法，转化率也有所差异。上述几种转化方法中，以电穿孔转化法转化率最高，可以达到 $10^8 \sim 10^9$；Ca^{2+} 诱导大肠杆菌转化法居中，约为 $10^7 \sim 10^8$；而三亲本杂交接合转化法最低，仅为 $10^4 \sim 10^5$，但它适于前两种方法难以转化的受体菌。

第三节　核酸分子杂交技术

核酸分子杂交技术（nucleic acid hybridization）是华盛顿卡内基学院（Carnegie lnstitute of Washington）的 RoyBritten 及其同事于 1968 年发明的。其基本原理是具有一定同源性的两条核酸单链，在一定条件下，能够按照碱基互补配对原则退火形成双链。

核酸分子杂交是核酸分析的重要手段，也是鉴定基因重组体的常用方法。加之杂交的高度特异性及检测方法的高度灵敏性，使该技术在分子生物学领域被广泛应用，对推进分子生物学的迅猛发展起着重要作用。

一、核酸分子探针的制备

核酸分子杂交是利用已知探针检测待测核酸序列。其中待测核酸序列可以是克隆的基因片段，也可以是基因组 DNA 或细胞总 RNA。核酸分子探针则是用放射性核素或其他标记物标记的、能与特定的靶序列发生特异性结合的核酸片段。

（一）探针的选择

根据核酸分子探针的来源和性质，可将其分为天然核酸探针和人工合成的寡核苷酸探针。根据目的和要求的不同，可以采用不同类型的核酸探针。值得注意的是，并不是任意一段核酸片段均可作为探针。探针选择的最基本原则是探针必须具有高度的特异性，另外还要考虑来源是否方便等其他因素。

1. 天然核酸探针

（1）基因组 DNA 探针　以基因组 DNA 作为探针在目前应用最为广泛。基因组是某一生物细胞全套基因的组合，几乎所有的基因片段都可被克隆到质粒或噬菌体中，这为获得大量高纯度的基因组 DNA 探针提供了非常方便的来源。近年来发展起来的聚合酶链式反应（PCR）为基因组 DNA 探针的制备提供了又一便捷的手段。但在选择此类探针时，要特别注意真核生物基因组中存在的高度重复序列（如人类基因组中的 *Alu* 序列）。要尽可能使用基因的编码序列（外显子）作为探针，而避免使用内含子及其他非编码序列，否则探针可能会因高度重复序列的存在引起非特异性杂交而出现假阳性结果。

（2）cDNA 探针　cDNA 探针的制备通常是以 mRNA 为模板，以寡聚 dT 为引物，也可用特异的或随机的寡核苷酸作引物，在反转录酶的作用下进行反转录，得到的产物 RNA/DNA 杂交双链经碱变性后，RNA 单链可迅速被降解成小片段，最后经 Sephadex G－50 柱层析即可获得。由于 cDNA 不存在内含子及其他高度重复序列，所以是一种较为理想的核酸探针。但因 cDNA 探针不易获得，从而限制了它的广泛应用。另外，以 cDNA 为探针还必须注意 poly（dT）产生的非特异性杂交问题。

（3）RNA 探针　主要指 mRNA 探针。作为核酸分子杂交探针，mRNA 具有以下优点：

① RNA－RNA 和 RNA－DNA 杂交体的稳定性较 DNA－DNA 杂交体的稳定性高，杂交反应可以在更为严格的条件下进行（杂交温度可提高 10℃ 左右），因而杂交的特异性更高。

② RNA－RNA 杂交体是用 RNA 酶 A 酶切，这比 DNA－RNA 杂交体用 S_1 酶切容易控制，所以用 RNA 探针进行 RNA 结构分析比用 DNA 探针效果好。

③ 由于单链 RNA 分子不存在互补双链的竞争性结合，因此其与待测的核酸序列的杂交效率更高。

④ RNA 不存在高度重复序列，因此非特异性杂交较少。

⑤ 杂交后可用 RNase 将未杂交的探针分子消化掉，从而使本底降低。

⑥ 用无 RNA 酶的 DNA 酶Ⅰ处理即可除去模板 DNA，而单链 DNA 探针则需通过凝胶电泳纯化后才能与模板 DNA 分离。

但是，大多数 mRNA 存在一多聚腺苷酸尾，有时也会影响其杂交的特异性。此缺点可通过在杂交液中加入 poly（A）将待测核酸序列中大量存在的 poly（dT）或 poly（dU）封闭而加以克服。另外，RNA 极易被环境中大量存在的核酸酶降解，因此不易操作，这也是限制其广泛应用的重要原因之一。

2．人工合成的寡核苷酸探针

近年来，随着 DNA 合成仪的问世及使用的逐步推广，人工合成的寡核苷酸探针的应用越来越广泛。其优点是：

① 可根据需要合成相应的序列，避免了像天然核酸探针因存在高度重复序列而造成不良影响的问题。

② 特别适合于基因点突变分析。大多数寡核苷酸探针长度只有 15～30bp，只要其中有一个碱基不配对就会导致 T_m 值（melting temperature，解链温度，即 DNA 溶液中一半的双链 DNA 解离为单链的温度）发生显著变化。因此，通过人工合成的寡核苷酸探针进行杂交就可以判断待测片段是否发生点突变。

③ 由于合成的寡核苷酸探针链短、序列的复杂性低、相对分子质量小，所以杂交所需时间也较短。

但是，需要注意的是，短寡核苷酸探针所带的标记物较少，特别是做非放射性标记时，其灵敏度较低。

（二）探针标记物的选择

一种理想的探针标记物，应具备以下几种特性：① 高度灵敏性；② 标记物与核酸探针分子的结合绝对不能影响其碱基配对特异性；③ 不影响探针分子的主要理化特性，特别是杂交特异性和稳定性，同时杂交体的解链温度（T_m）也应无较大改变；④ 不影响抗原-抗体（Ag-Ab）或酶和底物的反应；⑤ 标记及检测方法简单、保存时间长；⑥ 对环境无污染，对人体无损伤，价格低廉。

可用于核酸探针的标记物主要有两大类，即放射性标记物和非放射性标记物。

（1）放射性标记物　放射性核素的灵敏度极高，可检测到0.01pg，甚至更微量的核酸分子。其最大的优点是放射性核素与相应的元素具有相同的化学性质，二者的差别只在中子数目上，质子和电子数完全一致，而元素的化学性质是由其核外电子决定的，因此，放射性核素对各种酶促反应无任何影响，也不会影响碱基配对的特异性、稳定性及杂交性质。另外，放射性核素的检测具有极高的特异性。少数假阳性结果的出现主要是由杂交过程本身导致的，极少是由于放射性核素引起的，因此，若严格按规程操作（主要是预杂交和洗膜），则假阳性率极低。

放射性核素的主要缺点是易造成放射性污染。此外，多数放射性核素的半衰期都较短，因此，必须随用随标，标记后立即使用，不能长期存放。

常用于标记核酸探针的放射性核素有^{32}P、^{35}S、^{3}H。

（2）非放射性标记物　近几年来，随着非放射性标记物和标记技术的发展，非放射性标记物标记探针的敏感度已接近放射性核素标记探针的敏感度，并且操作简便、获得结果快、无放射性污染、稳定性较好，可以长时间存放。因此，目前非放射性标记物被广泛应用于基础和临床研究，有逐渐取代放射性核素标记探针的趋势。根据检测方法的不同，常用的非放射性标记物有以下几类：

① 生物素：生物素是一种水溶性维生素，它可通过烯丙键与嘧啶环的C^5位共价结合。生物素标记的dUTP（biotin-11-dUTP）可代替dTTP被合成进DNA探针。这种探针能特异地与抗生素蛋白（avidin）结合，抗生物素蛋白上结合的碱性磷酸酶可使反应中的底物产生颜色，从而显示出探针所在位置。

② 地高辛：地高辛（digoxigenin）是一种类固醇半抗原，可与dUTP C^{11}位结合形成地高辛-11-dUTP复合物。检测时可直接利用结合有荧光色素或酶的抗地高辛抗体显色，或间接使用免疫荧光法。其优点是无放射性，操作简便安全，灵敏度接近同位素标记（达0.1pg），特异性较高，又因组织细胞内无内源地高辛，所以原位杂交时不易出现假阳性。

③ 辣根过氧化物酶：辣根过氧化物酶（HRP）与带正电荷的聚乙烯亚胺（polyethyleneimine）交联作用形成带正电荷的复合物。该复合物与带负电荷的单链或双链DNA结合，在戊二醛烯溶液作用下，HRP与DNA形成共价键，产生酶标记探针。该反应迅速可靠，平均一个HRP结合30~50bpDNA。标记探针与待测DNA杂交并清洗后，加入显色底物，HRP可使无色底物产生颜色，因此可定位目的序列。

（三）核酸分子探针的标记

核酸探针的常用酶促标记技术有：切口平移法、DNA探针末端标记法、随机引物法、cDNA探针标记及RNA探针的标记等。这里主要介绍切口平移法、DNA探针末端标记法和随机引物法。

1. 切口平移法

切口平移法（nick translation）是目前实验室中最常用的一种脱氧核糖核酸探针标记法。其原理是首先DNA酶在DNA双链上随机形成单链切口，再利用大肠杆菌DNA聚合酶Ⅰ的5′→3′核酸外切活性在切口处将旧链从5′-末端逐步切除。同时，在DNA聚合酶Ⅰ的5′→3′聚合活性的催化下，将dNTP连接到切口的3′-末端的—OH上，以互补的DNA单链为模板合成新的DNA单链。如果在反应液中含有一种或多种标记的核苷酸（如^{32}P-dCTP），则这些标记的核苷酸将替代原来的核苷酸残基，从而形成高放射活性的DNA探针。

2．DNA探针末端标记法

与切口平移法不同，DNA探针末端标记法的特点是DNA的末端标记并不是将DNA片段的全长进行标记，而是将其一端（5′-或3′-端）进行部分标记。由于DNA片段并非均匀标记，所以标记活性不高，一般极少用于分子杂交探针的标记，主要用于DNA序列测定等所需片段的标记。多种酶促反应可用于DNA的末端标记，如T_4DNA聚合酶、T_4多核苷酸激酶、末端脱氧核苷酰转移酶及Klenow聚合酶等。

3．随机引物法

随机引物是含有各种可能排列顺序的寡聚核苷酸片段的混合物，因此，它可以与任意核酸序列杂交，起到聚合酶反应的引物的作用。实验室所用的随机引物可以用DNase降解小牛胸腺DNA获得。目前市售的试剂盒中的随机引物是用人工合成方法得到的，寡核苷酸片段的长度为6个核苷酸残基，含有各种可能的排列顺序（$4^6=4096$种排列顺序）。

将待标记的DNA探针片段变性后与随机引物一起杂交，然后以此杂交的寡核苷酸为引物，在大肠杆菌DNaseⅠ大片段的催化下，合成与探针DNA互补的DNA链。当反应液中含有［α-^{32}P］dNTP时，即形成放射性核素标记的DNA探针。

二、核酸分子杂交

随着基因工程研究技术的迅猛发展，新的核酸分子杂交类型和方法不断涌现和完善。核酸分子杂交按作用环境可大致分为固相杂交和液相杂交两种类型。液相杂交是在液体中进行的杂交反应，杂交速度快，常与核酸电镜技术结合在一起，研究不同DNA的同源性及mRNA与染色体DNA之间的关系等。液相杂交的最大缺点是不能区分探针DNA与目的DNA，给常规应用带来困难。固相杂交是在一定支持物上进行的杂交反应，其优点是检测方便，因而应用广泛。下面主要介绍固相支持物的选择和常见固相印迹杂交类型。

（一）固相支持物的选择

1．硝酸纤维素膜

硝酸纤维素膜具有较强的吸附单链DNA和RNA的能力，特别是在高盐浓度下，其结合能力可达80~100μg/cm^2。吸附的单链DNA或RNA经真空烘烤后，依靠疏水性相互作用而结合于膜上。此外，硝酸纤维素膜还具有杂交信号本底较低的优点，因此被广泛应用于Southern、Northern及斑点印迹中。硝酸纤维素膜非特异性吸附蛋白质的作用较弱，特别适合那些涉及蛋白质作用（如抗体和酶等）的非放射性探针标记的杂交体系。

硝酸纤维素膜是应用最广泛的一种固相支持物，但并不十分理想。因为硝酸纤维素膜是依靠疏水性相互作用结合DNA或RNA的，这种结合并不十分牢固，随着杂交及洗膜的进程，特别是在高温情况下，DNA会慢慢脱离膜，从而使杂交效率下降。因此，不适宜在同一膜上重复进行杂交。再者，硝酸纤维素膜质地较脆，特别是经烘烤后，须格外小心。硝酸纤维素膜与核酸的结合有赖于高盐浓度（>10×SSC），在低盐浓度时，结合

DNA 的效果不佳，因此不适宜于要求在较低的离子强度下进行的电转移印迹法。另外，硝酸纤维素膜对于相对分子质量小的 DNA 片段（特别是小于 200bp 的 DNA 片段）结合能力不强。

2. 尼龙膜

在硝酸纤维素膜出现后，为了解决共价结合核酸的问题，人们发明了各种处理滤纸（如 DBM、DPT、APT 等），但这些滤纸的前处理非常复杂，处理好的滤纸也不能稳定地放置，并且由于纸质问题而难以耐受反复的洗涤。尼龙膜的出现解决了以上各类问题。

尼龙膜能以 350～500μg/cm^{2}的大结合容量共价结合单链 DNA、RNA 与蛋白质，对小于 10bp 的核酸也能很好地吸附。由于牢固的共价结合力使吸印的小片段不会扩散，使得结果显示更加清晰，并且尼龙膜本身强度高而能耐受反复的洗涤，因此能够用于多探针重复杂交。与硝酸纤维素膜另一不同之处还在于尼龙膜能在低离子强度下吸印，所以可用于电转移法。同时，尼龙膜对酸、碱稳定，变性后的 DNA 不用中和就可用于吸印，这样能使双链 DNA 的自身复性减小到最低程度，使杂交的灵敏度大大提高。此外，尼龙膜上固定核酸的方法不限于烘烤，将吸印后的膜置于紫外灯下照射也能使核酸与膜产生共价交联。因此，现在更多的人倾向于使用尼龙膜。

3. 聚偏二氟乙烯膜

聚偏二氟乙烯（PVDF）膜是继尼龙膜之后发展起来的一种更高级的吸印膜。与尼龙膜相比，由于 PVDF 膜上有了正电荷，使膜与磷酸骨架的结合更强，吸印更牢固，而且吸附容量比一般的尼龙膜更大。在非放射性标记杂交时，由于能很好地进行吸附位点的封闭因而产生的本底很低，已成为比硝酸纤维素膜更好的选择。PVDF 膜牢度大，核酸结合力强，结合容量大，可用于多探针杂交检测。此外，它还具有一般尼龙膜不脆、可紫外照射交联 DNA、耐酸碱及耐洗涤等优点，但因价格偏高而限制了其广泛应用。

（二）DNA 的转移方法

1. 毛细管转移法

该方法是一种被动转移法，靠上层滤纸中的毛细管吸引凝胶下方的碱液的同时，将胶中的 DNA 片段带到膜上。碱液可以使 DNA 双链变性成为 DNA 单链，用于杂交。由于转移过程中 DNA 所受到的力仅是毛细管作用造成的水流作用力，所以此法只适用于在较稀的胶中进行较小片段的转移。

2. 真空转移法

此方法是将胶置于特定的装置上以抽真空的方式加速转移，也属于被动转移。与毛细管法相比，能快速高效地转移较大的片段，且因转移完全程度的增加而使信号强度增加 1～2倍。使用真空转移法时，要注意真空度不可高于 0.08MPa，因为真空度过高反而会使凝胶很快变紧，导致转移效率下降。尽管真空转移法优于毛细管转移法，但因需要特殊装置而不能普及。

3. 电转移法

电转移的原理和电泳原理相似。该方法是一种主动转移法，要求在较低的离子强度下进行。由于不能在高离子强度下进行，所以不能使用硝酸纤维素膜。早期的电转移都是用化学方法处理的滤纸，如 DBM、DPT、APT 等，现在多用尼龙膜、PVDF 膜等。电转移法效率很高，2～3h 就可将大片段完全转移至膜上，但也因需要特殊的装置而不能够普及。

(三) 固相印迹杂交的类型

1. Southern 印迹杂交

DNA 印迹技术由 Southern 于 1975 年创建，称为 Southern 印迹杂交（Southern blotting）。它是研究 DNA 图谱的基本技术，在遗传诊断、DNA 图谱分析及 PCR 产物分析等方面有重要价值。基本方法是：提取生物体总 DNA，用限制性核酸内切酶消化后，经琼脂糖凝胶电泳分离各酶解片段。为了使不同大小的 DNA 片段能够同步地从电泳凝胶转移到硝酸纤维素滤膜上，通常是将电泳凝胶浸泡在 0.25mol/L HCl 溶液中做短暂的脱嘌呤处理，再进行碱变性。然后，利用 Tris 缓冲液中和，高盐下通过毛细管虹吸作用将 DNA 从凝胶中转印至硝酸纤维素滤膜（尼龙膜也较常用）上，烘干固定后即可用于杂交。凝胶中的 DNA 片段转移到滤膜上其相对位置不会发生改变。附着在滤膜上的 DNA 与标记探针杂交，利用放射自显影技术确定与探针互补的每条 DNA 带的位置，从而可以确定在众多酶解产物中含某一特定序列的 DNA 片段的位置和大小。Southern 印迹杂交过程见图 5 - 3。

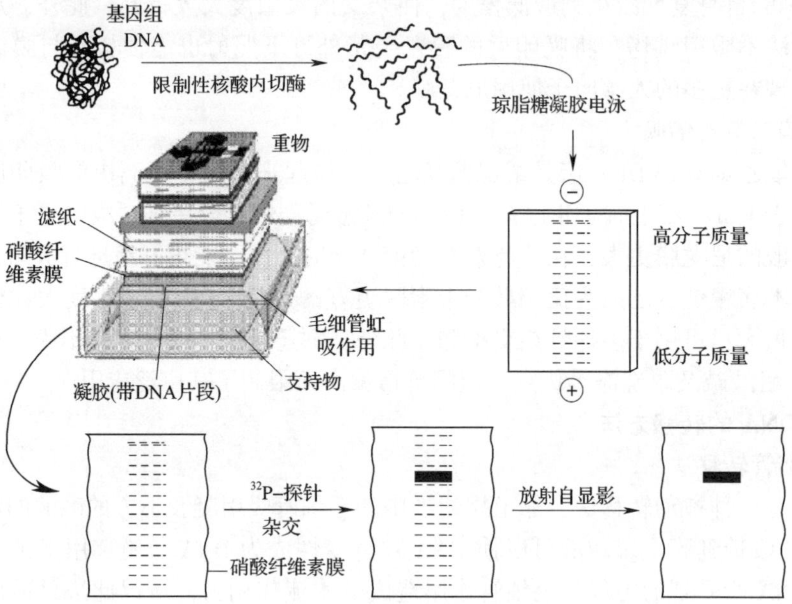

图 5 - 3　Southern 印迹杂交过程示意图

2. Northern 印迹杂交

Northern 印迹杂交（Northern blotting）的 RNA 吸印与 Southern 印迹杂交的 DNA 吸印方法类似，只是在进样前是用甲基氧化汞、乙二醛或甲醛使 RNA 变性，而不用 NaOH，因为它会水解 RNA 的 2′ - 羟基基团。RNA 变性后有利于在转印过程中与硝酸纤维素膜结合，它同样要在高盐中进行转印，但在烘烤前与膜结合得并不牢固，所以转印后不能用低盐缓冲液洗膜，否则 RNA 会被洗脱。此外，在胶中不能加溴化乙锭，因它会影响 RNA 与硝酸纤维素膜的结合。因此，为测定片段大小，可在同一块胶上加标记物一同电泳，之后将标记物胶切下，上色，照相；样品胶则进行 Northern 转印。以上所有操作均应避免 RNase 的污染。

3. 斑点印迹杂交和狭线印迹杂交

斑点印迹杂交（dot blotting）和狭线印迹杂交（slot blotting）是在 Southern 印迹杂交

的基础上发展起来的两种类似的快速检测特异核酸（DNA 或 RNA）分子的核酸杂交技术。它们的基本原理和操作步骤相同，都是通过抽真空的方式将加在多孔过滤进样器上的核酸样品直接转移到适当的杂交滤膜上，然后再按如同 Southern 或 Northern 印迹杂交的方式同核酸探针分子进行杂交。由于在加样过程中使用了特殊的加样装置，使众多待测的核酸样品能够一次同步转移到杂交滤膜上，并有规律地排列成点阵或线阵，因此，人们通常分别称这两种核酸杂交方法为斑点印迹杂交和狭线印迹杂交。无论是斑点印迹杂交还是狭线印迹杂交，都更适用于核酸样品的定量检测，而不是定性检测。

4. 菌落（噬菌斑）杂交

菌落杂交或噬菌斑杂交有时也称原位杂交（in situ hybridization），因为生长在培养基平板上的菌落或噬菌斑按照其原来的位置不变转移到滤膜上，并在原位发生溶菌、DNA 变性。带有 DNA 印迹的滤膜烤干后，再与放射性同位素标记的特异性 DNA 或 RNA 探针杂交。漂洗除去未杂交的探针，同 X 光底片一道曝光。根据放射自显影所揭示的同探针序列具有同源性的 DNA 印迹位置，对照原来的平板，便可以从中挑选出含有插入序列的菌落或噬菌斑。不过要从由成千上万大量的菌落或噬菌斑组成的真核基因组克隆库中鉴定出含有期望的重组体分子的菌落或噬菌斑，工作量还是相当大的。

（四）杂交信号的检测

杂交信号的检测方法因探针上的标记物不同而异，通常分为以下两类：

1. 放射性核素探针的检测

采用放射自显影的方法检测，即利用放射性核素产生的射线（β 或 γ）使 X 线片感光来检测。其方法是将杂交膜用保鲜膜包好，在暗室中与 X 线片压在一起，置于暗盒中，于 -70℃ 冰箱中曝光适当时间后，从暗室中取出 X 线片，经显影、定影后即可观察结果。

2. 非放射性核素探针的检测

（1）地高辛标记探针的检测　地高辛是一种半抗原，可通过抗原 - 抗体反应和酶显色体系偶联来检测。例如，杂交后，地高辛标记的探针即特异性结合在硝酸纤维膜上，检测时加入地高辛抗体 - 碱性磷酸酶复合物，抗体与地高辛抗原结合，当加入碱性磷酸酶的底物［氯化硝基四氮唑蓝（NBT）和 X - 磷酸盐］时，酶即分解底物产生蓝紫色不溶性反应物。

（2）生物素标记探针的检测　生物素（biotin）是抗生素蛋白（avidin）的配体。抗生物素蛋白是一种糖蛋白，其分子中有 4 个与生物素结合的位点，与生物素的亲和力极高，因此，生物素探针常通过亲和法进行检测。

（3）辣根过氧化物酶标记探针的检测　辣根过氧化物酶的底物为二氨基联苯胺（DAB），在 H_2O_2 存在的情况下，辣根过氧化物酶可分解二氨基联苯胺产生红棕色沉淀物。

第四节 DNA 核苷酸序列分析技术

DNA 序列测定（sequencing of DNA），即 DNA 的一级结构测定，是分子生物学中的一项重要技术。其基本原理是用酶学或者化学的方法，使待测 DNA 片段形成携带核素标记、具有不同末端和长度、仅差一个寡核苷酸的片段，再将片段在凝胶电泳中分离。由于电泳中具有相同末端的片段在同一泳道中分离，因而 DNA 序列可直接从“阶梯”式寡聚核苷酸电泳中读出。DNA 序列测定，一方面是对已经克隆的未知基因的序列进行测定，从而阐明该基因的一级结构；另一方面是对已知基因的序列进行检测，使之有助于进行遗传疾病的基因诊断。目前已经测序的核苷酸超过了 10 亿，其所包含的信息广泛应用于医药、农业和工业等生物学涉及的各领域。

一、双脱氧链终止法

双脱氧链终止法（酶法）是目前应用最为广泛的测序方法，它是利用 DNA 聚合酶和双脱氧终止物测定 DNA 核苷酸序列顺序的一种简单快速的序列分析法，1977 年由英国剑桥分子生物学实验室的生物化学家 Fred Sanger 创建。Sanger 发现以单链或经过碱变性的双链 DNA 为模板，以与测定序列末端互补的寡核苷酸为引物，在四种核苷酸存在的情况下，经大肠杆菌 DNA 聚合酶 I 催化形成新链的过程中，由于在聚合反应体系中加入了四种双脱氧核苷酸，双脱氧核苷酸的 5′－磷酸基团是正常的，能够掺入到正常核苷酸的 3′－OH 末端，但因其自身 3′－OH 不存在，下一个核苷酸不能通过 5′－磷酸与之形成磷酸二酯键（图 5－4 和图 5－5），于是新链的合成随之终止，如此便得到终止于特定碱基的一系列寡聚核苷酸产物，经过凝胶电泳分离，就可从放射自显影的图谱上直接读出 DNA 序列。由于该法要求使用单链的 DNA 模板和适当的 DNA 合成引物，因此有时也称这种 DNA 序列分析法为引物合成法，或酶催化引物合成法。

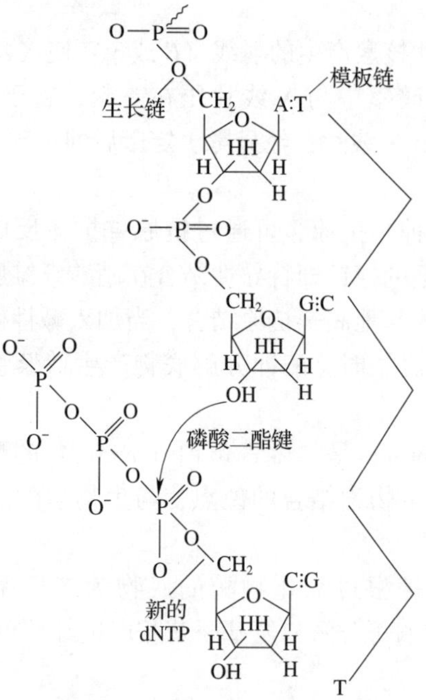

图 5－4　正常 DNA 合成过程

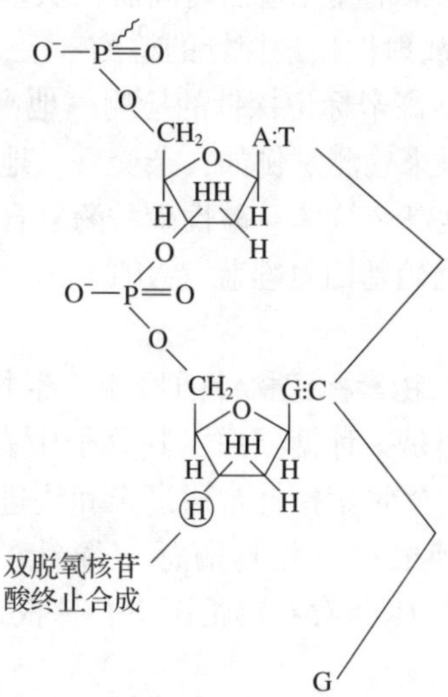

图 5－5　双脱氧核苷酸阻断 DNA 合成

在同一个反应试管中，同时加入一种 DNA 合成的引物和模板、DNA 聚合酶 I、ddTTP、dTTP 以及其他 3 种脱氧核苷酸磷酸（dATP、dGTP、dCTP），而其中有一种是带有 ^{32}P 放射性标记的，那么经过适当的温育之后，将会产生出不同长度的 DNA 片段混合物。它们都具有同样的 5′－末端，并在 3′－末端的 ddTTP 处终止。将这种混合物加到变性凝胶上进行电泳分离，就可以获得一系列全部以3′-末端ddTTP为终止残基的DNA片段的电泳谱带模式。使用相应于其他核苷酸的抑制物，如ddATP、ddGTP、ddCTP，并分别在不同反应试管中温育，然后连同第一个ddTTP反应，平行加到同一变性凝胶上作电泳分离，最后再通过放射自显影技术，检测单链DNA片段的放射性带，就可以从放射性X光底片上直接读出DNA的核苷酸顺序（图5-6）。

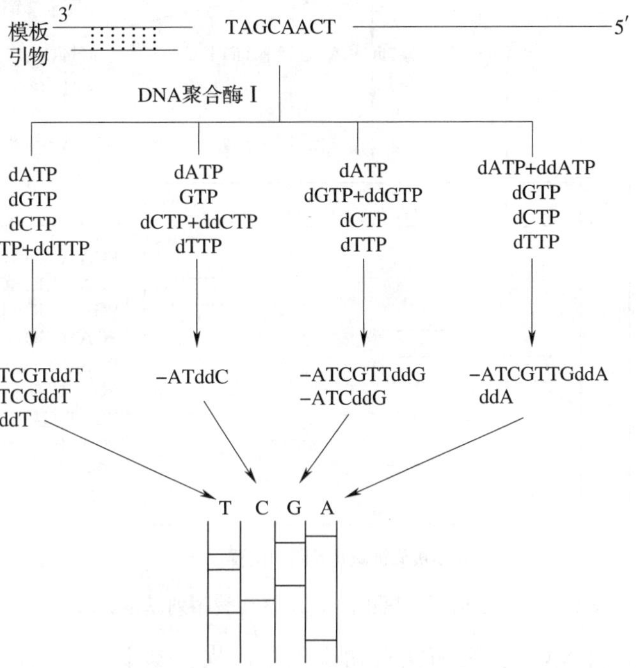

图5-6　双脱氧链末端终止法测定DNA核苷酸序列基本原理示意图

在实际DNA测序合成反应中，常使用失去了5′→3′核酸外切酶活性的DNA聚合酶Ⅰ的Klenow大片段来催化合成单链DNA模板顺序的互补链。适当地调整双脱氧核苷酸磷酸（ddNTP）和脱氧核苷三磷酸（dNTP）的比例，能够获得良好的电泳谱带模式。经验表明，当dNTP/ddNTP=1∶100时，DNA谱带的分离效果最佳，可读出多于200个以上的核苷酸顺序。降低ddNTP对dNTP的浓度比例，就会产生出逐渐加长的片段产物，再配合使用长胶和低浓度的聚丙烯酰胺作电泳分离，那么其分辨能力可提高到300个左右的核苷酸顺序。

二、化学修饰法

化学修饰法是由美国哈佛大学的AM. Maxam和W. Gilbert在1977年发明的，故称为Maxam-Gilbert DNA序列分析法。这一方法是在体外研究乳糖操纵子*lac*阻抑物与*lac*操纵基因相互作用时酝酿发展起来的，需要对原DNA进行化学降解。

该方法的工作原理是：一个末端标记的DNA片段在5组互相独立的化学反应中分别得到部分降解，其中每一组反应特异地针对某一种或某一类碱基，因此生成5组放射性标记的分子，从共同起点（放射性标记末端）延续到发生化学降解的位点。每组混合物中均含有长短不一的DNA分子，其长度取决于该组反应所针对的碱基在原DNA全片段上的位置。此后，各组均通过聚丙烯酰胺凝胶电泳进行分离，再通过放射自显影来检测末端标记的分子（图5－7）。

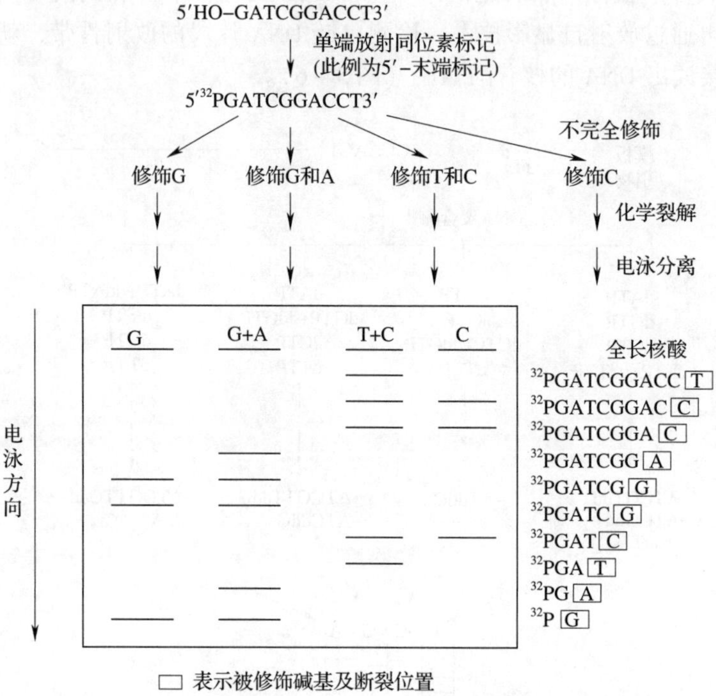

图5－7　化学修饰法测定DNA核苷酸序列基本原理示意图

Maxam－Gilbert DNA序列分析法自初次提出以来，基本没有变化。虽然设计了一些其他化学降解反应，但这些反应一般只作为Maxam和Gilbert最早提出的反应的补充。Maxam－Gilbert DNA序列分析法为两步进行的降解反应：第一步先对特定碱基（或特定类型的碱基）进行化学修饰，第二步修饰碱基从糖环上脱落，修饰碱基5′－端和3′－端的磷酸二酯键断裂。这些反应都要在精心控制的条件下进行，以确保每一个DNA分子平均只有一个靶碱基被修饰。随后用哌啶裂解修饰碱基的5′－和3′－位置，得到一组长度从一到数百个核苷酸不等的末端标记分子。比较G、A＋G、C＋T、C和A＋C各个泳道，可从测序凝胶的放射自显影片上读出DNA序列。由于种种原因（如采用^{32}P进行放射性标记、末端标记DNA的比活度、裂解位点的统计学分布、凝胶技术方面的局限性等），Maxam－Gilber DNA序列分析法所能测定的长度要比双脱氧链终止法短一些，它对放射性标记末端250个核苷酸以内的DNA序列效果最佳。

化学修饰法较之双脱氧核苷酸末端终止法具有一个明显的优点，即所测序列来自原DNA分子而不是酶促合成所产生的拷贝。因此，利用Maxam－Gilbert DNA序列分析法可对合成的寡核苷酸进行测序，可以分析诸如甲基化等DNA修饰的情况，还可以通过化学保护及修饰干扰实验来研究DNA二级结构及蛋白质与DNA的相互作用。

三、M_{13}噬菌体作为测序载体

M_{13}噬菌体的DNA呈单链环状，它感染大肠杆菌细胞后，形成双链的DNA复制子。

由此双链分子合成的单链环状 DNA 在穿越细胞膜时包上衣壳粒蛋白。感染了 M_{13} 的细胞持续分泌感染性病毒颗粒到周围环境中。在 M_{13} 基因组上除去不必要的片段之后，就可插入克隆的 DNA 片段而不影响病毒颗粒的感染性。M_{13} 系统有两个优点：双链的复制子可以像质粒一样分离和操作；单链的噬菌体 DNA 可以作为双脱氧法的测序模板（图 5－8）。

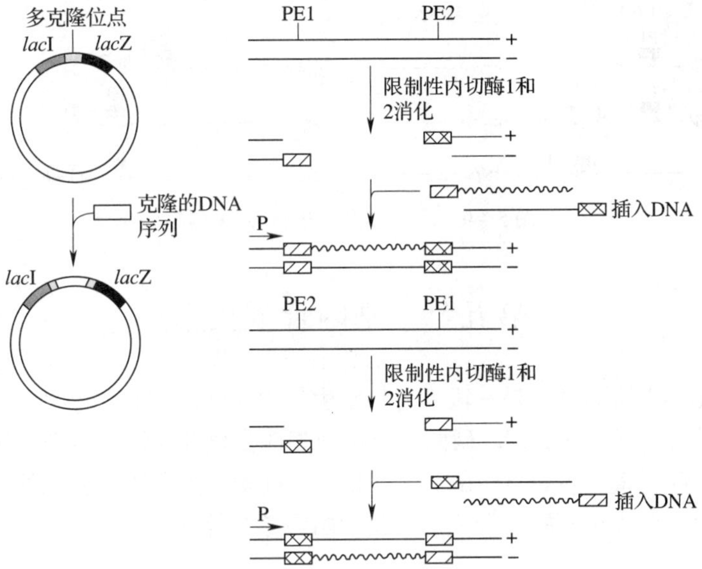

图 5－8　利用 M_{13} 噬菌体作为克隆和 DNA 测序载体

M_{13} 噬菌体的最大克隆能力大约是 500bp 的片段。目的 DNA 克隆在 M_{13} 双链复制子的多克隆位点上，这些多克隆位点是 *lacZ′* 基因的组成部分。连接反应液中的 DNA 与大肠杆菌感受态细胞混合，涂布平板培养后，在含底物 X－Gal（5－溴－4－氯－3－吲哚－β－D－半乳糖苷）的培养基上长出白色（或无色）菌落和蓝色菌落（M_{13} 噬菌斑），这是因为底物被杂合的 β－半乳糖苷酶水解后变成蓝色。分离白色菌落中的噬菌体颗粒作为 DNA 测序中的单链 DNA 模板。在 M_{13} 克隆的单链 DNA 中加入能在克隆 DNA 插入位点附近与载体 DNA 配对的引物，进行双脱氧核苷酸反应，再从自显影上读出插入的序列。

对于大片段 DNA（约 2000bp），其测序可以运用许多不同的方法。一种方法是将 DNA 片段克隆到传统的质粒克隆载体，并作出插入 DNA 详细的限制性酶切图谱。根据这一信息，确定插入 DNA 中 100～500bp 重叠片段，每一片断亚克隆到不同的 M_{13} 载体进行测序。克隆 DNA 的完整序列通过所有亚克隆片段的序列重新组建。M_{13} 噬菌体只包装复制子的正链，可以由同一引物在不同方向上启动链的合成。

四、引物步移法

对于很长的 DNA 片段（约 5000bp），利用 M_{13} 系统测序，需要构建很多重叠亚序列的 M_{13} 载体，虽然可行但过于耗时。为克服这一缺点，人们又设计出不需要亚克隆的双链质粒 DNA 的测序方法。在该方法中，先将含有目的 DNA 的质粒 DNA 进行纯化，再与一条合成的寡核苷酸退火，这条合成的寡核苷酸与载体上克隆 DNA 插入位点相邻的单链碱基互补配对。双脱氧核苷酸测序反应可用来测定插入 DNA 前面的 250～350 核苷酸的序列。

在此基础上，化学合成第二条寡核苷酸引物，该引物能与起始引物结合位点相距300个核苷酸的区域配对，进而测定下一个250～350核苷酸的序列。应用同一方法，选择第三条引物结合位点，合成另一寡核苷酸链，测定下一个250～350核苷酸序列。运用“引物步移”（引物延伸）的方法，直至测完克隆DNA的序列（图5－9）。

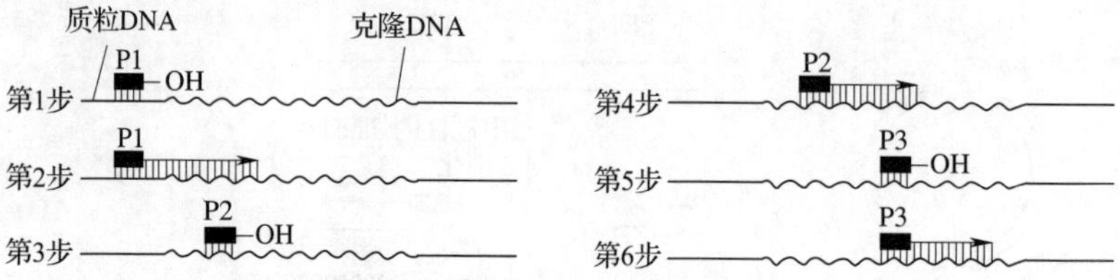

图5－9　引物步移法进行DNA测序

第五节　基因合成技术

基因就其化学本质而言，是一段具有特定生物学功能的核苷酸序列，因此基因的合成就是将单个的核苷酸通过3′，5′－磷酸二酯键连接成多核苷酸链。至今已用全合成或半合成的方法合成了胰岛素、生长素、α干扰素和γ干扰素的蛋白质和多肽的基因。基因的人工合成主要有化学合成法、酶促合成法及化学酶促结合等方法。

一、化学合成法

在基因合成的连接反应中，除了所需要的反应基团发生反应外，其他如核糖和核酸上的羟基、碱基上的氨基等也会参与反应，产生自聚、错接或降解等副产物，不但影响产物的分离纯化，而且使得所需要的主要产物产率下降。为避免副反应的发生，在核酸的化学合成中总是尽可能地将不需要的基团暂时保护起来，在完成一轮缩合反应后，为进行下一轮缩合反应，又必须把上一轮基团上的保护基选择性地解除下来，如此循环往复，形成专一的3′，5′－磷酸二酯键（图5－10）。目前已发展起来的基因化学合成法有磷酸二酯合成法、磷酸三酯合成法及固相亚磷酸三酯合成法等。

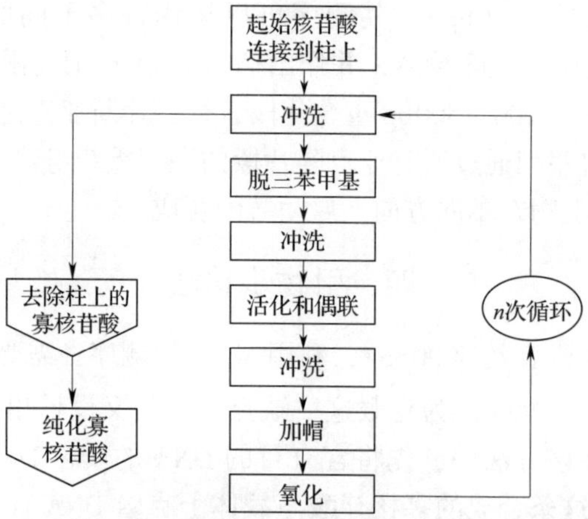

图5－10　DNA寡核苷酸化学合成流程图

（一）磷酸二酯合成法

磷酸二酯合成法是1979年由Khorana及其同事首先创立和发展的，其基本原理是：将两个在3′-或5′-末端各带有适当保护基的脱氧核糖核苷酸连接起来，形成一个带有磷酸二酯键的脱氧二核苷酸分子。保护反应的具体做法是将一个大的保护基团，如芳基硫酰氯（$ArSO_2Cl$）或二环己基碳二亚胺（DCC）加到脱氧核苷酸3′-端或5′-端的羟基上，这样具有5′-保护基的单核苷酸便可以通过它的3′-P同另一个具有3′-保护基的单核苷酸的5′-OH之间定向地形成一个二酯键，从而使它们缩合形成两端都被保护的二核苷酸分子。实验中使用的不管是3′-或5′-保护基团，都可以通过酸或碱的脱保护作用而被重新消除掉。如此带5′-保护的二核苷酸分子又能够同另一个带3′-保护的单核苷酸或二核苷酸分子进行第二次缩合反应，形成一个三核苷酸分子或四核苷酸分子。这样反复循环，直至合成所需长度的寡聚脱氧核苷酸为止。核苷酸链的延伸根据合成核苷酸片段的长短可采用逐个接长的方式或片段缩合的方式。

（二）磷酸三酯合成法

磷酸三酯法与磷酸二酯法一样，都是用了在单核苷酸的3′-或5′-末端加保护基团的做法，以防止在这两个末端之间形成磷酸二酯键。但在磷酸三酯法中，参加缩合反应的单核苷酸，是一种核苷3′-单磷酸的衍生物，在它的磷酸分子上有一个羟基（P—OH）已经带上了适当的保护基团，如邻氯苯基和对氯苯基等，因此事实上已经是一种磷酸二酯，而余下的另一个P—OH，仍然具有反应活性，可以同另一个带有3′-末端保护基团的单核苷酸的5′-OH缩合形成具有磷酸三酯键的二核苷酸分子。磷酸三酯合成法反应速度快，缩合产率高，大小片段均有很高的产率，合成产物纯度较高，并可用于固相合成，实现合成自动化。但磷酸三酯法合成基因的程序十分复杂，一般采用片段缩合方式，其全部反应都在液体中进行，难以控制。

（三）固相亚磷酸三酯合成法

固相亚磷酸三酯合成法是目前最常用的一种比较理想的合成寡核苷酸的方法。在合成开始时就将第一个核苷酸附在固相载体上，同时它的脱氧核糖环的5′-OH基团用二甲氧基三苯甲基（DMT）保护起来（图5-11）。然后用酸处理，脱去第一个核苷酸的5′-OH集团的保护基DMT（图5-12）；通过弱碱四唑催化，使第二个核苷酸与第一个核苷酸暴露的5′-OH缩合，发生偶联反应（图5-13）；由加入的乙酸酐激发乙酰化作用，把所有没有参与偶联反应的5′-OH基全部都封闭起来；由于核苷酸之间新形成的3′，5′-亚磷酸三酯键十分活跃，在碘液的催化下极易氧化成为稳定的3′，5′-磷酸三酯键（图5-14）。如此循环，直到合成出所需长度的寡核苷酸片段为止。合成结束，系统地脱去寡

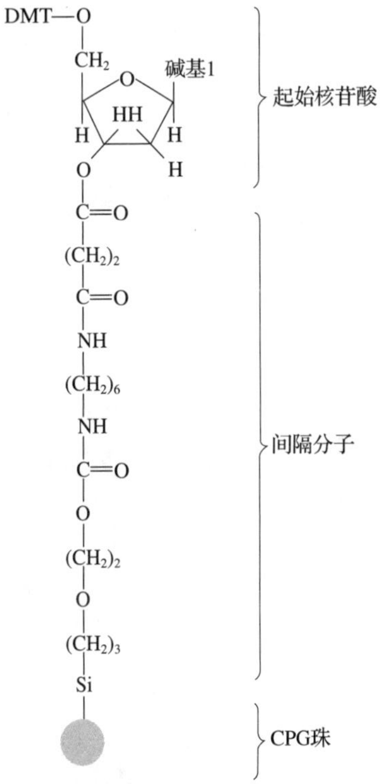

图5-11　DNA链化学合成的起始复合物

聚核苷酸上的保护基团，并将核苷酸片段从固相载体上游离下来，经乙醇沉淀、高效液相色谱法或凝胶电泳法纯化，即合成了所需的寡核苷酸片段。固相亚磷酸三酯合成法合成产率高，缩合反应速度快，但合成的周期长。

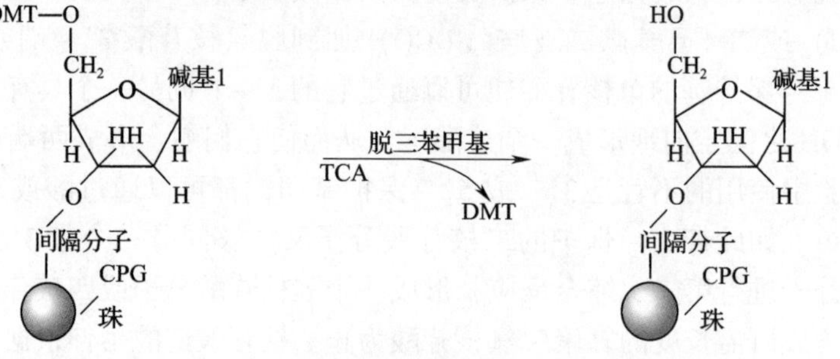

图 5－12　寡核苷酸合成脱三苯甲基

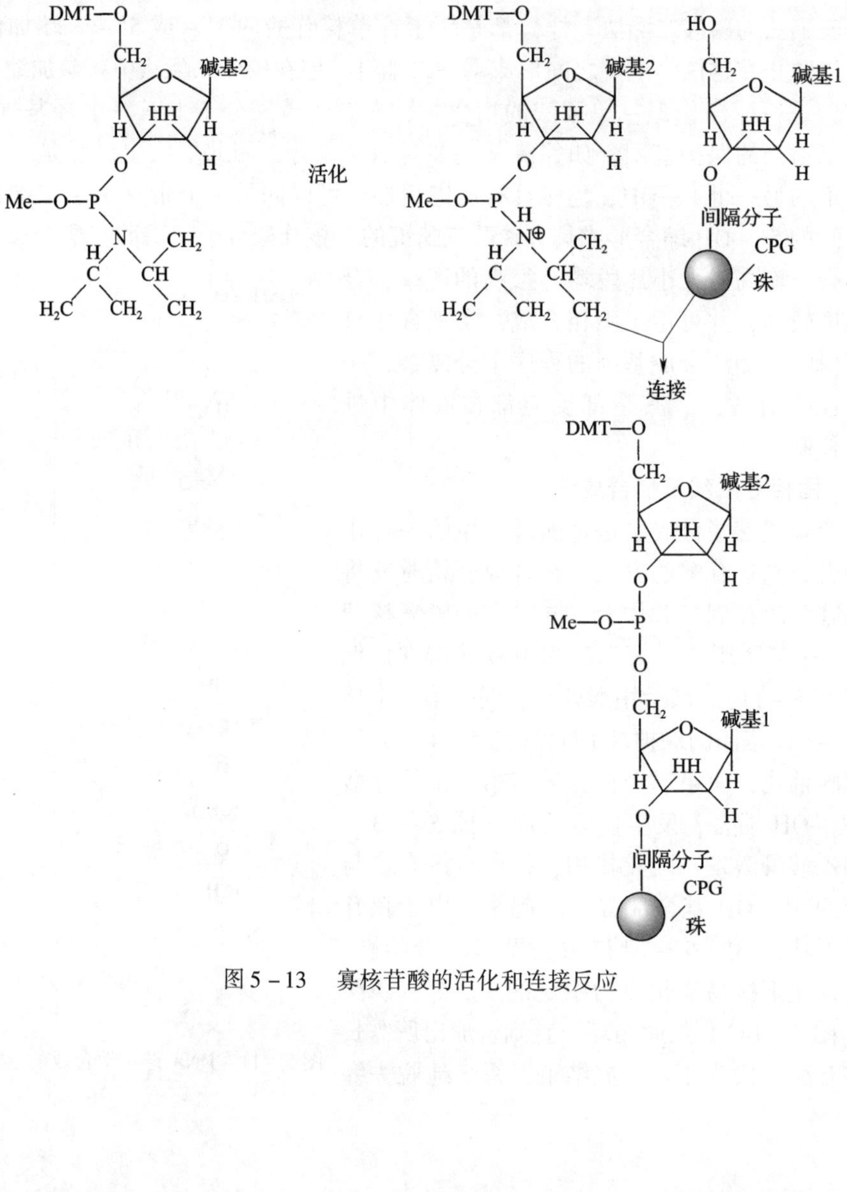

图 5－13　寡核苷酸的活化和连接反应

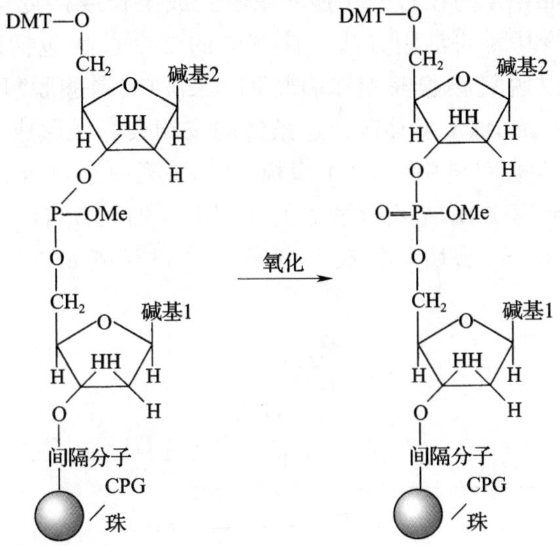

图 5－14　寡核苷酸氧化反应

二、化学合成寡聚核苷酸片段连接成完整基因的方法

如果化学合成的寡核苷酸片段为 15bp 左右，可采用小片段互补黏结法连接成完整的基因。首先应用核苷酸激酶使寡核苷酸片段的 5′－末端磷酸化，然后各相应的互补的寡核苷酸退火黏结形成带有黏性末端的双链，寡核苷酸片段经 T_4DNA 连接酶催化就可使其组装成一个完整的基因或基因片段（图 5－15）。组装后的基因连接于适当的噬菌体或质粒载体，转化大肠杆菌扩增即可。α－干扰素基因就是这样合成的。

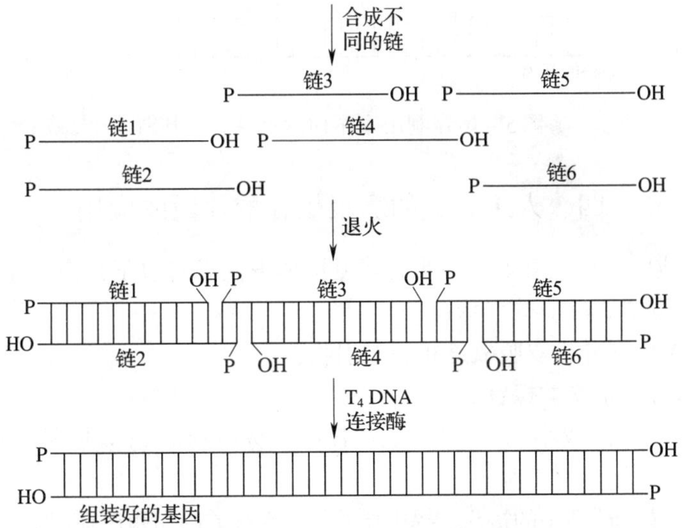

图 5－15　短寡核苷酸化学组装合成基因

三、酶促合成法

酶促合成法是以 mRNA 为模板，用逆转录酶合成全长或接近全长的 cDNA，然后进行克隆。这是获得真核基因的常用方法。该方法的整个过程包括以下步骤：① 以 poly(A)+RNA 为模板，以脱氧胸腺嘧啶作引物加入四种三磷酸脱氧核苷（dNTP），在逆转录酶作用下合成第一条 DNA 互补链，这条链的末端会弯回形成一个发夹结构；② 碱处理降解 RNA - DNA 杂合双链中的 RNA 模板；③ 以第一条 cDNA 链为模板，以发夹结构作为引物，在逆转录酶或 DNA 聚合酶 Ⅰ 的作用下，加入 dNTP，合成第二条 DNA 链；④ 用能特异切除单链的 S_1 酶切除发夹环部分，得到双链 cDNA，最后进行克隆（图 5 - 16）。

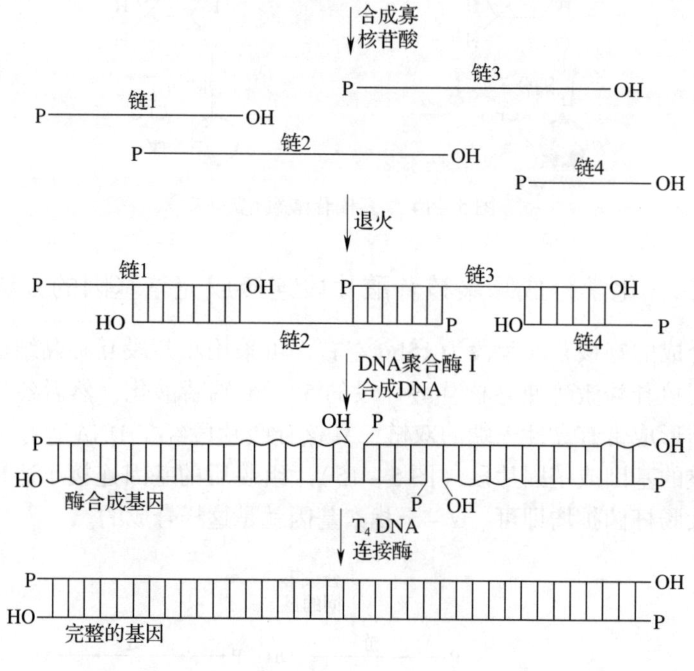

图 5 - 16　利用体外 DNA 酶法合成基因

四、人工合成的寡聚核苷酸片段的应用

采用人工合成的寡聚核苷酸片段来合成基因的方法具有以下几个方面的应用：

① 作为聚合酶链式反应的引物；

② 作为 DNA 序列分析双脱氧终止法的引物；

③ 作为核酸分子杂交的探针；

④ 用来制备一些比较小的基因或天然来源不易得到的完整基因，或用于改造天然基因；

⑤ 作为 DNA 末端改造中的接头，提供新的限制性核酸内切酶识别切割位点（图 5 - 17）；

⑥ 用于制备 cDNA，筛选克隆基因，用于基因定位及位点专一性改变等。

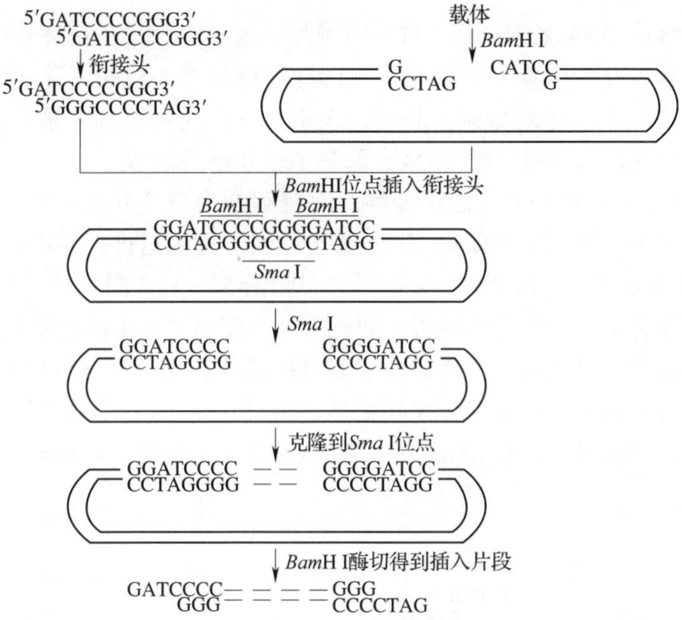

图 5－17　利用接头在载体上制造一个限制性核酸内切酶位点

五、人工合成基因的局限性

① 应用化学合成的寡核苷酸通常为 50～60bp，太长合成效率难以控制，太短（小于 30bp）则拼接效率大大降低。

② 因为一个氨基酸兼有几个密码子编码，如以氨基酸顺序推测核苷酸顺序，不容易与天然基因完全一致，造成中性突变。故人工合成基因时，遗传密码兼并现象会给密码子的选择带来很大困难。

③ 合成基因时常常会出现重复结构、发夹结构及回文结构，从而造成拼接效率下降或基因拼接错误。

④ 人工合成费用较高，故常常借助反转录技术获得目的基因中大部分序列，再人工合成其余序列，二者结合起来就形成了完整的编码基因。

第六节　基因扩增技术

聚合酶链式反应（polymerase chain reaction，PCR）又称无细胞克隆法，是由美国 Cetus 公司人类遗传学研究室的科学家 Karry Mullis 在 1985 年发明的一种快速的特定 DNA 体外扩增法。1988 年 Saiki 等将耐热 DNA 聚合酶引入 PCR 技术，使扩增特异性和效率都得到明显改善，操作大为简化。随着自动化扩增仪的发明和发展，PCR 技术得到极大的推广应用，近年来更是迅速渗透到生命科学的各个领域，成为分子生物学最重要的技术之一。Mullis 也因此获得 1993 年的诺贝尔化学奖。

一、PCR 技术基本原理

PCR 是模拟体内 DNA 复制过程在体外特异性扩增 DNA 片段的一种技术。其特异性由人工合成的一对寡核苷酸引物序列所决定，因此在微量离心管中，除了加入与待扩增的 DNA 片段两条链两端已知序列分别互补的两个引物外，还需要加入适量的缓冲液、微量的 DNA 模板、四种脱氧核糖核苷酸溶液、耐热 *Taq* DNA 聚合酶、Mg^{2+} 等。反应时首先将上述溶液加热，使模板 DNA 在高温下变性，双链解开为单链状态；然后降低溶液温度，使合成引物在低温下与其靶序列配对，形成部分双链，称为退火；再将温度升至中温，在 *Taq* DNA 聚合酶的催化下，以 dNTP 为原料，引物沿 5′→3′方向延伸，形成新的 DNA 片段，该片段又可作为下一轮反应的模板。如此重复改变温度，由高温变性、低温复性和适温延伸组成一个周期，反复循环，使目的基因得以迅速扩增（图 5－18）。因此，在 PCR 循环过程中有三种不同的事件发生：模板变性（denaturation）；引物退火或复性（annealling）；热稳定 DNA 聚合酶在适当温度下催化 DNA 链延伸合成（extension）。

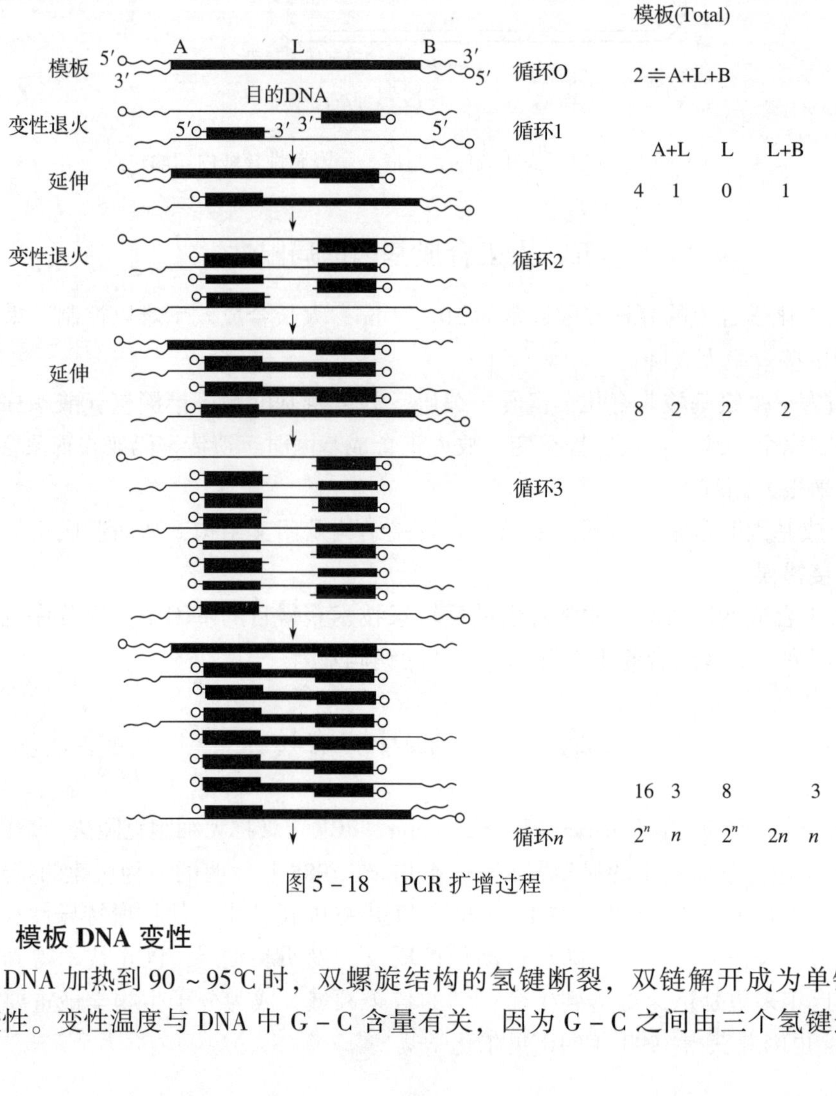

图 5－18　PCR 扩增过程

（一）模板 DNA 变性

模板 DNA 加热到 90～95℃时，双螺旋结构的氢键断裂，双链解开成为单链，称为 DNA 的变性。变性温度与 DNA 中 G－C 含量有关，因为 G－C 之间由三个氢键连接，而

A－T之间只有两个氢键相连，所以G－C含量高，其解链温度（T_m）就高。一般G－C含量每增加1%，解链温度增加0.4℃。哺乳动物基因组DNA中G－C含量在40%时，T_m约为87℃；其含量在60%时，T_m约为95℃。DNA变性所需要的温度和时间取决于DNA的复杂性、G－C含量、PCR反应的体积和扩增仪的种类等。在一般PCR反应中，变性温度为90～95℃，加热时间为1～2min。

（二）模板DNA与引物的退火（复性）

将反应混合物温度降至37～65℃时，寡核苷酸引物与单链模板杂交，形成DNA模板－引物复合物。退火所需要的温度和时间取决于引物与靶序列的同源性程度及寡核苷酸的碱基组成。一般要求引物的浓度要大大高于模板DNA的浓度，并由于引物的长度显著短于模板的长度，因此在退火时，引物与模板中互补序列配对的速度比模板之间重新配对成双链的速度要快得多，退火时间一般为1～2min。

（三）引物的延伸

DNA模板－引物复合物在*Taq* DNA聚合酶的作用下，以dNTP为反应原料，靶序列为模板，按碱基配对与半保留复制原理，合成一条与模板DNA链互补的新链，新链延伸方向仍然是5′→3′，延伸所需要的时间取决于模板DNA的长度。在72℃条件下，Taq DNA聚合酶催化的合成速度大约为40～60个碱基/s。

经过一轮“变性—退火—延伸”循环，模板拷贝数增加了一倍。在以后的循环中，新合成的DNA都可以起模板作用，因此每一轮循环以后DNA拷贝数便增加一倍。每完成一个循环需2～4min，一次PCR经过30～40次循环，2～3h。

（四）PCR的反应动力学

PCR反应过程中DNA的扩增量可用$Y=(1+X)^n$计算。Y代表DNA片段扩增后的拷贝数，X表示平均每次的扩增效率，n代表循环次数。平均扩增效率的理论值为100%，但在实际反应中平均效率达不到理论值。反应初期，靶序列DNA片段的增长呈指数形式。随着PCR产物的逐渐累积，引物和底物有所消耗，*Taq* DNA聚合酶活力下降，被扩增的DNA片段进入线性增长期或静止期，即出现“停滞效应”。一般PCR反应中，进行30个循环之后，扩增产物的拷贝数可达到10^6～10^7。如想进一步提高扩增产物的量，可将产物DNA作适当稀释，作为新的模板再进行二次PCR。采用这种方法，经二次PCR（60个循环），目的DNA的拷贝数可增加至10^9～10^{10}。

（五）PCR扩增产物

PCR扩增产物可分为长产物片段和短产物片段两部分。短产物片段的长度严格地限制在两个引物链5′－端之间，是需要扩增的特定片段。短产物片段和长产物片段是由于引物所结合的模板不一样而形成的。以一个原始模板为例，在第一个反应周期中，以两条互补的DNA为模板，引物是从3′－端开始延伸，其5′－端是固定的，3′－端则没有固定的止点，长短不一，这就是长产物片段。进入第二个周期后，引物除与原始模板结合外，还要同新合成的链结合。这时由于新链模板的5′－端序列是固定的，相当于3′－端被固定了止点，保证了新片段的起点和止点都限定于引物扩增序列以内，因而形成长短一致的短产物片段（图5－19）。可以看出，短产物片段是按指数倍数增加，而长产物片段则以算术倍数增加，几乎可以忽略不计，这就使得PCR产物不需要再纯化就能保证足够纯的DNA片段供分析与检测使用。

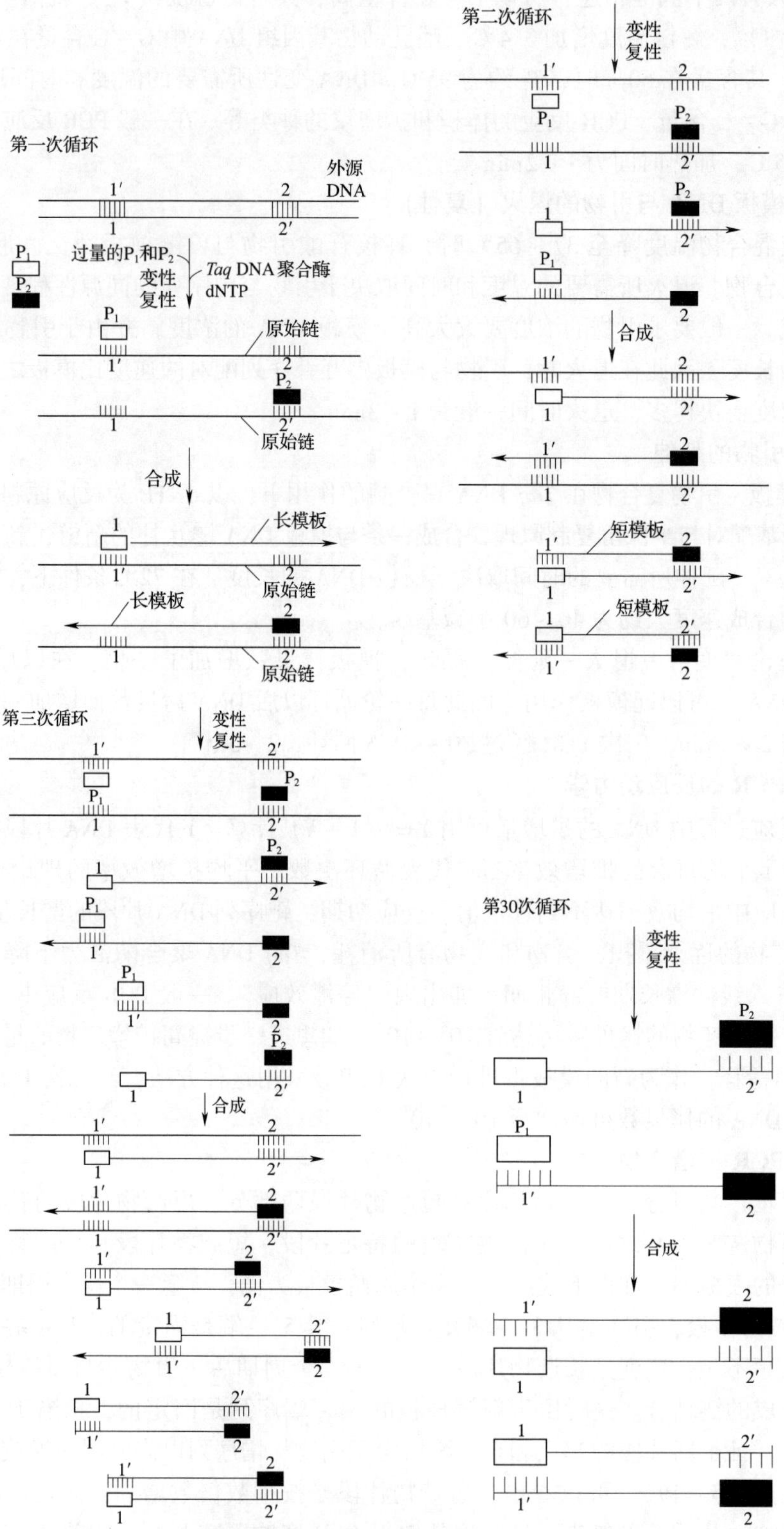

图 5-19　PCR 循环与扩增产物

二、PCR 反应体系

（一）DNA 模板

在大多数 PCR 反应中，对 DNA 模板的纯度要求并不十分严格，一般的提取方法制备的 DNA 均可满足实验要求，但过多的 EDTA、SDS、乙酸钠及来自琼脂糖中的杂质仍然会影响扩增效率。此外，在 DNA 制备过程中防止样品间的交叉污染十分重要。靶序列 DNA 可以单链或双链形式加入到 PCR 混合液中，虽然 DNA 大小并不十分重要，但当使用高分子质量的 DNA，如基因组 DNA 作模板时，用切点罕见的限制酶进行消化会取得较好的效果。对于一些特别敏感的实验，应在 PCR 专用实验室完成。

（二）引物

细心地进行引物设计是 PCR 中最重要的一步，理想的引物只对同目的序列两侧的单一序列而非其他序列退火，而设计糟糕的引物可能会同时扩增其他的非目的序列。

1. 引物设计的一般原则

用于 PCR 扩增的寡核苷酸引物至少应在 16 个碱基以上，一般以 20 ~ 30 个碱基为宜，引物过短会使 PCR 特异性降低，过长则会引起引物间的退火而影响有效扩增；引物中碱基的分布应尽可能避免嘌呤、嘧啶的连续排列；引物中 G – C 含量应占到 45% ~55%；在引物设计时应尽量避免引物二聚体和发卡结构，尤其是在引物 3′ – 端不应有互补结构。引物 3′ – 端应与目的片段完全配匹，而其 5′ – 端碱基可不与模板配匹，故在引物设计时可在其 5′ – 端加上限制酶位点或其他短的序列，这些与原初模板并不配对的非互补序列在后续的循环中将被带到双链 DNA 中去，这样反应产物不仅含有目的序列，同时在目的基因的两侧又有了新的限制酶位点，用相应的限制酶切割后即可将 PCR 产物定向克隆到载体中。PCR 反应中的引物浓度一般为 0. 1 ~ 0. 5μmol/L。

2. 简并引物的设计

PCR 技术最初是为扩增已知序列 DNA 设计的，简并引物的使用使得通过序列相似性克隆的靶基因克隆成为可能。根据序列相似性特别是由氨基酸推导的碱基序列设计引物时应注意以下几个因素：

① 应选择在进化过程中可能保守的区域及不被内含子间隔的区域（如进行目的基因的 cDNA 克隆时）；

② 应选择密码子简并度小的氨基酸序列，如选择只有一个密码子的色氨酸而非 6 个密码子的丝氨酸；

③ 根据不同生物的碱基使用偏好，降低简并性。

（三）脱氧核苷三磷酸

脱氧核苷三磷酸（dNTP）系在饱和浓度（dATP、dTTP、dCTP 和 dGTP 各 200μmol/L）下使用，用 50mmol/L 的 Tris – HCl 缓冲液调至 pH 7. 1 以上，分装成小管于 –20℃ 下存放。使用过程中应尽量避免过多反复冻融。

（四）耐热 DNA 聚合酶

Taq DNA 聚合酶是从一种嗜热水生菌水生栖热菌（*Thermus aquaticus*）中分离提纯的，该酶具有良好的热稳定性，在 95℃ 下持续温育仍可保持活性，而不会因热变性而失活。*Taq* DNA 聚合酶在 70 ~75℃ 条件下可表现出最佳的生物活性，在 70℃ 时每个酶分子的延

伸速率为60~70个碱基/min。由于*Taq* DNA聚合酶不具3′→5′外切活性，所以在PCR过程中易产生较高的错误率，其碱基错配率可达$2\times10^{-4}\sim2\times10^{-5}$。为保证PCR产物的真实性，现已分离了许多具有3′→5′外切活性的耐热DNA聚合酶，并已商品化。

(五) PCR反应的缓冲液

Taq DNA聚合酶催化的PCR反应标准缓冲液中含50mmol/L KCl、10mmol/L Tris-HCl（pH8.3）、1.5mmol/L $MgCl_2$，其他DNA聚合酶的标准缓冲液也都已确定。反应液中二价阳离子的存在至关重要，其中Mg^{2+}优于Mn^{2+}，而Ca^{2+}则无效，Mg^{2+}的浓度对反应的特异性和PCR产率影响较大，其最佳作用浓度相当低，只有1.5mmol/L，因此，所制备的模板DNA中不应含有高浓度的螯合剂，如EDTA，也不应有高浓度的负电荷离子基团，如磷酸根，制备的模板DNA应溶于10mmol/L Tris-HCl（pH7.6）中。尽管标准缓冲液适用于大多数DNA模板，但对于特定PCR的最佳缓冲条件还是随着模板、引物及反应液中的其他成分不同而有所改变。无论是应用靶序列与引物的新组合，还是dNTP或引物浓度有所改变时，都必须对Mg^{2+}的浓度进行优化。dNTP是反应中磷酸根的主要来源，其浓度的任何变化都将影响到Mg^{2+}的有效浓度，此点特别值得注意。另外，在PCR反应中可添加明胶或牛血清蛋白来提高酶的稳定性，添加甘油、二甲亚砜或甲酰胺等提高反应特异性。一般原则是反应中Mg^{2+}的终浓度至少要比dNTP总浓度高0.5~1.0mmol/L。

三、PCR反应条件的选择与优化

(一) PCR反应条件的选择

一个PCR反应的开始首先是双链模板DNA通过热变性解离为单链，以使其有利于与引物相结合，这一过程可在90~95℃条件下完成。即使是复杂的植物基因组DNA，也可在这一温度下解离成单链DNA。在具体实验过程中，可根据模板DNA的复杂程度适当调整变性温度和时间，一般情况下94℃变性30~45s可使复杂的DNA完全变性，过高的温度或持续时间过长，会对DNA聚合酶活性和dNTP分子造成一定的损害。一般为确保初始双链DNA模板的完全分离，以94℃、5min进行初变性。变性后的DNA很快冷却至40~60℃，可使引物和模板发生结合。引物与模板形成杂交体的最适退火温度需依经验而定，并依引物中G-C含量、引物和模板序列误配的百分比等变化而有所不同。引物长度在17~25个碱基时，引物的退火温度可通过T_m（℃）$=4\times(G+C)+2\times(A+T)$计算得到。适宜的退火温度大约低于$T_m$值5℃左右，介于55~72℃。在适宜的退火温度下，30s的退火时间已足以使引物与模板结合。在T_m允许的范围内，选择较高的退火温度可减少引物与模板的非特异性结合，提高PCR反应的特异性，首轮PCR反应的高严格性（高退火温度）对增加PCR反应的特异性具有更重要的意义。

PCR产物的延伸一般在70~75℃进行，在此温度范围内，可使耐热的DNA聚合酶处于最高的活力状态。在72℃时，DNA聚合酶的反应速率为35~100nt/s。一个长度为1~2kb的PCR产物1min的延伸时间已足够，如扩增的目的片段较长，可适当增加延伸时间，甚至到5~10min。当引物长度在16个碱基以下时，过高的延伸温度不利于引物和模板的结合，可采用使反应温度缓慢上升至70~75℃的方法，这样可使与模板结合的最适反应温度得到延伸，从而使延长过的引物与DNA模板的结合不会受到后续较高温度的影响。为得到更高产量的PCR产物，最后一轮循环后在70~75℃下保温10min具有重要作用。

一般经过25～30个循环后，目的片段的扩增量可达到10^6倍，已足以满足实验的需要，因此常采用的PCR条件是：94℃预变性5min，94℃ 30s、55℃ 30s、72℃ 1min，25～30个循环，然后72℃保温10min，使产物延伸完整，最后4℃下停止反应。所有温度的转换和停留时间都可以在仪器上进行设定，自动运行。

（二）PCR条件的优化

理想的PCR结果应是特异性、高效性和忠实性的统一，即通过较少循环的扩增得到较多的、错误率低的专一性扩增产物，但实际上高特异性和高保真的反应条件可能与高产率的反应条件不完全一致，因此具体反应条件应根据实际需要来不断优化调整。在PCR反应中，由于反应体系或条件的不适合常会出现两种极端的现象，一种是非特异性扩增严重，产生许多不确定的产物甚至无目的条带；另一种是扩增不到任何产物。这时需要通过改变模板浓度、引物用量、dNTP浓度、Mg^{2+}浓度、缓冲液pH等条件加以优化。其中尤以Mg^{2+}浓度最为重要，直接影响着引物退火的特异性、产物特异性以及酶的催化能力和准确性。Mg^{2+}的最佳有效浓度为1.5mmol/L，但也随模板和引物的不同而有所改变，可从0.5mmol/L到10mmol/L。在PCR循环条件中以退火温度最为重要，然而由于一些不完全清楚的原因，有些引物的退火温度难以优化。在T_m值允许的范围内，适当提高反应的退火温度可使PCR产物的特异性增强。热启动也是提高PCR特异性的重要方法。

四、扩增产物的检测分析

（一）琼脂糖凝胶电泳

琼脂糖凝胶电泳是检测PCR扩增产物最常用的方法。根据需要凝胶可配置成各种浓度，进行不同目的的电泳。用琼脂糖凝胶电泳法测定DNA片段的分子质量，是在同一块凝胶板上的样品槽中加待测样品，另一槽中加一个标准分子质量样片同时进行电泳，然后用溴化乙锭染色，在紫外灯下比较样品与标准品的位置。实验室常用的DNA分子质量标准品有pBR322和λDNA的酶切片段。

（二）聚丙烯酰胺凝胶电泳

聚丙烯酰胺凝胶电泳分辨力强，能够区分长度相差0.2bp的DNA分子；能装载的DNA量比较大，一个加样槽（1cm×1mm）中加入10μg DNA也不会影响分辨力；另外此法回收的DNA纯度很高。采用银染法浸染聚丙烯酰胺凝胶中的DNA和RNA的灵敏度也很高，干燥后还可以长期保存。PCR扩增指纹图、多重PCR扩增，PCR产物的酶切分析及利用产物的限制性片段长度多态性（RELP）进行基因分型时，聚丙烯酰胺凝胶电泳法比较理想。

（三）核酸探针杂交鉴定

当扩增出多条带或存在非特异性扩增掩盖时，需要核酸探针辅助鉴别。从杂交类型看，点杂交除可以鉴定扩增产物外，还有助于产物的分型；Southern杂交可以从非特异扩增产物中鉴定出特异性产物，增加PCR检测的特异性和灵敏度。

（四）限制性酶切分析

根据目标基因的一致序列资料可以查出其所包含的酶切位点，用某种限制性核酸内切酶消化扩增产物后进行电泳，观察消化片段的数目及大小是否与序列资料相符，从而确定产物的特异性。酶切位点的改变是序列差异的遗传路标，因此可利用高频率切点的限制酶消化 PCR 扩增产物，根据限制性片段长度多态性进行目标基因的分析及分型。

（五）单链构型多态性分析

单链构型多态性分析（PCR－Single Strand Conformation Polymorphism，PCR－SSCP）是一种简便快速的PCR扩增产物分析方法。其基本原理是将双链DNA的PCR扩增产物变性处理成单链DNA，加样于非变性聚丙烯酰胺凝胶进行电泳，由于DNA在凝胶电泳中的迁移率与其分子质量和空间构型有关，在非变性条件下，单链DNA因分子的内力作用形成卷曲构型，这种二级结构与单链DNA的序列有关，因此单链DNA的电泳迁移率受到PCR产物二级结构的影响。电泳结束后，单链DNA带在凝胶中位置的差异反应了PCR产物序列的差异。

五、PCR 常见问题及解决办法

1. 没有得到预期的 PCR 扩增产物

解决方法：确认聚合酶的活性是否正常；DNA 解链是否充分，变性温度是否准确；引物组成是否正确，有无二级结构组成；反应系统有无蛋白酶或核酸酶存在，在未加 *Taq*DNA 聚合酶前，将反应系统在90℃处理5～10min，有利于扩增反应顺利进行。

2. 有非特异性扩增产物出现

解决方法：增加复性温度，缩短复性时间及延伸时间；降低引物和 *Taq*DNA 聚合酶的用量；调整 Mg^{2+} 浓度；减少热循环次数。

3. 形成引物二聚体

解决方法：检查引物序列，特别是 3′－端是否有互补区；增加引物的长度；调整引物与模板浓度，使模板比例增高，降低引物使用浓度；增加复性温度；减少热循环次数。

4. PCR 产物在凝胶电泳中成片状

解决方法：减少 *Taq*DNA 聚合酶用量；增加复性温度，减少复性时间及延伸时间；降低 Mg^{2+} 浓度；减少循环次数；从凝胶中回收与预期分子质量相同的 DNA，再次进行 PCR 反应。

思考题

1. 基因工程操作技术主要包括哪些内容？
2. 什么是凝胶电泳技术？凝胶电泳技术的基本原理是什么？
3. 分别说明琼脂糖凝胶电泳、聚丙烯酰胺凝胶电泳、脉冲电场凝胶电泳的作用原理及应用特点。
4. 什么叫细菌转化？有哪些人工转化法？它们各自有何特点？
5. 如何表示细菌转化效率？影响细菌转化效率的因素有哪些？
6. 什么是核酸分子杂交技术？有哪些不同类型的核酸探针及探针标记物？
7. 列举固相印迹杂交的几种类型并简述其操作方法。
8. DNA 序列测定的基本原理是什么？DNA 核苷酸序列分析有哪些方法？
9. 基因的人工合成主要有哪些方法？并分别说明其过程。
10. 什么是 PCR 技术？PCR 技术的基本原理是什么？

第六章　基因克隆技术

教学目标： 1. 了解基因克隆技术的主要内容，掌握选择目的基因的方法以及分离目的基因的技术。
2. 熟悉分离克隆基因的几种方法如 PCR 技术、mRNA 差别显示技术、插入突变技术等。

第一节　目的基因的选择策略

基因是生物体内具有特定遗传效应的 DNA 片段。各种基因所含碱基对的数量及排列顺序不同，但都具有自我复制的能力。不同基因在染色体上均有其特定的位置，称为位点。如果基因编码区中插入或缺失非 3 的倍数的少数几个碱基，改变了原有的读码框结构，都会引起某些性状的变异。

基因是控制一切生命运动的物质形式。基因工程是按照人们的设计蓝图，通过分子生物学手段来分离、改造、扩增并表达生物体的特定优良性状相关基因，从而深入开展核酸结构和功能相关研究，或者获取有价值的基因产物。目的基因的来源主要是各种生物体内与优良性状相关的一些结构基因，它的成功分离是基因工程操作的基础。由于每个基因占整个生物基因组的比例很小，DNA 分子的化学结构相似且具有相似的理化性质，因此，根据需要从生物个体中分离出非常少的所感兴趣的特定目的基因，是基因工程中的一个难题。欲想获得某个目的基因，必须对其有所了解，然后根据目的基因的性质制定缜密的基因分离方案和策略。

随着分子生物学技术的深入发展，迄今已有很多基因被成功分离出来，比如一些能够提高农作物的产量、品质和抗性（包括抗病虫、抗除草剂、抗寒、抗盐碱）等的关键基因，控制植物或食品微生物某种成分生物合成途径中的关键酶基因等。从遗传学的角度来看，基因克隆的途径可概括为正向遗传学和反向遗传学两种方法。正向遗传学途径指的是通过生物个体或细胞基因组的自发突变或人工诱变，寻找相关的表型或性状改变，然后从这些特定性状变化的个体或细胞中找到对应的突变基因，并揭示其功能；反向遗传学途径则指的是改变某个特定的基因或蛋白质，然后再去寻找有关的生物表型变化，其中 RNA 沉默技术已成为反向遗传学的一种重要研究手段。目前，目的基因的分离主要通过化学合成法、图位克隆法、基因组/生物信息学方法、差异表达基因克隆法、功能克隆法和 PCR 扩增法等研究方法。

一、化学合成法

化学合成法主要适用于事先已知基因的一级结构，即核苷酸排列顺序已知并且分子质量较小的目的基因。1977 年板仓敬一和博耶等运用化学法合成了 14 肽的生长激素释放抑制因子的基因，并获得成功克隆和表达。随着蛋白质和DNA序列测定技术的发展，越来越多的基因结构已被测定出来，重组DNA技术的发展也有力地推动了基因化学合成的研究，特别是DNA自动合成仪的问世，大大改变了化学合成基因的面貌：从最初只能人工合成寡核苷酸片段，到目前可以利用自动合成程序合成长达200bp的寡核苷酸片段。利用DNA连接酶的作用，甚至可以合成和组装更长的基因片段。这种合成基因的方法具有一个很大的优点，就是可以人工合成自然界不存在的新基因，使生物产生新的性状以满足人类需求。

二、图位克隆法

图位克隆（map - based cloning）又称定位克隆（positional cloning），最先由剑桥大学的Alan Coulson于1986年提出，是随着各种植物的分子标记图谱相继建立而发展起来的一种新的基因克隆技术。该方法先将目的基因精确定位在分子连锁图上，然后将与目的基因紧密连锁的分子标记制备探针，筛选事先构建好的含有目的基因的DNA大片段文库（如YAC、BAC或Cosmid），并构建含有目的基因区域的精细物理图谱，利用该物理图谱进行染色体步移（chromosomal walking），逐步逼近目的基因。如果侧翼标记与目的基因连锁十分紧密或共分离，无需步移就可直接着陆，获得含有目的基因的大片段克隆，再将大片段克隆作亚克隆分析或用大片段克隆作探针筛选cDNA文库，从而将目的基因确定在一个较小的DNA片段上，进一步作序列分析和目的基因功能鉴定。利用图位克隆法克隆基因不仅需要构建完整的基因组文库，建立饱和的分子标记连锁图和完善的遗传转化体系，而且还要进行大量的测序工作，所以对基因组大、标记数目不多、重复序列较多的生物采用此法不仅投资大，而且效率低。在某些情况下，很难或者不能通过图位克隆技术来定位基因。

三、基因组/生物信息学方法

基因组/生物信息学方法也称电子克隆法。随着人类基因组计划和其他模式生物基因组计划的启动和实施，人们在基因序列、定位、表达和功能研究上积累了大量的数据。据统计，生物信息正以每14个月翻一倍的速度增长。基因表达序列标签（expressed sequence tags，ESTs）是来源于一个给定组织或一个给定的发育阶段中一段不完全的cDNA序列，它通常包含基因足够的结构信息区，从而可与其他基因相区分。大规模EST资料库的建立为利用生物信息学克隆基因提供了有利条件，实践证明基因表达序列标签技术可大大加速新基因的发现与功能研究，使克隆和定位新基因的策略发生了巨大变革。

该方法的基本过程为：① 对已知的代表新基因的基因表达序列标签及相应的重叠群（contig）进行分析，制备探针；② 用探针进行cDNA文库筛选，得到cDNA阳性克隆；③ 对阳性克隆和末端序列进行测序；④ 通过数据库对新序列进行分析，包括与已知基因的同源性分析、拼接延伸、开放阅读框（open reading frame，ORF）识别、结构分析、蛋白质翻译等；⑤ 若第一步有新基因表达序列标签的定位信息，即可对基因进行定位和结构分析；若无定位信息，还要筛选基因组文库，进行测序等工作；⑥ 最后对发现的新基因进行突变检测和表达分析。

该方法是建立在大量已有的生物信息资源基础上，同时结合了新技术，为克隆基因提供了一条捷径，可避免不必要的重复，少走弯路，节省时间和经费，但前提是要有已知的基因序列信息。由于不同基因之间基因编码区的同源性远远高于非编码区，因而基于 ESTs 的比较基因组研究反映了基因组功能区域的相似程度，用于指导基因组功能的预测和功能基因的克隆。目前，采用这种方法已经成功分离了大量的基因，但需要注意，生物信息学技术克隆的新基因必须与其他方法相结合，并必须用实验生物学方法进行验证。

四、差异表达基因克隆法

差异表达基因克隆（differentially expressed gene cloning）是较常用的方法，尤其是对分离基因的分子生物学基础信息了解非常有限的一些克隆。差异表达基因分离的方法主要有差示筛选法、mRNA 差别显示法、抑制性消减杂交法和代表性差示分析法。

（一）差示筛选法

差示筛选法（differential screening）是一种直接分离组织或发育特异表达基因的方法，其步骤为：① 构建含有目的基因的 cDNA 文库；② 分别用有目的基因表达和没有目的基因表达的 cDNA 或 mRNA 作探针进行文库筛选；③ 将与有目的表达的探针杂交呈阳性，而与没有目的表达的探针杂交呈阴性的克隆挑选出来，进行测序和基因功能鉴定。

（二）mRNA 差别显示法

mRNA 差别显示法（mRNA differentially displayed reverse transcription PCR，DDRT－PCR）简称差别显示反转录 PCR。其克隆基因的原理是：真核基因 mRNA 分子的 3′－末端绝大多数都带有一段 poly（A）结构。在这段 poly（A）序列起点碱基之前 5′－上游的两个碱基有 12 种组合（CG、GG、AG、TG、CT、GT、AT、TT、CC、GC、AC、TC），根据这种序列结构特征和碱基配对原则，人工合成 oligo（T）引物时，在其 3′－端加上两个碱基（5′T12 MN，M 为 A、G、C 中任一种，N 为 A、G、C、T 中任一种），因此引物可将 1/12 的 mRNA 反转录成 cDNA。并用此引物锚定 cDNA 第二条链的 3′－端，用另一个随机寡核苷酸引物组成 5′－端引物，一般为 10 个碱基，进行 PCR 扩增。

由于 5′－端随机引物结合在 cDNA 的互补靶位点上，来自不同 mRNA 的扩增片段大小有差异。对 PCR 产物进行电泳，染色即可显示长度不一的 cDNA 片段。从理论上讲，用 12 种 oligo（T）锚定引物、20 种 5′－端随机引物组成的全部 240 组引物对 PCR 扩增，就能产生出 20000 条左右的 cDNA 条带，其中每一条都代表着一种特定 mRNA。但这个方法存在许多严重的缺陷，它的 5′－端随机引物一般常有 2～3 个碱基不能与模板完全匹配，而且反应中的随机性和偶然性比较大，容易形成非特异性扩增而造成高的假阳性率。后来有很多学者对这种方法作了一些改进，现已用这种方法克隆了不少基因。

（三）抑制性消减杂交法

抑制性消减杂交法（suppression subtractive hybridization，SSH）是在消减杂交和抑制性 PCR 结合的基础上发展起来的，其显著优点是假阳性率大大降低。抑制 PCR 是利用非目标序列两端的长反向重复序列在退火时产生的一种特殊二级结构，因无法与引物配对而选择性地抑制非目标序列的扩增。

抑制性消减杂交法的基本步骤是：① 提取 2 个样品的 mRNA，并反转录为 cDNA，用限制性核酸内切酶进行酶切，形成促减物（driver）和被测物（tester）；② 将被测物 cDNA

分成均等的2份，各自连上不同的接头（52bp adaptor1，54bp adaptor2），将过量的促减物分别加入2份被测物中，使被测物cDNA均等化；③第1次杂交后，合并2份杂交产物，与新的变性单链促减物退火杂交，杂交产物中除第1次杂交产物外，还产生了一种新的具有两端接头的双链分子；④根据2个接头（adaptor）设计的内外2对引物进行巢式PCR，使含2个接头的目的片段以指数形式扩增，其余片段或没有接头序列或含相同接头的长反向重复序列，在退火时产生一种特殊的二级结构而无法与引物配对扩增，或者只含单个接头而呈线性扩增；⑤经过2次杂交2次PCR后，目的片段就得以富集分离，酶切去除接头的目的片段经Northern验证后，就可用作探针从cDNA文库或基因组文库中筛选出全长的cDNA或基因组cDNA片段（基因）。

（四）代表性差示分析法

代表性差示分析法（representational difference analysis，RDA）是在核DNA消减杂交的基础上发展起来的。它充分发挥了PCR以指数形式扩增双链模板、以线性形式扩增单链模板的特性，通过降低cDNA群体复杂度和多次更换cDNA两端接头引物等方法，达到克隆基因的目的。

五、功能克隆法

利用功能克隆法（functional cloning）分离基因首先应根据已知的生化缺陷或特征确认与该功能有关的蛋白质，再分离纯化这一蛋白质并制备相应抗体；或测定其氨基酸序列，推测可能的mRNA序列，根据mRNA序列设计相应的核苷酸探针或寡核苷酸引物。可利用抗体或核苷酸探针筛选核DNA文库或cDNA文库，也可利用寡核苷酸引物对核DNA或cDNA进行PCR扩增，通过对阳性克隆或PCR扩增产物的序列分析鉴定分离基因。这种方法的局限性是大多数基因的产物至今仍不清楚，即使知道了也不能纯化足够量的蛋白质供氨基酸测序或制备抗体用。

六、PCR扩增法

当已知目的基因的序列时，通常采用PCR扩增法（PCR amplification）来克隆基因。基本原理和方法是：利用已知目的基因的序列，设计并合成一对寡核苷酸引物，以待分离此基因的植物核DNA或cDNA为模板，在dNTP存在的条件下，通过DNA的变性、复性以及引物在耐热的DNA聚合酶的作用下延伸，经过多次循环，目的基因即被扩增。扩增的片段经过纯化后，连接到合适的载体上，用酶切分析和序列分析测定所得到的重组子，并与已知基因的序列进行比较，确认是否为待分离的基因。此方法简便快速，已被广泛应用于各种分子生物学实验中。

利用PCR法分离植物基因时，引物的设计往往以该基因的两末端序列为依据。但许多基因两末端不具有保守序列，或两末端虽具有保守序列却不适宜设计为PCR引物。在这种情况下，可以从基因内部寻找保守序列并设计引物，通过PCR扩增出基因的保守序列，再以此序列标记探针筛选核DNA或cDNA文库获得完整基因。从基因的分离克隆角度上讲，PCR技术比目前已经建立起来的任何方法都更简便、快速、有效和灵敏。

综上所述，食品中各种基因的克隆技术，其研究和分析对象分别有侧重且各有优缺点，有的在食品基因资源的研究开发上应用比较成熟，有的正逐渐应用到食品行业中，有时基因克隆过程中可能需要几种技术的结合。要选择哪种技术方法主要取决于基因的来源、基因本身的性质和基因操作的目的。毫无疑问，发展中的这些食品基因分离技术在基因工程中有着巨大的应用潜能。随着新的基因资源的不断开发和发掘，食品原料的许多品质性状及贮存、加工过程中一些复杂的生理生化性质等都可望得到进一步的改良，从而更好地服务于人类需求。

第二节　基因文库技术分离目的基因

基因文库（gene library）是指某一生物类型全部基因的集合。生物 DNA 片段群体与载体分子重组，重组后转化宿主细胞，转化细胞在选择培养基上生长出的单个菌落（或噬菌斑）即为一个 DNA 片段的克隆。全部 DNA 片段克隆的集合体即为该生物的基因文库，理论上基因组文库含有某种生物体的全部基因。

构建基因文库的意义一方面是使生物的遗传信息以稳定的重组体形式贮存起来，可在需要时随时能够应用，是传统资源保存方式的重要补充，更重要的是它是分离和克隆目的基因的主要途径。很多情况下目的基因的分离都离不开基因文库，此外基因文库也是复杂基因组作图的重要依据。

当获得了含重组体的宿主细胞时，即完成了基因的克隆。以后还要对克隆的基因进行分离，即利用各种手段把目的基因从基因文库中分离出来。分离出目的基因还必须对其进行必要的检测与分析：如进行序列测定、体外转录及翻译、功能互补实验等，通过这些实验确定出基因的结构及功能，到这时才能算真正分离到了目的基因。

一、基因文库的类别

（一）基因组文库与 cDNA 文库

根据基因类型，基因文库可分为基因组文库及 cDNA 文库。基因组文库是指将某生物的全部基因组 DNA 切割成一定长度的 DNA 片段克隆到某种载体上而形成的集合，而 cDNA文库是指某生物某一发育时期的 mRNA 经反转录形成的 cDNA 片段与某种载体连接而形成的克隆的集合。基因组文库根据 DNA 的来源又分为核基因组文库、叶绿体基因组文库及线粒体基因组文库。

基因组文库与 cDNA 文库的区别在于 cDNA 文库具有很强的时效性。文库构建时的信息供体是某一特定时空条件下的细胞总 mRNA，它是在转录水平上反映该生物在某一特定发育时期、某一特定组织（或器官）在某种环境条件下的基因表达情况，并不能包括该生物个体中的全部基因。再者，cDNA 文库只反映 mRNA 的分子结构，cDNA 中不含有真核生物基因的间隔序列及调控区，确切地说 cDNA 并不是真正意义上的基因。而基因组文库构建时遗传信息的供体是基因组 DNA，因而没有发育时期及组织器官的特异性，在一个理想的基因组文库中包含着基因组 DNA 上的所有编码区及非编码区序列的信息，所以基因组文库可真实地显示基因组的全部结构信息。

目前这两类基因文库在基因工程中都得到有效应用。选择哪一种基因文库，主要应根据实验目的。在研究功能蛋白质序列、分离特定发育阶段或特定组织特异表达的基因时应构建 cDNA 文库，在研究 mRNA 分子中不存在的序列及基因组作图时必须构建核基因组文库。

（二）克隆文库与表达文库

从基因文库的功能上看，可分为克隆文库与表达文库。克隆文库由克隆载体构建，载体中具复制子、多克隆位点及选择标记，可通过细菌培养使克隆片断大量增殖。表达文库是用表达载体构建，载体中除上述元件外，还具有控制基因表达的序列（如启动子、SD序列、ATG、终止子等），可在宿主细胞中表达出克隆基因片段的编码产物。SD序列（Shine - Dalgarno Sequence）是mRNA中用于结合原核生物核糖体的序列，在细菌mRNA起始密码子AUG上游10个碱基左右处，有一段富含嘌呤的碱基序列，能被细菌16SrRNA 3′-端识别，帮助从AUG处开始翻译。表达载体又有融合蛋白表达载体及天然蛋白表达载体之分。

从克隆文库中分离目的克隆基因时主要利用核酸探针，可以根据蛋白质序列合成的寡核苷酸探针，也可以根据同种或同属生物的同源序列探针。从表达文库中分离目的克隆时，因克隆片段的表达产物蛋白质具有抗原性及生物活性，所以除核酸探针外，还可以利用免疫学探针及生物功能进行筛选。表达文库适合于那些不知道蛋白质的氨基酸序列、不能用核酸类探针筛选的目的基因的分离。

（三）不同载体的基因文库

目前用于构建基因文库的载体文库主要有质粒、噬菌体、黏性质粒及人工染色体四大类，每类中又有许多不同的载体。

1. 质粒文库

质粒是最早用于基因克隆的载体，现已有各种适用于不同工作的，如克隆、表达、测序等专用商品质粒载体。但在构建基因文库时，由于质粒相对较小并只能容纳比自身更小的片段，因此它不能用于构建核基因组文库，通常只用来构建短序列的克隆文库。例如叶绿体DNA分子较小，可以用质粒构建叶绿体DNA文库。质粒载体也可用于生物cDNA文库的构建，但只适合于高丰度的mRNA。

2. 噬菌体文库

目前用于基因克隆的噬菌体载体及其衍生载体很多，如单链的M_{13}噬菌体载体、λ噬菌体载体、P_1噬菌体载体、噬菌粒（phagemid或phasmid）等，其中使用最多的是λ噬菌体。λ噬菌体DNA为双链结构，长49kb；线性分子两端各有一条12个核苷酸的黏性末端，称*cos*位点；分子中有约15kb可去掉的非必要基因区，又称“填充区”，其两侧的序列含有其增殖所必需的全部基因，称为左、右臂。“填充区”可被外源DNA取代，构成重组体，这是它成为克隆载体的结构基础。由于噬菌体头部包装容量的限制，重组λ噬菌体DNA分子大小只能在39～52kb。

3. 黏性质粒文库

黏性质粒也称柯斯质粒，是人工构建的由λ噬菌体的*cos*序列、质粒的复制子序列及抗生素抗性基因序列组合而成的一类特殊的质粒载体。*cos*序列是DNA包装进噬菌体颗粒所必需的，复制子通常是使用*ColEl*或*pMBl*的复制起始位点。黏粒具有λ噬菌体的某些性质，在克隆了大小合适的外源DNA片段并且在体外被包装成噬菌体颗粒后，能高效转导对λ噬菌体敏感的大肠杆菌宿主细胞。在宿主细胞内按λ噬菌体方式环化，但不能通过溶菌周期，无法形成子代噬菌体颗粒（因分子中不具λ噬菌体全部必要基因）。它也具有质粒载体的主要性质，在宿主细胞内可以像其他质粒一样复制，并与松弛型质粒相同，适量的氯霉素可促进扩增。因具抗生素基因，可以通过抗生素抗性筛选重组子。黏粒载体在构建时也加上了设在插入失活基因内的多克隆位点。

黏粒载体的分子较小（2.8～24kb），但克隆容量很高，对外源 DNA 长度的要求是 30～45kb，上限几乎是 λ 噬菌体载体容量（23kb）的 2 倍，所以黏粒载体在核基因组文库构建上具有相当的优势，可克隆包括 3′–和 5′–端调控区在内的完整的基因。

4. 人工染色体文库

人工染色体载体是利用真核生物染色体或原核生物基因组的功能元件构建的能克隆大于 50kb 的 DNA 片段的人工载体。其中有的载体既可用于克隆，又能直接转化，是进行基因功能研究的良好载体。近年来陆续发展起来的人工染色体文库有 YAC 库、BAC 库、PAC 库及 TAC 库。

二、核基因组文库的构建

核基因组文库的构建主要使用 λ 噬菌体置换型载体或黏性质粒载体。

（一）随机文库克隆数目

随机文库指代表基因组各部分 DNA 的摩尔数出现机会相等而构建的文库。对于随机文库：

$$N = \ln(1 - P) / \ln(1 - x/y)$$

式中 N——克隆数目（基因文库的大小）；

P——设定的概率值（如：0.99，表示在片段随机分布时，从文库中找到某一序列的概率不低于 0.99）；

x——插入片段平均大小（15～20kb）；

y——基因组的大小（以 kb 计）。

如果插入片段平均大小为 20kb，某基因组大小为 4×10^8 bp，$P = 0.99$ 时，根据上式 $N = 1 \times 10^5$。含 1×10^5 个克隆的基因文库相当于覆盖了 5 倍的基因组基因数，在片段随机分布时，从文库中找到任一序列的概率不低于 0.99。

随机片段可通过机械切割或限制酶消化产生。机械切割法可获得较均一的随机片段，但片段不能直接用于克隆，需经末端修饰、甲基化，连上接头后再用限制酶消化产生黏性末端。用限制酶消化的方法虽然可直接产生黏性末端，但片段的随机性较差，所以采用后种方法时，文库的克隆数目应大于计算值。

（二）利用 PCR 技术构建 cDNA 文库

cDNA 文库构建的起始信息物质是 mRNA，因此构建 cDNA 文库首先要考虑的问题是 mRNA 的含量及质量。生物细胞中 mRNA 含量较低，通常 cDNA 文库构建需要 μg 级的 mRNA，对于低丰度的 mRNA（<0.5%），要通过富集或增大克隆数目来保证构建的文库中能够含有它们的克隆。由于 PCR 反应具有极高的灵敏性及可达数百万倍的放大作用，因而将其应用于 cDNA 文库构建可产生以下效果：

① 能够从极其有限的起始材料中构建 cDNA 文库。

② 可以以总 RNA 为模板合成 cDNA，无需 mRNA 的纯化，不仅简化了操作，而且避免了低丰度信息分子的丢失。

③ 能够提高 cDNA 文库的完整性，获得那些低水平表达基因的 cDNA 克隆。此法对植物

基因功能的研究，如对某种外界因素作用后或不同发育阶段基因表达变化的研究尤为适用。

由于 PCR 反应只能扩增 DNA，所以对 mRNA 的放大是在反转录生成 cDNA 第一链后进行，实际上是一个 RT - PCR 的过程。第一链合成后，PCR 扩增可以采用末端转移酶加尾方法，也可以采用寡聚核苷酸衔接子方法进行。目前这两种方法都有商品化试剂盒供使用。

（三）应用差别杂交或扣除杂交法构建 cDNA 文库

差别杂交（differentia hybridization）又称差别筛选（differential screening），适用于分离经特殊处理而被诱发表达的 mRNA 的 cDNA 克隆。为了增加这种方法的有效性，后来又发展了扣除杂交（subtractive hybridization）技术。扣除杂交又称扣除 cDNA 克隆（subtractive cDNA cloning），它是通过构建扣除文库（subtractive library）得以实现的。

1. 差别杂交法构建 cDNA 文库

从本质上讲，差别杂交也属于核酸杂交的范畴。它特别适用于分离在特定组织中表达的基因、在细胞周期特定阶段表达的基因、受生长因子调节的基因、以及在特定发育阶段表达的或是参与发育调节的基因，同时亦可有效地用来分离经特殊处理而被诱发表达的基因。目前，差别杂交筛选法在克隆基因的分离工作中有着相当广泛的应用。

差别杂交的技术基础十分简单，它不需要任何有关的目的基因的核苷酸序列信息，而重要的是要拥有两种不同的细胞群体：在一个细胞群体中目的基因正常表达，在另一个细胞群体中目的基因不表达。在这种情况下便可制备到两种不同的 mRNA 提取物。其一是含有一定比例的目的基因 mRNA 的总 mRNA 群体，其二是不含有目的基因 mRNA 种的总 mRNA 群体。因此，可以通过这两类总 mRNA（或是它们的 cDNA 拷贝）为探针的平行杂交，对由表达目的基因的细胞总 mRNA 构建的克隆库进行筛选。当使用存在目的基因的 mRNA 探针时，所有包含着重组体的菌落都呈阳性反应，在 X 光底片上呈现黑色斑点；而使用不存在目的基因的 mRNA 探针时，除了含有目的基因的菌落外，其余的所有菌落都呈阳性反应，在 X 光底片上呈现出黑色斑点。比较这两种底片并对照原平板，便可以挑选出含有目的基因的菌落，供进一步研究使用。

2. 扣除杂交法构建 cDNA 文库（减法文库）

减法文库是在减法杂交基础上构建的 cDNA 文库。它并不是细胞内所有表达基因全体的集合，而是主要含差异表达基因的部分 cDNA 的集合。它是在对两种不同表征的细胞群体相比较之上，为寻找在某种条件下或某特定发育时期或某细胞群体特异表达的基因而建立的。差别杂交的局限性是灵敏度低，当目的基因表达量很低时很难被筛选出来，而且筛选鉴定工作量大。

减法杂交是用过量的参照细胞的 mRNA 或 cDNA 与目的细胞的 cDNA 或 mRNA 杂交，形成的 RNA - cDNA 杂交体是两种细胞共有的，将其扣除。剩下的 cDNA 或 mRNA 可以标记成探针，从前述的目的细胞的 cDNA 文库中筛选目的克隆；还可以用来构建文库，即减法文库。减法文库实质上是除去了一大批高丰度非特异性的 cDNA，文库中含有的是特异表达的 cDNA 克隆及其他一些低丰度的 mRNA 的 cDNA 克隆。

三、目的基因克隆的鉴定

目的基因克隆的鉴定主要有核酸杂交法、免疫学检测法、PCR 筛选法等，PCR 技术在基因工程中广泛应用，已经大大地简化了基因文库筛选工作。在这些方法中，核酸杂交法是从文库中筛选目的克隆最常用、最可靠的方法，它可以同时迅速地分析数目极大的克隆。核酸杂交法的过程如下：

① 通过 PCR 方法将目的基因已知的部分核苷酸序列扩增出来，进行放射性同位素标记（也可以用别的标记方法进行，如生物素、荧光素等），即用标记了放射性同位素的目的 DNA 片段作为探针，与扩增出来的 DNA 杂交。

② 将基因文库中的所有菌落转移至硝酸纤维膜上（也可以用其他类型的膜），然后通过处理溶解消化掉细菌中的蛋白质，并使 DNA 固定在膜上。

③ 按 Southern 杂交的方法进行杂交。

④ 在 X 光底片上出现黑斑的菌落，表明这个菌落中含有所需要的目的基因（若选用别的标记方法，有阳性信号的菌落则含有所需要的目的基因）。

⑤ 从该菌落中再提取目的基因，并进行序列测定。

通过 cDNA 文库筛选得到的目的基因，通常只能获得不完整的 cDNA 序列，特别是容易缺失 5′ - 端部分序列。为得到全长的 cDNA，未知序列可运用 cDNA 末端的快速扩增技术来完成。

第三节　基因芯片技术分离目的基因

一、基因芯片的概念

生物芯片是高密度固定在固相支持介质上的生物信息分子的微列阵，列阵中每个分子的序列及位置都是已知的，并按预先设定好的顺序点阵。基因芯片是最重要的一种生物芯片，因其具有的高通量、自动化和工作效率高等特点，广泛地应用于功能基因组学的研究，成为当今世界生物学最前沿的研究热点。基因芯片技术的工作原理与经典的核酸分子杂交方法（Southern 印迹杂交、Northern 印迹杂交）是一致的，也是基于碱基互补原理，在固体芯片表面（硅片、玻片、塑料片等）上按一定的排列方式固定核酸类物质，主要用于 DNA、RNA 分析，可分为 DNA 芯片和微点阵两种。

基因芯片的基本流程包括四个步骤，分别是：① 片基的处理与阵列的构建；② 样品的获得与标记；③ 杂交反应；④ 信号检测与结果分析。其中片基的处理与阵列的构建由芯片制备商供应，其余步骤由实验者操作。基因芯片的制备是指将特定的生物信息分子按设计的阵列固定在介质上。随着技术的发展，基因芯片种类及制备方法增多，但在制备路线上可分为两种：一种是探针分子在介质上原位合成（又称在片合成）；另一种是将制备的信息分子点样并固定在介质上，称作合成点样法，简称点样法。

1. DNA 芯片的在片合成

DNA 芯片上寡聚核苷酸探针主要是通过在片合成法制备。在片合成法是基于组合化学的原理，单体在介质表面上的聚合位点及次序由一组定位模板决定。目前已有多种模板技术用于在片合成，最早的是 Affymetrix 公司 Fodor 小组开发的光去保护并行合成法（1ight - directed parallel synthesis），该方法是微加工技术中光刻工艺与光化学合成法相结合的产物。采取这种方法制备的芯片，其优点是集成度高（可达 10 万 ~ 40 万阵列/cm^2），但由于寡核苷酸片段短（20~25bp），因而整体信息量仍然有限。合成时每个芯片要用大量的掩膜，该方法需要制作4倍于探针碱基数的光掩膜，如20个核苷酸的探针需要80片掩膜。光掩膜制备的成本高，周期长。此外，用该方法制备的芯片，杂交条件要求高，检测结果需计算机处理，整个系统成本很高。

2. 基因芯片的合成点样法

合成点样法与在片合成法不同，它是先用常规方法制备出一系列寡核苷酸探针或cDNA，即预先合成好DNA样品，然后通过特殊的针头或喷头把各种DNA溶液逐一点阵在介质的相应位点上，并通过物理的或化学的方法使之固定。该方法的优点是探针来源较广泛，可用常规方法合成探针，也可用PCR法扩增cDNA或EST文库；可用寡核苷酸探针，也可以是片段较长的基因探针，甚至可以使用核苷酸类似物探针等。固定探针的方式比较灵活，适合于研究者利用各自条件进行非大规模的基因芯片的制备。

cDNA芯片一般采取点样法制备，多使用玻片为介质。cDNA的固定主要是通过点样前介质表面用含氨基的分子材料进行修饰，如涂一层聚赖氨基的硅烷偶联剂使玻片表面形成Si－O键实现氨基硅烷化。点样后介质上带正电荷的氨基通过静电吸引吸附cDNA，再通过紫外线照射使cDNA分子与氨基形成共价结合，从而使cDNA固定在芯片上。对于寡核苷酸探针或RNA探针的固定有两点不同：第一，制备探针时，分子一端用氨基修饰；第二，玻片等介质氨基修饰后，再连接上戊二醛（GA）或对苯乙异硫氰酸（PDC）双功能偶联剂作连接（桥）分子，易与探针上的氨基反应。此外，为增强寡核苷酸探针与靶DNA的杂交，采用在探针序列前插入一个手臂分子的方式，该手臂分子一般是一段具有重复碱基序列的寡核苷酸，有时也使用非核酸分子，其末端被氨基酸修饰。

二、基因芯片技术在目的基因分离中的应用

分离目的基因是指从基因组中发现或找出某个目的（标）基因。目前是通过：① 比较不同物种之间或同一物种不同个体之间，或同一个体在不同生长发育时期或不同环境条件下基因的差异表达（基因表达平行分析）来实现的。采用基因芯片技术进行基因差异表达研究可以通过杂交直接检测到细胞中mRNA的种类及丰度，与传统的差异显示相比具有样品用量小、自动化程度高、被检测目标DNA密度大及并行种类多等优点；② 利用同源探针从cDNA或EST微列阵中筛选分离目的基因，目前有DNA芯片、cDNA芯片两种。

高通量的cDNA微阵列技术是研究基因差异表达的一种新技术，它的突出优点是可以同时研究多个甚至基因组水平上的基因表达的变化，因此可以研究果实发育和成熟等复杂变化过程中的基因表达变化。利用这种技术的分析结果寻找新基因是一种引人注目的新方法。2000年，Aharoni等利用草莓1701个EST（包含1100个已知序列和601个未知序列）与草莓（*Fragaria ananassa cv*。*Elsanta*）果实质量性状相关基因的cDNA克隆构建了cDNA微阵列，用于研究草莓果实发育和成熟过程中基因表达水平的变化，根据cDNA微阵列的分析结果，分离得到了一个全长为1618bp的新基因（SAAT），该基因属于乙醇酰基转移酶家族的成员，与果实芳香物质的形成有关。这是有关cDNA微阵列技术在果实成熟分子生物学研究方面的最早应用。此外，Aharoni等还用同样的cDNA微阵列对草莓果实维管系统发育过程、生长素（IAA）激素处理及氧化逆境等条件下果实基因的表达进行了系统

研究，发现了一些与这些生理过程相关的新基因，并且根据研究结果对果实中依赖或不依赖于IAA、抗氧化作用等有关基因进行了分类。一些基因在这些过程中共同起作用，如在被氧化逆境所诱导的46个基因中，他们发现其中有20个基因同时也受果实成熟的调节。据此推测，草莓果实的成熟过程可能与氧化逆境有关。除草莓外，目前该技术也已经成功运用于研究梨、柑橘、葡萄、桃等多种果实的发育和成熟过程中基因表达的变化和基因分离。

自1995年第一个cDNA微阵列建立以来，微阵列技术在植物生理及分子生物学方面的研究已取得了很大的进展。微阵列作为一种技术平台可用于大规模、高通量地搜集尽可能多的生物信息并加以分析，克服了传统研究方法一次只是针对一个或少数基因的弊端，从而为探索基因功能提供了一条快捷的途径，已经成为阐明生物代谢相关基因网络调控机制的重要工具。

cDNA微阵列的不足也是明显的，其在本质上隶属于转录组学的范畴而非蛋白质组学，所获取的信息不是基因表达的最终结果，有时并不足以揭示该基因在细胞内的确切功能，仅能推断但并不能准确阐明基因与其产物之间的关系；其次，开展cDNA微阵列技术研究的设备成本很高，这是目前限制其广泛应用的一个重要因素；最后，如何分析实验产生的庞大数据也是cDNA微阵列技术面临的一个挑战。

尽管如此，随着商业化cDNA微阵列的不断推出，以及点样技术和数据分析手段的不断完善更新，微阵列技术已经成为从转录水平上研究果实功能基因的一种主要手段。cDNA微阵列与传统研究方法在思路上不同，它能帮助人们把生物整体基因作为一个整体进行研究，因此运用cDNA微阵列技术研究基因表达的变化必将成为现代基因组学研究的重要内容。

第四节　PCR技术在分离克隆基因中的应用

聚合酶链式反应已成为分子生物学研究的一项常规技术。PCR实质上是通过模拟生物体的DNA复制反应，通过与特定DNA区域两端互补的寡核苷酸引物，选择性地进行体外DNA快速扩增。PCR过程在生物体内是不存在的，它是人们对DNA复制过程的深刻理解而带来的产物。由于一轮扩增的产物又充当下一轮扩增的模板，所以每完成一个循环，就可使目的DNA产物增加一倍。多轮扩增结果是使PCR产物的生成量以指数方式增加，在短时间内目的片段的扩增量达到10^6倍，可从极微量的DNA乃至单细胞含有的DNA起始，扩增出微克级的PCR产物，扩增产物足够在溴化乙锭染色的凝胶上观察到。自PCR技术问世以来，其本身不断地优化改进，并迅速渗透到了分子生物学的各个领域，目前已在基因克隆、外源基因的整合检测、物种起源、生物进化、食品检测等方面得到了广泛应用。

PCR技术在基因克隆方面的应用主要有以下几个方面：

一、目的基因的直接克隆

只要有合适的引物，PCR可扩增产生微克级的特异性的靶DNA片段，达到这种数量级的基因组DNA可以直接克隆到相应的载体（如质粒或者噬菌体载体）中，不需要构建噬菌体或黏粒载体文库，经历漫长的筛选重组克隆、亚克隆等一系列过程。因此与常规的基因克隆方法相比，PCR的突出优点是快速、简单；但用PCR克隆的前提是必须知道扩增靶基因的核苷酸序列，以制备引物，而这一点恰恰是难以达到的。正因为如此，应用 PCR 技术克隆基因也具有一定的局限性。

二、目的基因 cDNA 的克隆

利用 PCR 技术，只需增加一步逆转录反应，便可从少数的 mRNA 构建 cDNA 文库。以 mRNA 为模板，以 oligo（dT）为引物，在依赖于 RNA 的 DNA 聚合酶催化下体外合成 cDNA 第一链之后，可通过 PCR 扩增此链。在某些情况下，如已知 mRNA（或其基因）两端的核苷酸序列、mRNA 5′-端核苷酸序列或其编码的蛋白质 N 端的氨基酸序列，便可设计特定的引物，用于直接克隆特定的目的基因的 cDNA，从而省略从 cDNA 文库中筛选 cDNA 克隆等一系列费时的操作。由于引物的高度选择性，细胞总 RNA 无需进行分离即可直接反转录。又由于 PCR 扩增效率极高，因此，可以获得在原始 mRNA 中含量极少的 mRNA 所对应的 cDNA 克隆，这在基因克隆操作中十分有用，目前已经有大量成功报道。逆转录 PCR（RT-PCR）所遇到的一个潜在的困难是 RNA 中污染的基因组 DNA，为了克服这一难题，可以设计分别同分开的外显子退火的引物，来源于 cDNA 的 PCR 产物会比来源于污染的基因组 DNA 的产物短。

（一）逆转录 PCR 克隆目的基因

逆转录 PCR 指的是以 mRNA 为模板，经逆转录获得与 RNA 互补的 DNA 链，即 cDNA，然后以 cDNA 链为模板进行的 PCR 反应（图 6-1）。合成 cDNA 第一链所用的反转录酶是一类依赖于 RNA 的 DNA 聚合酶。目前常用的反转录酶主要有两种：一种是来源于禽成髓细胞性白血病病毒（Avian Myeloblastosis Virus，AMV）的 AMV 反转录酶，另一类是来源于莫洛尼鼠白血病病毒（Moloney Murine Leukemia Virus，MMLV）的 MMLV 反转录酶。它们都具有内源 RNaseH 活性，因而影响 cDNA 合成的产量和长度。

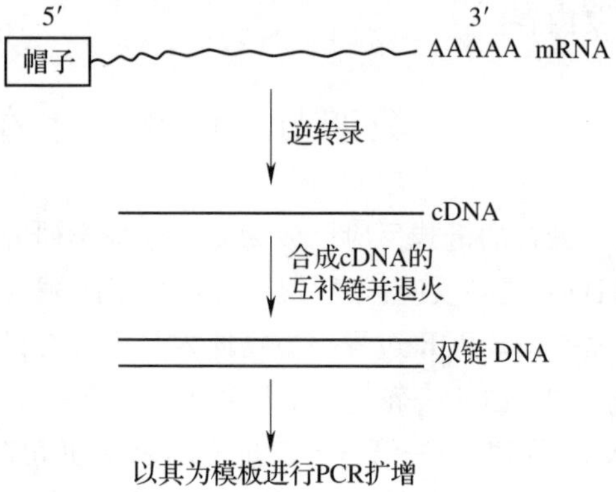

图 6-1　逆转录 PCR 原理示意图

cDNA 第一链的合成是以 mRNA 为模板，在依赖于 RNA 的 DNA 聚合酶作用下的 DNA 合成反应。cDNA 第一链合成的引物主要由 RT-PCR 的特定用途所决定，第一链的合成可有以下三种方式：

（1）以 oligo（dT）为引物　oligo（dT）可与 mRNA 分子 3′-末端的 poly（A）序列相结合，有效地引发 cDNA 第一链的合成，对 mRNA 具有高效的特异性。由于其 cDNA 第一链的合成起始于 mRNA 3′-末端，需越过较长的 3′-端非编码区才能到达编码区，故对较长序列的 mRNA（>3kb）分子，则较难得到全长的 cDNA。

（2）以随机六聚体的核苷酸为引物　当特定 mRNA 中由于含有使反转录酶终止反应的序列或 mRNA 分子较大且 3′-端非编码区序列较长难以得到全长序列的 cDNA 或完整的读码框时，常采用随机引物六聚体反转录全长的 cDNA。

（3）基因特异性引物　这是反转录步骤特异性最好的引物，如果 PCR 反应采用两个特异引物，cDNA 第一链的合成可由与 mRNA 3′-端最靠近的配对引物起始。用基因特异性引物（gene - specific primer，GSP）引发 cDNA 第一链合成的好处是仅产生需要的 cDNA，并导致更为特异的 PCR 扩增。

（二）cDNA 末端的快速克隆（RACE）技术

cDNA 完整序列的获得对基因结构、蛋白质表达及基因功能的研究至关重要。当试图分离一种新转录的 cDNA 拷贝时，得到的 cDNA 克隆往往只是其保守区序列。缺失的 cDNA末端可通过 cDNA 文库筛选或末端快速扩增技术获得。20 世纪 80 年代末发展起来的 RACE（Rapid Amplification of cDNA Ends）技术是一种通过 PCR 进行 cDNA 末端快速克隆的技术，是以 mRNA 为模板反转录成 cDNA 第一链后用 PCR 技术扩增出某个特异位点到 3′ - 或 5′ - 端之间未知序列的方法。它与文库筛选法相比具有明显的优点：RACE 是通过 PCR 完成的，无需建立 cDNA 文库，可在 1 ~ 2d 时间内获得文库筛选法数周乃至数月才能获得的信息，极大地节约了实验所花费的经费和所需时间。

RACE 技术不像普通 RT - PCR 那样使用两个序列特异性的引物，它使用一个序列特异性的引物和 mRNA 的 poly（A）尾（3′RACE）或者加到 cDNA 末端的多聚同聚体（5′RACE）。RACE 已经被用于扩增和克隆稀有 mRNA。RACE 的产物可以用来克隆、直接测序、制备探针或连接在一起得到全长 cDNA。其中一个连接 5′ - 和 3′ - 端 RACE 产物的方法是使用由 5′ - 及 3′ - 端 RACE 得到的序列信息设计新的引物，以扩增全长的 cDNA（图 6 - 2 和图 6 - 3）。使用 RNaseH$^-$ 的逆转录酶和高保真的热稳定聚合酶可以对较长的序列进行高保真的扩增，从而得到全长 cDNA 克隆。

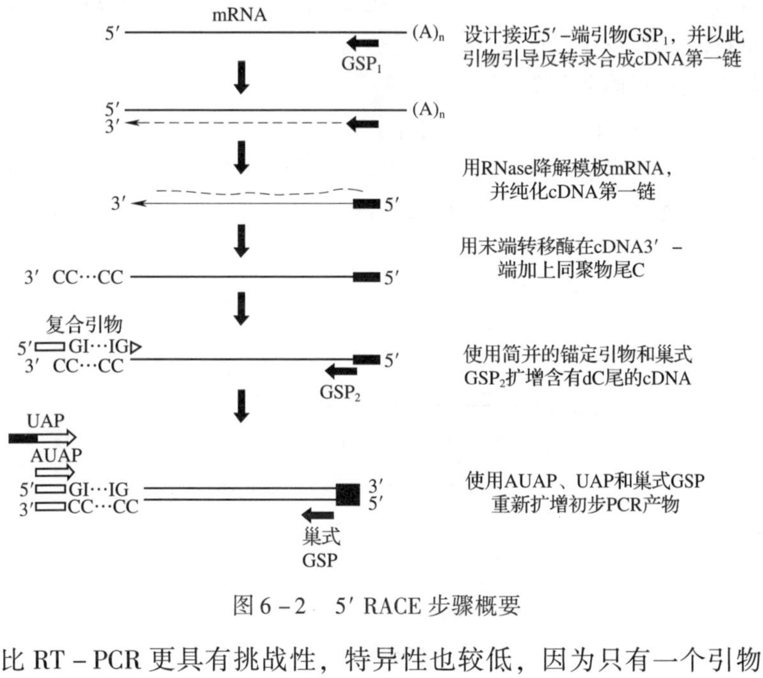

图 6 - 2　5′ RACE 步骤概要

5′RACE 比 RT - PCR 更具有挑战性，特异性也较低，因为只有一个引物是基因特异性的。5′RACE 的产物可能是单一产物、多个产物，甚至是不能分辨的连续条带。结果的质量取决于用来合成第一链和扩增的 GSP 的特异性、扩增所使用锚定引物的特异性、目的 mRNA 的复杂度和丰度及产物的长度。使用巢式引物扩增，并在连续几轮扩增中使用长度选择性的扩增产物作为模板可以增加 5′RACE 的特异性。增加逆转录保温温度和 PCR

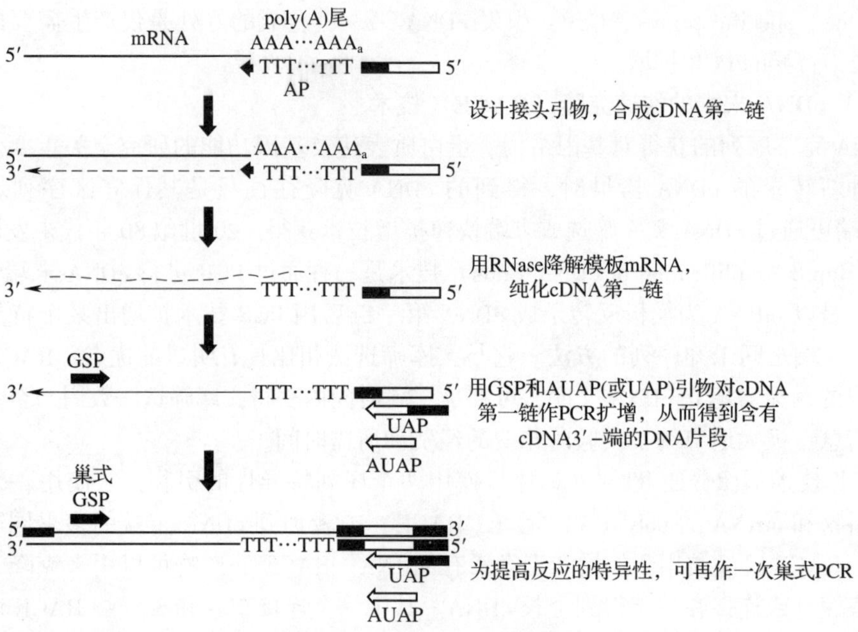

图 6-3　3′ RACE 步骤概要

退火温度，并降低扩增反应中的镁离子浓度可以促进特异性。传统的 RACE 方法得到的 PCR 产物含有全长及断裂的 cDNA 产物，一些公司推出的试剂盒（如 Clontech 公司的 SMART™和 invitrogen 公司的 GeneRacer™）确保只得到含有全长 cDNA 末端的完整序列，可以得到更高效的结果并节省时间。

（三）锚定 PCR 克隆目的基因

锚定 PCR（anchored PCR）特别适合于扩增那些只知道一端序列的目的 DNA。例如，对于一端序列已知、一端序列未知的 DNA 片段，可以通过 DNA 末端转移酶给未知序列的那一端加上一段多聚 dG 的尾巴，然后分别用多聚 dC 和已知的序列作为引物进行 PCR 扩增（图 6-4）。

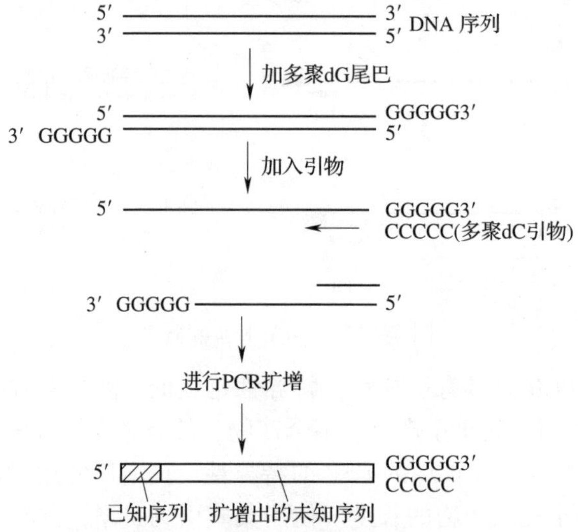

图 6-4　锚定 PCR 原理示意图

（四）反向 PCR 克隆目的基因

反向 PCR（inverse PCR）适用于扩增已知序列两端的未知序列。如果在目的基因一端有一段已知序列，我们就可用此法来进行克隆。其具体做法是选择一个在已知序列中没有、而在其两侧都存在的限制性核酸内切酶位点，用相应的限制酶酶解后，将酶切的片段在连接酶的作用下环化，使得已知序列位于环状分子上。根据已知序列的两端序列设计两个引物，以环状分子为模板进行 PCR，就可以扩增出已知序列两侧的未知序列（图 6－5）。

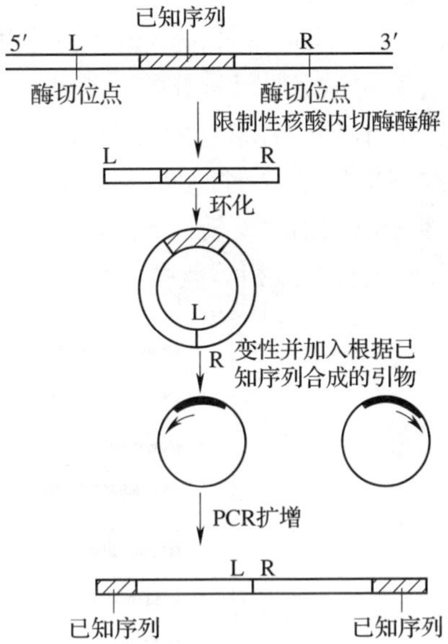

图 6－5　反向 PCR 的原理示意图

第五节　mRNA 差别显示技术分离目的基因

控制生物性状的基本单位是基因，其表达具有时空特异性。在一定的发育时期，某一特定细胞内只有约 15% 的基因得以表达，通常将这种在生物个体发育过程中按不同时间空间进行有序的表达方式称作基因的差别表达。

生物细胞的各种变化以及生命活动的多样性，如发育与分化、内环境稳定、细胞周期调节等，在很大程度上是由表达的基因所控制。因此，比较不同细胞在不同条件下的基因表达差异，即 mRNA 种类和丰度的差别，为我们深入了解生命过程，特别是发育过程的分子本质提供了方便。

传统的差别分析技术存在重复性差、灵敏度低等缺点，二十年，相继发展了多种新的研究方法，其中，梁鹏和 A. D. Pardee 于 1992 年发明的 mRNA 差异显示（differential display，DD）［或称为差别显示反转录 PCR（mRNA differential display reverse transcription PCR，DDRT－PCR）］尤为引人注目。一般认为，它可以从一对细胞群体或一对基因型各自产生的所有 mRNA 中有效地鉴定并分离出差别表达的基因。经过短短 20 多年的实践，DDRT－PCR 现已成功地分离到数百种基因，成为当前分离编码产物未知的目的基因的一种十分快速而有效的方法。

一、基本原理和方法

现已知道，真核基因 mRNA 的 3′-端都带有多聚腺苷酸尾巴，即通常所说的 poly（A）尾。利用这一特定序列结构，以 oligo（dT）为引物可以合成出与 mRNA 互补的cDNA。仔细分析 mRNA 分子 3′-端序列结构发现，在 poly（A）序列的起点碱基之前（亦即 5′-端上游）的碱基，除了碱基为 A 的情况之外，只能有图 6-6 所示的 3 种可能的排列组合。根据这种序列结构特征，P. Liang 等人设计合成了总共 12 种不同的下游引物，用以反转录 mRNA 合成 cDNA 第一链。这种引物通常称做锚定引物（anchored primer），它是由 11 个或 12 个连续的 T 加上两个 3′端的特定脱氧核苷酸（又称锚定脱氧核苷酸）组成，并用 5′T11MN 或 5′T12MN 通式表示。其中 M 是除了 T 以外的任何一种核苷酸（即 A、G 或 C），而 N 则是任何一种核苷酸（即 A、G、C 或 T），故 MN 共有 12 种不同的排列组合方式。这样，每一种此类锚定引物都将能够把总 mRNA 群体的 1/12 反转录成 mRNA cDNA 杂交分子，亦即将整个 mRNA 群体在 cDNA 水平上分成数目大致相等但序列结构不同的 12 份亚群体。

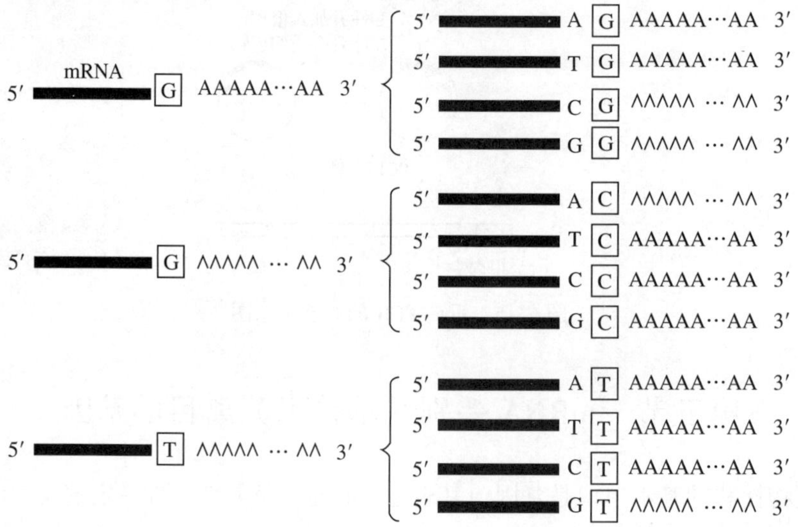

图 6-6　poly（A）尾部序列结构

为了展示这些 cDNA 片段，就需要通过 PCR 扩增。因此，在 DDRT-PCR 反应中，还需使用另外一种由 10 个核苷酸组成的 5′-端随机引物。这种 5′-端随机引物可以随机地与 mRNA 的不同部位结合，当与锚定引物组成引物对、以第一链 cDNA 为模板进行 PCR 扩增时，在标准的序列胶电泳中，可以显示出 50～100 条长度在 100～500bp 的 DNA 条带。显然，如果使用 12 种端锚定引物和 20 种 5′-端随机引物组成的全部 240 组引物对分别做 PCR 扩增，就应能产生出 20000 条左右 DNA 条带，其中每一条都代表一种特定的 mRNA 种。这个数字涵盖了一定的发育阶段某种类型细胞中所表达的全部 mRNA 种。如果在 PCR 反应体系中加入同位素标记的 dNTP（通常用^{33}P 标记），PCR 扩增产物经序列胶电泳后 X 光胶片曝光，则可以在胶片上显示扩增条带。为了获得差异表达的条带，必须首先获得两种不同表达状态的细胞总 RNA，经不同组合的锚定引物和随机引物逆转录

PCR 扩增后，在序列胶上比较后获得差异表达条带，如图 6－7 所示。

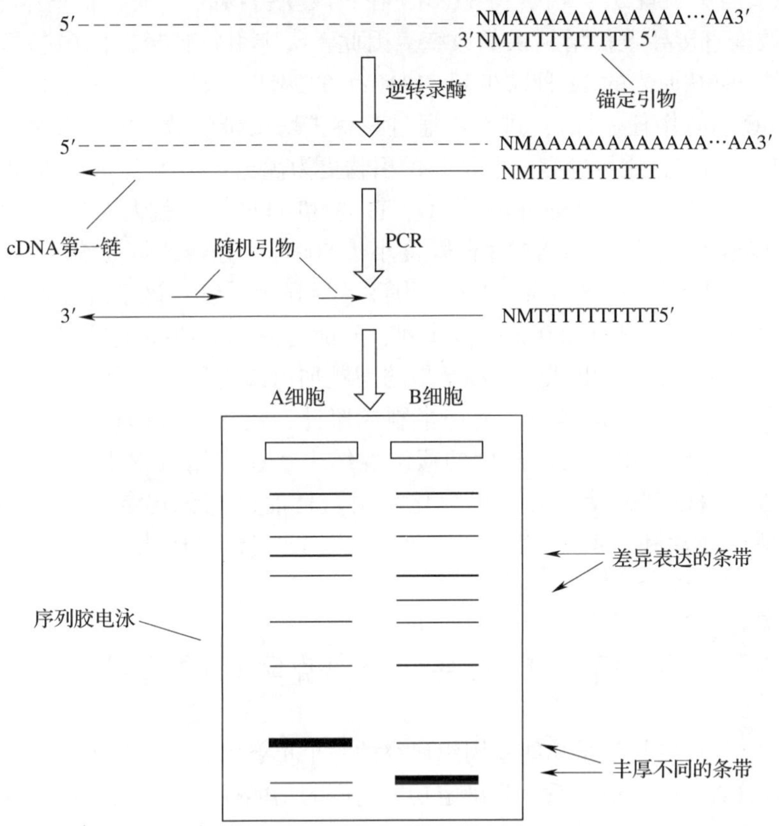

图 6－7　DDRT－PCR 反应基本程序

二、DDRT－PCR 的特点

与其他常用方法相比，DDRT－PCR 具有以下优点。

（1）简单方便　技术上看，DDRT－PCR 技术的基础只是 PCR 和序列胶电泳两项技术，操作相对简单方便。

（2）灵敏度高　5μg 的总 RNA 可以满足所有引物组合 PCR 扩增的需要，一些低丰度 mRNA 也可以被检测出来。

（3）重现性好　99% 的条带可以重复显示，因此显示结果较为稳定。

（4）灵活全面的展示方式　可同时比较多种细胞类型，也同时展现所有差异；既可以检测基因表达的上调，也可以检测基因表达的下调。

（5）可以检测新基因　DDRT－PCR 检测不需要知道 mRNA 的序列，这一点与新近产生的微矩阵检测方法不同。

经过多年的实践，人们也发现 DDRT－PCR 方法存在一些明显的缺点，其中突出的问题是假阳性比例较高。据测算，在差别显示的 DNA 扩增条带中，假阳性的比例通常可高达 0% ~75% 。另外，为了涵盖所有的 mRNA，T12MN 与至少 20 种随机引物结合，要进行 40 次 PCR 反应，配对的组织/细胞越多，进行 PCR 的次数亦越多，检测全部 mRNA 的工作量很大。因此，许多工作者在实践中对该技术加以改进和完善，使之日趋成熟。P. Liang 等在实验中发现 5′-端引物 T12MN 在只改变引物的 M 时，扩增结果不受影响，但 N 碱基的改变直接导致扩增结果的改变。因此，决定引物特异性的碱基是 N，而不是 M。将 3′-端引物从原来的 12 种减少到 T12MA、T12MT、T12MC 和 T12MG4 种（其中 M 可定为 dA、dG、dC 中任一种），进一步通过观察扩增条带的数目和强度发现，M、N 至少有一个是 G 的引物，比至少有一个是 C 的引物更为优越；当 N 为 A 或 T 时，扩增效果最差。因此，又将 3′-端引物兼并成 T11G、T11A 和 T11C，这就大大简化了实验的步骤。根据聚丙烯酸胺凝胶电泳时 cDNA 片段长度小于 500bp、分辨条带为 50～100 条的特点，美国 Beckman 公司推出一种 GenomyxlrNA 测序/差异显示系统。该系统分辨率高，每次可进行 24 孔模板测定，能获得 650 个碱基序列，分辨大小为 2～3kb 的片段。Callard 等针对此方法在回收 cDNA 时对易出现假阳性结果的问题加以改进，先将回收片段的一半进行 PCR，然后克隆到适当的载体中，另一半制成探针，通过斑点印迹筛选以上克隆，有效地去除了 DDRT-PCR 方法所产生的假阳性结果。在应用过程中还有新的发现和其他方面的改进，目的都是使该方法更简化实用。目前已有公司专门针对 DDRT-PCR 设计了一些新试剂盒和一些新仪器，使该方法逐渐完善，成为新基因克隆的主要方法之一。

第六节　插入突变分离克隆目的基因

大规模突变体库的构建是功能基因组研究的一个重要内容，这是因为突变体和相应的突变基因间有着直接的因果关系，为确定功能基因的功能提供最具有说服力的证据。产生突变体的方法有物理和化学诱变、同源重组（homologous recombination）、基因沉默（gene silence）以及插入突变（insertional mutagensis），这些方法都可以用来构建突变体库，但每种方法又有其各自的优缺点。

物理和化学诱变比较容易得到饱和突变体库，但突变基因的克隆如果用较复杂的图位克隆法，难以在获得全基因组测序信息的基础上进行基因功能的研究。同源重组是酵母和鼠类中用得比较成功的一种方法，但植物中同源重组率比较低。基因沉默在线虫的突变体库构建中得到了成功应用，但在植物中应用较少。

对于功能基因组学研究来说，在基因鉴定方面，插入突变与化学或物理诱变剂等产生的突变相比具有很多优点。插入突变是由重组 DNA 技术衍生出来的人为造成某一待研究基因的突变体，并根据由此产生的表型特征的改变来分析该基因的功能，在此基础上再进行基因分子水平上的研究。这种根据基因变异效果得出基因功能的方法称做反求遗传学方法（reverse genetic techniques）。该方法利用已知的插入序列作为标记，不必事先确定基因表达和基因产物即可对未知基因进行研究。因此，在功能基因组学研究中插入突变已成为进行基因鉴定及功能研究的首选方法。人为获得基因插入突变的方法主要有三种：T-DNA 标签法、转座子诱变法和插入突变法。通过以上方法可以大大提高突变频率，简化传统方法中对基因所有变异体的鉴定和分离工作，尤其是可以在找不到天然存在的突变体表型的情况下对某一特定区段的 DNA 的功能进行详细的研究。

一、T-DNA 标签法

（一）基本原理

T-DNA（transfer DNA）是位于土壤农杆菌（*Agrobacterium tumefaciens*）Ti（*Tumor inducing*）质粒或发根农杆菌（*Agrobacterium rhizogenes*）Ri（*Root inducing*）质粒上的一段DNA，约占Ti质粒DNA总长度的10%左右，它可以从农杆菌中被转移并稳定整合到植物核染色体上，使植物产生冠瘿瘤或发状根。在T-DNA的两端是25bp的同向重复序列，它决定着T-DNA转移到植物细胞并整合到核基因组的过程。T-DNA在转基因植物中一般只有1~2个拷贝，所以它可以作为插入致变效应的突变原。T-DNA标签法是将人工构建好的T-DNA作为标签，通过农杆菌转化法导入植物基因组中，使插入位点基因功能受到影响，激活或失活，从而产生具有一定表型的突变体。

（二）操作及应用

T-DNA作为一种理想的分子标签，在应用上却受到了寄主范围的限制。利用农杆菌的Ti质粒和Ri质粒上的T-DNA将外源基因导入受体植物，以往研究仅局限于双子叶植物，单子叶植物由于受到感染后不能分泌使农杆菌质粒*Vir*区基因活化的诱导物如乙酰丁香酮（As）等，故成功的例子不多。利用T-DNA插入突变，在拟南芥（*Arabidopsis thaliana*）中已经成功建立了接近饱和的插入突变体库，该突变体库包含超过225000个独立的T-DNA插入株系。对插入突变体的分析表明，在预测的29454个基因中有21700个基因发生了插入突变，插入序列随机分布于整个染色体基因组中，即使插入内含子和启动子也出现表型突变。此外，还发现T-DNA在其基因组中的插入位点有一定的偏向性，偏向于发生在基因密度较高的区域、基因的非翻译区及启动子区。但是，T-DNA插入对特定的基因类别没有明显的偏向性。自1994年Hiei等首次报道用农杆菌介导的T-DNA法对水稻成功地实现遗传转化以来，该方法在水稻遗传转化中得到广泛应用并不断完善，这使建立水稻的T-DNA插入突变库成为可能。水稻中已建立了具有一定规模的T-DNA插入突变体库，但远没有达到饱和的程度。此外，农杆菌介导的T-DNA插入突变还用于构建多种真菌的突变库，也取得了较好的效果。农杆菌介导的T-DNA也有不足之处。首先，T-DNA的整合是一个复杂的过程，易产生直接的串联、反向重复和边界缺失，这将会影响到随后的分子分析。其次，T-DNA方法具有很大的宿主范围限制，仅对那些可快速有效进行农杆菌转化的生物体非常有效。

突变体库建立后，对标记基因的克隆分为两种：定向寻找特定基因克隆和侧翼序列克隆。对于特定基因的克隆，可利用PCR技术，设计一个引物来自目的基因、一个引物来自插入片段，可以在几百甚至上千个植株DNA混池中筛选出特定基因。侧翼序列克隆采用IPCR、TAIL-PCR或相关技术。当前这些方法还只限于筛选单一突变，用于同时筛选多个突变基因的新PCR方法还有待发展。对突变基因功能的初步鉴定通常是根据表型变化，结合结构基因组学来进行，如缺失突变和增强表达都可产生表型变化，一些在胁迫等特殊条件下才表达的基因，可在一定的选择压下筛选表型变化。

（三）T-DNA标签法克隆基因的优势

传统植物基因克隆依赖于基因转录产物和多肽信息，通过cDNA在相应的文库筛选来达到目的。由于大多数重要农艺性状基因的多肽产物的信息很难得到，通过上述技术克隆基因较难。利用T-DNA在水稻基因组中产生插入性突变，获得分析该基因功能的对照突变体，是获得水稻突变的理想基因标记工具。T-DNA在转基因植物中一般只有1~2个拷贝，多为单拷贝，所以它可以作为插入致变效应的突变原。单拷贝T-DNA一旦整合到植物基因组中就会表现出孟德尔遗传特性，由T-DNA导入的基因可长期稳定表达，且插入后不再移动，便于保存，这些都是转座子标签法没有的优点。

(四) T-DNA多功能标签的特点

T-DNA标签由单一功能向多功能发展，其载体由单元向双元发展。随着分子生物学的发展，目前人们能根据自己的需要构建这种标签。它们一般具有以下共同点：含有不带启动子的报告基因如*gus*、*gfp*，可对突变体进行启动子诱捕筛选和鉴定；含有*CaMV* 35S或*actin* 1启动子，可增强整合部位附近的基因表达。理论上，当这样的T-DNA标签整合到基因组后，如果35S强启动子整合到内源基因的上游，将会引起后者过量表达或因表达的时空特异性改变（异位表达）而破坏基因的表达；如果整合在基因下游，则由于35S强启动子的作用，产生大量反义RNA而阻碍了该基因及其等位基因的表达，产生显性的“功能丧失”突变表型。GUS活性可用组织化学染色的方法鉴定，灵敏度高，甚至能检测到单个细胞的表达。

(五) 问题和展望

利用T-DNA插入突变克隆水稻基因，首先要求创建饱和突变体库，对于研究者来说，工作量巨大。关于T-DNA转移和整合的机制迄今尚不完全清楚，有时出现的多拷贝插入会给性状分离和基因分离造成麻烦。研究表明，T-DNA优先整合进植物DNA中富含A、T碱基对的区域，其插入热点大多集中在基因组的活跃转录或具有转录潜力的区域，达不到完全随机插入的要求。在对T-DNA插入大规模突变体库的鉴定中，有相当一部分突变在苗期就已表现出来，出现早死、早衰等症状，有些隐性突变往往造成颖花败育，颖壳畸形，导致不育或半不育。还有一些基因突变并不造成表型变化，从而加大了筛选鉴定的工作量，并且给后续的研究带来不利。T-DNA标签法当前最大的局限性就是不能控制其插入位点。以基因敲除为目的的T-DNA标签法将产生隐性突变，表型的变化只能在转化体的部分后代中体现出来；有些功能是由多基因控制的，其中之一出现突变并不影响其正常生长发育；一些基因家族的单个成员可能仅在特定状态下才有功能；在某些情况下，由激活标签导致的表型可能不会长期保持，这很可能是T-DNA的插入序列或其DNA侧翼序列发生甲基化的缘故。这些都为研究工作带来很大困难。此外，以T-DNA作为生物标签，其安全性也日益受到人们的质疑。

随着农杆菌转化技术的成熟，人们对T-DNA和转座子机制的研究深入，插入突变已成为植物功能基因研究中一个极具潜力的研究方向，其应用也日益广泛。对T-DNA进行适当的设计，此标记同样可作为遗传作图、基因转录或翻译调节的选择标记。为检验某一未知功能基因的有条件表型，可采用一系列有效的生理条件加以诱导。对T-DNA多功能标签加以进一步改造，增加功能陷阱的设计，构建饱和T-DNA突变群体，加强对突变体研究中的信息共享，都有助于提高T-DNA克隆水稻基因的效率。随着PCR技术的发展和检测技术的进步，以及其他基因研究方法的发展应用，对功能基因的研究将更加深入。

二、转座子诱变法

（一）转座子的基本概念

转座子（transposon）又称跳跃因子，其实质是一定长度的DNA片段，因为可以在生物的染色体组中从染色体的一个位点“跳”到另一个位点，或从一条染色体转移到另一条染色体上而得名。1951年美国McClintock在玉米中首先发现了DNA转座子（DNA－transposon）。但是，直到1967年在大肠杆菌的半乳糖操纵子研究中发现插入序列这类转座因子后，转座子的概念才被普遍承认和接受。1984年，Shepherd等在玉米中又发现了另一类转座子——反转录转座子（Retro－transposon）。以后的研究证实，转座子在矮牵牛、金鱼草、飞燕草、甜豌豆等植物以及一些多细胞绿藻中广泛存在。植物转座子的发现对分子生物学的发展有着深远的意义。利用基因的转座原理可研究基因的调控模式，可为细胞的分化和发育提供依据。特别地，转座子用作基因定位的标记对鉴定困难的基因尤为适用，因为从理论上讲，用转座子标记法克隆表达产物、表达部位和活性时间都未知的基因是行之有效的。随着人们对转座子的结构、功能与机制的认识不断深入，异源转座子的成功表达，使转座子的应用范围不断扩大，应用前景更加广阔，对其研究也日趋活跃。

（二）转座子的种类

1. DNA转座子

DNA转座子是以DNA－DNA方式转座的转座子，可通过DNA复制或直接切除两种方式获得可移动片段，重新插入基因组DNA中，导致基因的突变或重排，但一般不改变基因组的大小。根据转座的自主性，这类转座子又分为自主转座子和非自主转座子，前者本身能够编码转座酶而进行转座，后者则要在自主转座子存在时才能够实现转座。玉米的Ac/Ds体系就是典型的一例。Ac（activator）属于自主转座子，Ds（dissociation）属于非自主转座子，只有在Ac存在时，Ds才能转座。

2. 反转录转座子

反转录转座子是寄生性DNA，整合到宿主基因组之后，和宿主基因遵循相同的遗传规律，能进行复制和表达。其转座过程是转座因子的DNA先被转录成RNA，再借助反转录酶（RNaseH）反转录成DNA，插入到新的染色体位点，从而引起基因的突变或重排。正因为反转录转座子是通过复制方式实现转座，每转座一次，其拷贝数就增加一份，因而极大地增加了植物基因组的大小，也是目前所知高等植物中数量最大的一类可活动遗传成分，是构成植物基因组的主要成分。San Miguel等依据他们对玉米核基因组的基因间填充成分研究的结果推断，高等植物基因组大小的差别很可能主要是因为基因间填充的反转录转座子拷贝数的多少所造成的。反转录转座子是真核转座元件中最为丰富的一类，包括长末端重复反转录转座子（the long terminal repeat retro－transposon，LTR）和非长末端重复反转录转座子（the non－long terminal repeat retro－transposon，non－LTR）。LTR又可分为Tyl－copla组和Ty3－gypsv组。前者在丝状真菌、单细胞藻类、苔藓植物、裸子植物和被子植物中广泛存在；后者仅存于丝状真菌、裸子植物和被子植物。二者在植物基因组中都是高拷贝的，每单倍体细胞核中的拷贝数达10^6以上。Non－LTR又可分为长散在元件（long interspersed elements，LINE）和短散在元件（short interspersed elements，SINE），拷贝数在2.15×10^7以上。植物界广泛存在长散在元件，但在被子植物中仅出现短散在元件。

Ty1 - copia、Ty3 - gypsy、长散在元件和短散在元件反转录转座子的结构如图 6 - 8 所示。

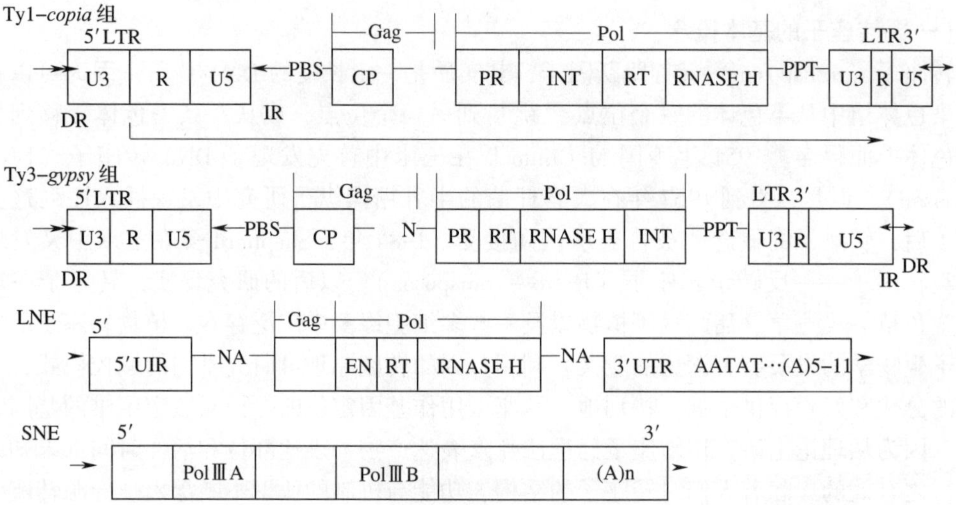

图 6 - 8　Ty1 - *copia*、Ty3 - *gypsy*、长散在元件、短散在元件反转录转座子的结构

（三）转座机制

转座子是染色体上一段可以移动的 DNA 序列，它可以从一个基因座位转移到另一个基因座位，当转座子插入到某个功能基因内部或邻近位点时，就会使插入位置的基因失活并诱导产生突变型，通过遗传分析可以确定某基因的突变是否由转座子引起。由转座子引起的突变可用转座子 DNA 为探针，从突变株的基因组文库中钓取含该转座子的 DNA 片段，获得含有部分突变株 DNA 序列的克隆，然后以该 DNA 序列为探针，筛选野生型植株的基因组文库，最终得到完整的目的基因。在转座子作为外源基因通过农杆菌介导等方法导入植物时，由于 T - DNA 整合到基因组所引起的插入突变也可用上述原理来克隆基因，这样就大大提高了分离基因的效率。

利用转座子标签法分离植物基因的主要步骤如下：

① 构建含转座子的质粒载体；

② 将含转座子的质粒载体通过农杆菌介导或其他适当的转化方法导入目标植物中；

③ 转座子插入突变的鉴定与分离；

④ 转座子在目标植物体内的活动性能检测；

⑤ 利用转座子序列作探针，与突变体基因组文库杂交，获得部分基因序列；

⑥ 用部分基因序列作探针，与野生型基因组文库杂交，分离出完整的目的基因。

（四）转座子的应用

1. 转座子标签体系

在植物基因工程中常用的转座子标签体系主要有两大类，即天然体系和人工改造体系。天然体系包括自主转座子单因子体系和反转录转座子体系，人工改造体系主要是人工改造的双元因子体系和转座子特殊标记体系。目前常用于转座子标签的植物转座子主要有玉米的 Ac、Ds、Mu 和 Spm/En、金鱼草的 Tamd、拟南芥的 Tphl、水稻的 Tosl 7 等。

(1) 自主转座子单因子体系　自主转座子单因子体系利用了转座活性较高的自主转

座子，如玉米的 Ac 转座子、Mu 转座子、矮牵牛的 dTpHl 转座子等。这类体系可在同源和异源宿主中使用。这一转座体系的优点是在植物中插入拷贝数高，在大田自然培养条件下就可以获得大量的突变个体；只需筛选相对较少数量的植株就能标记所有基因。它的缺点是高频率的转座有可能切除转座酶而留下一些序列导致永久突变；自主转座在体细胞内可能造成基因功能自动恢复；自主转座子切除后留下的一些片段使转座子不能与突变表型共分离等，使筛选克隆比较困难，限制了它的应用。

（2）双元转座子体系　双元转座子体系是由一个非自主转座子和一个改造后自身不能转座的自主转座子组成，但后者仍编码转座酶引起前者的转座。分别构建含有两个转座子的植物表达载体，转化植物并培育分别含有非自主转座子和转座酶的株系，再通过转基因植株杂交，在 F2 代就能获得大量由转座子引起的突变体。为了减少筛选子代突变体的工作量，可以在构建的转座子上插入用于筛选转化和切除的标记基因，如抗生素抗性基因、除草剂抗性基因等。

（3）反转录转座子体系　反转录转座子在植物基因组中拷贝数很多，但它包含了许多亚群，有的亚群仅由一个或几个拷贝组成，这些以单拷贝或低拷贝方式存在的成分就比较容易识别。一般整合进基因不连锁的位置，并且产生的插入突变比较稳定。同时它的有些转座活性在组织培养中能被激活，也不受植物种类差异的影响。双子叶植物中的反转录转座子不仅可在异源双子叶植物中转座，也可以在单子叶植物中表达。这些优良特性表明反转录转座子体系是很有潜力的一类转座子体系。

反转录转座子的特征使其作为理想的遗传工具用于植物基因标签的研究：① 反转录转座子的插入突变都是通过复制的模式发生；② 产生大量因饱和诱变而获得的随机插入转座靶位点；③ 通过生物和非生物的压力条件来实现转座；④ 导致基因的高度诱变；⑤ 可对因特殊突变引起的反转录转座子插入位点低拷贝数突变进行鉴别；⑥ 内生性反转录转座子在植物中广泛存在，并十分活跃。在水稻中，内生性 Tos17 反转录转座子在上述条件下可用作基因标签。它在组织培养条件下非常活跃，优先插入基因内或基因附近；它还可通过饱和突变获得大量随机插入位点，并用于克隆水稻中的基因。另外，Tos17 还通过反遗传方法鉴定 *OSH15* 基因（Oryza sativa homeobox）中的无效突变种系，证明了 *OSH15* 在水稻节间伸长时充当了重要角色。

（4）转座子特殊标记体系　通过转座子插入突变标记，若能使一个基因产生明显的表型变化是非常有用的。但是，由于功能基因的冗余等原因，使一个基因突变后的表现无法观察。为了克服这些方面的缺陷，科研工作者构建了转座子特殊标记体系，主要是基因/增强子陷阱因子和激活标签因子。

基因/增强子陷阱因子：在真核系统中，功能基因的冗余或在早期产生致死，使转座子插入产生的基因分裂常不能产生可见的表型，从而无法观察一个具有多功能基因的后期表现。为了克服这些困难，对转座子进行了修饰，构建了基因陷阱（gene trap）和增强子陷阱（enhancer trap）可转移因子。最初被用于果蝇和老鼠，随后被用于植物转座体系。但目前只有 Ac/Dc 转座子体系被修饰用于增强子和基因陷阱的方法。基因/增强子陷阱因子带有一个报告基因，它的表达模式可反映分离基因的活性和调节。增强子陷阱含有一个具弱小启动子驱动的报告基因。报告基因的表达（利用内源增强子序列）只有当转座发生在一个基因的内部或附近时才能获得。另一种变化的载体称做启动子陷阱，带有一个无启动子的报告基因，这个基因只有在转座子插入一个植物活跃的内源启动子下游时才能表达。相反，基因陷阱载体在报告基因的前面设计一个或多个剪接受体序列。这样只有在插入转录区域时，报告基因才能表达。剪接供体位置来自内源基因的内含子，而在报告基因之前的剪接受体序列将会被剪接产生一个融合转录体。

激活标签因子：通过插入突变引起的基因分裂几乎总是产生隐性功能缺失突变，因为各种因素如功能基因冗余等使这种突变并不能总是引起明显的表型变化。在这种情况下，提高表达水平或异位表达一个基因能够提供显性功能突变，产生提供信息的突变表型。激活标签就是通过提高或扩大表达标记基因的结果作为产生突变的策略，它的原理是在T－DNA或转座子中使用强的增强子，通过转录激活使附近的基因异位表达或过量表达。激活标签的原理被 Wilson 等用于转座子。他们利用 Ds 因子和一个完整的 CaMV 35S 启动子，通过与 Ac 转移酶杂交产生了一个插入种群。这种方法的一个缺点是通过激活标签显性突变观察到的频率要比插入失活产生的隐性突变低得多，说明许多基因虽可过量表达但并不引起可见的表型。然而，激活标签已被证明是一个研究基因功能有价值的补充方法。

2．基因定位

所要分离和克隆的基因不同，在定位和标定时所用的方法也不同。若要获得感兴趣的已知目的基因，则采用目的诱变策略，即用一个稳定遗传的隐性纯合体与一个带有活跃转座子的显性纯合体杂交，可以在 F1 代标定目的基因。若要获得引起新突变的未知基因，则用随机诱变策略（非目的诱变），即将带有功能性转座因子的显性纯合系植株与不带转座因子的同种植株杂交，产生的 F1 子代再自交，在 F2 代中就可筛选到转座子随机插入引起突变表型的突变株，然后选择感兴趣的新突变株进行研究。

3．基因的分离克隆

利用转座子可以在不了解基因产物的生化性质和表达模式的情况下，分离克隆植物基因。其原理是当一段特定的转座子 DNA 序列插入到植物基因组中目的基因的内部或其相邻近位点时，便会诱发该基因发生突变，并最终导致表型变化，形成突变体植株。如果此段转座子 DNA 插入序列是已知的，那么它便可用来作为 DNA 杂交的分子探针，从突变体植株的基因组 DNA 文库中筛选到突变的基因。而后再利用此突变基因作探针，就能从野生型植株的基因组 DNA 文库中克隆出野生型的目的基因。这样插入的转座子 DNA 序列相当于在植物基因上贴了一张标签。1984 年，Federoff 等首次用转座子标签法在玉米中分离了 bronze 基因。1993 年，Chuck 等用玉米的 Ac 转座子从矮牵牛中成功地克隆了一个花色素苷合成基因，开创了用外源转座子在异源宿主中分离克隆基因的先例。目前，分离和克隆标签基因的方法主要有两类，一类是 Southern－based 分离法，另一类是 PCR－based 分离法。

（1）Southern－based 分离法　Southern－based 分离法是通过杂交得到纯合突变株，构建该类突变株的核基因文库，以转座子片段作为探针从该基因文库中筛选同源的转座子，就可筛选到含突变基因的片段，再将这一片段亚克隆标记作为探针，去筛选另一个正常植株的核基因文库，获得完整的正常目的基因。为了增加转座子插入目的基因的几率，需要采用高效的转座子体系，但这又同时造成多拷贝，带来了相当大的筛选工作量。只能通过多代与含低拷贝数元件的株系杂交来减少每一植株中插入序列的数量。它是转座子标签分离克隆基因的常用方法。

（2）PCR - based 分离法 PCR - based 分离法包括反向 PCR（inverse polymerase chain reaction）分离法、TAIL - PCR（Thermal asymmetric interlaced PCR）分离法、AIMS（Amplification of insertion mutagenised sites）分离法等。反向 PCR 分离法是 Souer 等于 1995 年设计的，是将反向 PCR 和差别筛选结合的方法。主要是利用反向 PCR 扩增突变和野生植株中的内源转座子侧翼序列，其中突变体的扩增产物克隆到设计的载体上，感染细菌，再以突变体和野生型的扩增片段为探针与噬菌斑复制滤膜杂交，筛选差示克隆，分离内源转座子插入的侧翼片段作为探针，再从野生型基因文库中筛选基因。这一方法不仅可以用来分离高拷贝转座子标定的基因，而且可以用于克隆植物轻微变异株中被标定的基因。运用此方法已成功地分离了矮牵牛 WL38 中高效转座子 *dTphl* 标定的基因。

TAIL - PCR 分离法是刘耀光等设计的热不对称交错 PCR 方法。其基本原理是利用多个嵌套的转座子插入序列特异性引物和一个短的随机简并引物组合，以突变体基因组 DNA 为模板，进行多次 PCR 反应。特异性引物的 T_m 值一般为 57 ~ 62℃，而随机简并引物的 T_m 值则为 44 ~ 46℃，采取高温特异性扩增与低温随机扩增相交错进行的方法，最后获得转座子插入侧翼区特异性扩增片段，可作为探针筛选分离基因。这一方法具有简便、特异、高效、快速和灵敏等特点。此方法已在水稻和拟南芥上取得了成功。

AIMS 分离法是 Fray 等设计的插入突变位点扩增法，是以 PCR 为基础的分离转座子标签基因的方法。其基本原理是用两种限制性核酸内切酶消化突变植株的基因组 DNA，酶切片段一侧加上接头序列，再采用一组嵌套的插入序列特异引物和一个接头序列互补的引物进行 PCR 反应扩增插入序列的侧翼序列，分离的侧翼序列可作为探针筛选目的基因。运用此方法成功地分离了玉米的 *Bxl* 基因。除了用于分离和克隆标签基因以外，转座子还可以用于生物多样性及遗传连锁分析、体细胞进化的研究以及通过目的诱变来发现新的转座子等。

迄今为止，利用转座子标签法克隆到的异源植物基因见表 6 - 1。目前克隆异源植物基因只涉及到拟南芥、番茄、矮牵牛、烟草和亚麻 5 个物种，所克隆到的异源植物基因也只有 20 几个，所用的转座子也仅限于 Ac/Ds 和 En/Spm 转座子。造成这种现状的原因可能有以下几种：

表 6 - 1　　转座子标签法克隆的异源植物基因

物种	基因名称	基因功能	转座子
拟南芥	*MS*2	雄性不育	En/Spm
	CAO	叶绿素 a/b 结合蛋白	Ac/Ds
	SAP	花形态发育	En/Spm
	*SSR*16	胚缺损致死	Ac/Ds
	*EDS*1	抗病	Ac/Ds
	*DRL*1	花形态发生	Ac/Ds
	*FAE*1	脂肪酸链延长	Ac/Ds
	*alb*3	白化苗	Ac/Ds
	*ANL*2	花色素合成	En/Spm
	FDH	表皮细胞分裂	En/Spm
	SVP	控制开花时间	Ac/Ds

续表

物种	基因名称	基因功能	转座子
番茄	*Cf*-4	抗叶霉病	Ac/Ds
	Dem	胚与分生组织缺损	Ac/Ds
	FB	花青素积累，玻璃苗，除草剂敏感	Ac/Ds
	Cf-9	抗叶霉病	Ac/Ds
	Xa-1	叶绿体发育	Ac
矮牵牛	*PH6*	影响花冠细胞酸碱度	Ac
	an2	花色素合成	En/Spm
	nam	无顶端分生组织	En/Spm
烟草	*N*	抗花叶病毒侵染	Ac
	Su	减少叶绿素积累	Ac/Ds
	ABA2	脱落酸合成	Ac/Ds
亚麻	*L6*	抗锈病	Ac/Ds

① 转座子标签法是建立在遗传转化技术的基础之上，只有那些容易进行遗传转化的植物才易于诱发标签突变体，进而分离突变基因；

② 已在分子水平上研究清楚的转座子少，使可用于异源植物基因克隆的转座子不能满足需要；

③ 技术需进一步完善，以提高转化频率。

因此，完善植物遗传转化技术体系，进一步研究、挖掘新的转座子，改进标签系统，以达到最佳标签条件，是当前转座子标签法克隆异源植物基因的主要任务。

4. 转座子的应用前景

目前，世界上许多国家都在进行以基因组测序为基本目标的结构基因组学研究。随着人类基因组草图的问世，拟南芥完整序列的测序完成，水稻基因组草图的成功构建，人类获得了大量的植物基因组序列的信息，但要读懂这些序列所代表的真实含义，了解新基因的功能，成了一项巨大而艰难的任务。转座子，特别是反转录转座子具有存在广泛、拷贝数高、插入位点专一、产生的突变稳定、不受植物种类差异的影响、异源转座率高、组织培养诱导激活等优势，尤其是经实践证明，转座子标签法是目前分离植物基因的有效手段之一。但是，植物转座子主要来源于玉米、水稻等草本植物，相应地，应用转座子分离基因的成功实例也基本局限于草本植物。除了 Hernandez 等在油橄榄的基因组中发现了类似反转录转座子的可移动 DNA 片段以外，有关林木的转座子报道甚少，转座子在林木上的应用基本处于空白。若能够发掘和克隆出林木转座子，或者草本作物转座子能够在林木宿主中异源表达成功，将会大大加快林木基因组的研究进程，使林木基因的分离与转化更加简单易行。总之，随着分子生物学的发展，分子生物技术操作方法的改善与提高，对转座子机理认识的不断深入，转座子诱变和标签技术体系更加完善，对转座子转座的可控性和操作性的增强，越来越多的转座子在异源宿主中正确行使功能。目前转座子应用中存在的缺陷被逐步克服，转座子将会在研究植物基因组的组成、表达调控、进化、系统发育、生物多样性评价以及林木基因工程等领域内发挥越来越重要的作用。

三、插入失活筛选重组体

插入失活是将额外的DNA插入到重组DNA分子中，根据其突变的类型鉴定失活基因，进而筛选出重组体。这种插入失活筛选重组体的方法主要有根据载体表型特征选择重组体和根据插入序列的表型特征筛选重组体两种方法。

利用载体上遗传标记内部的限制性核酸内切酶位点进行基因克隆时，由于外源DNA片段的插入可以导致该遗传标记的灭活，即所谓插入失活，因此可以通过载体和重组体表型上的差异筛选重组体。

思考题

1. 简述几种目的基因的分离方法。
2. 什么是基因文库？基因文库分为哪几类？构建cDNA文库的方法都有哪些？
3. 什么是基因芯片？基因芯片的基本流程包括哪几个步骤？
4. 根据PCR技术的原理，举例说明PCR技术在基因克隆方面的应用。
5. 简述mRNA差别显示技术的原理与特点。
6. 什么是插入突变技术系统，包括哪些具体的技术？

第七章 基因转化技术

教学目标： 1. 掌握基因工程转化技术中的关键环节及原理；

2. 熟悉基因转化过程中的载体构建、转化受体系统的建立以及农杆菌质粒介导的基因转化；

3. 了解基因转化技术在食品中的应用，并熟悉有关案例。

基因工程是在20世纪后半叶发展起来的一门新学科，它是在遗传学、分子生物学、微生物学等理论基础上，综合采用了植物组织培养和动物细胞培养的方法和技术建立起来的，为植物、动物和微生物的品种改良提供了一条重要途径。基因工程的核心技术之一就是转基因技术。

转基因技术主要包括以下几个关键性环节：基因的克隆与分离、载体的构建、材料的遗传转化（即转基因），以及转基因细胞或生物体的筛选。关于基因的克隆和分离在第六章已经进行了介绍。目的基因被分离出以后，往往不具有完整的基因结构，而只是表达产物的开放阅读框（open reading frame，ORF），还需加上启动子和终止子。基因转化是将外源基因转入受体细胞的过程，其途径可分为两大类，一类是载体法，主要指农杆菌或病毒载体介导转化；另一类是直接转化方法，主要包括花粉管道法、电激转化、PEG 介导转化和基因枪法等技术。转基因生物的后代，需要进行筛选以确定外源基因是否能够稳定地整合在宿主的遗传物质中。为了能更早地筛选转基因植株或细胞，通常在构建载体时将一些具有特殊标记的报告基因构建到载体上，以便于用分子生物学方法进行检测，例如分子杂交，包括点杂交（Dot Blot）、Southern 杂交、Northern 杂交，Western 杂交和 PCR 等方法。

基因工程的诞生和发展是与基因转化方法的出现和发展分不开的。为了实现不同的目标，需要有各种各样的基因转化方法。近年来随着分子生物学技术的迅速发展，各种基因转化方法层出不穷。本章将重点介绍将目的基因转化进入植物细胞并整合的技术。

第一节 基因工程基因转化载体的构建

依靠载体介导的外源基因导入途径是一种高效而且被广泛应用的技术，其中最主要的技术包括农杆菌及病毒载体介导转化。转基因的目的在于将目标基因导入受体中，使之正确而又有效地表达，并将产生的目标性状稳定遗传下去。但是，多数直接获得的基因片段并不能够独立实现这一目标，这是因为目的基因片段很难直接转入受体细胞，另外由于其自身的“不完整性”，常无 DNA 复制所需信息，在细胞分裂时不能“遗传”给子细胞，从而导致遗传失败。因此，需要把目标基因连在一些能独立在细胞中进行复制的 DNA 片段（即载体）上，以实现目标基因在宿主细胞中的表达。

载体的构建，就是将获得的目标基因正确地连接入载体的过程（详写第三章相关内容）。在构建载体之前，首先要选择适当的载体。第一，要确定载体的类型，可针对所构建载体的目的和插入片段的大小来确定；第二，选择携带的抗生素抗性或报告基因等；第三，载体的酶切位点、拷贝数、宿主菌的特性等因素对载体构建也非常重要，要根据实验目的和条件做出合理的选择。

载体的类型有多种，克隆载体的目的是获得高拷贝的携带目标片段的载体，表达载体的目的则是外源基因或 DNA 片段在宿主细胞中表达产生蛋白质。常见的表达载体大多为真核表达载体，它具有指导基因进行表达的功能，并不能使外源基因稳定在宿主细胞的染色体上。因此，我们通常是构建一个具有表达功能的真核表达载体，而后再利用其他途径将这一载体导入到细胞中。在此着重以植物基因工程为例，介绍真核表达载体的构建过程。

一、启动子和终止子

启动子的主要功能是决定转录起始的精确位置和转录的频率，终止子则保证这个基因的正确终止。外源基因表达量不足往往是得不到理想的转基因植物的重要原因，启动子在决定基因表达方面起着关键作用，因此，选择合适的植物启动子和改进其活性是增强外源基因表达首先要考虑的问题。

（一）启动子

启动子可分为组成型启动子（constitutive promoter）、组织特异性启动子（tissue - specific promoter）以及诱导型启动子（inducible promoter）。根据实验目的选择适当的启动子，可保证目标基因在合适的部位、合适的时间按照人们的意愿来进行表达。

（1）组成型启动子　这种启动子调节控制的结构基因的表达大体恒定在一个水平，没有组织或部位的差异。双子叶植物的转化一般使用花椰菜叶病毒（califlower mosaic virus，CaMV）的 35S 启动子，或者胭脂氨酸合成酶 Nos 启动子；单子叶植物的转化中常用水稻肌动蛋白 Actl 启动子、玉米泛素 Ubi 启动子和 35S 启动子。

（2）组织特异性启动子　这种启动子只在特定的器官以及特定的时间内表达，目前所分离的大部分植物基因的启动子都有其表达的特异性，并表现出发育调节的特性，如豌豆的豆清蛋白（leguimin）基因可在转化植物种子中特异性表达，马铃薯块茎储藏蛋白（patatin）基因在块茎中优势表达。

（3）诱导型启动子　这种启动子是指在某些特定的物理或化学信号的刺激下，可以大幅度地提高基因的转录水平。具体分为 3 种类型，其中 A 型启动子可被植物体内合成的脱落酸（abscisic acid，ABA）、激动素（kinetin，KT）和赤霉素（gibberellic acid，GA）所诱导；B 型启动子可被高温、低温、水分和土壤中高浓度的盐或重金属离子等环境因子所诱导；C 型启动子可被人工合成的四环素、地塞米松等化学物质所诱导。

（二）终止子

植物表达载体常采用的终止子是胭脂碱合成酶的 Nos 终止子和 Rubisco 小亚基基因的 3′ - 端区域。终止子除了可以保证基因的正确表达外，在一定水平上还能有效的保证基因表达的稳定性。

二、表达区域优化

为了增强外源基因的表达，可以对基因进行合理的修饰。第一，是对密码子的优化，虽然在真核生物中所使用的密码子是通用的，但是不同物种对密码子仍然具有不同的偏好性。如苏云金芽孢杆菌（*Bacillus thuringiensis*）的野生型杀虫蛋白基因在植物中的表达，在编码顺序不变的条件下，更多地使用植物基因的密码子，可以大大提高毒蛋白的表达。第二，翻译起始密码子周围的序列也是十分重要的，可以适当进行优化。第三，真核基因的5′-UTR（非翻译序列）与3′-UTR对基因的正常表达也是非常必要的，该区段的缺失常会导致mRNA的稳定性和翻译水平显著下降。例如，在烟草花叶病毒的126ku蛋白基因翻译起始位点上游有一个68bp的Ω元件，它为核糖体提供了新的结合位点，能使GUS基因的翻译活性提高数十倍。

三、定点整合

所谓定点整合，就是依据同源重组的原理，在目标基因两端选用同源的DNA片段，通过同源重组定点整合于染色体的特定部位的技术。外源基因导入到宿主细胞后与染色体的整合是有很大随机性的，且在不同受体植物的基因组内插入位点也不同，这导致了转基因植株的表达水平存在很大差异，这就是“位置效应”。为了减少位置效应的影响，使外源基因都能够整合到植物基因组的转录活跃区，在表达载体构建策略中主要应用了定点整合技术和核基质结合区设计。核基质结合区（matrix association region，MAR）是存在于真核细胞染色质中的一段与核基质特异结合的DNA序列。一般认为，核基质结合区序列位于转录活跃的DNA环状结构域的边界，其功能是造成一种分割作用，使每个转录单元保持相对的独立性，免受周围染色质的影响。相关研究表明，将核基质结合区置于目的基因两侧构建植物表达载体，可以提高目的基因的表达水平。

四、内含子

内含子是影响目的基因表达的重要因素，但是它对基因表达的作用机制非常复杂，如何利用内含子构建高效植物表达载体，目前还没有定论。内含子增强基因的作用是非常明显的，如玉米的果糖合成酶基因的第一个内含子能使CAT的表达水平提高10倍，水稻肌动蛋白基因的第三个内含子能使报道基因的表达水平提高2~6倍等。至今对内含子增强基因表达的机制仍不清楚，一般认为可能是内含子的存在增强了mRNA的加工效率和mRNA的稳定性。

五、筛选标记基因

筛选标记基因是指在遗传转化中能够使转化细胞（或个体）从众多的非转化细胞中筛选出来的标记基因，包括抗性筛选和报告基因。抗性筛选是利用了转化细胞具有而非转化细胞不具有的特性，如抗抗生素或抗除草剂的特性。使用最多的抗生素抗性有抗卡那霉素、抗潮霉素和抗庆大霉素等。除此之外，潮霉素磷酸转移酶基因（抗潮霉素）、二氢叶酸还原酶基因（抗氨甲喋呤）、*spt*基因（抗链霉素）、*aadA*

基因（抗链霉素和壮观霉素）、*Cat* 基因（氯霉抗性基因）等多种抗性标记也常用来作为筛选标记。常用的抗除草剂性状基因主要为 *bar* 基因（抗除草剂 phosphinothricin，PPT），包括抗草甘磷基因和抗双丙氨膦基因等。报告基因，则是在转化后可以瞬间表达的一些蛋白基因，包括 β - 葡萄糖苷酶（β - glucuronidase，GUS）基因、荧光素酶基因、与花色素苷生物合成相关的基因以及冠瘿碱合成酶基因（NOS，OCS）等。目前绿色荧光蛋白（GFP）基因和甘露糖 - 6 - 磷酸异构酶（MPI）基因被更多地应用于植物筛选。

生物筛选是利用生物合成基因作为筛选标记基因。在植物细胞中赖氨酸是由天冬氨酸激酶和二羟基吡啶酸合酶催化合成的，但同时两者又都受赖氨酸的反馈抑制。细菌的这两种酶不受此抑制，因此可作为植物转化的筛选标记。

Cre/lox 系统是源于 P1 噬菌体的一个 DNA 重组体系，它能导致在特定的 DNA 序列（lox P 位点）处发生定点重组。该系统可以将外源基因定点整合到染色体上或将特定 DNA 片断删除；这种定位重组系统在遗传操作中发挥了重要的作用。可剔除筛选标记的载体是指该类载体利用 Cre/lox 重组系统，筛选标记位入 lox 位点中并连同目的基因进入植物细胞，然后再进行第二次转化，在带有 Cre 重组酶载体的作用下，可将筛选标记剔除。

第二节　转化受体系统的建立

载体构建的完成只是基因转化的第一步，能否成功地建立转基因体系还要依赖外源基因在受体中的表达，这涉及外源基因的导入方式和转化受体系统的建立。基因的导入方式有利用载体和直接导入两种方式。所谓转化受体系统是指用于转化的受体通过组织培养途径或其他培养途径，可以高效、稳定地再生无性系，并能接受外源 DNA 整合进行转化筛选的再生系统，它决定了能否高效地将外源基因导入受体中并稳定地存在。

成功的植物转化受体系统需要满足以下几点：受体具有高效稳定的繁殖和再生能力；有较好的遗传稳定性且无基因型依赖性；对选择性压力敏感并依赖此进行筛选；具有相对稳定的恢复成可育转基因植株的能力；受体来源广泛。本节以植物转化系统为例介绍转化受体系统的建立。

一、受体的制备途径

一般来说，植物受体系统包括核转化受体系统及质体转化受体系统。无论哪种受体系统几乎都离不开离体培养过程——植物组织培养（plant tissue culture），即应用无菌培养的方法培养植物的一个离体部分。具体来讲，是将自然环境中分离出来的植物细胞或组织放入含有合成培养基的容器中，在无菌和适宜的人工培养基及光照、温度等条件下培养，利用培养基中含有的营养物质和植物生长调节物质，生长、分化为完整植株。这是植物有效快捷的繁殖方法，其组培苗具有无杂菌、优质、均匀、繁殖率高、可批量生产、周年供应等优点。我们将这些由活体（*in vivo*）植物体上提取下来的、接种在培养基上的无菌细胞、组织、器官等称为外植体（explant）。

（一）愈伤组织受体系统

植物组织培养的主要目标是诱导愈伤组织（callus）形成和形态发生，使一个离体的细胞或一块组织通过脱分化形成愈伤组织，并由愈伤组织再分化形成植物体。最早由于机械损伤诱导植物体细胞开始分裂并形成一些组织细胞团，称之为“愈伤组织”，后来在植物组织培养中沿用了这一名词，但是在诱导外植体细胞分裂形成的愈伤组织中，并不全是损伤的结果。

1. 脱分化

脱分化（dedifferentiation）是指已经分化成组织的、已停止分裂的细胞从植物体的抑制性影响下解脱出来，恢复细胞的分裂活性。诱导细胞脱分化需要许多外界条件，其中外源激素对脱分化起重要作用。有些植物的外植体仅需加入生长素（吲哚乙酸、萘乙酸）即可诱导细胞的分裂与生长，如菊苣；有的仅需加入细胞激动素类，如大豆、萝卜；有的需同时加入生长素和细胞激动素类，如烟草髓、胡萝卜、马铃薯；还有的不需加任何激素，如冠瘿组织、烟草肿瘤组织。

2. 愈伤组织形成过程

经过脱分化后开始形成愈伤组织（图7－1）。这是一个复杂的过程，大致要经历起动期、分裂期和分化期三个阶段。

（1）起动期　对于已经分化定型的成熟细胞，一般是处于静止状态。起动期则是通过一些物理刺激（如机械损伤、改变光照强度、提高氧分压等）和化学激素诱导的作用，使外植体细胞的合成代谢活动加强，迅速进行蛋白质和核酸的合成。

（2）分裂期　分裂期是指外植体细胞经过诱导以后脱分化，不断分裂、增生子细胞的过程。处于分裂期的愈伤组织的特点是细胞分裂快、结构疏松、颜色浅而透明。外植体的脱分化因植物种类、器官来源及其生理状况的不同而有很大差别。如烟草的脱分化比较容易，禾本科植物的脱分化比较难；花比较容易，茎、叶相对困难；幼嫩组织的脱分化比较容易，成熟组织相对比较难。

图7－1　植物的愈伤组织：每一“个”愈伤组织都是一簇正在进行分化的细胞团

（3）分化期　分化期是指在分裂期的末期细胞内开始出现一系列形态和生理上的变化，从而使愈伤组织内产生不同形态和功能的细胞。这些细胞类型有薄壁细胞、分生细胞、色素细胞和纤维细胞等。

外植体的细胞经过起动、分裂和分化等一系列变化，形成无序结构的愈伤组织。如果在原来的培养基上继续培养愈伤组织，会由于培养基中营养不足或有毒代谢物的积累，导致愈伤组织停止生长，甚至老化变黑、死亡。如果要让愈伤组织继续生长增殖，必须定期地（如2～4周）将它们分成小块，接种到新鲜的培养基上，这样愈伤组织就可以长期保持旺盛的生长。

3. 愈伤组织形态发生方式

经过起动、分裂和分化期产生的愈伤组织，虽然其中发生了细胞分化，但是并没有器官发生，只有满足某些条件，愈伤组织的细胞才会发生再分化，产生芽和根，进而发育成完整植株。愈伤组织的形态发生方式主要有胚状体发生和器官发生两种。

（1）胚状体发生　体细胞胚胎发生是指组织培养中从一个非合子细胞，通过与合子胚相似的胚胎发生过程形成胚状结构——胚状体（embryoids）的过程，见图7－2。胚状体是由愈伤组织中的薄壁细胞不经过有性生殖过程而形成的许多类似胚的突起，起源于单细胞，是初步分化的幼小生命体，芽根有共同的维管束，具双极性结构，无嵌合现象，结构完整，可直接形成小植株，成苗率高，去分化难，再分化也很难。通过胚胎、小孢子或叶片产生胚胎，是植物界的普遍现象。在植物组织培养中，诱导胚状体具有数量多、速度快、成苗率高等显著优点，同时因为再生的胚胎发生组织位于或接近老的胚胎表面，这样就利于DNA的转移。

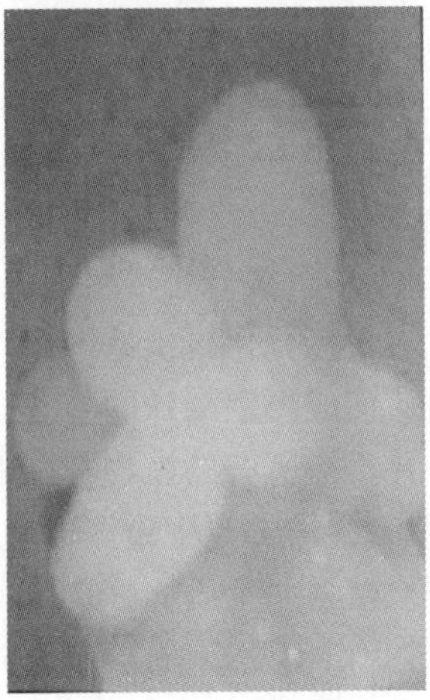

图7－2　魔芋体细胞胚状体

胚状体的发生与外植体的来源、年龄、植物的遗传型等因素有关。此外，培养时间、培养基成分和氮源等也是影响胚状体发生的关键因素。

（2）器官发生　器官发生是指器官的产生过程。外植体诱导出愈伤组织后，经过继代培养，可以在愈伤组织内部形成一类分生组织（meristemoid），再分化成不同的器官原基，而后形成再生植株，这种方式称做间接器官发生方式。有些情况下，外植体不经愈伤组织而直接诱导出芽、根，称做直接器官发生方式。

根是组织培养中易形成的器官。早在20世纪30年代，研究者就可以将同一植物不同器官诱导出根来；而芽的形成相对较为复杂，包括营养芽和花芽。而且根据不同的培养条件，有时芽与根可以同时在组织培养中形成。除营养芽之外，在组织培养中有时也有花芽的形成，如烟草、花生等。另外也有变态器官的形成，如百合鳞片切块分化出的芽形成小鳞茎，唐菖蒲茎端可诱导形成小球茎，马铃薯的茎切段可以形成块茎。

在器官形成的过程中，植物激素的成分是影响器官建成的主要因素。Skoog和Miller等所提出的生长素和激动素的比例决定根和芽分化的观点，曾被大量的试验结果所证明。在很多禾谷类作物的组织培养中发现，用较高浓度的生长素2，4－D诱导形成的愈伤组织，当培养在除去生长素或较低的生长素浓度时，就可以诱导芽的形成。在LM（Linsmaier）培养基中，当2，4－D在10^{-5}mol/L时培养水稻愈伤组织可以生根，一旦转入无生长素的培养基时就能产生芽；小米的愈伤组织也有类似现象。但苜蓿的情况有所不同，在有2，4－D和细胞分裂素的培养基中可以形成愈伤组织，而后转入无激素的培养基中进行分化，分化情况与形成愈伤组织前的细胞分裂素/生长素的比例有关，如果愈伤组织是在高比例的培养基中形成的，易于生根；而在低比例的培养基中形成的愈伤组织，则易生芽。除了激素的影响，培养基的物理因素和光照条件对器官的形成也有一定影响。固体培养基有利于诱导愈伤组织，而液体培养基有利于细胞和胚状体增殖；短波光线如蓝光有利于芽的分化，红光促进根分化而对芽分化有抑制作用。

不但植物体细胞可以表现全能性，花粉在培养条件下也可能进行脱分化，通过愈伤组织或胚状体发育成单倍体植株。

（二）非愈伤组织受体系统

外植体材料细胞不经过脱分化形成愈伤组织阶段而作为受体进行转基因操作的系统，被称作非愈伤组织受体系统，其中包括直接分化再生系统、原生质体再生系统和生殖细胞受体系统。

1．直接分化再生系统

直接分化再生系统指外植体材料细胞不经过脱分化形成愈伤组织阶段，直接分化出不定芽形成再生植株的系统。它具有周期短、操作简单、体细胞变异小、遗传稳定等优点，但并不是所有的植物都可以直接诱导分化，因此也有材料局限性大、转化率较低的缺点。

2．植物原生质体再生系统

植物原生质体（protoplast）是指植物细胞除去细胞壁后被质膜所包围的“裸露细胞”。由于原生质体内部与外界环境之间仅隔一层薄薄的细胞膜，易于接受各种外来遗传物质，因此植物原生质体再生系统就成为使用最早和应用最广泛的受体系统。它可以高效、广泛地摄取外源 DNA 或遗传物质，获得基因型一致的克隆细胞，所获转基因植株嵌合体少，适用于多种转化系统。但是原生质体并不易制备，而且原生质体要恢复细胞壁和分化再生的能力比较困难，且变异程度较高。

3．生殖细胞受体系统

生殖细胞受体系统是指以生殖细胞如花粉粒、卵细胞等受体细胞进行外源基因转化的系统。它既可以利用组织培养技术进行小孢子和卵细胞的单倍体培养作为转化受体系统，也可以直接利用花粉和卵细胞受精过程进行基因转化，如花粉管导入法、花粉粒浸泡法、子房微针注射法等。

二、受体的基因转化

无论采用哪一种基因转化的途径，其根本目的都是将外源基因导入到受体细胞中，并能够伴随受体细胞的遗传物质稳定存在并进行表达。对于高等生物，其真核细胞的组织结构不同于原核细胞，其中关键的差别是细胞核作为主要的遗传信息传递空间被独立出来，在细胞核外还有些较小的细胞器，也保留了一些遗传物质，并同时控制并影响了生物体的遗传性状。鉴于此，在植物体的基因转化过程中，将这一过程分为两个途径：以细胞核为最终受体的基因转化和以质体为最终受体的基因转化。

（一）细胞核受体的基因转化

自 20 世纪 70 年代初基因工程技术诞生以来，以细胞核为最终转基因受体已经非常普遍地应用到重要农作物的品种改良、品质改善及产量提高中，且得到了很多有价值的成果，成为几十年来植物基因工程的主要研究方向。

随着研究的深入，核基因转化的弊端不断显露，表现为：

① 细胞核基因组大，遗传背景复杂；

② 导入的外源基因很难进行控制；

③ 外源基因因为受到核基因组复杂的调控而表现为表达率低、后代不稳定及分离现象严重；

④ 核基因组的复杂性还可能造成更多的转基因沉默；

⑤ 限于真核生物遗传背景与原核生物的差别，来源于原核生物的基因导入植物中往往还要进行修饰改造等；

⑥ 外源基因可能会随着花粉扩散，对转基因的安全性不利。

以上这些问题促使科研工作者努力去寻找遗传背景清楚简单、安全可靠、表达量高、易于控制及操作的新植物基因转化受体体系。高等植物的质体在某种程度上可以弥补核基因转化的不足，并具有其自身独特的优势。

（二）质体受体的基因转化

真核生物细胞遗传虽然以核内染色体 DNA 的主要遗传物质为基础，但在核外的细胞器如线粒体、叶绿体也存在少量的 DNA，分别称为线粒体 DNA（mtDNA）和叶绿体 DNA（ctDNA），这些遗传单位统称为核外遗传因子。从整个生物界来讲，位于核外或类核体以外的遗传物质所表现的遗传现象，称做细胞质遗传，又称核外遗传、非染色体遗传。

1. 细胞质的遗传特点

细胞质内的细胞器（线粒体、质体）存在遗传物质（细胞质基因），且主要存在于母性配子中，因而一切由细胞质基因决定的性状只能通过母本传递给子代，这就导致了正交和反交的结果不同，但核基因所决定的性状的正反交结果是相同的。通过与父本连续多次回交，可以把母本的核基因全部置换掉，但母本的细胞质基因仍然保留，因而母本的细胞质基因及其控制的性状不会消失。由于核外遗传因子是由一个亲本而来的，不经过有丝分裂或减数分裂，它们的行为不按核基因的方式进行，所以细胞质遗传的主要特点表现为：

① 正反交的结果不一样，F1 表现母系遗传（有些细胞质基因在遗传时并不表现母系遗传现象）。

② 遗传方式是非孟德尔式的，杂交后代一般不出现一定的分离比例。

③ 与核基因不连锁。

④ 细胞质基因在一定程度上是独立的，能自主复制。

2. 母系遗传

只受母本遗传物质控制，子代只表现母本性状的现象称做母系遗传（matrilinear inheritance），又称偏母遗传。1909 年，德国植物学家 C. Correns 首先报道紫茉莉的枝叶通常是绿色的，具有正常的叶绿素，若质体的遗传物质改变，不能产生叶绿素，呈白色，表现为白化，有的植株是呈绿白斑相间，这是由于同一植株细胞质不均等分离所致。经过实验证实，这是由于精卵结合中形成的合子中父母双亲所提供的遗传物质不均等造成的，所以正反交结果不同。

基于对细胞质遗传的逐渐认识和转基因手段的不断成熟，为了克服细胞核转化中经常出现的外源基因表达效率低、位置效应及由于核基因随花粉扩散而带来的不安全性等问题，以质体为受体的基因转化逐渐被重视起来。

1988 年，Boynton 等人以莱茵衣藻（*Chlamydomonas reinbardii*）为受体材料，用基因

枪方法将外源基因转入叶绿体中，使突变体成为能够进行光合作用的正常的莱茵衣藻，首次证实了以叶绿体为受体进行基因转化的可行性。随后一些类似的报道证实了这是一种高效的转化途径。如将未经改造的苏云金 Bt 毒蛋白转化烟草叶绿体，获得的转化体的表达量比核基因转化体提高了 50 倍以上。因此，这种新兴的质体遗传转化技术正以它的优越性和发展前景日益为人们所认识并受到重视。到目前为止，已在烟草、水稻、拟南芥、马铃薯和油菜等多种植物中相继实现了叶绿体转化，使得这一转化技术开始成为植物基因工程中新的生长点。

质体基因转化之所以具有这样的优越性，主要是基于其如下特点：

① 质体在植物体中的拷贝数非常大，因此其基因的拷贝数也是大量存在的，这为外源基因的高效整合提供了基础；

② 质体基因组小，结构简单，便于遗传操作；

③ 外源基因通过同源重组的方式定点整合进质体基因组，保证了外源基因的稳定性，并且由于高效的整合，为高效表达创造了条件；

④ 外源基因整合进入质体基因组后，只进行母系遗传，从而保证了基因工程的安全性；

⑤ 转化得到的后代不会发生分离现象，易于保持纯系。

第三节　农杆菌质粒介导的基因转化

在植物转基因的过程中，通过载体介导的基因转化是一种较为普遍而且应用广泛的技术手段，农杆菌介导的转化是最为主要的一种载体介导转化的途径。

农杆菌是普遍存在于土壤中的一种革兰氏阴性菌，在自然条件下可以感染植物的受伤部位，产生冠瘿瘤或发状根（图 7－3）。由于它可将自己的一部分 DNA（T－DNA）转移给植物，进而转化为植物细胞，并进行再生，因此是一种天然的植物遗传转化体系。

农杆菌可分为根癌农杆菌（*Agrobacterium tumefaciems*，At）和发根农杆菌（*Agrob ac-*

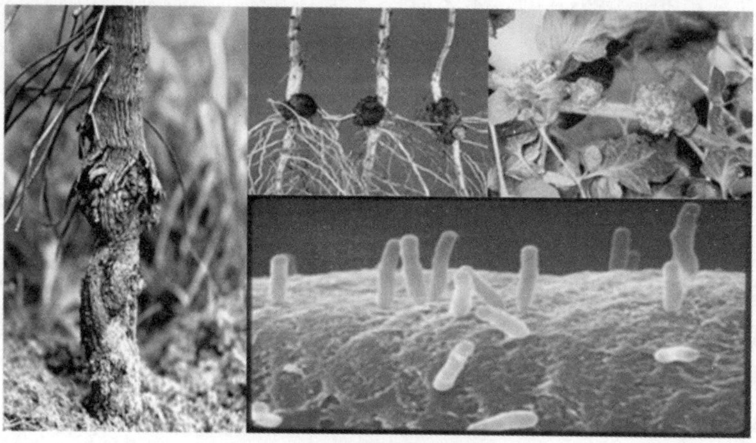

图 7－3　天然农杆菌对植物的侵染

注：自左向右，分别为葡萄、桃、番茄在根瘤农杆菌侵染下产生的瘿瘤，右下为根瘤农杆菌附着在植物的根部。

terium rhizogenes, Ar)。植物被根癌农杆菌（At）侵染后，能诱发植物产生瘿瘤，根瘤农杆菌中有诱导植物产生肿瘤的质粒（Tumor inducing plasmid，Ti 质粒）；而发根农杆菌侵入植物后，在侵染部位有大量毛状根/发状根（Hairy root）产生，发状根没有向地性，可在无激素的培养基中培养生长，生长迅速并产生许多分枝，其增长速度一个月可增殖数倍到数百倍，这是由于农杆菌中发根质粒（root－inducing plasmid，Ri 质粒）上的遗传信息整合到了植物的基因组，从而引起植物在形态和代谢上的变化。

根瘤农杆菌广泛存在于双子叶植物中，大约 93 属 643 种双子叶植物对根瘤农杆菌敏感。裸子植物对该菌也敏感，而且近来也有该菌对单子叶植物侵染的报道。发根农杆菌能够浸染几乎所有的双子叶和少数的单子叶植物。

一、农杆菌介导转化 DNA 的机制

在根瘤农杆菌和发根农杆菌中，其真正作为转基因载体起作用的是其中所包含的质粒。Ti 质粒和 Ri 质粒在结构和功能上有许多相似之处，具有基本一致的特性。首先，它们都是质粒，是细菌染色体外的遗传物质，能独立复制，为闭合环状双链 DNA；其次，它们都是非必要的遗传物质，一般控制细菌的次要性状，可自我复制并具有遗传的稳定性，在特殊环境中对细菌的生存起着重要的作用；最后，它们都具有质粒的可转移性和自我复制，同时还具备了作为转移载体的特殊性质，即可重组性。

从质粒的结构来看，Ti 质粒和 Ri 质粒也有很多的相似点。Ti 质粒的结构按功能分为 4 个区域：T－DNA 区、Vir 区（毒性区）、Con 区（regions encoding conjugations，接合转移编码区）和 Ori 区（origin of replication，复制起始区）。Ri 质粒的结构按功能可分为 T－DNA区、Vir 区和 Ori 三个区。而且两者各区的功能也都是十分相似的。

农杆菌侵染植物是一个非常复杂的过程。关于 T－DNA 转移和整合的机制，迄今尚不十分清楚。但比较普遍的观点是，T－DNA 的转移与整合的机制同大肠杆菌的接合作用十分相似。在这个过程中 Vir 区起了至关重要的作用，但 Vir 区的激活又受由植物创伤细胞分泌产生的某些糖类或小分子酚类等物质的调节，从而诱导 T－DNA 发生从细菌至植物细胞的定向转移。

（一）根癌农杆菌 Ti 质粒转化过程

根癌农杆菌一般生活在植物的根上或根的周围，利用植物根组织分泌物作为营养存活。在转化早期农杆菌的染色体 Chv 区及农杆菌质粒的 Vir 区起重要作用。染色体 Chv 区上两个位点［即 ChvA（1.5kb）及 ChvB（5kb）］连锁在一起，它们是细菌细胞对植物细胞进行识别和吸附的主要参与者。

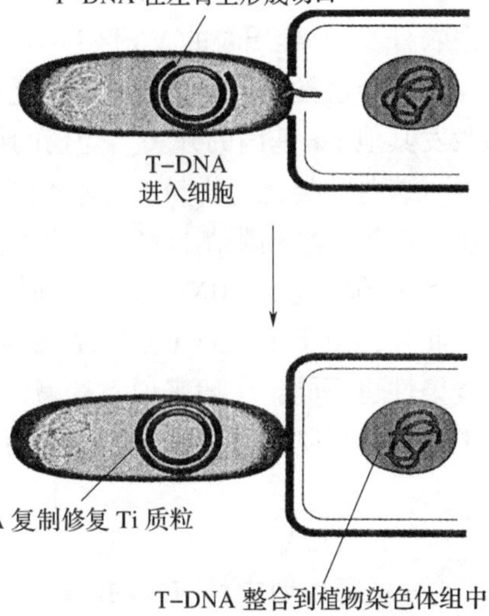

图 7－4 农杆菌 T－DNA 的转化过程

T－DNA 转化的过程可以分为以下几个步骤（图 7－4）：① 根癌农杆菌对植物细胞的识别和附着；② 根癌农杆菌对糖类和酚类物质的感受；③ Ti 质粒上 *Vir* 基因的活化和表达；④ T－DNA单链与 Vir 辅助蛋白复合物的形成；⑤ T－DNA 复合体的转运；⑥ T－DNA 整合到

植物基因组中。

根癌农杆菌对植物体的侵染仅仅是通过伤口进入的，这是因为根癌农杆菌具有趋化性，而其诱因就是植物的受伤组织会分泌出一些糖类和酚类物质，它们吸引根癌农杆菌向受伤组织集中。其中，受伤植物分泌的酚类小分子化合物包括乙酰丁香酮和羟基乙酰丁香酮，它们主要在双子叶植物细胞壁中合成，通常不存在于单子叶植物中，这也是单子叶植物不易被根癌农杆菌侵染的原因；而糖类物质主要是 L－阿拉伯糖、D－木糖等中性糖。这些酚类物质和中性糖既可以作为根瘤农杆菌的趋化物，同时又是农杆菌中 Ti 质粒上 Vir 区基因的诱导物，使 Vir 区基因活化，导致 T－DNA 的加工和转移。

前面已经提到，*VirA* 和 *VirG* 是组成型表达的基因，而 VirA 蛋白质作为一种跨膜蛋白存在的同时又是酚类及单糖类信号分子的受体。当 VirA 蛋白质检测到这些信号后，会传递给 VirG 蛋白质，然后激活其他 *Vir* 基因进行转录。首先，*VirD* 基因编码的是一种核酸内切酶，它在 T－DNA 的 RB 序列中的第 3、第 4 碱基之间切开一个单链的缺口，而后在同一条 T－DNA 链的 LB 序列中再切出缺口而释放出单链 T－DNA（将这条单链T－DNA称为 T－链）。此单链分子从 Ti 质粒上脱离后，可以与单链结合蛋白 VirE2 蛋白质共价结合。由于 VirE2 蛋白质具有在植物细胞中有活性的核定位信号，因此在它的作用下，由 RB 序列引导以及 VirD4 和 VirB 等蛋白质的帮助，这条单链定向地从细菌细胞转移到寄主植物细胞。随后在植物细胞酶系统的催化下，这条单链 T－DNA 会互补而形成双链形式的 T－DNA 分子并最终整合到染色体基因组上。

Ti 质粒有多种类型，不同类型的根癌农杆菌 Ti 质粒具有相似的转化原理。但由于 Vir 区的差别，在 *Vir* 基因的诱导活化上还是有一定的差别。比如，与胭脂碱型的 Ti 质粒的株系相比，章鱼碱型株系需要有较高浓度的酚类物质才能诱发 Vir 活性并发生侵染。

（二）发根农杆菌 Ri 质粒的转化过程

通过前面对农杆菌中质粒结构和功能的分析，可以看到根瘤农杆菌与发根农杆菌在结构和功能上有极其相似的部分，同样也表现出了相似的质粒转化过程。

发根农杆菌也是主要附着在植物的根部，而其对植物的侵染也是从植物的伤口进入。发根农杆菌的 Ri 质粒的 Vir 区包括 7 个基因成分 *A*～*G*，除了基因 *A* 是组成型表达外，其他 6 个基因通常情况下处于抑制状态。在 Ri 质粒中，*VirA* 作为小分子酚类化合物的受体和激发其他 *Vir* 基因的开关。受伤的植物从伤口处产生特殊的小分子酚类化合物乙酰丁香酮等，这些酚类化合物与 Vir 区 *A* 基因的表达产物结合，并诱导其他 Vir 区基因的活化和表达，产生一系列限制性核酸内切酶。在酶的作用下，T－DNA 区的两端先后单链断裂，断裂下来的单链 T－DNA 被转移到植物细胞中，与植物的基因组随机整合。

此外，由于 T－DNA 基因结构的不同，在不同的发根农杆菌中不同类型的株系对植物的侵染性也不同，一般来说农杆碱型株系强于甘露碱型株系。由于农杆碱型 T－DNA 中含有生长素合成基因，甘露碱型的没有，所以导致转化受体细胞对生长素敏感程度不同。

二、农杆菌介导转化的载体修饰

（一）野生型农杆菌制约因素

无论是 Ti 质粒还是 Ri 质粒，其功能都是相似的，都赋予了农杆菌“天然转基因”的能力，因此是一种良好的转基因手段。但是在大多数情况下，野生型农杆菌质粒并不适于直接用来作为转基因的载体，主要的制约有以下几点：

① 质粒分子质量过大，一般都在200kb左右，甚至更大，造成了在质粒传递过程中丢失比较严重并且不利于质粒转移和传递；

② 野生型农杆菌质粒上分布着各种限制酶的多个切点，不利于基因操作；

③ 野生型农杆菌质粒不能在大肠杆菌中复制，只能在农杆菌中进行扩增，限制了其拷贝的数量；

④ 野生型农杆菌质粒上存在大量对于T－DNA转移无意义的冗余序列。

⑤ 对于野生型Ti质粒还有一个致命的问题，那就是它的致瘤化以及T－DNA基因产物引起植物激素的不平衡，即使转化成功了也难以再生正常的植株，这就使得转基因的特性难以通过种子代代相传。

与Ti质粒的T－DNA不同的是，Ri质粒T－DNA上的基因并不影响植株再生，野生型Ri质粒可以直接作为转化载体。但从成熟载体的角度来看，仍然存在着上述的一些弊端。因此，必须对野生型农杆菌质粒加以修饰和改进，才能使其成为更加完善的植物基因工程的有力手段。

（二）野生型农杆菌的修饰和完善

针对野生型农杆菌存在的制约因素，对Ti质粒和Ri质粒的修饰和完善是非常必要的。

首先，去掉Ti质粒中的致瘤区。研究者经过不断的努力，首先是去掉了Ti质粒T－DNA上有致瘤作用的那段基因（参与植物生长素和细胞分裂素的基因），并保持其T－DNA转移和重组的能力。这样，植物在受到经过改造的Ti质粒侵染之后就不会导致肿瘤并可以分化成正常植物，从而使这个修饰过的Ti质粒成为一个能把外源基因引进植物的有力工具。1977年Marc Van Montagu和Jeff Schell教授又拓展并开发了相对成熟的根癌农杆菌DNA转移技术，并被广泛应用于植物转基因领域。

其次，在Ti质粒上加上*E. Coli*复制起始位点。这种修饰使得插入外源基因的Ti质粒成为一个穿梭载体，不但可在农杆菌中复制，而且便于在大肠杆菌中重组操作与保存，并可以使质粒的拷贝数大量增加。

此外，在T－DNA区域内插入适当的选择标记和多克隆位点。作为一个成熟的工程载体，方便于操作是很重要的，多克隆位点使外源基因的导入更加简便。而在T－DNA片段中所插入的选择标记，主要是菌株筛选的抗性选择基因以及作为转基因检测的报告基因。

从农杆菌载体的修饰角度来看，通过上面的改造，已经解决了制约农杆菌质粒的一些主要问题。但是，要使目的基因能够在宿主植物中按照要求定时、定位甚至定量地表达，就少不了适当的表达调控元件，比如启动子、增强子、终止子和密码子等。花椰菜花叶病毒（CaMV）的35S启动子对于大多数植物是一个强启动子，该启动子在大多数植物细胞内都能启动外源基因的表达。

图7－5所示为植物表达载体pBI121的基因图谱，以CaMV 35S启动子驱动的新霉素磷酸转移酶Ⅱ（NPTⅡ）基因为卡那霉素抗性选择标记，以*GUS*为报告基因，经pBI121转化获得的转基因细胞、组织或植株具有抗卡那霉素的特性，经组织化学染色呈蓝色。还

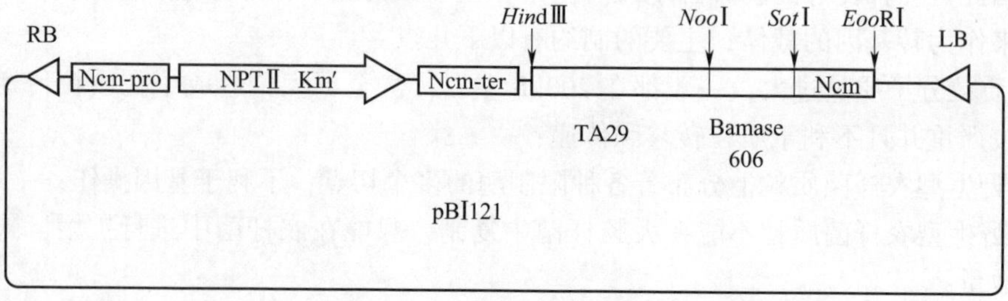

图 7－5　pBI121 载体基因图谱

有很多抗性基因和报告基因都在构建载体中被应用，这大大方便了转基因的操作，成为载体构建中的关键部分。当然，随着近年来对转基因安全的考虑越来越深入，更安全的无抗性载体正在开发和应用中。

三、农杆菌介导的植物转化载体系统

载体构建完成后，下面的工作就是将外源目的基因导入改造后的农杆菌质粒上，但在实际操作中发现直接将目的基因导入到 Ti 质粒还存在一些困难。由于大肠杆菌具有能与农杆菌高度接合转移的特性，因此以大肠杆菌为桥梁，通过常规的大肠杆菌质粒为介导来解决这一问题。

根据构建的质粒载体的结构特点，人为地将农杆菌介导的植物转化载体系统分为两类：一元载体系统和双元载体系统。

（一）一元载体系统

一元载体系统又称共整合载体系统或共合载体系统（图 7－6）。

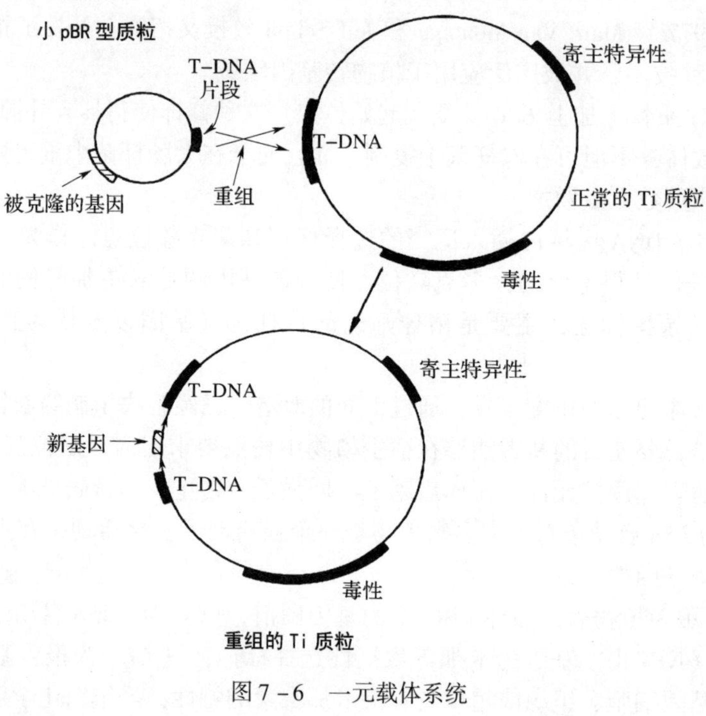

图 7－6　一元载体系统

首先，将 T－DNA 片段克隆到大肠杆菌的质粒中，并插入外源基因，最后通过接合转移把外源基因引入到农杆菌的 Ti 质粒上。将带有重组 T－DNA 的大肠杆菌质粒的衍生载体称为“中间载体”（intermediate vector，IV）。在一元载体系统中，这个中间载体又称做供体载体。因为这个带有 T－DNA 的中间载体自己是没有办法把 T－DNA 送入到植物细胞中的，它必须有 *Vir* 基因区相关蛋白质的辅助才能完成这一使命。由于仅仅需要的是 Vir 区对 T－DNA 的转移功能，因此往往使用的受体质粒是经过修饰了的 Ti 质粒，也就是去除了致瘤区的 Ti 质粒，我们称之为卸甲载体（disarmed vector），这样就可以避免野生型质粒对植株再生的影响。

对于卸甲载体的处理，是通过大肠杆菌的一些常用质粒的骨架序列取代了 T－DNA 的毒性区来作为受体载体，所以使用这种无毒的（non－oncogenic）Ti 质粒作为受体载体的一元载体系统又称 Onc$^{(-)}$载体法。这样，中间载体就可以通过同源重组与农杆菌中的 Onc$^{(-)}$载体进行同源重组，形成共整合载体（cointegrate vector）。这样形成的共整合载体实际上就是一个大的穿梭质粒，利用这样的共整合载体就可以实现将外源基因向植物基因组的细胞中导入了。但由于这类方法构建困难，整合体形成率低，一般不常用。

（二）双元（二元）载体系统

一元载体法是一个体外重组质粒的过程，相对效率比较低，为了解决这一问题，人们又回到对 *Vir* 基因的认识上。既然 *Vir* 基因对 T－DNA 的转移作用是一种反式作用，那么就没有必要构建一个重组 Ti 质粒的过程。利用这一特点，可将带有外源目的基因的 T－DNA和 Vir 区分别安置在不同的质粒载体上进行操作，这便是双元载体系统（binary Ti－vector system），如图 7－7 所示。

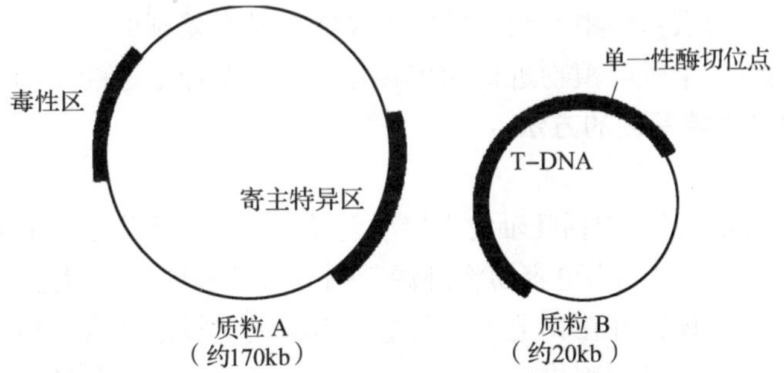

图 7－7　双元（二元）载体系统

这个系统包括两个质粒载体：微型 Ti 质粒（mini－Ti plasmid）和辅助 Ti 质粒（helper Ti plasmid）。微型 Ti 质粒就是含有 T－DNA 区段的寄主范围广泛的 DNA 转移质粒。除了外源目的基因外，它含有一个寄主范围广泛的质粒复制起始位点（OriV），以及筛选标记基因；辅助质粒保留了 Vir 区段但缺失 T－DNA 区域，没有致瘤能力，其作用是提供 *Vir* 基因功能。在转基因时，只需要将微型 Ti 质粒转入到含有辅助性 Ti 质粒的农杆菌中，然后再感染植物伤口就可以完成转基因的过程了。

双元载体法是由 A. Hoekema 等人于 1983 年首次提出的。这种方法的优点在于不需要经过两个载体的共整合过程，而且微型质粒相对较小，构建容易，操作简单，同时也提高了转基因的效率。

由于 Ti 质粒与 Ri 质粒在结构和功能上的相似性，两者在载体系统的应用上也具有很大的共通之处，都是主要采用共整合载体和双元载体系统。随着转基因需求的不断增加和转基因技术的不断发展，农杆菌介导的载体转化方法也在不断的完善和优化。

四、农杆菌介导的植物转基因

农杆菌介导法是目前植物转基因的一个主要方法，特别是在双子叶植物上获得了多种转基因植物并成功地进行了植物基因的改良。对于单子叶植物，由于其不是农杆菌的天然寄主，限制了农杆菌介导转基因的应用。研究发现，这主要是由于单子叶植物细胞缺乏激活 *Vir* 基因的一些因子，这些因子在双子叶植物中可以分泌酚类信号分子——乙酰丁香酮及其衍生物。

（一）影响农杆菌介导转基因的因素

1. 物理因素

pH、温度、渗透压等可以通过调节 Vir 区基因来影响农杆菌致病力。

2. 诱导和选择条件

适宜的诱导和选择条件也会影响转基因细胞的分化和再生植株，如筛选剂的种类、浓度、筛选时间、培养基等。

3. 受体材料

选择最佳的受体材料也至关重要，理想的受体材料其细胞既能与农杆菌直接接触，又比较容易从单细胞分化为再生植株。目前常用的外植体有叶片、茎段、原生质体、下胚轴、无性胚等，而以叶片应用最为广泛。

4. 农杆菌菌株

要建立一个高效的转基因系统，需要灵活掌握转基因系统中的各个因素，如对农杆菌菌株的选择。这是因为农杆菌中不同菌株的侵染能力是有差别的，甚至存在植物宿主的偏好性。利用农杆菌侵染单子叶植物进行遗传转化时，需要加上述酚类物质。

（二）农杆菌介导转基因的方法

1. 组织器官感染法

最常见的是“叶盘法”，包括胚轴的直接注射及真空渗入等方法。其基本原理是植物伤口对农杆菌非常敏感，通过创伤更容易将外源基因导入植物体。一般选用叶片、上下胚轴、茎段、根段等作为外植体，并在其上人为制造伤口，通过浸泡或者注射的方式，使创口接触农杆菌。这些创伤部位是细胞快速分裂和诱导长芽的地方，因此转化细胞成苗率较高。

真空渗入法是将适宜转化的健壮植株倒置浸于装有携带外源目的基因的农杆菌渗入培养基的容器中，经真空处理后对植物造成一些损伤，可以使农杆菌通过伤口感染植株，在农杆菌的介导下，发生遗传转化。组织器官感染法的操作简单易于掌握，并且从植物组织和器官再生成植株周期短，再生植株组织突变率较低。

2. 植物原生质体感染

原生质体具有遗传上的一致性与稳定性，因此也被称为“第二种子”。原生质体内部与外界环境之间仅隔一层薄薄的细胞膜，易于接受各种外来遗传物质，所以就成为使用最早和应用最广泛的受体系统。

酶解法是获得原生质体的一种常用技术。植物细胞壁主要由纤维素、半纤维素和果胶质组成，使用纤维素酶、半纤维素酶和果胶酶能降解细胞壁成分而得到原生质体。

对于原生质体的侵染，可以直接将含有目的质粒的根癌农杆菌与原生质体共培养，使农杆菌将目的基因转入原生质体，而后培养原生质体使其成为完整植株，也可以通过溶菌酶预先去除含有目的质粒的农杆菌的细胞壁，使其也变成为原生质球，然后与植物原生质体进行融合，从而实现外源 DNA 的导入过程。

（三）Ti 质粒和 Ri 质粒介导转基因的比较

对于常用的转基因载体，主要是 Ti 质粒和 Ri 质粒，两者除了对植物诱导的表型差异外，在基因结构、转化途径以及载体构建中都存在极大相似性。目前，Ti 质粒载体的应用相对比较广泛，但是 Ri 载体系统也逐渐显露出其特有的一些优势。

首先，Ri 载体系统的发根性基本保持了再生植株的能力，经离体培养后，一般都可再生完整的植株。此外，发状根拥有亲本植株的特征次级代谢途径和遗传稳定性，几乎无培养的退化问题，这对于植物生物工程的研究与应用有重要意义，比如通过发状根培养生产只有在高度的根趋向分化细胞中才能产生的有用次生代谢物质等。其次，改造后的 Ri 质粒诱导的发状根生长迅速且培养时不需要添加外源激素。

但是 Ri 质粒载体系统也还存在一些问题，主要是转化后植株常表现根的向地性减弱、叶片皱缩、节间缩短和可育性降低等异常，但随着转基因技术的成熟，相信这些问题都会迎刃而解。

（四）农杆菌介导法的优势

农杆菌介导法因为拥有很多优势而被广泛应用，表现为：

① 转移的 DNA 有明确的边界（T - DNA 左右边界），可转移较大的 DNA 片段；

② 应用的植物物种范围广；

③ 其基因插入的低拷贝性有利于克服转基因失活现象；

④ 转化频率高，使用费用低，易于推广。

农杆菌介导法比其他转基因方法优势明显，可以克服花粉管通道的随机性和群体大、检测难等缺点，又比基因枪转化频率高、使用费用低、操作性强。因此，这些优点使它成为目前植物转基因的首选方法。

第四节　病毒载体介导的基因转化

自然界中病毒对细胞的感染过程与农杆菌 Ti 质粒类似。病毒侵染寄主后将其 DNA 导入寄主细胞并在其中进行复制和表达，因此也可以作为一种基因转化的载体。目前，以病毒作为载体开发出的转化系统已经在微生物和哺乳动物的转基因工程中得到了成功的应用。例如，利用逆转录病毒曾成功地获得了转基因鸡、牛等动物。植物病毒广泛存在，能感染所有的组织，与农杆菌 Ti 质粒载体相比，植物病毒表达载体系统具有许多优点，主要表现在：

① 病毒在寄主细胞内可多轮复制，使外源基因高水平表达；

② 病毒增殖速度快，外源基因在短时间（通常在接种后 1 ~ 2 周内）可达最大量的积累；

③ 病毒基因组小，易于进行基因重组操作，大多数植物病毒可以通过机械接种感染

植物，适合大规模商业操作；

④ 病毒载体能侵染包括单子叶植物在内的多种农杆菌难以或不能侵染的植物，扩大了转基因的适用范围；

⑤ 病毒颗粒易于纯化，可显著降低下游生产成本。

因此，病毒作为载体转化植物细胞正逐渐受到人们的重视。植物病毒作为表达载体一般不能把外源基因整合到植物细胞基因组中，因此常用于构建瞬时表达系统，主要用于外源基因的瞬时大量表达（如通过植物反应器生产具有活性的蛋白质或疫苗）和用于病毒诱导的基因沉默（virus - induced gene silencing，VIGS）。基因沉默是指携带植物功能基因 cDNA 的病毒侵染植物体后，能诱导植物发生基因沉默而出现表型突变，进而研究该基因的功能（图 7 - 8）。与以往利用 T - DNA 与转座子突变等基因敲除方法相比，VIGS 技术具

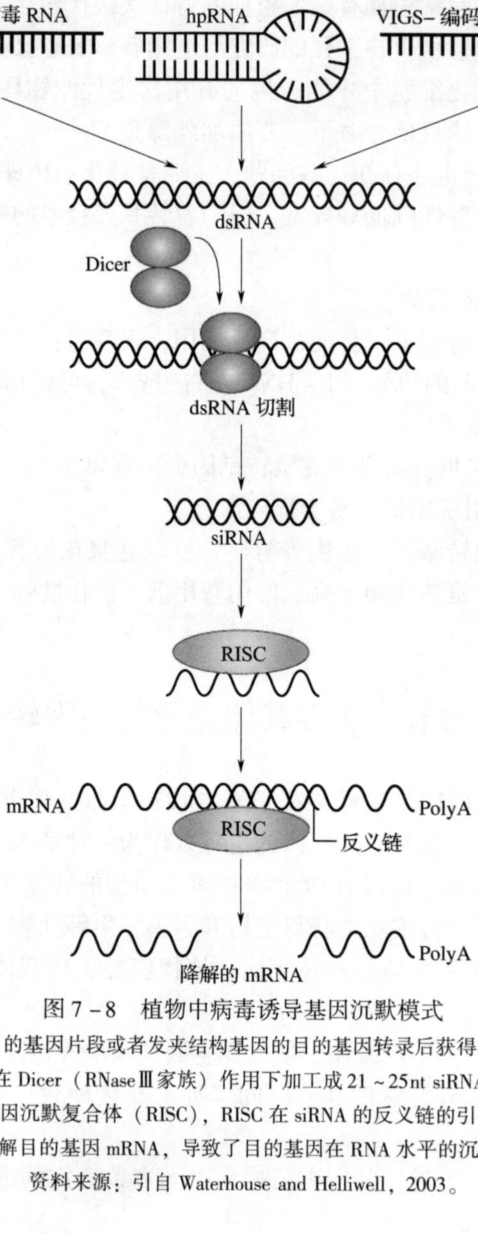

图 7 - 8　植物中病毒诱导基因沉默模式

注：基因沉默中的目的基因片段或者发夹结构基因的目的基因转录后获得双链 RNA（dSRNA），dSRNA 在 Dicer（RNaseⅢ家族）作用下加工成 21 ~ 25nt siRNA，siRNA 形成诱导基因沉默复合体（RISC），RISC 在 siRNA 的反义链的引导下特异性。降解目的基因 mRNA，导致了目的基因在 RNA 水平的沉默。

资料来源：引自 Waterhouse and Helliwell，2003。

有操作简单、周期短、高通量等优点，适合在同一时间鉴定多个基因的功能。植物中大多数营养成分和活性物质的代谢都是多基因调控，利用基因沉默技术筛选和鉴定代谢途径中参与调控的关键基因可以大大降低工作量，为利用基因工程进行食品品质改良和构建植物反应器等工作奠定基础。

目前，用于基因转化的植物病毒载体有三类：单链 RNA 病毒、单链 DNA 病毒和双链 DNA 病毒。现将其中常见的几种植物病毒载体做详细介绍。

一、常见植物病毒载体

（一）单链 RNA 病毒载体

单链 RNA 植物病毒载体系统是以单链 RNA 为模板经反转录酶作用合成双链的 cDNA，将其克隆到质粒或黏粒载体上，把外源基因插入到病毒的 cDNA 部分，通过体外转录，将带有外源基因的病毒 DNA 感染并进入植物寄主细胞。目前使用较多的 RNA 病毒有烟草脆裂病毒（tobacco rattle virus，TRV）、雀麦花叶病毒（brome mosaic virus，BMV）和烟草花叶病毒（tobacco mosaic virus，TMV）。

1. 烟草脆裂病毒

植物单链 RNA 病毒家族中最早发展成表达载体的是烟草脆裂病毒。

烟草脆裂病毒表达载体具有快速、高通量、高效率克隆、不需要靶基因的全部编码序列、短期内可将大量目的基因插入载体和不需要限制酶等优点，被广泛应用于构建基因沉默表达系统。

烟草脆裂病毒是一种二分子线型正链 RNA，呈直杆状，由两种粒体组成。在不同的分离物中 RNA1 的大小和基因是紧密保守的，而 RNA2 的大小和基因则有所变化。根据这一特点，Ratcliff F 等以烟草脆裂病毒的 RNA1 与 RNA2 cDNA（分别命名为 pBINTRA6 与 pTV00）为载体构建了一种双元基因沉默表达系统。

为了增强 pBINTRA6 在大肠杆菌中的稳定性，还在该载体的 RNA 聚合酶（RdRp）中插入了拟南芥 Col－0（一种表现为抗病反应的生态型）硝酸还原酶 *NIA1* 基因。pTV00 中的 RNA2 基因组序列仅保留 5′和 3′非编码序列及病毒外壳蛋白（Coat Protein，CP）编码基因，切去了 29.4ku 及 32.8ku 蛋白质的编码基因，并加入一段可用来插入目标基因序列的多克隆位点（Multiple Cloning Sites，MCS），参见图 7－9。这两个载体被分别导入不同的农杆菌中，在侵染时混合，通过注射、划伤等手段侵染拟南芥的叶片。当病毒基因组 cDNA 导入植物并表达后，病毒即被激活，诱发 RNA 介导的防卫机制（RNA－mediated defence，RMD），同时也会诱发与插入到 pTV00 MCS 片段同源的内源基因的表达沉默。

Liu 等采用该系统将番茄中参与乙烯信号转导的 *CTR1* 和 *CTR2* 基因沉默，使乙烯响应基因的表达上调。Fu 等也成功地沉默了番茄果实中与乙烯响应和果实成熟相关的几个基因，如 *LeCTR1*、*LeEIL* 和 *LeEIN2*。这对于阐明果实成熟衰老的机制，从而进一步培育耐贮藏番茄品种具有重要的理论意义。

2. 雀麦花叶病毒

雀麦花叶病毒是 RNA 病毒中研究比较详细的一种小型多组分病毒，也是最先实现 RNA 反转录成 cDNA 的植物病毒。雀麦花叶病毒含有 3 种彼此分离的病毒基因组 RNA

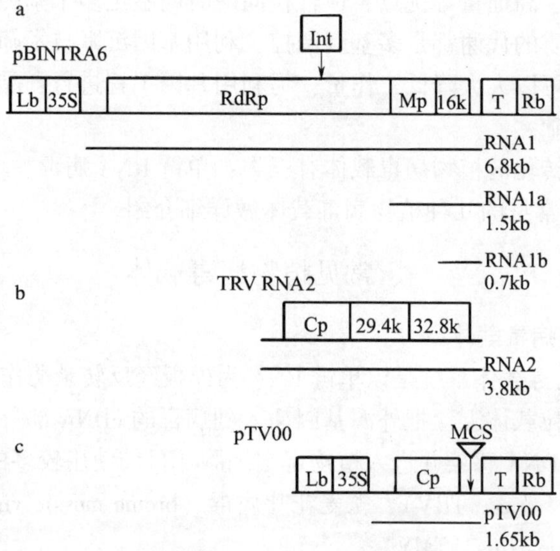

图 7-9　烟草脆裂病毒（TRV）表达载体构建示意图

a—包含 TRV RNA1 cDNA 克隆的植物双元表达载体 pBINTRA6　b—野生型 TRV RNA2 的基因组结构　c—包含来自 TRV RNA2 cDNA 克隆的植物双元表达载体 pTV00。

注：cDNA 克隆的位置在 T-DNA 的左臂（Lb）和右臂（Rb）之间，并且处于 CaMV 35S 启动子和转录终止子（T）之间。TRV 的阅读框架与 RNA 依赖的 RNA 聚合酶（RaRp）、Mp 蛋白、16ku 蛋白，Cp 蛋白、29.4ku 和 32.8ku 蛋白阅读框架一致。

资料来源：Ratcliff F 等，2001。

（RNA1、RNA2 和 RNA3），并各自被包装成独立的病毒颗粒。RNA1 和 RNA2 编码的非结构蛋白与病毒的复制无关，而 RNA3 在感染期间会衍生出一种亚基因组 RNA（RNA4）编码病毒的外壳蛋白。外壳蛋白基因不是病毒 RNA 复制与感染所必需，因而可通过重组技术将外源基因插入到病毒的 RNA3 内。

French 等根据这一原理将 RNA3 缺失掉 0.5kb 的 *CP* 基因并引入 *Sal* I 酶切位点后构建成载体 pBD3。在 pBD3 中插入氯霉素乙酰转移酶（Chloramphenicol acetyltransferase，CAT）基因，然后将其与 RNA1 和 RNA2 混合侵染培养大麦原生质体，20h 之后检测发现培养物中产生的 CAT 活性非常高，比用 Ti 质粒中胭脂碱合成酶基因启动子所表达的 CAT 活性高 5~20倍。这一结果表明，利用 BMV 载体在植物中大量表达异源蛋白具有较大的开发潜力。

此外，雀麦花叶病毒还可以用来构建基因沉默表达系统。在现有的基因沉默表达载体中，大多数载体都被用于双子叶植物的转化（例如烟草脆裂病毒），适合单子叶植物转化的非常少，有报道的只有大麦条斑病毒（barley stripe mosaic virus，BSMV）。Ding 等采用雀麦花叶病毒开发出了一套新的基因沉默表达系统并成功地用于转化大麦、水稻和玉米。这一研究成果对于高通量研究禾谷类粮食作物的基因功能提供了有力的工具，也为禾谷类粮食作物的品质改良基因工程奠定了基础。

3. 烟草花叶病毒

烟草花叶病毒的基因组是一种单链互补的 RNA，至少编码 4 种多肽，其中 130ku

和 180ku 这两种蛋白质是从基因组 RNA 的同一个起始密码子直接转译而成的，而另外两种蛋白质（30ku 蛋白质和 CP 蛋白质）则是由加工的亚基因组 RNA 转译产生。130ku 和 180ku 这两种病毒蛋白质的功能是参与病毒的复制，而 30ku 这种蛋白质则是与病毒从一个细胞转移到另一个细胞的运动有关。因此，CP 蛋白质被认为是导入和表达外源基因的理想位点。

烟草花叶病毒最早被用于构建抗原展示载体。近年来烟草花叶病毒表达载体多用于植物中生产可食疫苗，如艾滋病毒抗原蛋白（HIV - Igp120）和疟疾抗原蛋白等。最近，Marillonnet 等删除了烟草花叶病毒中不能被 RNA 加工机构正确识别的特征序列，同时在病毒移动蛋白（movement protein，MP）区段增加部分内含子，大大提高了侵染效率，使绿色荧光蛋白基因（*gfp*）在豌豆、黄瓜等 7 种作物中得到了高效表达。其中，*gfp* 基因在植物细胞个体中的表达百分率从 1.6% 提高到了 53%，这一技术被命名为“Magnifection”，有望成为大规模利用植物生产重组蛋白的新型外源基因转化平台。其载体构建原理见图7 - 10，Magnifection 技术流程见图 7 - 11。

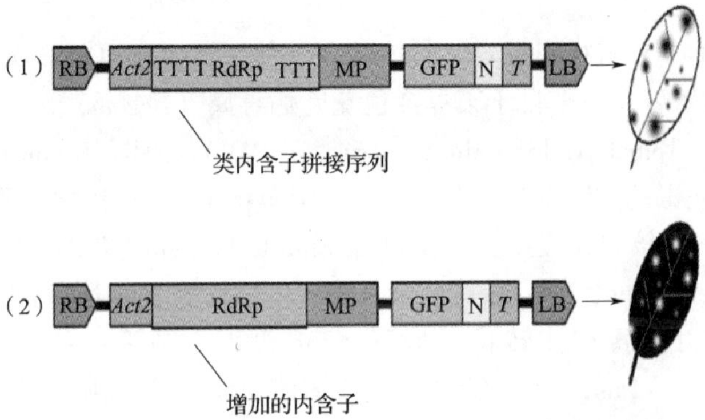

图 7 - 10　烟草花叶病毒（TMV）农杆菌侵染载体改进示意图

（1）未改进的载体侵染植物叶片产生少量 GFP 蛋白荧光　（2）改进的载体侵染植物叶片产生大量 GFP 蛋白荧光

RB—TDNA 右侧序列　*Act2*—拟南芥 Act2 启动子　RdRp—复制酶基因区段　MP—TMV 移动蛋白

GFP—绿色荧光蛋白　N—TMV 3′ - 端 UTR　*T*—Nos 终上子　LB—FDNA 左侧序列

黑色：绿色荧光；白色：植物叶片颜色

资料来源：引自杨正安等，2007。

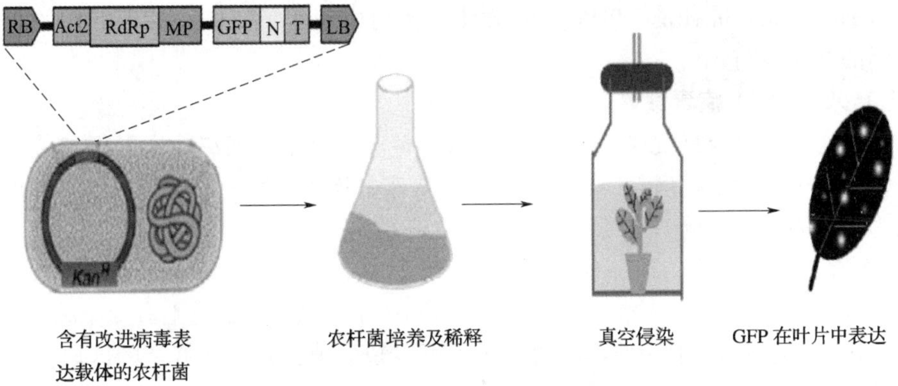

图 7 - 11　Magnifection 技术流程

资料来源：杨正安等，2007。

利用植物生产可食疫苗具有微生物和动物系统所不具有的优点：可以使用简单的方法纯化或者直接食用；不需要昂贵的发酵底物；不涉及公众关心的转基因动物伦理问题；适合大规模生产，生产成本相对较低等。另外，由于植物细胞壁的保护作用，可以大大降低疫苗在肠胃中的损耗，这是其他生物反应器所不具备的。可见，在食品基因工程领域，利用烟草花叶病毒等病毒载体在植物中生产具有生物活性的肽类将是今后研究的一个热点。

（二）单链 DNA 病毒载体

单链 DNA 植物病毒最常见的是双生病毒（gemini viruses，GeNV），也称做双子病毒或双联体病毒。双生病毒的基因组比较小，一般存在两个约 2.6kb 的环状单链 DNA，这种二连基因组可以把外源基因插入其中一种 DNA 上而不影响另一种 DNA 基因组的复制。双生病毒具有广泛的寄主范围，对单子叶及双子叶植物都有感染性，因此是一种很有潜力的植物病毒载体，现常用于基因沉默方面的研究。与 RNA 病毒载体相比，双生病毒载体不通过 RNA 介导，即使载体的转录被沉默了，复制子仍然可以继续繁殖和移动，这使得该类载体更加稳定。此外，双生病毒载体不需要利用农杆菌就可以直接接种侵染，扩大了应用范围。

目前已报道的 GeNV 植物病毒表达载体共有 5 种（TGMV、CaLCuV、ACMV、TYLCCNV DNA -β 和 PHYVV），均来自于菜豆金色花叶病毒属（*Begomovirus*），其中最常用的是番茄金色花叶病毒（Tomato Golden Mosaic virus，TGMV）载体。Kjemtrup 等将外源基因置换了番茄金色花叶病毒的 *CP* 基因，构建了第一个单链 DNA 植物病毒载体。Peele 等将多克隆位点放置于 MP 与核间穿梭蛋白（Nuclear Shuttle Protein，NSP）下游的小基因间隔区中（Small Intergenic Region，SIR），构建成 TGMVB 植物病毒表达载体。利用基因枪已成功地将番茄金色花叶病毒载体转化了烟草。Tao 等以中国番茄黄化曲叶病毒（Tomato Yellow Leaf Curl China Virus，TYLCCNV）的伴随体 DNA β 为基础，构建了一种不产生病毒侵染症状的 GeNV 植物病毒表达载体，能够沉默植物生长点的基因，并且可以同时下调多个基因的表达，这为高通量研究基因组功能提供了可能。植物次生代谢产物是非常复杂多样的化合物类群，其中包含了大量与食品品质和营养相关的代谢成分。

基因沉默系统的出现对快速筛选和验证植物次生代谢途径中大量调控基因的功能提供了可能。例如 Fofana 等使用非洲木薯花叶病毒（African cassava mosaic virus，ACMV）研究了木薯中与糖苷合成相关的基因；Carrillo - Tripp J 等利用辣椒瓦斯特科黄脉病毒（Pepper huasteco yellow vein virus，PHYVV）载体，成功地证实了辣椒中辣椒红素的合成需要三个基因的共同参与。

（三）双链 DNA 病毒载体

在植物病毒中至今只发现了两组双链 DNA 病毒，即花椰菜花叶病毒组和黄瓜黄脉病毒组。每一组中包含多种病毒，分别感染范围较窄的寄主植物。其中花椰菜花叶病毒是研究得最为详尽的一种双链 DNA 病毒。

CaMV 是一种由昆虫传播、专门侵染花椰菜和其他十字花科植物的病毒。CaMV 有一个环状双链 DNA 基因组，大小为 8kb，其中包括 3 个单缺口（α 链上有 1 个缺口，β 链上有 2 个缺口）。基因组上有一些不必要的区段可以缺失掉，并且在特定的区段插入一定长度的外源基因，不会影响 CaMV DNA 在植物中的表达。

CaMV 作为载体的研究还处于初级阶段，同时发现 CaMV 具有以下局限性：① 寄主范围狭窄，仅限于十字花科植物；② 它的感染会使寄主感病，导致减产；③ 病毒 DNA 无法整合到寄主染色体上，这使得目的基因不可能通过有性过程稳定地遗传给后代；④ 所容纳的外源 DNA 长度有限。

CaMV 有一个非同一般的启动子，称为 CaMV35S 启动子。1985 年，Nagy 用 35S 启动子进行植物的转化实验，通过分析转基因植物和转基因愈伤组织发现，在叶、茎、根和花瓣中测到 RNA 表达浓度相等。另有人发现，35S 启动子不受光调控，因此 35S 启动子可以作为非特异性表达的组成型启动子（constitutive promoter）。另外，35S 启动子有许多复合顺序元件（multiple sequence elements），每一复合顺序元件对不同的细胞类型有不同的特异性。

双链 DNA 植物病毒载体系统是通过切除基因组中对病毒繁殖非必需的一段核苷酸序列后换上一段外源 DNA，在不影响病毒基因组正常包装的情况下感染植物细胞以获得转基因植物。研究发现，花椰菜花叶病毒环状分子上有 6 ~ 8 个阅读框（ORF），均存在于病毒 DNA 的正链上。

20 世纪 80 年代初，人们将细菌中的二氢叶酸还原酶（DHFR）基因替换了花椰菜花叶病毒的 *Orf II* 基因后侵染植物可以获得稳定的表达。此后，Hohn 将干扰素基因（*ifn - a - D*）也插入到该位置获得了稳定的重组载体，转化到植物细胞之后可得到有活力的干扰素表达，然而这一系统并没有被大规模应用。尽管花椰菜花叶病毒载体可以用于植物的转化，但其寄主范围较窄，且允许插入的片段较小，这都限制了其在植物转化上的应用。

二、植物病毒载体存在的问题

尽管多种植物病毒已被尝试用于构建外源基因的表达载体，但成功构建并广泛应用的载体并不多。无论是早期类似野生型病毒的“全病毒（full virus）”载体，还是近年来开发的“重建病毒（deconstructed virus）”载体，都不可避免地存在以下几个问题。

1. 稳定性问题

植物病毒载体的致命缺点是稳定性较差，这是因为病毒基因的重组而导致丢失外源基因。这一现象在烟草花叶病毒载体中表现得尤为严重。此外，病毒蛋白质二级结构的变化也会影响载体的稳定性。

2. 外源基因大小限制问题

植物病毒载体所能承载的外源基因大小受被置换基因大小的限制，不同病毒载体的承载能力存在一定的差异，如果外源基因过大则可能导致表达困难或不能侵染寄主。已知属于单链 RNA 病毒的马铃薯 X 病毒（potato virus X，PVX）载体曾成功表达过 1. 5kb 的 *GUS* 基因，而烟草花叶病毒等病毒载体只能表达不超过 25 个氨基酸的小肽。

3. 安全性问题

病毒是植物重要的病原物，大部分病毒具有较广的寄主范围，尽管通过重组技术改造后的病毒载体已被修饰，不会引起严重症状或被介体传播，但释放修饰和未修饰的病毒载体仍需要严格管理，或保证不引起病毒病的流行。此外，已有研究表明，少数病毒载体可在转病毒基因植物中发生重组，这也提出了新的安全性问题。

虽然植物病毒载体面临着如上问题，但因其具有其他载体无法比拟的优点，不仅被越来越广泛地应用于植物基因组功能等基础研究，也被用于生产有用的工业和医用蛋白或疫苗。随着病毒载体构建策略的不断完善，将会开发出更多种类的病毒载体，为我们利用基因工程改善食品营养品质、风味品质、耐藏品质和改善加工特性等方面的基础性研究提供了有力的工具，也为在植物体中大量生产可食性功能肽提供了可能。

第五节 DNA 直接导入的基因转化

农杆菌介导的基因转化受环境和转化对象的影响很大，对玉米、小麦等一些重要的禾谷类单子叶植物难以转化，一些双子叶的豆科作物的组织培养技术仍有困难。这就迫使人们寻找其他的基因转化途径。DNA 直接导入的基因转化法不依赖农杆菌载体和其他生物媒体，而是将经特殊处理的裸露 DNA 直接导入植物细胞实现基因转化的技术。这些方法与农杆菌载体法相比，虽然转化率低，但是具有操作简单、宿主限制小等优点，为那些不易通过农杆菌介导转化的植物提供了外源基因导入的有效途径。

根据原理，DNA 直接导入的基因转化可以分为化学法和物理法两类。化学法是以原生质体为受体，借助特定的化学物质诱导 DNA 直接导入植物细胞的方法，主要包括聚乙二醇（polyethylene glycol，PEG）法和脂质体（liposome）法。物理法是基于许多物理因素对细胞膜的影响，通过机械损伤直接将外源 DNA 导入细胞、原生质体、组织或器官，主要包括微弹轰击法（microprojectile bombardment）、电激法（electroporation）、激光微束法（laser microbeam）、显微注射法（microinjection）、超声波处理法（sonication）、碳化硅纤维法（silicon carbide - mediated transformation，SCMT）等。以上这些方法在植物转化过程中各有其优缺点，需要根据受体植物的种类等实际情况选择。

一、聚乙二醇介导的基因转化

聚乙二醇是一种细胞融合剂，其分子质量为 1.5 ~ 6ku，溶于水，pH4.6 ~ 6.8，因多聚程度不同而异。它可以使细胞膜之间或使 DNA 与膜形成分子桥，促使相互间的接触和黏连，具有细胞黏合作用。此外，还可能通过引起膜表面电荷的紊乱，干扰细胞间的识别，从而有利于细胞膜间的融合和细胞膜通透性的改变。并且聚乙二醇在与二价阳离子的共同作用下，外源 DNA 形成沉淀，这种沉淀形式的 DNA 能被植物原生质体主动吸收，从而使外源 DNA 进入受体细胞。该方法已经成功地将一些报告基因，如 *GUS* 和荧光素酶（luciferase，luc）基因转化入植物并获得了转基因植株。Baur 等通过引入植物信号肽开发了一套新的聚乙二醇介导的瞬时表达系统，将人血管内皮生长因子 121（hVEGF）导入小立碗藓（*Physcomitrella patens*）原生质体，实现了目的蛋白质在培养基中的分泌表达。

聚乙二醇法无需昂贵的基因转化仪器，并可避免嵌合转化体的产生，有操作简单、成本低和易于选择转化体等优点，对于已经建立了原生质再生系统的植物都可以采用。但聚乙二醇对原生质体的活力有损害作用，会导致转化率降低。此外，由于很多植物还未建立起原生质再生体系，聚乙二醇法的应用范围受到了限制。近年来，人们通过对聚乙二醇转化体系成分和操作步骤的优化以及热激等辅助措施的采用，在一定程度上提高了聚乙二醇法的转化效率。

二、脂质体介导的基因转化

脂质体是根据生物膜的结构和功能特性，人工用脂类化合物合成的双层膜囊。脂质体介导的基因转化是用脂质体包裹外源 DNA 分子或 RNA 分子形成球体，通过原生质体的吞噬或融合作用把内含的 DNA 分子或 RNA 分子转入受体细胞，以实现遗传转化的目的。该方法包含脂质体融合法（liposome fusion）和脂质体注射法（liposome injection）两种具体的操作方法。

（一）脂质体融合法

脂质体融合法即先将脂质体与原生质体共培养，使脂质体与原生质体膜融合，再通过细胞的内吞作用把脂质体内的外源 DNA 或 RNA 分子转化到植物原生质体内（图 7－12）。

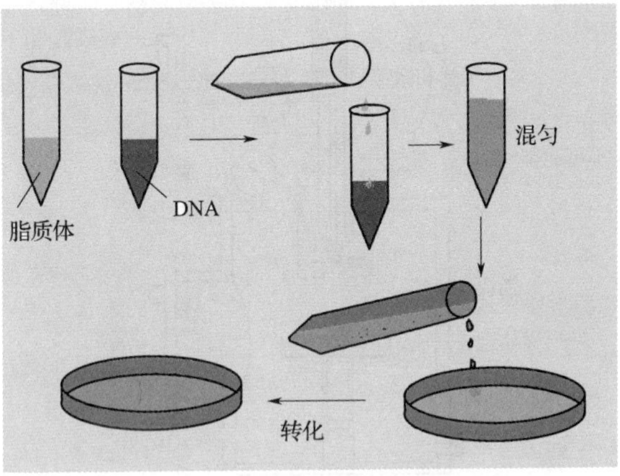

图 7－12　脂质体融合法

（二）脂质体注射法

脂质体注射法是通过显微注射把含有遗传物质的脂质体注射到植物细胞以获得转化。脂质体的制备主要有 Ca^{2+}－EDTA 螯合法（Ca^{2+}－EDTA cochelate）和反相蒸发法（reverse－phase evaporation）两种。目前已有商品化的脂质体即转化脂（lipofectia）出售，极大地方便了脂质体在植物遗传转化上的应用。

尽管脂质体介导的基因转化法具有保护 DNA 在进入细胞前免受核酸酶降解、对细胞毒性低、稳定性好、成本低廉和不需要专用设备等优点，但与常规的基因转化方法相比还仅仅局限于实验室中使用，且转化效率较低。采用该方法成功将外源基因整合到基因组中的报道目前仅限于烟草和小麦。

三、微弹轰击介导的基因转化

微弹轰击法也称基因枪法（gene gun，particle gun，biolistics，biological ballistics，microprojectile），是将 DNA 吸附在微型子弹（1μm）的表面通过放电或机械加速等技术使子弹射入完整的细胞或组织内，并随机整合到植物基因组中的方法。

具体操作过程：先将外源 DNA 溶液与钨（tungsten）、金等金属微粒（直径 0.5～5μm）共同保温，使 DNA 吸附于金属颗粒表面，然后放电加速金属颗粒，使之以 400m/s 的速度直接喷射受体细胞，外源遗传物质随金属颗粒进入细胞内部（图 7－13）。

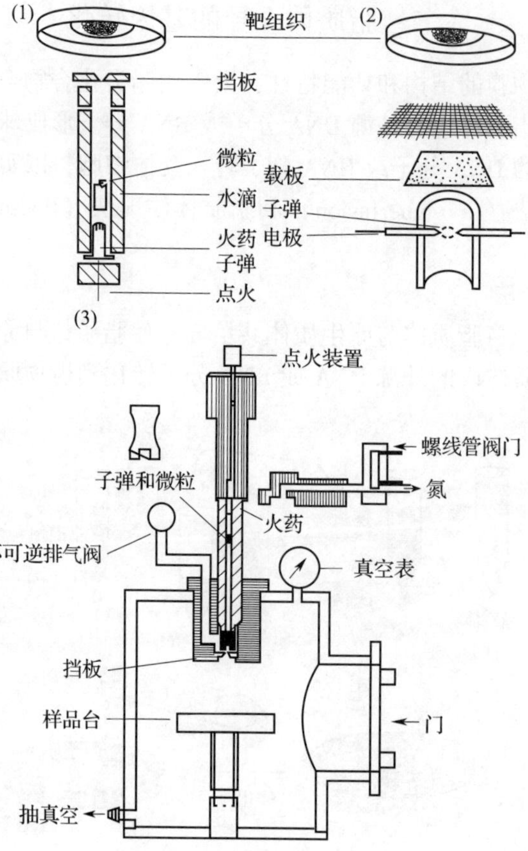

图 7－13　基因枪法原理

（1）火药爆炸为加速动力　（2）高压气体为加速动力　（3）高压放电为加速动力

资料来源：王关林等，1998。

根据动力来源不同，基因枪大体可分为火药式（gunpowder）、放电式（electric discharge）和气动式（pneumatic）三种类型。

火药式基因枪的粒子速度由火药的数量及速度调节器控制，无法无级调速，可控度较低。

放电式基因枪利用电加速器，通过高压放电将钨或金粉射入受体细胞。它通过调节放电电压来控制粒子的速度和入射深度，能做到无级调速，准确控制包被目的基因的钨或金粉粒子到达能够再生的细胞层。研究表明，高压放电及高压气体轰击的转化率均高于火药引爆法。

气动式基因枪的动力系统由氦气、氮气或二氧化碳等驱动。一种方法是把载有目的基因的钨或金粉悬滴置于一张金属筛网上，利用高压气体的冲击，射入受体细胞。另一种方法是将钨或金粉和外源基因混合后雾化，再用高压气体驱动射入受体细胞，这种系统的靶范围可精确控制到 0. 15mm 左右，适于组织及胚胎的转化。

此外，还开发了以化学推进剂为动力（弹药枪）的新型基因枪，特点是能转化有细胞壁的植物细胞，并能直接向细胞器中输入 DNA，或用来转化花粉以避开组织培养的操作。

与其他遗传转化法相比，微弹轰击法没有物种限制，对单双子叶植物、动物和微生物都适用，而且可以同时导入几个含不同外源基因的质粒。

Hadi 等报道曾一次轰击将 12 种不同的质粒转入大豆愈伤组织细胞的基因组。Chen 等报道将 14 个基因分别构建在不同载体上用基因枪导入到水稻植株中，在 R0 代转基因植株中有 17% 含有 9～13 个外源基因。由于该项技术的日臻完善与成熟，应用该技术对农作物进行外源基因导入的研究与应用也日趋商业化。目前，利用该方法已成功获得玉米、烟草、大豆、小麦、水稻、大麦、衣藻、木瓜等的转化植株。

基因枪法也存在一些不足，即插入的 DNA 拷贝数有时多于 1 个，影响基因的表达水平，如果拷贝过多可引起基因沉默、质粒过大、转化效率降低、外源 DNA 整合机制不清楚和得到的转化体往往是嵌合体等缺点。此外，基因枪和“子弹”的价格仍相当昂贵，这也限制了该方法的普及应用。

四、电激介导的基因转化

电激法也称为电转化法（electro - transformation）或高压电穿孔法（high - voltage electroporation），即在受体细胞上施加短暂、高压的电流脉冲，使质膜形成纳米大小的微孔，DNA 能直接通过这些微孔，或者作为微孔闭合时所伴随发生的膜组分重新分布而进入细胞质中，进而整合到受体细胞的基因组中。

电激法在植物生物工程中有着广泛的应用，这种方法不仅能够将 DNA、RNA，还能将抗体、酶及其他生物活性分子导入植物细胞，建立起转化植株。用这种方法已成功地转化了玉米、水稻、烟草等高等植物。此外，该方法还可以用于细菌和酵母的转化。通过将特定的外源基因转化到细菌和酵母，并利用发酵的方式，目前已经成功地生产了凝乳酶、葡萄糖异构酶、淀粉酶等酶制剂以及番茄红素、β - 胡萝卜素等次生代谢产物。

电激法与聚乙二醇法相比可以不制备原生质体，操作更简便快速，且转化效率较高，特别适合瞬时表达的研究。但由于原生质体培养麻烦，电穿孔过程中容易造成原生质体受损、再生率降低等缺陷，从而限制了其在植物基因转化中的应用范围。

五、激光微束介导的基因转化

激光是由激光发射器发出的一种与自然光不同的辐射光，与普通光相比，具有能量高度集中、颜色单一、方向性好、定向性强、亮度高等特性。由于激光是一种相干性很强的单色射线，一定波长的激光经显微聚焦可以形成直径为 1μm 左右的微米级光束，用这种激光束对生物靶体，如对受体植物的细胞壁和花粉粒进行穿刺，能引起细胞膜的可逆性穿孔。激光微束法［也称显微激光法（microlaser inducing）］正是利用这一原理将外源 DNA 导入受体细胞。

Weber 等最先用激光微束法将荧光素酶基因导入离体油菜的叶绿体中，此后他们又进一步证实激光微束可定向地穿透细胞壁和质膜，将外源基因导入细胞及细胞器中。这表明激光微束不仅可以实现细胞的外源 DNA 导入，而且还能定点地穿刺一个目的细胞器进行操作，这一点是其他方法不能比拟的。

采用激光微束法，我国在小麦、水稻、棉花、大豆、油菜、蚕豆、番品、黄瓜、马铃薯、牧草、中药材、蚕桑等 20 多种农作物上共选育成功并大面推广的新品种就有 100 多个，育成品种的数量与推广种植面积均居国际领先地位。目前，通过优化激光设备的设置，一个小时内最大可转化约六十万个细胞。

激光微束介导的基因转化法除具有其他物理转化法操作简单、适应性广的特点外，还具有转化细胞器的优势。但由于仪器昂贵，且还没有搞清外源基因整合的机制等因素，限制了该方法的普及应用。

六、显微注射介导的基因转化

显微注射（microinjection）是通过显微操作仪，采用显微注射针把外源基因注射入受体细胞质或细胞核中并获得转化的技术（图7－14）。目前，显微注射法的理论和技术都比较成熟，在动物细胞或卵细胞的基因转化、核移植及细胞器的移植方面应用较多。

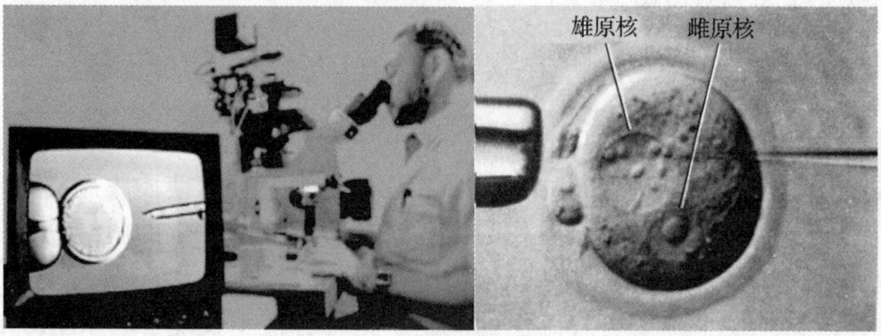

图7－14　显微注射法

与动物细胞不同，植物细胞在显微注射中必须人工固定受体细胞，目前主要有3种固定方法：

一是琼脂糖包埋法，即把低熔点的琼脂糖熔化，冷却到一定温度后将制备的细胞悬浮液混合于琼脂糖中，并使细胞体的一半埋在琼脂糖中固定，一半暴露在琼脂糖的表面以便于进行显微注射。

二是多聚－L－赖氨酸黏连法，即先用多聚－L－赖氨酸处理玻片表面，由于多聚－L－赖氨酸对细胞有黏连作用，因此当分离的细胞或原生质体与玻片接触时，就可被固定在玻片上。

三是吸管支持法，即用一固定的毛细管将原生质体或细胞吸附在管口，起到固定作用，并且吸管可以旋转或移动位置，以便于操作者选择最佳位置进行注射。

可见，显微注射法对操作人员的熟练程度要求是非常高的。另外，植物细胞壁都比较厚，玻璃微注射针难以穿刺。利用原生质体理论上可以解决这一问题，但导入过程中容易引起液胞中的水解酶和其他有害成分进入细胞质后引起原生质体的死亡。尽管在注射前可以将液胞去除而不影响原生质体的活力，但丢失液胞后的原生质体分化和再生能力将大大降低。此外，显微注射法每次只能操作一个细胞，且显微操作仪的价格较高，因此在植物转化中的应用并不多。

目前使用该方法获得的转基因植物仅限于烟草、矮牵牛、油菜和大麦，但值得注意的是，显微注射法不仅能导入外源DNA，而且还能将整个染色体导入植物细胞，因此，该方法是一种研究细胞功能和质体生理特性的有力工具。

七、超声波介导的基因转化

超声波介导的基因转化是利用超声波在溶液中形成的空化作用产生的局部高温、高压和较大的切应力，使空泡周围细胞的细胞壁和质膜出现可逆性的孔洞或质膜透性改变，从而使外源 DNA 进入细胞。

许宁等首次用此技术实现了植物基因转移。贾士等采用该方法转化烟草实现了 *GUS* 瞬时表达频率 80% 以上，获得的转基因植株转化率 22.3% 。王国英等通过超声波处理，成功将 *Bt* 基因导入玉米未成熟的胚和胚性愈伤组织。

目前对超声波处理法的转化机制仍不清楚，且超声波的声强和作用时间对转化频率影响较大。叶霞等用超声波处理法将菜豆铁蛋白基因转入“嘎拉”苹果获得了 6 个阳性株系，但 Southern blotting 却显示外源基因仅在 2 个株系的基因组中，同时 RT－PCR 也没有检测到该基因的转录，而同样质粒采用农杆菌转化得到的转基因苹果中可以检测到铁蛋白基因的转录。这可能是由于载体 DNA 分子在超声波处理的过程中断裂，从而引起外源基因的不完整插入，但基因沉默的机制仍需要进一步的研究。总之，该方法目前还处于探索和发展阶段，尚不能很好地用于植物转化。

八、碳化硅纤维介导的基因转化

碳化硅纤维介导的基因转化法是将直径 0.6μm、长度为 10～80μm 的碳化硅纤维与包含植物组织（细胞、未成熟的胚或愈伤组织）和质粒 DNA 的悬浮液混合，借助涡旋振荡引起的相互碰撞，利用纤维对细胞的穿刺作用将附着于纤维上的 DNA 导入细胞，实现植物细胞的转化。

Kaeppler 等将携带 *bar* 和 *uidA* 基因的质粒和 300mL 不抗寒玉米（*Zea mays* L. cv. Black Mexican Sweet）的细胞悬浮液混合，转化后获得了大约 3.4% 的双基因共转化的细胞系。这表明基因整合到基因组中的细胞转化概率大约为百万分之一，与以前使用微弹轰击法所得到的转化率相比是相当低的。这可能与碳化硅纤维在涡旋震荡过程中会对细胞的活性产生破坏有关。Frame 等也发现，在来自 22 个独立细胞系的 311 株转基因植物中只有 8 株被证明可以稳定遗传，与基因枪法相比转化率显著低了 5～6 倍。

以上这些研究都表明该方法的转化效率不高，容易损伤细胞导致再生能力降低。此外，在操作中还必须严格按照操作规程，防止吸入纤维而引起疾病。尽管碳化硅纤维介导的基因转化在玉米、水稻、小麦、烟草、黑麦草等植物上实验成功，但在实际应用中，一般只有当农杆菌介导或基因枪等方法难以实现转化时才使用该方法。

思考题

1. 转基因技术主要包括哪些环节？在植物中转基因操作的方法和步骤有哪些？
2. 植物受体系统有哪些，各自有什么特点？简述一下受体制备途径。
3. 植物体基因转化的两个途径是什么，各有什么特点？
4. 阐述农杆菌介导的 DNA 转化机制。
5. Ti 质粒的结构特征？野生型农杆菌载体质粒为什么要经过载体修饰？
6. 试讨论病毒载体介导的基因转化方法在食品基因工程中的应用前景。
7. DNA 直接导入的基因转化包括哪些方法，各有什么优缺点？

第八章　基因的表达与调控

教学目标： 1. 了解外源基因的整合特性以及遗传效应，了解外源基因的瞬时表达和稳定表达原理；

2. 掌握反义基因技术的原理，了解反义基因技术和RNA沉默技术调控基因的表达方法和过程。

我们知道，生物的信息大都以基因的形式储存在细胞的DNA分子上，在需要的时候，遗传信息就会转变成蛋白质分子，这种从DNA到RNA再到蛋白质的过程称做基因的表达（gene expression）。某些基因如转运RNA（tRNA）和核糖体RNA（rRNA）分子的编码基因，表达的最终产物是RNA转录本，这些分子本身就具有重要的生物学功能。其他大多数基因的RNA转录本需要翻译成为蛋白质分子，然后体现出相应的功能。

通常RNA转录本有两种类型，一种是原核生物基因的RNA转录本，是基因的全长拷贝；另一种是真核生物断裂基因的RNA转录本，只是其表达子的相应拷贝。其实，大多数RNA转录本不仅包括了基因编码区，还包括基因两侧的非编码区，即转录起始信号序列和转录终止信号序列。

原核生物和真核生物在基因表达方面有很大的不同。原核生物的基因表达相对容易些，而真核生物具有细胞核，在核中产生的mRNA前体经过加工和剪切之后才被输送到细胞质中作为蛋白质合成的模板，因此，在真核生物的基因表达中转录和翻译两个步骤在时间和空间上是分开的。原核生物不存在细胞核结构，在基因表达中转录和翻译是紧密偶联发生的，在细胞质中产生的mRNA直接作为模板合成蛋白质。两种生物表达的另外一个不同是，真核生物新生的RNA分子要经过细致的加工过程才能变为成熟的mRNA，其中重要的编辑过程是5′-端的加帽和3′-端的加尾过程，以及去掉间隔子，把表达子序列连接起来，形成具有连续信息的成熟的mRNA分子。

由于生物经过长时期的进化，本身已经有一套相对完善的基因储存、表达系统，外源基因插入后，它们的表达方式会有很大的不同。本章主要以转基因植物为例，介绍真核生物的外源基因表达以及调控的情况。

第一节　转基因植物中外源基因的整合特性

随着植物基因工程的发展，外源基因已经可以成功转移到植物细胞中去，但是作为外来的DNA序列，其在植物基因组中的整合方式、整合后的基因结构及拷贝数等问题也随之被提出来，这些都是外源基因能否高效稳定表达的基础。

一、外源 DNA 的整合位点和拷贝数

许多研究都已表明，外源基因可以整合到植物细胞的基因组中，并且整合后的外源基因按照植物细胞遗传物质的复制和表达规律进行复制表达。我们将讨论外源基因整合位点与拷贝数的影响因素。

（一）整合位点

外源基因可以随机插入植物基因组的任意染色体，或者一条染色体的任何位点，或者是不很固定的位点。然而研究发现这种插入并不是没有规律的，比如对于很活跃的转录区域，被插入的几率要很大，即优先插入；但是有时候是不存在这种情况的，比如农杆菌 Ri 质粒的 T－DNA 插入植物基因组就是非常随机的，目前的研究并未发现其可以优先整合到某些位点。

外源基因随机地整合到基因组上，主要表现在两个方面，即染色体的选择随机性和外源基因的结构变化随机性。选择随机性主要体现在：每条染色体整合位点的随机性、整合事件次数的随机性、整合位点拷贝数的随机性以及基因组整合事件的随机性。普遍观点认为，正是由于非同源重组导致了外源基因整合到植物染色体的位点随机性。在一条染色体上可以发生单基因位点的整合和多次整合；一个外源基因在同一个染色体或者不同的染色体上发生多位点整合既可以同时也可以不同时。

实验表明，外源基因的整合有随机性的一面，但也有规律性的表现。对转基因植物进行分子水平分析表明，T－DNA 经常在相同的遗传位点整合，表现为用同一转化方法获得的各自独立的转化体中，众多独立的整合同时出现在紧密连锁的某一区域。另外，多个外源基因在植物基因组中的整合特点同单基因相似。

（二）整合拷贝数

外源基因的插入拷贝数有三种情况：单拷贝单位点插入、串联多拷贝单位点插入和多拷贝多位点插入。主要发生的是单拷贝单位点插入，串联多拷贝单位点插入主要有头对尾式串联和头对头式串联，多拷贝多位点插入也普遍存在。

外源基因转化植物的方法主要有农杆菌介导的遗传转化和 DNA 直接转化，转化的方式影响着外源基因整合的拷贝数和位点。农杆菌介导的遗传转化产生的拷贝数较少（1～3 个），整合位点特异性强；DNA 直接转化产生的拷贝数差异大（1～50 个），随机性大，易发生多拷贝数和多位点整合。

另外，研究者也发现启动子对外源基因的整合拷贝数大有影响。

二、外源 DNA 结构对整合的影响

外源基因的结构主要有 4 种类型，即单链线形、单链环形、双链线形和双链环形。目前对于单链线形结构的研究较多，普遍认为单链基因可以有效地经不正常的整合参与同源染色体的重组，实验表明，以单链线形形式转化植物时整合效率高且稳定。

三、转化后整合位点的 DNA 结构变化

外源基因进行功能表达的前提是要保持整合外源基因的完整性，而外源基因的完整性

与其结构变化有关。对于植物基因组，由于植物细胞的重复和修复功能，外源基因的整合能够导致基因的缺失、易位、倒位、重复等现象，Mayeerhofer 等人提出了一个外源基因整合模型，主要观点有：

① T－DNA 的插入并不会导致植物基因组较大的重排变动，在 T－DNA 两侧各出现一个正向重复序列，并且大多数的 T－DNA 插入会引起插入位点处不多于 80 个核苷酸的缺失。

② T－DNA 与植物基因组链接处会存在若干个核苷酸的填充序列，这些填充序列与靠近链接处的植物基因组序列相似。

③ T－DNA 在植物基因组的插入位点上不要求特异序列，但是 T－DNA 两端的序列如果和插入位点附近序列有部分同源性，将对 T－DNA 的整合起主导作用。

现阶段研究认为，插入植物基因组的外源基因大小是有限制的，超过一定的长度之后，外源基因的插入几率会较低，利用农杆菌转化法得到转基因植物的时候要考虑这个因素。

另外，较新的研究表明，不仅仅 T－DNA 左右边界之间的序列可以转移到植物基因组中，而且 T－DNA 左右边界重复序列以外的农杆菌质粒序列也能够发生整合，几率是 20%～30%。

四、转化方法对整合外源基因结构的影响

基因转化方式的原理不同，其对于外源基因整合后的结构必然有影响。目前虽有很多的基因转化方式，但总体来讲外源基因分两种分子结构形式进行转化，即以 T－DNA 质粒为载体的转化和裸露 DNA 分子直接转化。

（一）T－DNA 转化的外源 DNA 的结构变化

目前由农杆菌介导的植物转化主要以 Ti 质粒转化系统为主。T－DNA 分子的结构及其转化机制已经研究得比较清楚，由农杆菌介导转化的植物细胞染色体中 T－DNA 结构完整，整合位点稳定，整合后的外源基因结构变异少，但是也存在结构变化，主要表现形式有 T－DNA 串联和 T－DNA 截短。

1. T－DNA 串联

T－DNA 串联（tandemerization）现象是农杆菌介导转化中外源基因结构变化较多的情况，主要特点有：一般是 5～20 个拷贝数的 T－DNA 进行首尾连接，在大部分整合情况中，T－DNA 可以在没有选择压力的情况下串联起来。但是，对于 T－DNA 串联现象是发生在农杆菌中还是T－DNA转移到植物细胞中或者是整合在宿主染色体前后，尚未定论。

2. T－DNA 截短

T－DNA 截短（truncation），顾名思义，就是发生了部分序列的丢失。T－DNA 截短发生于 T－DNA 转移和整合过程中，其机制可能与 T－DNA 两侧分别有一个 25bp 的边界相似序列有关，T－DNA 的转移和整合依赖于 T－DNA 的 25bp 有边界序列。一般来讲，共整合载体较双元载体更易于发生 T－DNA 截短。

（二）裸露 DNA 直接转化的外源 DNA 的结构变化

将裸露的 DNA 直接进行转化，整合后的外源基因会呈现复杂的杂交图谱，在 T_0 代及后代中会出现 DNA 的环化、甲基化以及片段分离和丢失。外源基因直接转化植物细胞会

发生较大的结构变化及修饰等，同时也会引起植物靶基因的重排。

五、位点特异性重组

由于上述各种遗传转化系统存在不足之处，近年来研究的重大进展是进行位点特异性重组。表 8 - 1 列举了主要的位点特异性重组系统及其特点。

表 8 - 1　　位点特异性重组系统及其特点

	系统 Cre/*lox*	FLP/FRT	R/RS	Gin/*gix*
来源	噬菌体 P_1	酿酒酵母 2u 质粒	鲁氏酵母（*Zygosaccharomyces rouxii* pSR_1）	噬菌体 Mu
天然功能	维持噬菌体稳定性，整合进宿主基因组，使 P_1 DNA 环化	维持质粒的高拷贝数	维持质粒高拷贝数以及长的反向重复序列的精确同源性	调节噬菌体基因表达以控制宿主范围的专一性
重组酶	Cre：38.5kDa	FLP：48kDa	R：56kDa	Gin：21.7kDa
重组酶家族	整合酶	整合酶	整合酶	转化酶
识别位点	*lox*P：34bp	FRT：34bp	RS：≤58bp	*gix*：34bp
其中反向重复顺序	13bp	13bp（有一个碱基不匹配）	12bp	12bp（不完全）
不对称间隔	8bp	8bp	7bp	2bp
切割位点	间隔区边缘 1bp 处	间隔区边缘	间隔区边缘	间隔区边缘
与重组酶形成的共价连接	$3'-PO_4$ - 未知残基	$3'-PO_4$ - 酪氨酸	未知	$3'-PO_4$ - 丝氨酸

资料来源：Odell et al，1994。

重组有三类：同源重组、转座、位点特异性重组（亦称定位重组）。

同源重组发生于具有一定同源性的两个 DNA 之间或者同一个 DNA 的两个同源性区域。同源重组对于碱基序列有同源性要求，无专一性要求。

区别于同源重组，转座和位点特异性重组是通过特定的酶识别并发生于特定的序列。位点特异性重组过程中没有 DNA 的净合成，位于两个识别位点之间的 DNA 片段在重组酶识别位点上进行重组、交换，被切掉或者发生倒置，基因片段不转移到基因组其他区域。目前发现的定位重组系统有 4 个，即 Cre/*lox*、FLP/*FRT*、R/*RS* 和 Gin/*gix*。

转座区别于位点特异性重组的地方在于，转座过程中识别位点之间的序列被转移到另外的位点。

位点特异性重组目前有较好的应用前景，主要能够应用于以下方面：

① 用来控制外源基因整合的拷贝数；

② 将多个基因转入植物基因组；

③ 进行目标基因的重排；

④ 激活目标基因；

⑤ 进行定点转化植物；

⑥ 进行基因克隆。

第二节 转基因植物中外源基因整合的遗传效应

植物基因工程的目标是通过转化基因的稳定表达来获得优良的农艺性状，通过进行物种间遗传物质的转移使得农作物获得有用的基因资源，所以外源基因整合到植物之后的遗传效应值得关注。这种遗传效应有很多，根据原理不同可以分为位置效应、重组效应、转基因沉默和表达多样性。

一、位 置 效 应

所谓位置效应，即在同一个实验中得到的不同转化植株，由于其外源基因在植物染色体上插入位点的不同而使得外源基因存在表达水平上的差异。位置效应的表现形式主要有外源基因的表达频率差异和外源基因的失活。

二、重 组 效 应

所谓重组效应，即由于植物基因组的重组和修复系统识别外源基因，通过同源和非同源重组使外源基因发生易位、缺失、重复等一系列结构变化，从而引起外源基因表达上的变化。重组效应的表现形式存在多样性：正效应、负效应以及无影响等状态，这是因为外源基因的结构变化甚至不同位点碱基序列的变化，不一定或者不同程度地改变其表达。

三、转基因沉默

所谓转基因沉默（transgene silencing），即指外源基因在转基因植物中的表达受到抑制的现象。科学家在进行植物遗传转化的时候所期望的是，得到的转化植株及其后代能够高效稳定地表达外源基因，可是往往事与愿违，经常遇到的情况是这些外源基因虽然已经整合到了基因组，但是不能表达，或者表达很弱，甚至根本就不表达。

（一）转基因沉默的机制

转基因沉默主要涉及外源基因与外源基因之间和外源基因与内源基因之间的相互作用。沉默主要发生于多拷贝的同源 DNA 序列，这些序列指蛋白质编码区、启动子，或两者皆有。目前已提出三种同源依赖的转基因沉默模型：

（1）顺式失活（*cis* - inactivation） 即指多拷贝、串联的外源基因的导入常常导致倒位或直接重复引起的失活。

（2）反式失活（*trans* - inactivation） 可看作是顺式失活的副产品，指因顺式作用而失活的外源基因可以作为一种“沉默子”，使独立 DNA 分子上的同源“靶”基因引起相似水平的甲基化和失活。这些靶基因同沉默外源基因可以在等位的，也可以在非等位的（异位的）染色体位置上。反式失活不仅是一种基因的相互作用，而且常常同副突变相联系。

（3）沉默称为共抑制（co - suppression）或有意抑制（sense - suppression） 涉及一个外源基因与一个同源的内源基因或两个同源的外源基因之间的协同沉默（而且常常是

协同反应)。这种互作是相互的，因为两个遗传位点以相同方式相互作用。

虽然这几种模型的机制不同，但都要涉及因核酸相互作用而引起的变化：DNA - DNA，DNA - RNA，RNA - RNA（图 8 - 1）。

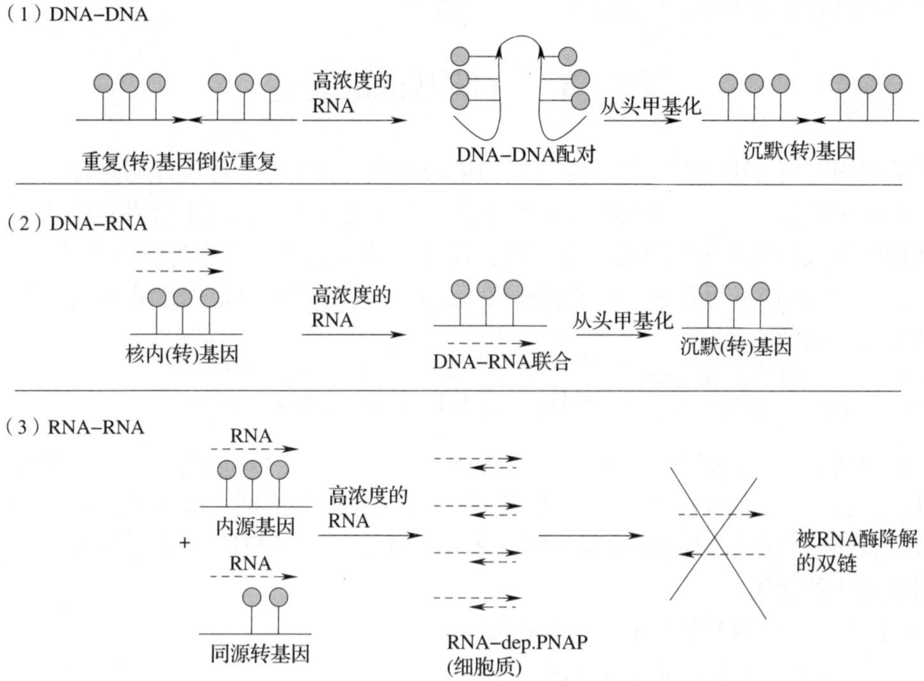

图 8 - 1　转基因植物基因沉默假设机制

如图 8 - 1 所示，(1) 和 (2) 被想象为核内加工，导致 DNA 的从头甲基化和转录水平的失活。(3) 中转录后水平的 RNA 代谢机制发生在细胞质中，并且不一定导致 DNA 修饰。但是，(2) 和 (3) 也可能是有联系的，RNA 水平的升高导致细胞质内 RNA 的代谢 (3) 和核内基因的从头甲基化 (2)。目前还不了解这样的甲基化最后是否能导致完全的转录水平的失活；一定水平明显的 RNA 诱导的甲基化不一定导致完全的转录水平的失活。Flarell、Lindbo 等和 Switeh 等关于沉默机制也提出了其他的观点，其不同点在于发生在 DNA 到蛋白质途径中的沉默在 RNA 病毒抗性和核内外源基因的沉默的联系中得到了详尽的阐述。(1) 表示出一个倒位重复。但是直接重复或多于两个拷贝也可以进行配对。在 Cls (1) 上沉默的一个位点能够潜在地依靠 DNA - DNA 配对而使同源的、未连锁的位点反式失活。

转基因沉默按照发生阶段可以分为两种：转录水平沉默和转录后水平沉默。常用的区分转基因沉默发生阶段的方法是连缀转录试验，这里不再详述。

(二) 克服转基因沉默的策略

转基因沉默的诸多不利影响使得人们寻辟途径来避免沉默的发生，目前主要有以下几种途径可以避免或减少转基因沉默：首先是选择合适的外源基因或者对外源基因进行合适的修饰；第二，在启动子的选择方面，应该尽量选择中等启动活性的组成型启动子，避免使用较强启动活性、具有病毒侵染活性的启动子，避免使用含有同源序列的启动子和终止子；第三，将外源基因与来自植物基因组的增强子组合构建嵌合基因来进行遗传转化，可以在某种程度上克服外源基因在时空特异性问题上产生的沉默；第四，可以利用位点特异性重组系统将外源基因整合到重组系统识别的位点上，既能避免多拷贝所造成的失活，也能避免位置效应所造成的转基因沉默；第五，可以通过筛选单拷贝的、稳定的转基因植物来避免多拷贝引起的沉默，只是比较费时费力而已。

第三节　外源基因的表达

外源基因在植物中进行表达具有很好的应用前景，目前试验已经证明外源基因在植物中可以有两种表达方式：一种称作稳定性表达，主要是指通常意义上所讲的转基因植物及其后代能够组成型地表达外源基因的产物；还有一种表达方式被称为瞬时表达（transient expression），也称作短暂表达，或者瞬间表达，是一种区别于稳定表达的方式，但是与稳定表达也有一定的联系。

一、转化外源基因的瞬时表达

所谓瞬时表达，即指在一定条件下，外源基因在进入植物细胞几个小时后能够检测到其表达，并且在一至两周之内会检测到该基因表达的最高峰和下降趋势，直至不能检测到；简而言之就是指短时间内外源基因的表达。这个概念不仅限于植物中的表达，在动物、微生物中均适用。

（一）植物中外源基因瞬时表达的机制

1. 瞬时表达是未整合的外源基因的表达

农杆菌的 T－DNA 在进入植物细胞之后，大部分并没有整合到染色体之上，而是以游离状态存在，这部分游离的 T－DNA 在外源基因的瞬时表达中起到重要作用。

2. 瞬时表达是一种正常的表达方式

目前研究表明，农杆菌质粒 T－DNA 能够进入植物细胞核区，由于细胞质内没有转录所需的环境，所有只有进入核内的外源基因才能够借助植物的转录系统生成 RNA，转录后的 RNA 进入细胞质进行翻译。

（二）外源基因瞬时表达的影响因素

有很多因素会影响到外源基因的瞬时表达。首先是质粒 DNA 的结构。瞬时表达导入的质粒 DNA 常常是重组后的质粒 DNA，它携带有易于检测的报告基因、真核生物 5′－端的调控顺序及 3′－端 PolyA 顺序。这种嵌合基因的结构确保它导入细胞后的表达。如果质粒 DNA 上的调控序列缺失，则影响外源基因的瞬时表达。第二，植物细胞内源的核酸酶可以对外来的入侵核酸物质进行降解，降解后的基因自然无法进行表达。第三，植物细胞的生理状态及内源抑制剂的影响。由于不同状态的外植体对于外源基因的瞬时表达强度不同，推测可能与受体细胞的生理状态、转录和翻译系统的能力差异有关，某些植物中存在着外源基因产物抑制剂，从而抑制了外源基因产物的活性。

（三）外源基因瞬时表达的应用

1. 在基因转化研究中的应用

外源基因的瞬时表达可以应用于农杆菌转化能力的检测。将报告基因插入到农杆菌质粒 T－DNA 区，通过农杆菌转化检测报告基因产物的活性就可以对农杆菌的侵染能力进行判定。如果报告基因产物可以检测到的话，不仅说明了 T - DNA 已经导入植物细胞，而且报告基因产物的表达强度在某种程度上反映了转化的 T - DNA 数量以及农杆菌的侵染能力。

应用外源基因的瞬时表达还可以优化基因转化的条件，如选择合适的导入 DNA 的方法、确定农杆菌侵染条件等。传统的转基因植株方式需要较长的生长周期，工作量繁重，利用报告基因的瞬时表达则可以短时间、低劳力的得到满意结果。

2. 用于植物基因表达调控的研究

外源基因的瞬时表达是十分理想的研究基因表达调控的实验系统，具体可应用于以下几方面：① 启动子、增强子对基因表达调控的研究；② 内含子的功能研究；③ 控测 3′ - 端 DNA 的功能，并可以做精细结构的分析；④ 研究外界因素对基因表达调控的影响；⑤ 植物激素的调控机制研究。

从 1985 年开展瞬时表达调控研究以来，30 多年的时间，使人们对瞬时表达的因素已有比较清楚的了解，所用的植物种类也由烟草、胡萝卜扩大到豆料、禾本科和木本植物等。另外，瞬时表达系统也已扩展到植物生理的研究领域，如环境胁迫条件下基因的表达等，特别是对植物基因工程中外源 DNA 导入条件构建表达载体等起到了重要的作用。所有这些预示着这一系统在植物分子生物学及基因工程研究中会更趋完善和发展。

二、转化外源基因的稳定表达

所谓稳定表达是指外源基因整合到核基因组 DNA 中，并能稳定遗传的表达。瞬时表达是游离基因的表达，不能用来证明转基因植物的成功获得，而且稳定表达一旦鉴定成功，便可以大规模应用，不必像瞬时表达那样挨个植物接种。

判断外源基因在植物细胞中稳定表达的条件有以下几点：① 表达时间长，不会像瞬时表达那样 10 天后无表达；② 稳定表达无迅速衰退现象；③ 分子杂交证明 DNA 已整合到植物基因组中；④ 能够遗传给后代，并符合分离规律。

外源基因在转基因植株中的稳定表达同样分为组成型表达、组织特异性表达和诱导型表达，并且与其表达载体构建时所用的启动子有关。

（一）非组织特异性表达组成型启动子

所谓非组织特异性表达组成型启动子，指的是在此类型启动子的控制之下，结构基因的表达基本维持在一定的水平上，在同一植株不同组织部位的表达水平没有明显差异。这种表达具有持续性 RNA，蛋白质表达量较恒定，无时空特异性，无外界诱导因素。

目前应用最广泛的组成型启动子是与烟草相似的共有序列。*Nos* 和 *ocs* 基因及其启动子序列都含有与 TATA - box 同源的序列，该序列处于转录起始位点上游 30 ~ 40bp 位置；处于上游 60 ~ 80bp 的位置也有 CAAT - box 同源序列。

应该注意的是，启动子的分类并不是绝对的，在某种意义上取决于研究方式。

1. 双向启动子（dual promoter）

所谓双向启动子，指的是能以两个相反的方向启动转录，表现出双重启动子作用，称为“双向启动子”。

2. CaMV 35S 启动子

CaMV 35S 启动子来自花椰菜花叶病毒（CaMV），它启动整个花椰菜花叶病毒基因组和一些重叠序列的转录，因为转录产物的沉降系数为35S，所以称之为35S启动子。

即使是同一启动子、同一种植物，受体细胞的生理状态不同，表达水平也有明显差异。因此，在植物基因工程中要根据不同的目的选择所需的启动子。

（二）组织特异性表达启动子

所谓组织特异性表达启动子，顾名思义，就是在其调控下基因只在某些特定的器官或者组织部位表达，往往也表现发育调节的特性。典型的组织特异性表达启动子是马铃薯块茎蛋白质基因启动子。该蛋白质是由多基因家族编码，并通常只在块茎中表达，有时也在茎秆和根系中表达，但不会在叶片中表达。

其他植物组织特异性表达启动子有：番茄果实成熟特异性表达的多聚半乳糖醛酸酶（polygalacturnase）的基因启动子。小麦胚乳特异表达的ADP－葡萄糖焦磷酸化酶（ADPG－lucose pyrophosphorylase）基因启动子。花粉特异表达基因（lat52）启动子等。

组织特异性表达启动子的基因的上游存在着调控序列，启动子除具有一般的结构外，同时往往还有增强子（enhancer）和沉默子（silencer）的一般特性。

值得注意的是，组织特异性表达调节序列在一定范围内是属非特异性的。这一点可以给植物基因工程带来新的启示，例如马铃薯叶/茎特异表达的st－lsi基因的5′－端上游序列与马铃薯块茎蛋白的结构基因及其3′－端融合形成嵌合基因，该基因可在转化烟草的叶、茎内特异地表达，而马铃薯块茎蛋白基因通常只能在天然宿信的块茎中表达。

研究表明，组织特异性表达启动子的调控往往受到组织细胞生理状态和化学物质等的诱导，还受到发育阶段的调控，这种特性一般的前提是存在特定的组织细胞结构和物理、化学信号，在这个意义上讲，组织特异性启动子与诱导型启动子存在共性。总之，组织特异性表达是多种因子相互作用的结果。

（三）诱导型表达启动子

所谓诱导型表达启动子（inducible promoter），就是在某些特定的物理或化学信号的刺激下，此种类型的启动子可以大幅度地提高基因的转录水平，因此，亦称为诱导型调节序列可诱导型增强子（inducible enhancer）。该类型启动子的共同特点如下：

① 启动子的活化受到物理或化学信号的诱导；

② 启动子的分子结构都具有增强子、沉默子或类似功能的序列结构；

③ 感受特异性诱导的序列都有明显的专一性；

④ 一部分该类型的启动子同时具有组织特异性表达的特点；

⑤ 该类启动子常以诱导信号命名，可分为光诱导表达基因启动子、热诱导表达基因启动子、创伤诱导表达基因启动子、真菌诱导表达基因启动子和共生细菌诱导表达基因启动子等。

目前对于其他诱导型植物启动子也已有一定的了解，但尚未清楚如真菌侵染敏感的菜豆几丁质酶（chitinase）启动子、从马铃薯块茎蛋白基因I分离到的蔗糖诱导启动子、共生细菌诱导的启动子等。

第四节　反义基因技术调控基因的表达

反义基因技术（antisense technique）是20世纪80年代发展起来的一项调控基因表达

的技术，它为植物基因工程在农业、食品业及相关产业中的应用开辟了广阔的前景。

一、反义基因技术的基本概念和原理

（一）反义基因技术的基本概念

所谓反义 RNA（antisense RNA）是指有义（sense）DNA 链转录成的、与特异的靶 RNA 互补结合并能抑制靶 RNA 表达的一段序列。转录产生反义 RNA 的基因称为反义基因（antisense gene）。所谓反义 RNA 技术是指把一段 DNA 序列以反义方向插入到合适的启动子和终止子之间，然后把此基因构建体转化到受体细胞中去（通常用农杆菌转化的方法），通过选择培养获得转化生物体的技术。

反义基因转录生成的 mRNA 可以抑制具有同源性的内源基因的表达，用这种方法可获得特定基因表达受阻而其他基因表达不受影响的转基因植株。

（二）反义基因技术的原理

一般认为，在原核细胞中反义 RNA 与靶 RNA 具有特异互补性，通过碱基配对结合的方式在复制（replicate）、转录（transcript）、翻译（translation）等过程中对目的基因起着负调控作用，抑制或减弱该基因的蛋白质表达（图 8－2），其作用机制包括阻碍 RNA 的剪切、抑制 5′－带帽和 3′－多腺苷酸化、激活 RNase H 酶、小分子干扰 RNA（siRNA）的形成、核酶的酶切等，但更详细的机制还不清楚。

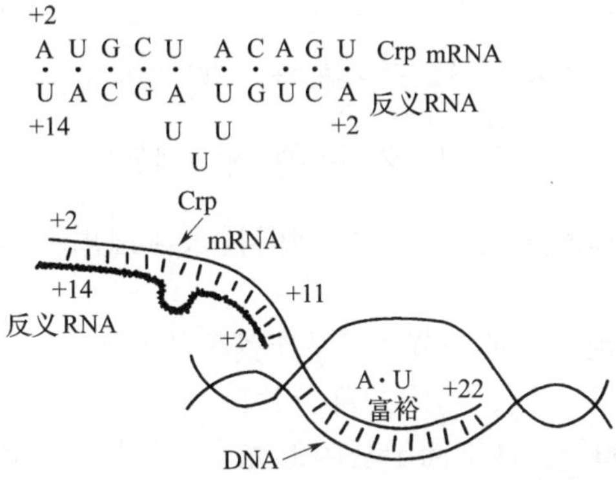

图 8－2　反义 RNA 对 mRNA 翻译过程的调控作用

资料来源：闻伟等，1990。

真核生物尚未找到天然存在的反义 RNA，但有一些小的 RNA 分子可能起到类似反义 RNA 的作用，反义 RNA 在真核细胞中的作用机制目前尚不清楚。研究发现，不仅与靶 5′－端互补的反义 RNA 有抑制作用，而且与 3′－端互补的反义 RNA 也有抑制作用，反义 RNA 在真核细胞中的抑制作用具有高度的专一性。进一步研究认为，反义 RNA 与 DNA 形成RNA · DNA 或 DNA · DNA 杂交链，或抑制翻译起始，或抑制 RNA 多聚体上的翻译，或抑制从核内向胞质的转运。

二、反义基因表达载体的构建

反义基因表达载体的构建方法如图 8－3 所示，具体可以分为以下四步：

第一步，以分离得到的 mRNA 为模板，合成反义 DNA；

第二步，以此反义链为模板合成正义 DNA 链；

第三步，以细菌质粒（DNA）为载体，用限制性内切酶在靠近启动子处切割一缺口；

第四步，将正义 DNA 插入表达载体的缺口中，即得到一表达质粒，如果启动子开始转录，表达载体即转录原来的 mRNA；如果将插入的表达载体用限制性内切酶切割后，以相反的方向插入载体 DNA 环中，即表达载体转录形成反义 RNA。

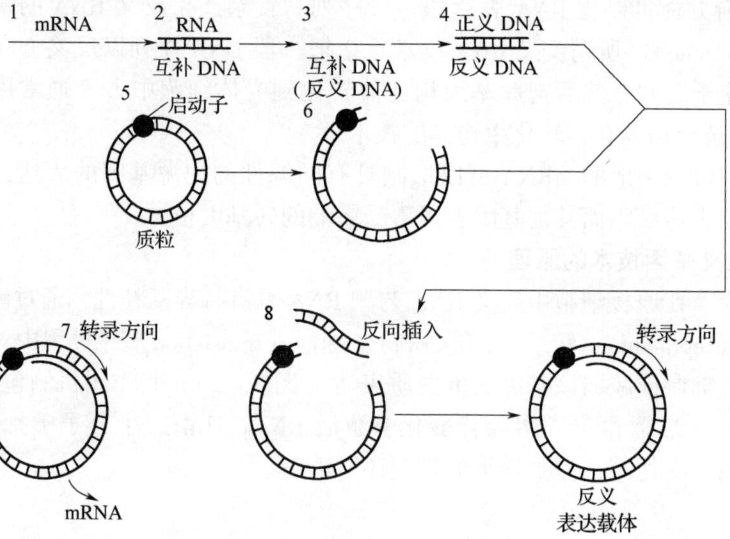

图 8－3　反义基因表达载体的构建

三、反义基因技术的特点

经过 30 多年的研究和应用发现，反义基因技术体现出许多优点，总结起来有以下五点：

① 反义 RNA 可以高度专一地调节某一特定基因的表达，不影响其他基因的表达。反义基因的不同区段抑制效率不同，基因的部分片段（小至 41bp）就可起到抑制效果，抑制程度理论上从 0% 到 100% 。这不同于基因的完全致死抑制，因此可从转基因个体中筛选到所需要的基因型。

② 转化到植物中的反义 RNA 的作用类似于遗传上的缺陷型，表现为显性，所以被转化的植物材料不必为纯合体就可表现相应的性状，从而避免了二倍体内等位基因的显隐性干扰。

③ 反义基因整合到植物的基因组中可独立表达和稳定遗传，后代符合孟德尔遗传规律。

④ 反义基因技术不必了解其目的基因所编码的蛋白质结构，可省去对基因产物的研究工作。

⑤ 反义基因技术不改变目的基因的结构，在安全评价中更容易操作，应用上也更加安全。

四、反义基因技术在耐贮果蔬培育中的应用

果实成熟是一个复杂的发育调节过程，期间经历了一系列生理及生物化学变化，在细

胞内酶的作用下，使果实在色泽、风味、香味、质地等特性上发生了深刻变化。这些变化受到多种内外因素的调控，其中基因水平的变化已经得到深刻的认识。果实的成熟衰老与果实的贮藏特性密切相关，所以一直是育种学家关注的问题。

反义基因技术已经是相对比较成熟的技术，利用反义基因技术人为地控制生物体内某些基因的表达，在植物基因工程中具有巨大的应用前景。将转基因技术和反义 RNA 技术应用于延长果实保鲜，也已取得显著的成效，世界上第一个基因工程商业化园艺产品就是利用反义基因技术将反义 *PG* 基因转入番茄得到的耐贮运的番茄。

目前利用反义 RNA 技术调控番茄果实耐贮性，获得了较大的进展。通过 ACC 合成酶反义基因途径（ACS）、ACC 氧化酶反义基因途径（ACO）、果胶酯酶反义基因途径（PE）、β - 半乳糖苷酶反义基因途径（β - GAL），均获得了转基因番茄，经检测，都不同程度地提高了番茄的耐贮性。

乙烯（ethylene，ETH）是一种不饱和碳氢化合物，其结构式为 $CH_2=CH_2$，具有显著的催熟作用，能够启动果实的呼吸跃变，促进果实成熟，被认为是一种成熟衰老激素。乙烯合成的增加是果实成熟启动最好的标记。因此，内源乙烯的显著变化是跃变型果实成熟的重要调节步骤。1979 年 Adams 和 Yang 发现 1 - 氨基丙烷 - 1 - 羧酸（1 - amino - cyclo-propane - 1 - carboxylate，ACC）是乙烯生物合成的直接前体，并确定了植物体内乙烯合成的生物途径。其中，ACC 合酶和 ACC 氧化酶是控制乙烯合成的限速酶，如果能通过反义基因技术的方法控制 ACC 合酶和 ACC 氧化酶的生物合成，那么乙烯的生物合成也会得到控制。

下面简单介绍反义 ACC 合酶番茄的培育过程：

首先，通过一定的方法如反转录、化学合成或者筛选基因文库等得到目的基因反义 ACC 合酶 *LeACS2*。

第二步，构建反义 *LeACS2* 基因重组子，即 *LeACS2* 基因反向构建到适宜的载体上，如农杆菌 Ti 质粒。或者需要通过一个中间载体如大肠杆菌质粒再转移到农杆菌 Ti 质粒上。利用载体本身所带的抗生素基因对构建后的重组子进行筛选，然后进一步鉴定。

第三步，利用携带反义 *LeACS2* 基因的农杆菌 Ti 质粒，通过叶盘法进行转化番茄子叶或者下胚轴。

第四步，被转化的番茄子叶或者下胚轴在含有一定浓度的抗生素培养基上培养，经历愈伤组织形成、发芽、生根等过程，逐渐形成一颗完整植株。

第五步，对再生植株进行分子生物学鉴定，如点杂交、Southern 杂交、Northern 杂交等，检测外源基因是否已经转录、翻译和表达等。

第六步，对再生植株进行生理指标和性状观察等，如乙烯生成率的变化。

第七步，选育发育良好的转基因植株进行培育，获得果实，对果实的性状进行研究。

第八步，对正确表达目的基因的植株进行选育，获得纯合体后代，通过安全评价程序进行田间释放、中试和商业化生产。

第五节 RNA 沉默技术调控基因的表达

RNA 干扰（RNA interference，RNAi）是近几年发展起来的新技术。它是由双链 RNA

（double - stranded RNA，dsRNA）启动，在多种酶的参与下，经过多个步骤，最终将具同源序列的 mRNA 特异性地降解，从而关闭特定基因的表达、导致基因沉默的现象。现已证明，RNA 干扰是生物在长期的进化过程中形成的一种适应机制，是真核基因组抵御病毒侵染、转座子移位和消除异常 RNA 损害的自我保护措施，对生物的生长发育具有重要意义。

一、RNA 干扰的发现

RNA 干扰现象早在 1990 年就有报道，当时美国和荷兰的两个转基因植物实验组在研究矮牵牛时，将产生紫色素的基因转入开紫花的矮牵牛中，希望得到紫色更深的花，结果出乎意料，非但没有出现深紫色的花朵，大多数花朵却成了花斑色甚至白色。当时人们认为这是矮牵牛本来有的紫色素基因和转入的外来紫色素基因都失去了功能，并称这种现象是“协同抑制”（co - suppression）。

1995 年，康奈尔大学的 Guo 等在利用反义 RNA 技术试图阻断秀丽线虫 par - 1 基因表达时，发现给对照实验组线虫注射正义 RNA 后，结果产生了与反义 RNA 同样的结果——特异性阻断该基因的表达。这与传统上反义 RNA 技术的解释正好相反。当时，该研究小组一直未能对这个发现给予合理解释。直到 1998 年，华盛顿卡耐基研究所的 Fire 等对此进行了深入的研究，他们将制备的 RNA 高度纯化后发现，正义 RNA 无基因抑制作用，反义 RNA 的基因抑制作用也很微弱，而用纯化后的 dsRNA 注射线虫，却能高效、特异地阻断相应基因的表达，其抑制基因表达的效率比纯化后的反义 RNA 至少高 2 个数量级。他们认为 Guo 等发现的正义 RNA 对基因表达的抑制，是由于在体外转录制备正、反义 RNA 过程中污染了微量的双链 RNA 所引起的，他们将此现象称为 RNA 干扰。

此后，随着研究的不断深入，RNA 干扰技术已成功应用于线虫、果蝇、真菌、植物、小鼠胚胎细胞以及哺乳动物等生物的基因功能研究，并且应用范围不断被拓宽。

二、RNA 沉默的种类

基因沉默是生物体中一种普遍存在的现象，它可以用来调节生物体中基因时间和空间上的表达，是生物体防卫系统的一种，用来抵抗外源核酸的入侵。基因沉默可以发生在 DNA（TGS）和 RNA（PTGS）水平，TGS 发生在细胞核，PTGS 发生在细胞质中。

RNA 沉默在不同的生物体中的叫法也不相同，在植物体中被称为转录后基因沉默（PTGS），在动物中称为 RNA 干扰（RNAi），微生物中被称为 RNA 消除（quenling）。研究表明，TGS 往往与目的基因启动子的甲基化密切相关，RNA 沉默则由目的基因的 mRNA 特异性降解引起。植物体中诱导 RNA 沉默的外部因素有转基因和病毒诱导。与传统的转基因技术相比，病毒诱导的基因沉默（Virus - induced gene silencing，VIGS）是一种瞬时表达体系，能在较短的时间里取得良好的效果，目前被广泛地用于植物基因功能的研究。

三、RNA 干扰的作用机制

自 RNA 干扰现象报道以来，许多科学家进行了大量研究，对 RNA 干扰机制的理解主要来自线虫、植物的遗传学分析和果蝇提取物的生化研究，在此基础上提出了 RNA 干扰作用机制模型。其主要过程有以下几个阶段：

（1）参与 RNA 干扰的酶类　大量的研究发现，在 RNA 干扰的机制中需要多种酶的参与，其中最为重要的 3 种酶为：dsRNA 特异性核酸内切酶（dsRNA specific endonuclease，Dicer 酶）、RNA 诱导的沉默复合物（RNA－induced silencing complex，RISC）和 RNA 依赖的 RNA 多聚酶（RNA－dependent RNA ploymerases，RdRP）。

（2）小分子干涉 RNA（small interference RNA，siRNA）的形成　外源导入、转基因或者病毒感染等方式进入细胞的 dsRNA 与 RNaseⅢ家族的 Dicer 酶结合，被 Dicer 酶以一种 ATP 依赖的方式，逐步切割成长 21～23nt 的由正、反义链组成的 siRNA，切割位点一般位于尿嘧啶处。siRNA 是识别靶 RNA 的标志，它的生成启动了 RNA 干扰反应。

（3）RNA 诱导的沉默复合物的形成　siRNA 形成后与 RNA 干扰特异性酶（如 AGO－2、MUT－7、RED－1、PAZ 蛋白和 DNA－RNA 解旋酶）结合形成 RNA 诱导的沉默复合物。它包括具有序列特异性的核酸内、外切酶和解旋酶，能特异降解与 siRNA 同源的靶 mRNA。

（4）靶 mRNA 的降解　复合物 RISC 形成后，siRNA 在解旋酶的作用、ATP 提供的能量下解链，形成正义链和反义链。随后，siRNA 反义链通过碱基互补配对，识别靶向 mRNA 并互补结合靶向 mRNA 上与之相匹配的特异性序列，然后在距离 siRNA 3′－端 12 个碱基的位置使用其中的核糖核酸内切酶切割 mRNA，导致其降解，最终阻断相应基因的表达。

（5）siRNA 作用的放大　放大作用机制如下：① Dicer 酶将长的 dsRNA 切割，产生多倍于 dsRNA 的 siRNA；② siRNA 可通过多次使用的催化机制进一步放大其作用；③ siRNA 还能够作为引物以靶 mRNA 为模板，激活 RNA 依赖的 RNA 多聚酶反应，合成新的 dsRNA，而新的 dsRNA 随之又被 Dicer 酶识别并切割产生新的 siRNA 再次作用于靶向 mRNA。如此循环，使 RNAi 的作用进一步放大，最终使 mRNA 完全降解。因此，只需少量的 dsRNA 就可产生高特异性的、高效性的基因沉默作用。

如图 7－8 显示了植物中病毒诱导基因沉默的模式。双链 RNA 在 Dicer 作用下产生小的干扰 RNA，该 RNA 大小为 21～25 个核苷酸，它是 RNA 基因沉默的代表性特征，目前在所有类型的 RNA 基因沉默中都发现了这种小 RNA 的存在。Dicer 除了催化产生 siRNA 外，还能产生 stRNA，它在对生物体的基因调控中具有重要的作用。siRNA 的前体是双链的 RNA，stRNA 的前体是单链颈环结构的 RNA。上述产生的 siRNA 在生物体内与特定的蛋白质结合形成 RNA 诱导的基因沉默复合体，带有 siRNA 的 RISC 能特异性地识别细胞质中目的基因的单链 mRNA，造成目的基因 mRNA 特异性的降解，从而导致了目的基因在 RNA 水平的沉默。

有研究发现，植物体内还可以 siRNA 为模板，通过一定的途径合成双链 RNA，实现了沉默信号的扩大；siRNA 可能还可以和目的基因的启动子区域结合，通过甲基化而导致目的基因在 DNA 水平的沉默，这种由甲基化引起的 DNA 沉默可以稳定遗传。

四、RNA 干扰技术的特点与优势

（一）RNA 干扰技术的特点

1. 高度特异性

RNA 干扰最大的特点就在于其高度特异性：它只降解与其序列相应的单个内源基因。

siRNA 除正义链上 3′－端的两个碱基在序列识别上不起作用外，其他碱基中任何一个改变都可能引起 RNA 干扰效应失效。

2．高效性

只需少量 dsRNA 的引入便可引起浓度是几倍甚至几十倍的 mRNA 的降解。

3．高稳定性

由于 dsRNA 3′－端悬垂 TT 或 UU 碱基，使其不再需要进行任何修饰就能避免被细胞内核酸酶类降解而较稳定地存在。

4．可遗传性

siRNA 介导的 RNA 干扰具有一定的可遗传性。Fire 等将 dsRNA 注射入秀丽新线虫的性腺后，在其第 1 子代中也出现了同样的基因抑制现象，证明了它的遗传性。

5．可扩散性

Fire 等观察到将 dsRNA 注射于线虫体内，这些 dsRNA 可以从注射处的细胞扩散到体内其他细胞，引起其他细胞的基因沉默，表明了 RNA 干扰的作用具有可扩散性。RNA 干扰信号在植物细胞间扩散或传递，主要是通过胞间连丝在细胞间短距离传递和通过植物维管系统进行长距离的传送两种方式。

6．浓度时间依赖性

RNA 干扰效应存在时间、浓度双重依赖性：干扰效应常出现在注射 dsRNA 的 6h 后，而在注入 dsRNA 的 2～3d 后的作用最强，可持续效应 72h 以上；而其干扰强度则随着浓度的增高而增强。

7．dsRNA 长度限制性

研究表明，在原核细胞中，有效的 dsRNA 不得短于 21 个碱基，并且长链 dsRNA 在细胞内被 Dicer 酶切割为 21bp 左右的 siRNA，并由 siRNA 来介导 mRNA 切割；而在哺乳动物细胞中，大于 30bp 的 dsRNA 不能诱导特异的 RNAi，而是引起细胞非特异性和全面的基因表达受抑和凋亡。

8．ATP 依赖性

Dicer 酶和 RISC 的酶切反应必须由 ATP 提供能量。

（二）RNA 干扰技术的优势

病毒诱导的基因沉默技术和传统的转基因技术相比，在鉴定基因功能方面具有以下优势。

① 它比反义 RNA 技术和同源抑制效率要高，能使目标基因的表达降低到极低水平，甚至完全剔除；

② 操作简单，进行农杆菌的浸染就能取得良好的效果；

③ 节省时间，一般 2～3 周就有比较明显的效果，转基因需要获得转基因植株，需要完成复杂的传代鉴定工作；

④ 现在开发的病毒载体能应用于单子叶和双子叶植物，应用范围广，而有些植物建立理想的遗传转化体系有很大的难度，如向日葵；

⑤ 有些基因的功能研究不能通过转基因的方法进行，因为它可能导致植物的死亡，由于病毒诱导的基因沉默是个瞬时表达体系，它不会受此影响；

⑥ 植物的很多基因由大的基因家族组成，对于设计好的目的基因片段，病毒诱导的

基因沉默能特异地沉默单个或多个基因，能解决基因家族的冗余性问题。

五、RNA 基因沉默技术的应用

（一）农作物重要功能基因的鉴定

高等植物的基因组存在大量的冗余。传统的插入突变导致一个基因家族的某一个成员失活后，家族的其他成员可以弥补其功能，这样往往观察不到基因对应的表型。RNAi 技术可以简单快速地抑制一个基因的表达，而且能够通过选择不同的作用位点分别或同时作用于同一基因家族的若干个成员，因此 RNAi 技术是研究基因家族功能的理想工具。

RNAi 技术引起的突变是显性的，因此杂合的突变株就可以观察到突变表型，RNAi 载体的插入位点一般不会影响沉默效果。因此，RNAi 技术的操作更为简单易行，目前 RNAi 技术已经十分广泛地应用于基因功能的反向遗传学研究。

Kusaba 等用 RNAi 技术证明 Lgc1 在抑制水稻种子谷蛋白表达中的重要作用。Lee 等通过过量表达 OsMADS50，发现能够导致来自愈伤状态的水稻提前开花，表明 OsMADS50 是水稻中控制多种开花相关调控因子的重要开花活化因子。Moritoh 等在研究水稻早期花粉细胞成熟过程中，用 RNAi 沉默了 RAD2/XPG 核酸酶的一个新成员基因（*OsGEN - L*），导致了大多数转基因水稻产量降低和雄性不育。

（二）培育抗病毒作物

目前对病毒引起的病害还没有特别有效的防治方法，RNAi 技术引起了科学家们的极大关注。因为已知植物病毒的基因组中 90% 以上都是单链 RNA（single strand RNA，dsR-NA），在抗病毒研究中，人为地将与病毒或宿主基因（宿主基因编码的蛋白质对病毒很重要，而对宿主本身作用很小或不起作用）同源的双链 RNA（double strand RNA，dsRNA）导入生物体内，引起与其同源的基因发生沉默，从而抑制病毒复制，达到抗病毒。

Pinto 等人将水稻黄斑驳病毒（Rice yellow mottle virus，RYMV）复制所需酶的部分基因通过构建载体而转化水稻，诱发基因沉默，从而使植物具有水稻黄斑驳病毒的抗性，并且这种抗性能稳定遗传 3 代。

洪德峰等从抗白粉病小麦（*Triticum/aestivum* L.）品系 99/2439 中分离到一个编码促分裂原蛋白激酶的新基因 *TaEDR1*，以单子叶植物高效表达载体 pAHC25 为基础载体，选择 *TaEDR1* 基因编码胞外结构域的、保守性低的 cDNA 区域作为 RNA 干扰的目标区段，将这个区段连接成一个反向重复序列（3′→5′//5′←3′），插入到玉米泛素高效启动子 *Ubi1* 的下游，构建成双链 RNA 干扰表达载体 pAH - R - TER。利用花粉管通道技术，以高产小麦新品种“周麦 18”为受体进行了遗传转化。T_0代植株经 PPT 抗性鉴定、PCR 扩增检测，获得了 7 个转基因植株，为研究小麦 *TaEDR1* 基因的功能奠定了基础。

Wang 等人利用大麦黄矮病毒（Barley yellow dwarf virus，BYDV）的复制酶基因片断为靶位点，将其设计成反向重复序列构建成可产生发夹结构的载体，并将该载体导入大麦，在 25 个转化系中，有 9 个转化系表现出强的抗性，并且稳定遗传的 2 个株系后代中，用酶联免疫吸附法检测不到接种病毒的存在。燕飞等将大麦黄矮病毒 GPV 株系的复制酶基因片段和 CP 基因片段构建成可在植物细胞内表达含有双链复制酶 RNA（茎）和反义 CP RNA（环）的复合发夹 RNA 结构，诱发小麦植株针对病毒的 RNA 干扰作用，获得了具有高度抗性的植株。

目前几乎所有主要植物病毒都有通过 RNAi 技术获得抗性的报道，如抗水稻矮缩病毒（RDV）、梅子脓泡病毒（plum pox potyvirus）、马铃薯 Y 病毒（PVY）、烟草花叶病毒（TMV）。科学家们对 RNAi 技术在作物抗病毒方面做了大量研究，但迄今为止还没取得突破性的进展，没有能大规模应用于实际生产中。

（三）改善作物品质

随着农作物品质改良研究的进展，人们逐渐认识到贮藏淀粉的含量和组成对农产品加工品质影响的重要性。深入研究淀粉生物合成过程中关键酶的功能及其调控方式是进行作物品质遗传改良的基础。

小麦中直链淀粉合成的关键酶是颗粒结合型淀粉合成酶（G ranule - bound starch synthase I，GBSS I，即 Waxy 蛋白），李加瑞等将 Waxy 编码区 683bp 的正向和反向片段以及 150bp 内含子，连接于表达载体 pCAMB IA 3300 中玉米 *ubi1* 启动子下游，以扬麦 10 号授粉后 15d 的幼胚为外植体，利用农杆菌介导的方法进行转化，通过 PCR、RT - PCR 和叶片离体褪绿实验鉴定出 4 株转基因植株，小麦胚乳 I2 - KI 染色和直链淀粉含量测定表明这 4 株转基因植株直链淀粉含量明显下降，结果表明 *Waxy* 基因的 RNA 干扰使转基因小麦种子直链淀粉的含量下降。

黄冰艳等构建了胚乳特异表达启动子启动的水稻极限糊精酶基因反向重复结构 RNAi 载体；通过根癌农杆菌介导水稻转化，经 PCR 及 Southern 杂交检测，获得 28 个水稻转基因再生株系；以极限糊精酶抗体对转基因株系胚乳发育期籽粒蛋白质进行 Western 杂交，并经 SDS - PAGE 极限糊精酶活性检测，结果显示，该反向重复结构在胚乳发育期表达，减少了极限糊精酶的积累，获得了沉默效果达 90% 的株系。

柴晓杰等在 35S 启动子和 NOS 终止子之间加入 *SBE* Ⅱ*b* 基因片段的反向重复序列，克隆了玉米淀粉分支酶（starch branching enzymes，SBE）基因，构建了 siRNA 高效表达体系，用花粉管通道法将其导入玉米自交系中。通过对转基因植株淀粉分支酶活性和淀粉含量的测定结果表明，分支酶的活性明显地低于对照，最多的低 85%；总淀粉含量与对照之间基本没有差异，但直链淀粉的含量提高了约 50%。

此外，田保明等通过构建 RNAi 载体，抑制油菜脂肪酸延长酶基因（*fae1*）表达，有效地阻止了 *fae1* 基因的转录、翻译或表达，获得了 fae1 功能缺失突变体，在建立起无芥酸或低芥酸的同时又大幅度提高了亚油酸含量的油菜种质。傅达奇等将病毒诱导的基因沉默技术用于番茄果实成熟衰老功能基因的研究，已经取得了很好的进展。今后该技术还将用于采后处理的研究，以延长番茄的贮藏寿命和货架期。

六、实现 RNA 沉默的方法

目前 RNAi 技术已经应用于作物遗传育种的多个方面，但是如何将 RNAi 技术更为广泛地应用于作物遗传育种以及放大到生产实践中还需要进一步的研究。

① 构建含有目的基因片段的人工改造病毒载体。

② 通过形成 dsRNA 能引发同源 mRNA 的降解从而阻断目的基因的表达，dsRNA 能通过以下 3 种方法在植物体内实现。

直接注射法：将 dsRNA 或含内含子的发夹结构 RNA（ihpRNA）表达载体通过显微注射直接导入植物体内，诱导 RNAi 的产生。该方法能快速鉴定生物体内基因的功能，但是诱导的沉默只是瞬时的，并不能长期保持。

农杆菌介导法：即将带有植物外源基因序列或发夹结构 RNA 的 T－DNA 质粒通过农杆菌介导整合到植物基因组上，引发植物产生 RNAi。农杆菌介导表达的方法由于能在各种植物体内诱导 RNAi，并且能够在植物体中稳定遗传，性状也很稳定，且诱导目的基因沉默的效率达到 90% ～100%，因而具有广泛的适用性，但是由于需要复杂遗传转化体系，因此需要花费较长的时间和一定的实验场所。

病毒诱导基因沉默（VIGS）：将目标基因片段整合到病毒基因序列中，通过农杆菌介导转化感染植物，病毒在植物体内作用，使得植物中的目的基因沉默。

③ 采用分子生物学方法检测目的基因的沉默效果，以及观察外观性状。

④ 分析植物基因进行功能分析或者培育新型植株。

RNAi 与物化诱变、插入突变相比据有独特优势，预示 RNA 干扰技术将广泛被用于农、林、牧、渔等多种领域。目前，RNA 在遗传育种上的应用尚处于初级阶段，但 RNAi 在作物遗传育种中敲除不良基因、创造新变异和新基因型、维持基因组稳定、防御外来遗传物质入侵、调控基因表达等方面所起的重要作用日益凸显。随着各种突变体的分离，沉默抑制因子的发现，RNAi 机制将会日益显示出重要的理论和实践价值，并将极大地推进植物基因工程的发展。

思考题

1. 名词解释：位点特异性重组，位置效应，重组效应，反义 RNA，瞬时表达，组成型表达，组织特异性表达，诱导型表达。

2. 简述位点特异性重组的作用机制。

3. 简述位点特异性重组在外源基因整合遗传特性研究上的应用。

4. 如何理解转基因沉默？

5. 克服转基因沉默的策略有哪些？

6. 简述转化方法对外源基因遗传稳定性的影响。

7. 简述外源基因瞬时表达的过程、机制和影响因素。

第九章　基因工程食品的检测

教学目标： 1. 掌握基因工程食品检测关键方法的基本概念、原理和技术要点；
2. 熟悉常用的外源基因整合及表达的检测方法；
3. 了解基因工程检测方法在转基因食品中的应用，并熟悉相关案例。

第一节　报告基因的表达检测

将外源基因整合到微生物、植物或动物的基因组中后，面临的首要问题是如何对转化细胞进行检测，以分离转入了外源基因的转基因个体。报告基因（reporter gene）的应用，为人们解决上述问题提供了一条有效途径。所谓“报告基因”，是指既可用于对转化细胞进行选择，又可编码易于进行活性检测的物质。把报告基因的编码序列和基因表达调节序列相融合形成嵌合基因，或与其他目的基因相融合，在调控序列控制下进行表达，从而利用它的表达产物来标定目的基因的表达调控，筛选得到转化体。作为报告基因必须满足以下三方面的条件：

① 已被克隆，且全序列已知；

② 其表达产物及产物的类似功能在被转化的受体细胞内不存在，而在被转染的细胞中无相似的内源性表达产物；

③ 便于对其表达产物进行定量测定。

目前已被应用于基因工程的报告基因包括一些显性的选择标记基因，还有那些可用特定方法检测其蛋白质产物的基因（表 9 -1），但是一般多采用编码酶的基因，主要有 β - 半乳糖苷酶基因（*gus* 基因）、新霉素磷酸转移酶基因（抗卡那霉素基因、*npt* Ⅱ 基因）、氯霉素乙酰转移酶基因（*cat* 基因）、冠瘿碱合成酶基因（胭脂碱合成酶基因、章鱼碱合成酶基因、*nos* 基因）等。近年来，绿色荧光蛋白（green fluorescence protein，Gfp）基因，即 *gfp* 基因作为一种新型报告基因已被广泛地应用于基因调控和发育模式的研究中，特别适用于在活体中进行原位检测。随着研究的进展，还有一些新的报告基因在不断出现。随着食品安全意识的提高，报告基因的选择日益受到重视，如果它的表达会干扰正常的生物体功能或产生影响食品安全的产物时，就不能用于基因工程食品原料的基因转化中。

表 9 -1　　植物细胞中适用的报告基因

酶的种类	是否显性选择
新霉素磷酸转移酶（卡那霉素激酶）	显性
潮霉素磷酸转移酶	显性
二氢叶酸还原酶（四氢叶酸脱氢酶）	显性
氯霉素乙酰基转移酶	显性
庆大霉素乙酰基转移酶	显性

续表

酶的活性	是否显性选择
胭脂碱合成酶	隐性
章鱼碱合成酶	隐性
β－D－葡萄糖苷酶	隐性
链霉素磷酸转移酶	显性
萤火虫荧光素酶	隐性
细菌荧光素酶	隐性
苏氨酸脱氢酶	显性
5－烯醇式丙酮酸苯草酸－3－磷酸转移酶	显性
磷酸肌醇乙酰转移酶	显性
乙酰乳酸合成酶	显性
绿色荧光蛋白	显性
溴苯腈硝化酶	显性

一、β－半乳糖苷酸酶基因（*gus*）的检测

gus 基因是编码β－半乳糖苷酸酶（β－glucuronidase，GUS）的基因，存在于某些细菌体内。该基因编码的酶很稳定，是一种外切水解酶，可以催化多种β－葡萄糖苷酯类物质水解为D－葡萄糖醛酸和糖苷配基。目前最常用的是大肠杆菌 *E. coli* 菌株 K12 中的 *uid* A（也称 *gus* A）基因座编码，在该位点下游有两个相关基因，即 *gus* B 及 *gus* C，前者编码一个葡萄糖苷透性酶，后者功能尚未知。*gus* A、*gus* B、*gus* C 组成一个操纵子，且受到上游调节基因 *gus* R 的产物调控，其表达受多种葡萄糖苷诱导，因此使得 *gus* 基因的表达受β－半乳糖苷酸酶底物的诱导。底物分子的糖链部分决定了β－半乳糖苷酸酶的专一性，几乎任何糖苷配基与β－D－葡萄糖醛酸 C_1 上游离的羟基通过半缩醛连接的化合物都可作为β－半乳糖苷酸酶的底物。由于 *gus* 基因一般不存在于植物细胞内，许多细菌、真菌中也无内源β－半乳糖苷酸酶活性，而且 *gus* 基因表达产物具有检测方法简便、灵敏度高、易于定量及定型分析、可与其他蛋白基因融合等优点，因此 *gus* 基因作为报告基因被广泛地应用在转基因植物、细菌和真菌中。

β－半乳糖苷酸酶的稳定性很高，其在叶肉原生质体中的半衰期可达 50h，对高温及去污剂的耐性也较高。该酶在与底物作用的过程中不需辅酶参与，催化最适 pH 范围较宽，为 5.2～8.0，且离子强度的适应范围也较宽，但某些二价金属离子能抑制其活性。该酶的底物特异性很低，可对人工合成的底物进行催化。该酶的活性可以对硝基苯－β－D－葡萄糖醛酸（p－nitrophenyl－β－D－glucuronide，PNPG）、4－甲基伞形酮酰－β－D－葡萄糖醛酸（4－MUG）、5－溴－4－氯－3－吲哚－β－D－葡萄糖醛酸（X－Gluc）为底物，用分光光度计、荧光分析、组织化学染色定位和聚丙烯酰胺凝胶电泳原位分析等多种方法来检测。这些方法的反应灵敏度高，由此为检测外源基因的转化及在受体细胞中的表达提供了方便的手段。

（一）分光光度计法

对硝基苯 - β - D - 葡萄糖醛酸是荧光光度法测定 β - 半乳糖苷酸酶活性的最佳底物，β - 半乳糖苷酸酶可催化其水解生成对硝基苯酚，在 pH 7.15 时离子化的发色团的吸收峰在 400 ~ 420nm 波长范围内，溶液显黄色，酶反应在 pH 7.0 条件下进行，反应液颜色随反应时间的延长而变深。采用分光光度法测定 β - 半乳糖苷酸酶活性操作简便，但灵敏度较低，但由于 β - 半乳糖苷酸酶稳定性较高，因此可以通过延长反应时间来弥补此方法的不足之处。对于长时间的实验（几小时或更长），可加入 0.02% 的 NaN_3 来抑制微生物的生长，反应体系中还可加 100 ~ 200μg/mL 的牛血清白蛋白（BSA）作为酶的稳定剂。另外，大多数植物细胞自身所带色素与对硝基苯酚的最大吸收波长相同，可通过脱色处理或设置对照的方法去除干扰。

（二）荧光分析法

β - 半乳糖苷酸酶可以 4 - 甲基伞形酮酰 - β - D - 葡萄糖醛酸（4 - methylumbelliferyl - β - D - glucuronide，4 - MUG）为底物催化其水解为 4 - 甲基伞形酮（4 - methylumbelliferone，4 - MU）及 β - D - 葡萄糖醛酸（β - D - glucuronide）。4 - 甲基伞形酮分子中的羟基基团解离后可被 365nm 的可见光激发，产生 455nm 的荧光，可被荧光光度计定量检出。反应的溶液体系应处于碱性环境，因为 4 - 甲基伞形酮羟基的 p*K*a 值在 8 ~ 9，所以欲使羟基大量离子化，溶液的 pH 应大于其 p*K*a。一般用碳酸钠作为反应的终止剂，同时为反应创造碱性条件。

该方法与分光光度法一样存在着不足之处，在测定过程中主要有四种影响因素：

（1）内源性蛋白酶　由于 β - 半乳糖苷酸酶本质上属于蛋白质，因此会受到蛋白酶的水解作用。虽然 β - 半乳糖苷酸酶在一定程度上可以抵抗某些蛋白酶的活力，但有些内源蛋白酶活力较强的材料，如木瓜，其中的蛋白酶会对 β - 半乳糖苷酸酶产生降解作用，因此测定过程中需要加入相应的蛋白酶抑制剂。

（2）荧光淬灭物质　植物材料的粗酶提取液中可能存在能淬灭 4 - 甲基伞形酮荧光的物质，如植物叶片中的叶绿素，除在 400nm 处有最大光吸收外，在 365nm 和 455nm 处也存在明显的吸收峰，这样就会吸收激发 4 - 甲基伞形酮的光及 4 - 甲基伞形酮激发后产生的荧光，使得荧光量降低，即发生荧光淬灭现象。消除淬灭现象可通过降低提取物浓度，或从提取物中去除淬灭分子。例如，使用 Sephades - G25 层析柱或微型离心柱均可达到去除淬灭物的效果。

（3）内源性荧光物质　某些植物中存在高水平的内源荧光物质或多酚化合物，因此会降低检测的灵敏度，但是可以通过上述柱层析或在提取液中加入能与荧光物质结合的物质加以去除。

（4）植物内源 β - 半乳糖苷酸酶或内源类 β - 半乳糖苷酸酶活性物质　由于植物如黑麦、苹果种子和杏仁等中内源 β - 半乳糖苷酸酶活性最适 pH 为 4 ~ 5，大黄中为 6，烟草中内源 β - 半乳糖苷酸酶在 45℃ 下很快失活，因此可通过诸如提高反应体系 pH、在反应液中加入甲醇或加热处理等方法解决这一问题。

荧光法比分光光度法的灵敏度高 100 ~ 1000 倍，利用该法测定 β - 半乳糖苷酸酶活性时，可以仅在一个时间点上测定溶液的总荧光量，这种方法要设置对照以消除内源荧光强度；也可以在不同时间点测定溶液荧光量，因为在酶反应初始阶段，酶作用生成的荧光物质在反应体系中处于积累阶段，荧光产量与时间有线性关系，而内源性荧光物质的荧光量与时间无此关系，所以可通过测定酶反应初始阶段几个时间的荧光量，得到的线性关系即可作为酶活力的依据。如果仅是简单的定性分析 β - 半乳糖苷酸酶活性，可将反应物置于 1.5mL Eppendorf 管中，在投射紫外线下观察管中有无荧光及其强弱程度。如图 9 - 1 所示，1 号为非转化拟南芥样品，2 ~4 号为转 *gus* 基因拟南芥样品，由于 β - 半乳糖苷酸酶含量及活性不同，其荧光强度表现出差异性。

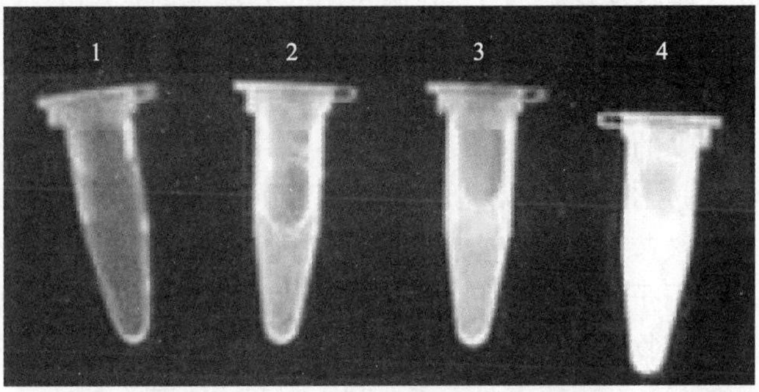

图 9 - 1　转基因拟南芥 β - 半乳糖苷酸酶抽提液的荧光分析

资料来源：李新锋，2004。

（三）组织化学染色定位法

组织化学法是以 X - Gluc 为底物，将待检组织、细胞或原生质体直接浸泡在含有底物的缓冲液中，从而使底物可以直接渗入。在被测组织、细胞或原生质体中如果发生了 *gus* 基因的转化，则表达产生的 β - 半乳糖苷酸酶可以催化底物生成无色的吲哚衍生物，该物质经氧化二聚作用形成蓝色的 5，5′ - 二溴 -4，4′ - 二氯靛蓝，便可进行直观的观察。但是，该方法一般只能作为定性及定位的检测方法，不能进行准确的定量，因为在 β - 半乳糖苷酸酶水解底物 X - Gluc 的过程中，可能发生吲哚衍生物渗漏的现象，或者在植物内源过氧化物作用下促进氧化二聚反应的进行，使显色部位的蓝色加深，但是有研究表明，以钾的高铁氰化物/亚铁氰化物混合作为氧化剂可以解决该问题。

利用该方法进行 β - 半乳糖苷酸酶检测时常遇到的问题有两类：第一类问题是植物性材料中叶绿素等有色物质对颜色结果产生的干扰。在检测转基因植物时，要以非转化植物细胞作为阴性对照，因为正常的植物细胞中一般不存在 β - 半乳糖苷酸酶，所以阴性对照在进行 β - 半乳糖苷酸酶染色时，应无蓝色出现。但是，由于植物组织尤其是叶片中含有叶绿素，因此使阴性对照呈现绿色，从而造成无法与阳性材料进行准确对比。所以，一般在对植物材料检测时，第一步要用脱色剂、乙醇或 FAA 固定液（福尔马林、醋酸、酒精的混合物），对含有叶绿素的样品进行脱色处理。脱色后对照材料呈黄白色，但阳性材料中产生的蓝色物质并不会因脱色处理而脱出，这样即可消除叶绿素对实验结果的干扰。第二类问题是本底，即背景的产生。所谓本底是指对照材料经脱色处理后出现蓝色的想象。产生本底的原因可能有两个：植物内源类 β - 半乳糖苷酸酶活性物质；被检材料或试剂被细菌污染，因为很多细菌质粒上都带有 *gus* 基因。

（四）聚丙烯酰胺凝胶电泳原位分析法

由于 β - 半乳糖苷酸酶对去污剂具有一定的耐受性，即使在 β - 半乳糖苷酸酶的氨基端融合一个大的蛋白质其仍具有β－半乳糖苷酸酶活性，因此可以用聚丙烯酰胺凝胶电泳的方法对其进行原位分析。该方法简便实用，可以快速定性检测。

二、*gfp*基因的检测

*gfp*基因即绿色荧光蛋白基因，其表达产物是一些腔肠动物所特有的生物荧光素蛋白，该蛋白能在激发光作用下发射出绿色荧光。1971年Morin等在能够发出绿光的维多利亚水母（*Aequorea victoria*）体内发现了Gfp，并确定Gfp并非当时已知的水母发光蛋白，而是一种新发现的蛋白。而后，Morise等于1974年证明了在该类水母体内，Gfp是在接受了由钙离子激活的发光蛋白所释放的能量后而发出绿光的。除发光蛋白外，荧光素酶－氧化荧光素复合体也可能是Gfp的能量授体。因此，Gfp是一种能够接受荧光辐射能并最终发射荧光的物质。而且，通过Ghalfie等对Gfp在异源细胞中表达的研究，表明Gfp在其他原核或真核细胞中，也可被蓝光激发产生绿色荧光，即Gfp荧光的产生无物种特异性，而且也不需要特异性的辅助因子。因此，*gfp*基因作为一类新型报告基因可以应用于广泛的生物类群中。但是，由于植物细胞与水母细胞对密码子的偏爱性有所不同，因此未经改造的水母*gfp*基因在植物细胞内表达效率并不高。利用突变或人工合成方法在不改变肽链顺序的前提下，将水母的密码子更换成植物偏爱密码子，可使*gfp*基因表达效率大大提高，所以并不会影响*gfp*基因的应用范围。

由于*gfp*基因具有多方面的优点，因此已经被越来越多地应用到食品基因工程中。与其他报告基因相比，*gfp*基因主要具有以下三个方面的优点：

① 表达不受生物种类的限制，因此适用于各种生物的基因转化；

② 检测方法简便、安全，只需蓝光或紫外光照射，其表达产物可发出绿色荧光，因此可以对转化个体做无损检测，且不会对细胞产生毒害；

③ 检测时可获得直观结果，有利于转基因食品安全性问题的研究及防范。

*gfp*基因在转化细胞中的检测方法是用蓝光或紫外光照射，在显微镜下挑出发强烈绿色荧光的细胞。现在可以用流式细胞仪（FACS），即一种荧光激活的细胞分拣器，它可根据分离对象光学性质的不同，通过参数调整而分离所需要的细胞。*gfp*基因转化细胞与非转化细胞间存在明显的荧光差异，因此可以在分拣器中被快速地分离出来。

三、*cat*基因的检测

*cat*基因即氯霉素乙酰转移酶基因，是从细菌转座子Tn9中克隆出来的。在乙酰辅酶A存在的条件下，该酶能将氯霉素转变为乙酰化衍生物，经乙酰化的氯霉素失去原有活性，使转化了*cat*基因的细胞获得了使氯霉素失活的能力，即产生了对氯霉素的抗性。氯霉素乙酰转移酶的活性可以通过反应底物（乙酰辅酶A）的减少或产物（乙酰化氯霉素、还原型辅酶A）的生成来测定，目前主要用薄层层析法或分光光度法来测定。

（1）薄层层析法　该法是通过测定氯霉素及其产生的乙酰化衍生物的量，来确定氯霉素乙酰转移酶活性的。原理是，利用氯霉素及其乙酰化产物在氯仿中溶解度不同的性质，以氯仿作为扩展剂进行薄层层析，由于各组分的迁移率（R_f值）不同，从而将其分离，用^{14}C标记氯霉素，通过放射性自显影就可以对组分进行定量分析。

（2）分光光度法　该法是通过测定反应产物中辅酶A的生成量来检测氯霉素乙酰转

移酶活性的。因为辅酶A中的巯基可以与5，5′－二巯－2－硝基苯甲酸（DTNB）反应，产物在412nm处有吸收峰，因此可以通过测定吸光值大小来确定其浓度。

四、*nos*基因的检测

*nos*基因，即冠瘿碱合成酶基因，或胭脂碱脱氢酶基因，存在于农杆菌Ti质粒和Ri质粒上。由于该基因只在真核细胞中表达，因此只有当该基因整合到真核生物的染色体上后，才会表达生成冠瘿碱合成酶。该酶包括两类：一类是胭脂碱脱氢酶（nopaline synthase）；另一类是章鱼碱合成酶。前一类酶可以催化精氨酸与α－酮戊二酸进行缩合反应，生成胭脂碱；后一类催化精氨酸与丙酮酸缩合，生成章鱼碱，两者均属于冠瘿碱类化合物。冠瘿碱可以用纸电泳的方法加以分离，因为精氨酸、胭脂碱和章鱼碱的电泳迁移率不同。用胍基类化合物的特异性染色剂——菲醌进行染色，使精氨酸、胭脂碱及章鱼碱在紫外光激发下发出黄色荧光，放置两天后变为蓝色。

五、*npt Ⅱ*基因的检测

*npt*Ⅱ基因，即新霉素磷酸转移酶基因，是从细菌转座子Tn5分离出来的。该基因编码的酶为氨基糖苷－3′－磷酸转移酶（aminnoglycoside－3′－phosphtransgerase Ⅱ），又称NptⅡ（neomycin phosphotransgerase Ⅱ）。它能将氨基糖苷类抗生素（新霉素、庆大霉素、卡那霉素等）磷酸化，从而使抗生素失活。

通过对*npt*Ⅱ基因的表达产物NptⅡ进行酶活检测，可以确定*npt Ⅱ*基因是否整合到细胞的基因组中。具体的检测方法是，使用放射性同位素标记［$a-^{32}p$］dCTP，如果体系中存在NptⅡ酶，则可将［$a-^{32}p$］dCTP上具有放射性的*a*磷酸基团转移到抗生素分子上，接受了放射性磷酸集团的抗生素可以与^{32}p磷酸纤维素离子交换滤纸相结合，最后通过放射性自显影，便可检出是否有接受了放射性磷酸集团的抗生素分子，由此说明体系中是否存在NptⅡ酶的活性。

六、荧光素酶基因的检测

荧光素酶是生物体内催化荧光素（luciferin）或脂肪醛（firefly aldehyde）氧化发光的一类酶的总称。它来自自然界能够发光的生物，根据来源，荧光素酶可分为萤火虫荧光素酶（firefly luciferase，FL）和细菌荧光素酶（bacterial luciferase，BL）。从不同地区的萤火虫提取的萤火虫荧光素酶和从不同细菌中提取的细菌荧光素酶分子质量不同，萤火虫荧光素酶的分子质量为60～64ku，细菌荧光素酶的分子质量为77～79ku。而且，虽然荧光素酶作用的底物都是荧光素，但是们之间的化学结构却存在一定差异。萤火虫荧光素酶的底物是6－羟基喹啉类化合物，而细菌荧光素酶的作用底物是脂肪醛。

根据被检材料性质的不同，可以将荧光素酶活性的检测方法分为两类：一是活体荧光素酶活性检测方法；二是体外荧光素酶活性检测方法。通过对荧光素酶酶活进行检测，即可知待检样品中是否转化了荧光素酶基因。

七、*pat*基因的检测

*pat*基因编码草胺磷（phosphinothricin，PPT）乙酰转移酶（Phosphinothricinacetyltransferase，PAT）。PPT 是一种除草剂，能抑制植物体内谷氨酸合成酶（glutamine synthetase，GS）的活性，使细胞内 NH_4^+ 积累，导致细胞中毒死亡。

第二节　外源基因的 Southern 杂交检测

Southern 杂交是一种准确检测外源基因在宿主细胞基因组中整合情况的分子杂交方法，是 E. M. Southern 于 1975 年始创的，它不仅可以用来确定克隆的特定 DNA 序列，判断插入片段来自染色体基因组的哪一部位，还可证明是否带有目的基因片段。Southern 杂交的原理是，利用与所要检测的目的基因具有同源性的 DNA 或 RNA 多核苷酸链为探针，在 Watson－Crick 碱基互补配对原则的基础上，使探针跟目的片段上与其同源互补的区域形成稳定的双链分子的过程。由于探针是经过放射性同位素或非放射性标记物标记过的，因此杂交后可通过放射性自显影或特异性的显色反应，将杂交印迹显现出来，以此对外源基因的整合情况进行分析。

Southern 杂交过程可以在液相或固相中进行，目前采用较多的方法是在固相膜上进行固－液杂交，依杂交方式的不同可分为 Southern 印迹杂交、斑点杂交及原位杂交等。整个杂交过程一般包括以下三个主要步骤，即总 DNA 的提取、探针的制备和杂交。本节将按照一般 Southern 杂交的流程对此过程加以介绍。

一、总 DNA 的提取

真核生物细胞中的 DNA 主要是核 DNA，也称为染色体 DNA，存在于细胞核内，单倍体细胞核 DNA 称为基因组 DNA。除了细胞核，细胞质内的部分细胞器也含有 DNA，主要是线粒体及植物细胞中的叶绿体，它们中的 DNA 分别称为线粒体 DNA（mtDNA）和叶绿体 DNA（ctDNA），与核 DNA 统称为总 DNA。进行 Southern 杂交时，只需提取总 DNA 即可。

（一）总 DNA 的提取方法

目前，总 DNA 的提取多使用一步法，此法简便、快捷、效果好。一般总 DNA 提取的基本原理都是先用温和的方法破碎细胞，使核蛋白自然释放出来，然后加入去污剂使核蛋白解析，最后通过变性蛋白，使其沉淀析出，与 DNA 分离。常用的总 DNA 提取方法有两种：CTAB 法及 SDS 法。

1. CTAB 法

CTAB（cetyltriethylammonium bromide），即十六烷基三乙基溴化铵，是一种温和去污剂，可裂解细胞膜并能与核酸结合成复合物，该复合物在高盐溶液中可溶，而在低盐溶液中溶解度降低，可从溶液中析出。因此，当向提取体系中加入 CTAB 后，便可使其与 DNA 分子形成复合物，并在高盐环境下沉淀，然后通过离心的方法可将沉淀与蛋白质及多糖分开，最后将离心得到的沉淀物重新加入到高盐溶液中。

2. SDS 法

SDS（Sodium dodecyl sulfate），即十二烷基磺酸钠，与 CATB 一样是一种温和去污剂，同时也是一种蛋白质变性剂。它可以使细胞破裂，蛋白质变性，从而与 DNA 分离，然后通过提高提取体系盐浓度或降低温度的办法，可以使蛋白质及多糖沉淀，再经离心可除去沉淀物，而在上清液中得到总 DNA。上清液中的 DNA 可用酚/氯仿反复抽提后，再经乙醇沉淀，可从水相中将 DNA 沉淀出来。

CTAB 法和 SDS 法两种方法的共同优点是操作温和、简单，但 CTAB 法比 SDS 法能更好地去除糖类杂质，却不如 SDS 法简单。因此，在选择 DNA 提取方法时，要根据实验材料的特点和 DNA 的纯度要求。

（二）DNA 质量分析

在进行 Southern 杂交之前，要对提取的总 DNA 样品进行质量分析，因为用于杂交的 DNA 要求无蛋白质、RNA、多糖、色素、酚类等杂质，同时要防止提取试剂在总 DNA 中有残留。另外，浓度要求在 0.5～1μg/μL，片段长度要求在 50kb 内，所以提取的 DNA 必须先经琼脂糖凝胶电泳检测和紫外分光光度法检测其片段大小、浓度及纯度。

紫外分光光度法分析 DNA 纯度的原理是：核酸的最大吸收波长为 260nm，蛋白质为 280nm，在波长 260nm 时，1OD 值相当于双链 DNA 质量浓度为 50μg/mL，单链寡核苷酸的含量为 30μg/mL，可以据此来计算核酸样品的浓度，还可通过测定在波长 260nm 和 280nm 时 OD 值的比值（OD_{260}/OD_{280}）估计核酸的纯度；纯净 DNA 的比值为 1.8，RNA 为 2.0，若比值高于 1.8，说明 DNA 样品中的 RNA 尚未除尽，若样品中含有酚和蛋白质，将导致比值降低；波长 270nm 时存在高吸收表明有酚的干扰。紫外分光光度法只能用于测定质量浓度大于 0.25μg/mL 的核酸溶液，对浓度更小的样品，可采用荧光分光光度法。

琼脂糖凝胶电泳是分离、鉴定和纯化 DNA 片段最为常用的方法之一，这种方法简便易行。应用该方法分离、鉴定 DNA 片段的原理基于两点，即 DNA 的分子特性和琼脂糖的特点。DNA 分子在 pH 高于等电点的溶液中带负电荷，在电场中向正极移动。由于糖－磷酸骨架在结构上的重复性质，相同数量碱基的双链 DNA 几乎具有等量的净电荷，因此它们能以同样的速度向正极方向移动。在一定的电场强度下，DNA 分子的迁移速度取决于分子本身的大小和构型，具有不同分子质量的 DNA 片段迁移速度不一样，迁移速度与 DNA 分子质量的对数值成反比关系。琼脂糖是从海藻中提取出来的杂聚多糖，是由 D 型和 L 型半乳糖以 $\alpha-1,3$ 和 $\beta-1,4$ 糖苷键相连而成的线状高聚物，其溶于热水形成溶胶，冷却后成为孔径范围 50～200nm 的凝胶，对不同分子大小的 DNA 片段的吸附能力不同，由此将在电场中泳动的片段依次分离。

二、探针的制备

杂交探针是经特殊化合标记的与待检目的片段高度同源的特异性核苷酸序列。按照核苷酸种类的不同可将探针分为单链 DNA 探针（又可分为 DNA 探针和 cDNA 探针）、双链 DNA 探针和 RNA 探针；按探针标记物的不同可将探针大致分为放射性及非放射性探针；根据标记物的掺入情况又可分为均匀探针和末端探针。但是不论探针属于哪一类，用于 Southern 杂交的探针必须具有以下几个共同的特点：

（1）特异性较高　即探针可以与目的片段特异性地结合；

（2）适宜的长度　探针过短特异性会降低，一般最好在 300bp 以上，过长不易制备，但染色体上基因定位的探针要求应较长一些，可达 2kb。进行细胞原位杂交时要求比较特殊，因为要使探针具有良好的组织穿透性，即可以顺利进入细胞，因此此时的探针长度可以短至几十个核苷酸；

(3) 具有一定的灵敏性　探针上的标记物在探针与目的基因杂交后可容易地被检出。

探针在制备过程中要经历以下几步：探针序列的获得、探针的标记、探针的纯化和探针效率检验。

(一) 探针序列的获得

作为探针的核苷酸序列可通过人工合成（几十个核苷酸的短序列）或从工程菌质粒上切取的方式获得。

从质粒上得到探针序列，首先要对含有目标质粒的细菌进行富集培养，在培养时要根据细菌和质粒的特性加入特异的选择压力，如氨苄青霉素、氯霉素等。当菌体积累到一定程度后，便可进行质粒的抽提。质粒的抽提主要有三种方法：碱法、煮沸法和去污剂法。但无论是何种方法，基本的原理都是：首先使用裂解剂对菌体细胞进行裂解，使质粒释放出来，然后通过加入蛋白质变性剂去除蛋白质、脂类、多糖等杂质，最后利用抽提剂将质粒从提取体系中抽提出来。质粒抽提完成后，可以用琼脂糖凝胶电泳法检测质粒的纯度及质量。获得完整的质粒后，进行限制性核酸内切酶的酶切反应。限制酶种类的选择十分重要，直接决定酶切效果，一般制备探针时使用构建载体时使用的限制酶切割目的片段，也可以用载体外源片段插入位点两端自带的酶切位点，但是要确定目的片段中没有将要使用的限制酶的酶切位点。经过酶切后，利用琼脂糖凝胶电泳法将所需的目的片段分离出来，最后只需回收凝胶上目的片段的条带，在经过纯化处理后便可得到探针序列。

(二) 探针的标记

1. 标记物

目前用于分子杂交的标记主要可分为两类，即放射性和非放射性标记物（表9-2）。一般要求标记物具有检测灵敏度高、特异性强、不影响探针特异性、稳定、安全等特点。

表 9-2　标记物种类

放射性标记物	非放射性标记物				
	酶类	生物素类	荧光素类	半抗原类	其他
^{3}H ^{14}C ^{32}P ^{33}P ^{125}I ^{131}I ^{135}S	辣根过氧化物酶 碱性磷酸酶	生物素 光敏生物素	异硫氰酸荧光素 羟基香豆素 试卤灵 罗达明 四甲基异硫氰酸罗达明	地高辛	AAF AAIF 汞离子 磺基 金 银

(1) 放射性标记物　放射性标记物指的是放射性同位素，其原子中的质子数和电子数与其相应的元素相同，中子数不同，因此放射性同位素的原子核很不稳定，会不间断地、自发地放射出射线，即所谓的“核衰变”。放射性同位素在进行核衰变的时候，可放射出 α 射线、β 射线和 γ 射线，其中 γ 射线射程最长，在空气中可达几十米；其次为 β

射线和 α 射线，射程分别为几厘米和几十厘米。使用放射性同位素作为探针的标记物，就是因为其可以发射出带电粒子作用于感光材料的卤化银晶体，从而产生潜影，这种潜影可用显影液显示，成为可见的“像”，该过程被称为放射性自显影。

放射性核素的原子不断衰变，当衰变掉一半时所需要的时间称为半衰期。标记核算探针的放射性同位素大多发射 β 射线，但各种放射性同位素所发射的 β 射线的最大能量、半衰期不同（表9－3）。射线的能量越大，其放射性自显影时间越短，但由于能量越大穿透力越强，因此分辨力越低。半衰期长的同位素标记的探针比较稳定，可保存的时间较长，相反半衰期短的，不易长时间保存。

表9－3　　常用放射性同位素的特征

同位素	半衰期	β 射线所带能量/MeV
^{3}H	12.35 年	0.0186
^{14}C	5730 年	0.156
^{32}P	14.3d	1.71
^{35}S	87.1d	0.167
^{125}I	60d	0.035（r）

使用放射性同位素标记核苷酸探针时，直接通过酶反应可将标记有放射性同位素的核苷酸（NTP）或脱氧核苷酸（dNTP）掺入到核苷酸链中，从而使探针链获得标记物。在Southern 杂交中最常用的放射性标记物是^{32}P、^{35}S、^{3}H 和^{125}I。

（2）非放射性标记物　考虑到放射性标记存在对人体及环境的危害，非放射性标记物在杂交中的应用越来越多。与放射性标记物相比，非放射性标记具以下三个方面的优势：首先，安全、无污染，使用及后处理方便；第二，稳定性好，标记好的探针可保存一年甚至更久，降低了工作强度，批次检验之间重复性好，为多样本或长期检验带来极大方便；第三，利用几种不同的探针标记方法，可一次性对同一样本进行多探针杂交。但是，非放射性标记物也有其致命的缺点，即灵敏度较低，这也是限制非放射性标记广泛应用的瓶颈。目前常用的非放射性标记物主要分为四大类，即生物素类、酶类、半抗原类和荧光素类，共十多种。以下介绍两种在杂交中最常用的非放射性标记物：生物素和地高辛。

① 生物素（biotin）：生物素又名维生素 B_7，是自然界一切生物体内代谢必不可缺少的重要物质，参与生物体内重要的生化反应，是生物体内 CO_2的重要载体。生物素是最早使用的非放射性标记物，它大大促进了杂交技术的推广应用。生物素分子中的戊酸羧基经化学修饰连接其他活性基团后，转变为活性生物素，可与核苷酸、核酸、蛋白质、糖等分子发生偶联反应，从而使这些物质被生物素标记。最初用生物素标记核苷酸探针时使用化学法，即将生物素直接与探针偶联，但是此方法掺入效率较低，导致灵敏度低，且检测结果不稳定。现在多使用酶法掺入，即将生物素与 dUTP 分子中嘧啶碱基的第五位碳原子通过一个碳臂共价结合，形成 biotin－11－dUTP（图9－2）或 biotin－16－dUTP，通过酶反应催化将标记有生物素的 dUPT 掺入核苷酸探针中——该法使检测的灵敏度大大提高。

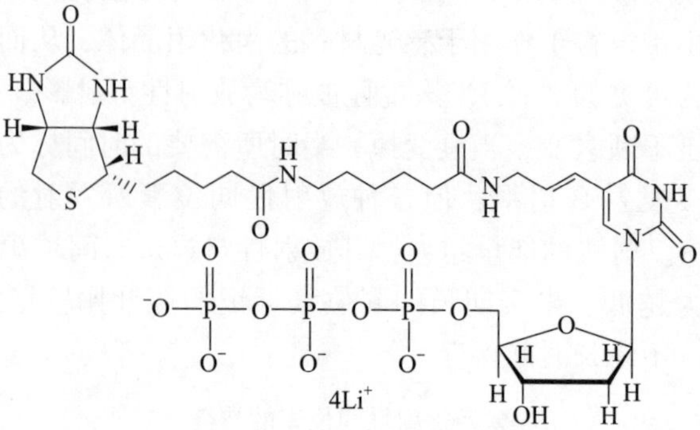

图 9－2　biotin－11－dUTP 结构

资料来源：Pennina R，1981。

检测生物素时有两种方法：直接法和间接法，前者通过生物素－抗生物素蛋白的亲和系统检出，后者利用生物素－抗生物素抗体的免疫系统检出（图 9－3），两种检测方法的原理都是基于抗生物素蛋白与生物素之间具有的高度亲和力的特点。在直接法中，标记生物素的探针与被检单链 DNA 中的同源序列杂交，检出时探针上的生物素与结合了标记物［如异硫氰酸荧光素（FITC）］的抗生物素蛋白特异性地形成复合物，从而形成杂交 DNA－生物素－抗生物素－标记物的杂交检出系统，最后根据抗生物素蛋白上标记物的性质进行检测。通常用作抗生物素蛋白标记物的是酶分子，检出时只需向杂交体系中加入酶反应底物，创造适宜的酶反应条件，通过酶反应发生的颜色变化即可检出与靶 DNA 序列杂交的探针。间接法操作时加入了二抗的检出系统，一般使用免疫系统。

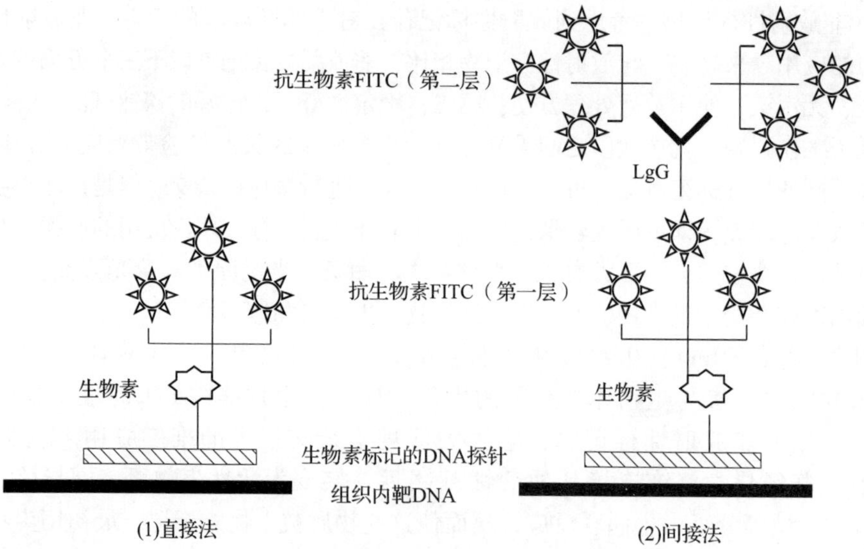

图 9－3　生物素检测系统

虽然生物素标记探针后的检出过程较为简便，且标记后探针较稳定，但是由于生物素是一种维生素分子，普遍存在于各种细胞中，因而在 Southern 原位杂交时内源性背景大，这是生物素标记的最大缺陷。

② 地高辛（digoxigenin）：地高辛是一种类固醇半抗原化合物，化学名称为异羟基洋地黄毒苷，来源于植物洋地黄的花和叶子，自 1988 年由德国宝灵曼公司将其开发为非放射性标记系统。与生物素相比较，它不存在于一般生物体中，因而消除了内源性背景问题。地高辛配基通过一个包含 11 个碳原子的连接臂与尿嘧啶核苷酸嘧啶环上的第 5 个碳原子相连接，形成 Dig - UTP（图 9 - 4）。与 biotin - dUTP 一样，Dig - UTP 也可以通过酶反应掺入核苷酸探针序列中。

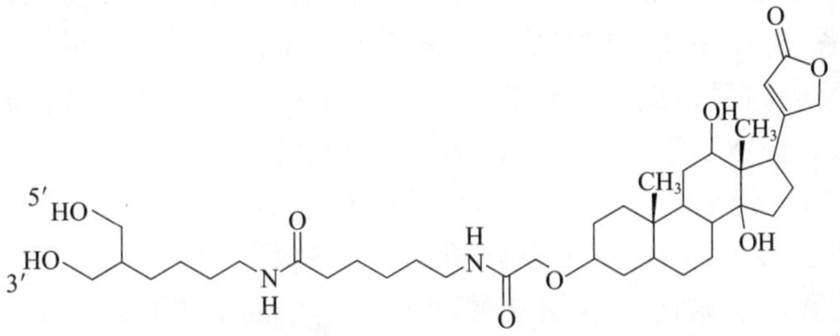

图 9 - 4　Dig - dUTP 结构

地高辛标记的核苷酸杂交体的检出是利用地高辛抗体与地高辛发生免疫反应，由于地高辛抗体上带有酶标记，因此可以通过酶反应后的显色检出杂交体（图 9 - 5）。一个酶标记抗体大约占据 20 个核苷酸的空间位置，所以标记时要选择适应标记物及探针浓度，使每隔 20 ~ 25 个核苷酸掺入一个 Dig - dUTP。

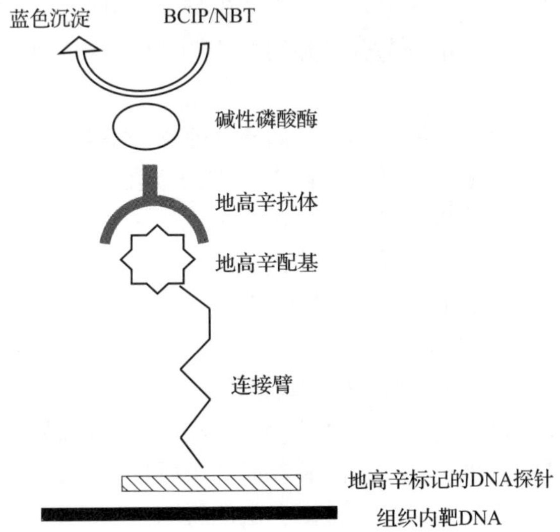

图 9 - 5　地高辛检测系统

2. 标记方法

标记物标记的方法可以分为两大类：体外标记法和体内标记法。后者主要针对放射性同位素的标记，而且由于该方法是对活体细胞的 DNA 进行标记，因此使用时受到细胞中诸多因素的影响，因而标记活性不高。体外标记法不需在活体生物中进行，因而更加简便，同时标记活性也更高。常用的体外标记法有以下几种：

(1) 均匀标记法　间接标记非标记探针分子本身的核苷酸序列，以原探针为模板复制一段新的探针分子，在复制过程中掺入标记的核苷酸，如［α-32 P］dATP，从而使整个新分子被均匀地标记。

(2) 切口平移标记法　这种标记方式目前只有通过大肠杆菌 DNA 聚合酶 I 来完成，主要是利用了该酶 5′→3′ 外切活性和 5′→3′聚合活性。DNA 聚合酶 I 可以在待标记的 DNA 分子上引发 5′→3′外切反应，使分子产生切口，在随后的 5′→3′DNA 聚合反应中带有标记物的脱氧三磷酸核苷酸（dNTP）将会掺入到探针中，从而使探针带有标记物。在整个标记反应体系中，待标记的 DNA 分子的任何一条链中的任意位点（除靠近 5′ 端外）都可能作为标记反应的起始点，并持续到该链的 3′末端。因此，新合成的被标记的分子可以代表该待标记的 DNA 分子的绝大部分核苷酸序列。

(3) 随机引物标记法　利用由 6 个核苷酸组成的序列随机的寡核苷酸为引物，在 Klenow 酶的作用下对目标 DNA 进行随机扩增。这样扩增出来的 DNA 产物包括从任意某个位点（最靠近 5′端的一些核苷酸除外）起始的单链 DNA 片段，其整体会包含目标 DNA 所有核苷酸序列信息。在扩增中加入标记的 dNTP ，扩增出来的 DNA 产物就可用作探针。

(4) PCR 扩增标记法　在 PCR 扩增时加入标记的 dNTP，不仅能对探针 DNA 进行标记，还可进行大量扩增，尤其适用于探针 DNA 浓度很低的情况。

(三) 探针的纯化

探针经过标记后在其存在的体系里会有未掺入到探针分子中的游离核苷酸，因此必须有探针的纯化过程，以免游离标记物在杂交中产生背景。目前探针纯化的方法主要有沉淀法和层析法两种，层析法又可细分为分子筛层析法和反向层析法两种。

1. 沉淀法

该方法的原理是游离核苷酸溶于乙醇，而核苷酸探针不溶，因此在乙醇中可将探针通过沉淀的方式与游离核苷酸分离。操作时首先通过酚/氯仿抽提将 DNA 探针抽提到水相，然后加入乙醇进行沉淀，沉淀步骤可以反复进行两次，最终可以获得较纯的 DNA 探针序列。该法操作简单，但是当遇到序列较短的探针时，效率会降低，而且在沉淀的过程中探针损失较大，因此最终得到的 DNA 探针浓度较低。

2. 层析法

(1) 分子筛层析法　此方法的原理是利用凝胶颗粒的三维网状结构，使分子质量不同的分子相互分离开来。由于探针分子的分子质量远大于游离核苷酸，因此在经过凝胶时，小分子的游离核苷酸可以扩散进入凝胶，而分子质量较大的探针分子被排阻在外，洗脱时大分子组分先排出，小分子组分后排出，由此将同一样品中大小不同的组分分开。此方法分离效率高于沉淀法，最终得到的 DNA 探针纯度及浓度可以满足 Southern 杂交的要求。

(2) 反向层析法　该法原理是利用树脂可以与 DNA 结合的性质，在样品经过层析柱时，使 DNA 探针结合滞留于柱子上，而游离核苷酸由于无法与树脂结合而无法吸附在层析柱上，然后通过洗液可将游离核苷酸先排出，最后再用 50% 的乙醇将结合在层析柱上的 DNA 探针洗脱下来，最终达到很好的分离效果。

（四）探针标记效率的检验

制备探针的最后一个步骤是对探针的标记效率及产量进行检测。使用放射性同位素标记探针时，可以通过检测最终得到的探针的放射性记数，代入固定的公式中进行计算，便可获知探针的标记效率及产量。使用非放射性标记探针时，可将探针经显色反应后，与已知浓度的阳性对照显色后的颜色对比来判断探针的标记效率。

三、Southern 印迹杂交

Southern 印迹杂交的基本过程是先对提取得到的总 DNA 进行限制酶的酶切处理，以产生大小不同的若干酶切片段，然后利用琼脂糖凝胶电泳的方法加以分离，使得各片段在凝胶上依分子质量大小顺次排开，以分子质量标准 DNA 为参照可见各酶切片段大小。接下来用碱处理凝胶，使酶切片段在凝胶上原位变性，再转移到硝酸纤维素膜或尼龙膜上，以此在膜上得到与凝胶上一致的 DNA 原位印迹。通过在烘箱中烘烤或在紫外交联仪中交联，使转移到膜上的 DNA 印迹固定在膜上，而完成转膜的步骤。为了掩盖膜上的非特异性杂交位点，要先对膜进行预杂交。预杂交完毕后开始进行杂交，即将膜放入含有经变性处理的单链探针的杂交液中，在适宜条件下使膜上与探针同源的单链序列与探针杂交成双链。如果外源基因已经整合到基因组中，那么在形成的酶切片段中必定有含有外源基因的片段，因此经转膜后外源基因的单链会存在于印迹当中，所以在杂交时，与之具有同源互补序列的单链探针可以与其结合成双链，而最终将带有标记物的探针滞留在固相膜上。但是在杂交时，很难避免非特异性的杂交，即由于探针中部分序列与非目的基因 DNA 片段中的某段序列具有同源性，而造成探针与非目的片段的结合。因此，经历杂交过程后要有洗膜的步骤，以脱去膜上这些非特异性结合的探针及游离探针。最后根据探针的标记物进行相应的检测，而使特异性杂交体的数量及位置清晰而准确地显示出来。具体流程可参见图 9－6。

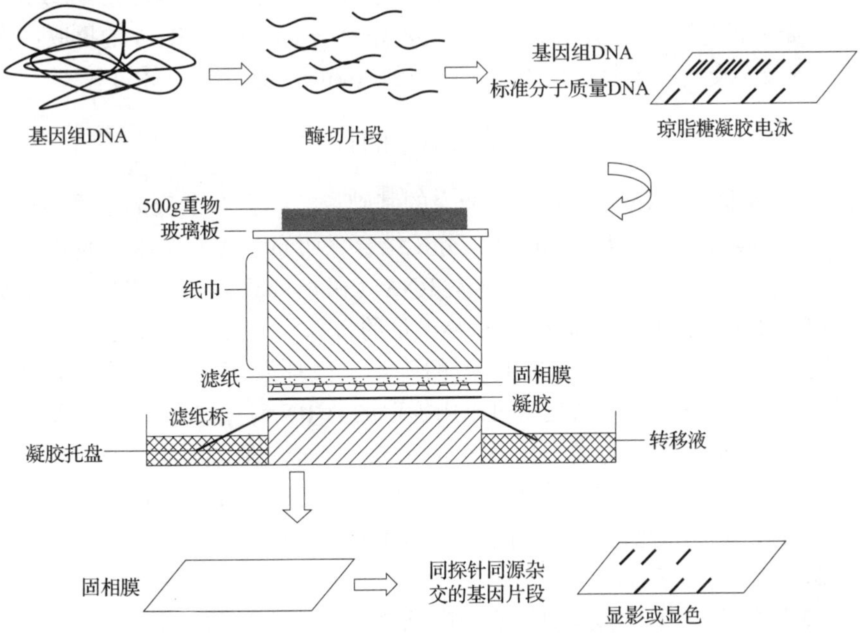

图 9－6　Southern 印迹杂交流程

第三节 外源基因的 Northern 杂交检测

通过 Southern 杂交可以检测外源基因是否已经整合到宿主染色体上，但是却不能说明整合进去的基因是否正常表达，因为基因的表达是一个非常复杂的过程，要受到严格的调控。所以，要检测外源基因是否表达需要通过专门的核算杂交的方法，即 Northern 杂交。该方法是通过细胞总 RNA 或 mRNA 与 RNA 或 DNA 探针的杂交来检测特异性 RNA 的方法，是在转录水平上分析转基因植物、动物、微生物细胞中外源基因表达及调控的重要手段。

Northern 杂交的原理是，RNA 分子在变性琼脂糖电泳中的迁移率与其分子质量大小有关，因此可以通过电泳的方法将不同分子质量的 RNA 分子分离开来，然后将琼脂糖凝胶中的 RNA 分子通过毛细管原理转移到硝酸纤维素膜或尼龙膜上，再用经放射性同位素或非放射性标记物标记过的 RNA 或 DNA 探针与固定的 RNA 进行杂交。探针通过同源序列仅与特异的 RNA 结合，杂交的 RNA 的大小及 RNA 的量可以通过放射性自显影或酶促反应的颜色来显示。

Northern 杂交的优点在于，它可以准确反映一个基因转录产生的 RNA 的数量、分子大小、分度等信息，是一种对基因表达进行定性及定量的检测方法，这是它与其他分子杂交技术相比所具有的独特之处。但是，该方法也不可避免地存在一定缺点，首先，杂交中第一步要进行的 RNA 提取需要按照严格的操作规程来进行，而且操作人员最好有一定该方面的经验，因为用于杂交的 RNA 分子必须是高质量和未经降解的，但是 RNase 对于 RNA 分子的降解作用十分强烈，而且该酶极易污染到提取体系中，从而造成 RNA 的降解；其次，Northern 杂交的灵敏度较低，且操作步骤比较繁琐。因此在实际应用中，人们正在不断地通过转膜过程的条件优化及使用高灵敏度的探针等方法对其加以改进。

Northern 杂交的过程与 Southern 一样，主要分为三步：① 总 RNA 的提取；② 探针的制备；③ 印迹及杂交。本节将按次操作顺序介绍 Northern 杂交的具体过程。

一、总 RNA 的提取

分离纯净、完整的 RNA 是 Northern 杂交的基础，实际上在杂交的过程中探针是与特异的信使 RNA（messenger RNA，mRNA）分子结合，而 mRNA 在细胞中的总 RNA 中只占到 1% ~5%，其余占大部分的是核糖体 RNA（ribosomal RNA，rRNA）和转录 RNA（transfer RNA，tRNA），尤其是前者占总 RNA 量的 80% ~85%，后者也占到 10% ~15%。因此，在提取总 RNA 时要尽量避免 RNA 的降解、破坏及流失，确保其中只占少量的 mRNA分子的完整性。Northern 杂交中可以用提取的总 RNA，但是为了达到更好的杂交效果，也可以进一步从总 RNA 中将 mRNA 分离出来，基于的原理是，真核细胞 mRNA 的 3′端有 20 ~200 个不等的多聚腺苷酸尾巴，简称 PolyA，可以和 oligo（dT）结合，因此可以利用亲和层析的方法将其纯化出来，下文将在 mRNA 的分离一段中做具体介绍。

（一）总 RNA 的提取方法

在提取细胞中总 RNA 时最需要注意的问题是防止 RNase 的降解作用，它的特点决定了其在 RNA 制备过程中成为影响 RNA 质量的首要因素：① RNase 广泛地存在于外源环境中，如灰尘、器皿、试剂、人的皮肤、唾液、汗液中，同时提取材料中也存在内源的RNase；② RNase是一类水解核糖核酸的内切酶，具有十分稳定的生物学活性，在高温、酸性、碱性环境中都有一定的耐性，即使用沸水都不能使其失活，但蛋白质变性剂可以使其暂时失活，一旦除去变性剂后RNase会恢复其活性；③ RNase发挥活性时不需辅助因子的参与，二价离子螯合剂不能抑制其活性。

去除外源RNase污染的方法主要是：提取中戴手套、口罩，避免手、唾液接触提取体系；在洁净的环境中进行提取，防止空气中的灰尘携带RNase进入提取体系；玻璃器皿用水清洗干净后，置于200℃烘烤4h；塑料制品用0.05%～0.1%的焦碳酸乙二酯（DEPC，一种高活性的烷化剂，可与蛋白质分子中组氨酸上的咪唑环结合发生乙氧基甲酸化，从而抑制RNase活性）溶液浸泡过夜或37℃、2h，然后121℃高压灭菌30～60min；RNA电泳槽要先用去污剂刷洗，然后用清水冲净、乙醇干燥，再用3%双氧水浸泡10min。清洗塑料器皿的溶液配制要用0.1% DEPC处理水，具体方法是先配0.05%～0.1%的DEPC，37℃处理12h或室温过夜，然后121℃高压灭菌30～60min，以去除残余DEPC。但要注意的是，DEPC可与胺类迅速发生化学反应，因此不能用来处理含有三羟基氨基甲烷（Tris）一类的缓冲液。去除内源RNase可以通过将蛋白质变性剂加入到提取体系中以抑制RNase的活性。一般用到的蛋白质变性剂有氯仿、酚、SDS（十二烷基磺酸钠）、十二烷基肌氨酸钠、盐酸胍、异硫氰酸胍等。

目前常用的RNA提取方法有Trizol法、异硫氰酸胍法和氯化锂法等。

1. Trizol法

Trizol试剂是分离细胞和组织中总RNA的即用型试剂，该试剂含有酚和硫氰酸胍溶液，它不仅具有裂解细胞的作用，同时对RNase有一定抑制作用，可以保持RNA分子的完整性。提取体系中加入氯仿经离心后，溶液分为两相，下层为有机相，DNA和蛋白质溶于其中，上层为水相，RNA绝大部分会保留在水相中，用异丙醇和乙醇连续沉淀，可以除去DNA和蛋白质，最终获得RNA。Trizol法适用于人、动物、植物、细菌中总RNA的提取，分离效果好，用时短，污染小。用该法获得的RNA可用于Northern杂交、斑点杂交、体外翻译、分子克隆等。

2. 异硫氰酸胍法

异硫氰酸胍是强蛋白质变性剂，与十二烷基肌氨酸钠联合使用可以使核蛋白迅速解体，同时再结合还原剂β－巯基乙醇（破坏蛋白质的二硫键）可以有效抑制RNase活性。当向提取体系中加入如上试剂后，可以使核蛋白迅速解离，大量RNA释放出来，此时加入水饱和酚（pH=3）进行抽提，可以沉淀DNA和蛋白质，并抑制RNase。此时RNA将保留在上层水相中，然后用异丙醇和乙醇连续沉淀，可得到RNA。

3. 氯化锂沉淀法

Li^+在一定pH条件下可以使RNA发生特异性沉淀，并且可以通过多级沉淀的方法提高RNA的纯度。提取过程中，可以使用硼酸缓冲液，并加入二硫苏糖醇抑制RNase活性，用SDS裂解蛋白；此外还可以使用Tris－Cl缓冲体系，用苯酚及蛋白酶K处理蛋白质；也有报道采用高浓度尿素抑制RNase，同时变性蛋白质。

（二）mRNA的分离

从总RNA中分离纯化mRNA主要通过亲和层析的方法，原理基于mRNA 3′端具有

poly（A）结构，可以与寡聚（dT）结合，因此只要将总 RNA 样品过寡聚（dT）－纤维素或多聚（U）－琼脂糖亲和层析柱，便可将 mRNA 纯化出来。总 RNA 在流经寡聚（dT）－纤维素层析柱时，在高盐缓冲液的作用下，mRNA 3′端 poly（A）残基与连接在纤维素柱上的寡聚（dT）残基互补配对，形成氢键，使 mRNA 吸附在柱上，因为在高盐环境下碱基间的氢键稳定。而无 poly（A）结构的其他 RNA 分子无法特异性地被柱子吸附，因此可以从中流出。最后用低盐缓冲液或蒸馏水可以将吸附在层析柱上的 mRNA 分子洗脱下来，因为在低盐状态下碱基间的氢键易解离。

（三）RNA 质量分析

RNA 的精确定量在 Northern 杂交中很重要，一般比较简单的方法可以采用分光光度法，该法操作简便，而且不会破坏核酸的结构，样品可以回收用作探针的制备。另一种是通过 RNA 变性电泳的方法对 RNA 的数量及质量进行分析。

1. 分光光度法

应用分光光度法分析 RNA 质量的原理是根据 RNA 分子特异的光谱学性质：RNA 分子中的嘌呤环和嘧啶环的共轭双键系统具有吸收紫外光的性质，在 260nm 处有吸收峰，这是单个核苷酸在 256～281nm 吸收值的平均值。蛋白质由于含有芳香族氨基酸，因此也能吸收紫外光，但蛋白质的紫外吸收峰通常在 280nm 波长处，在 260nm 处吸收值仅为核酸的 1/10 或更低，所以当核酸样品中的蛋白质含量较低时对核酸紫外吸光值的影响并不大。RNA 在 260nm 与 280nm 处的吸收值之比在 2.0 以上，当样品中蛋白质含量较高时，此值会下降。

RNA 质量浓度的计算方法如下：

$$\text{RNA 质量浓度}（\mu g/mL）=（A_{260}\times \text{稀释倍数}）/（0.024\times L）$$

式中 A_{260}——260nm 波长处光吸收值；

L——比色池厚度，一般为 1cm 或 0.5cm；

0.024——每毫升溶液内含 1μg RNA 的光吸光值。

利用分光光度法除了可以检测 RNA 样品的质量浓度，也可通过分析其在其他波长的吸收值测定其纯度，蛋白质及多糖的最大吸收峰分别在 280nm 和 230nm 处，RNA 在这两个波长及自身最大吸收峰所在波长处的吸光值的比值可以反映其纯度。如果只含有 RNA，则比值应为 $A_{280}:A_{260}:A_{230}=1:2:1$，若比值有显著不同，则说明样品有严重污染，应进一步纯化。

2. 电泳分析法

RNA 与 DNA 分子有着不同之处，即前者为单链而后者为双链结构，因此 RNA 电泳结果与 DNA 电泳不同。RNA 单链分子内配对碱基极易通过氢键结合而形成二级及三级结构，因此 RNA 的空间结构比较复杂，从而造成其在电泳过程中的迁移率与其分子质量无严格相关性。所以在进行 RNA 电泳时，必须使其分子变性，打破 RNA 分子的空间结构，这样才能使 RNA 分子的泳动距离与其分子质量的对数成正比。一般未经变性的天然 RNA 的泳动速率是变性后 RNA 的两倍。

当不需要对提取的总 RNA 样品进行分子质量的检测时，可以用普通的琼脂糖凝胶电泳的方法。电泳后胶板上呈现三条明显的条带，从上至下依次为 28sRNA、18sRNA、5sRNA，且 28sRNA 条带的亮度应为 18sRNA 的两倍，如果上样量小，则 5sRNA 可能不明显。如果 28sRNA 和 18sRNA 条带不分明并有明显拖尾，28sRNA 条带的亮度不如 18sRNA，且 5sRNA 条带亮度明显高于前两者，则证明所提取总 RNA 样品中 RNA 降解严重，质量不高。当需要对总 RNA 样品的分子质量进行检测时，需要通过变性电泳的方法。常用的 RNA 变性电泳方法有甲醛变性琼脂糖凝胶电泳、乙醛/二甲基亚砜（DMSO）变性琼脂糖凝胶电泳、氢氧化甲基汞琼脂糖凝胶电泳和变性聚丙烯酰胺凝胶电泳。经过变性电泳后，上述三条主要 RNA 条带的迁移率分别与 5.1kb、2.0kb 和 0.12kb 的标准 RNA 迁移率相近。

二、探针的制备

Northern 杂交所选用的探针可以是与所要检测的外源基因同源的 DNA 片段或由其转录的 mRNA，杂交后前者形成 DNA - mRNA 杂交体，后者形成 RNA - mRNA 杂交体。DNA 探针可以通过人工合成或从质粒上切去的方法，具体方法可参见 Southern 杂交中探针的制备。RNA 探针可以通过反转录所要检测的 DNA 片段的方法获得。RNA 探针的杂交效率要高于 DNA 探针，但是较难制备，且容易降解，因此目前多使用 DNA 探针进行 Northern 杂交。探针在杂交前要对其进行标记，具体方法参见本章第二节相关内容。

三、印迹及杂交

首先使用甲醛或乙醛/DMSO 变性琼脂糖凝胶电泳将提取的总 RNA 样品中不同分子质量的 RNA 分子依次分离开，然后将它们原位转移到固相膜上。转移上了 RNA 印迹的固相膜首先要在含有封闭剂的杂交液中进行预杂交，以封闭非特异性的结合位点，之后转入加有标记探针的新的杂交液中杂交。杂交完毕后要洗膜，为的是洗脱掉与非特异位点结合的探针。以上步骤完成后可根据探针的标记方式进行放射性自显影或特异的酶反应，使 RNA 的印迹在杂交膜上显现出来。由显影后印迹是否出现可以判断外源基因是否转录，由印迹的亮度可估计外源基因大概的转录水平。

第四节 外源基因表达蛋白的检测

外源基因编码蛋白在转基因植物中能够正常表达并表现出应有的功能是植物基因转化的最终目的。表达蛋白具有一定的稳定性，不被细胞内的蛋白酶迅速降解，同时应对植物细胞无毒性。

外源基因表达蛋白的检测主要利用免疫原理，采用 ELISA、Western 杂交法和免疫层析试纸法。这些方法现在都可以成功地应用于检测一些最重要的基因工程改造生物的重组蛋白，例如：抗虫的转基因玉米、转基因马铃薯和转基因棉花，耐除草剂的转基因玉米、转基因马铃薯、转基因棉花、转基因大豆和转基因油菜籽。

一、ELISA 检测

ELISA 为酶联免疫吸附法（enzyme - linked immuno sorbent assay）的简称，是一种利用免疫学原理检测抗原、抗体的技术。它建立了固 - 液抗原 - 抗体反应体系，并采用酶学标记。抗体与抗原的结合通过酶反应来检测，由于酶反应的放大作用，使测定的灵敏度很高，并且有很高的特异性。

（一）酶联免疫吸附测定的原理

ELASA 主要是利用了一抗与目标分子的特异性结合。假定目标分子是一种蛋白质，那么首先需要纯化出这种蛋白质，然后用纯化的蛋白质免疫动物（一般都是免疫兔子），在免疫过的兔子的血清中就会产生不同的抗体，每种抗体都能够特异性地与目标分子上不同的抗原决定簇相结合，这种抗体混合物称为多克隆抗体。对于诊断检查来说，使用多克隆抗体有两大缺点：第一，同一抗体混合物中不同抗体的含量会有差异，而且每次制备的抗体之间的量也会有差异；第二，无法区分相类似的目标分子，例如，如果病原分子与非病原分子之间只相差一个抗原决定簇，这时多克隆抗体就无法区分，因为其在 ELASA 检测中都会发生颜色变化。因此，要对某一目标分子进行诊断检查，最好是采用只与某一单个抗原决定簇结合的抗体，即单克隆抗体。由于单克隆抗体只结合抗原上某一单一的位置，因此采用单克隆抗体进行 ELASA 检测，其特异性就比使用多克隆抗体要高得多。目前人们已经成功制备了许多不同的化合物和病原的单克隆抗体用于免疫诊断。

（二）ELISA 的局限性

在大多数情况下单凭 ELISA 的结果是很难得到结论的，需要将 ELISA 与其他试验结果结合分析从而提高其灵敏和准确性。

在青贮的抗虫转 *Bt* 基因玉米中，有人对重组蛋白 Cry1Ab 的稳定性进行了研究。由于玉米植物组织受到破坏，加上乳酸发酵中 pH 的降低，还有植物和微生物蛋白酶的共同作用，在青贮过程中重组蛋白会发生降解反应。在青贮 4 个月后，利用酶联吸附反应无法再检测到 Cry1Ab 重组蛋白，虽然 ELISA 反应中使用的是经免疫亲和纯化后的兔多克隆抗体和经链球菌蛋白 G 纯化的山羊抗体。以耐除草剂的转基因大豆为研究对象，结果发现，选择适宜的抗体对能否发现待测样品中的重组蛋白至关重要，一种 ELISA 测定方法虽然能够识别大豆和脱脂豆粕中的 CP4 EPSPS 重组蛋白，但却无法发现烤制大豆食品中的相同蛋白质，因此，需要有第二种检测方法，要求它所使用的抗体能够特异性地识别经过热处理后的变性重组蛋白。

免疫学检测方法具有一定的局限性，它们或者只能检测天然的蛋白质，或者只能检测变性的蛋白质，这意味着在检测加工类食品中的转基因成分时，基于蛋白质的那些检测和分析方法具有一个明显的缺点。在食品加工和处理过程中，随着蛋白质的不断变性，免疫学反应的定量特性也会逐渐失去，除非制作出数不清的定量标准，以便正确地描述在每一个加工过程中靶蛋白的具体数量。至于多组分的食品，必须要意识到，使用免疫学检测方法无法区分在不同转基因植物中所表达出的类似的重组蛋白。对含有不同转基因作物成分的食品样本进行定量分析测定，需要开发出具有品系特异性检测能力的新的分析方法，只有这样，也才能区分开所有不同的重组蛋白。

这里介绍美国谷物化学家协会（American Association of Cereal Chemists，AACC）组织的用 ELISA 法检测转基因抗虫玉米 MON810 协同实验，以此为例说明 ELISA 检测方法的优缺点。

已大量上市的 MON810 目前缺乏有效的检验方法，因此很有必要通过协同实验验证检测方法的有效性，并证明在大量样品中能够定量检测 MON810 玉米管理限量。美国生物技术方法技术委员会与欧盟合作研究中心的标准物质与测量研究所（IRMM）协作，选择

Strategic 诊断公司（SDI）开发的 MON810 检测试剂盒，能定性定量检测 MON810 抗虫玉米中的蛋白质。MON810 玉米表达来自苏云金芽孢杆菌（Bt）的 CryAb 杀虫蛋白。

本协同实验使用的检测 MON810 含量的方法是酶联免疫吸附分析法（ELISA）。所有的免疫实验都是使用从免疫动物细胞中分离出来的抗体作为分子工具来结合和检测目标蛋白，在这个例子中的目标蛋白就是 Cry1Ab 蛋白。抗体分子是一种蛋白质，它能紧密并特异地与诱导产生它的物质结合，因此它能用来在复杂的样品抽提物中检测很低浓度的蛋白质。检测 MON810 的 ELISA 法称之为"夹心"式 ELISA，这是因为它使用两种抗体同时结合一个 Cry1Ab 分子，形成夹心来分离和检测蛋白质。即一个抗体固定在酶联板孔表面，用来亲和诱捕样品中的 Cry1Ab 蛋白；第二个抗体通过化学键结合了一个酶分子，并与被第一个抗体固定在酶联板孔表面上的 Cry1Ab 结合(图 9 - 7)。样品与检测试剂反应之后，冲洗掉酶联板孔中尚存在的混合液，再加入显色剂来显色，使用分光光度计分辨颜色的深浅，其颜色的深浅代表样品中 Cry1Ab 蛋白的数量。

ELISA 分析 MON810 可以进行定量检测玉米和含玉米成分的物质，包括面粉、粗面粉、面筋和去壳谷物。Cry1Ab 蛋白使用检测 MON810 的 ELISA 试剂盒，只需自备分光光度计和一些基本的实验室设备，试剂盒将提供所有其他的组分、标准，以及检测所需要的试剂。在检测样品的同时，还检测出 MON810 玉米的含量，以每一个标准的颜色深度和对应的 MON810 含量图像绘制标准曲线。待检样品中 MON810 的含量，由样品和标准曲线产生的颜色深浅度决定。

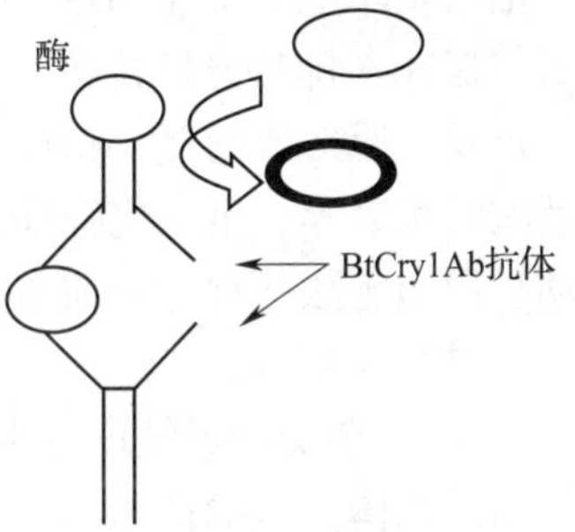

图 9 - 7　BtCry1Ab 夹心 ELISA 法原理示意图

目前研究的结果能清楚地说明 MON810 的 ELISA 分析能够准确、精确地检测玉米和面粉中的 MON810 含量。

二、Western 杂交

（一）Western 杂交原理

Western 杂交是将蛋白质电泳、印迹、免疫测定融为一体的特异性蛋白质的检测方法。其原理是：先从生物细胞中提取总蛋白或目的蛋白，将蛋白质样品溶解于含有去污剂和还原剂的溶液中，用 SDS - PAGE 电泳将蛋白质按分子质量大小分离，再把分离的各蛋白质条带原位转移到固相膜（硝酸纤维素膜或尼龙膜）上，接着将膜浸泡在高浓度的蛋白质溶液中温育，以封闭其非特异性位点。然后加入特异抗性体（第一抗体），膜上的目的蛋白（抗原）与第一抗体结合后，再加入能与第一抗体专一性结合的带标记的第二抗体，最后通过第二抗体上带标记化合物的特异性反应进行检测。根据检测结果，可得知被检生物（植物）细胞内目的蛋白表达与否、其表达量及分子质量等情况。Western 杂交方法灵敏度高，通常可从植物总蛋白中检测出 50ng 特异性的目的蛋白。

（二）Western 杂交程序

Western 杂交的全过程包括转基因植株蛋白质的提取、SDS - 聚丙烯酰胺凝胶电泳分离蛋白质、蛋白质条带印迹、探针制备、杂交五个步骤。

1. 植物蛋白质的提取

Western 杂交的蛋白质样品可从提取液中获得，植物细胞的功能蛋白质绝大多数都能溶于水和稀盐、稀酸、稀碱溶液中，所以提取时以水溶液为主。其中稀盐溶液和缓冲液对蛋白质的稳定性较好，溶解性大，是提取时最常用的溶液。

2．SDS－聚丙烯酰胺凝胶电泳

聚丙烯酰胺凝胶电泳（PAGE）是以聚丙烯酰胺凝胶作支持介质的区带电泳。蛋白质在支持介质内的溶液中泳动。区带电泳的介质分两大类：一类是纸、纤维素等相对惰性的物质，主要起支持作用并减少对流（使用这种介质时，蛋白质的分离主要取决于蛋白质的电荷密度）。另一类是凝胶电泳，凝胶为有孔介质，因而能产生分子筛效应。蛋白质在凝胶电泳中的分离既与电荷密度有关，又与分子大小有关。介质孔径与泳动粒子大小的接近程度决定了分子筛效应。琼脂糖凝胶孔径大，不适于分离蛋白质，主要用于核酸的分离。淀粉及聚丙烯酰胺凝胶的孔径与蛋白质分子大小相近，可用于蛋白质的分离，但淀粉凝胶因机械强度较差、孔径范围有限而不如聚丙烯酰胺凝胶的分离效果好。

3．蛋白质印记

蛋白质印记是将经 SDS－PAGE 电泳分离得到的蛋白质区带由凝胶转移至固相膜上，然后与探针（即特异性抗体）反应。一般针对目的抗原的一抗不标记，标记二抗，二抗与一抗及抗原形成的复合物特异结合，从而检测出特异的蛋白质区带。印记使用的固相膜有硝酸纤维素膜、重氮化纤维素膜、阳离子化尼龙膜和 PVDF 膜。印记方法有电印记法及被动扩散印迹法两种，目前多采用电印记法。

4．探针制备

Western 杂交的灵敏度是由所用的免疫血清抗体的滴度决定的，只有得到特异性强、效价高的抗体，目的抗原的检出才能达到一定的灵敏度。一抗可使用由目的蛋白制成的抗血清或单克隆抗体。单克隆抗体是由杂交的骨髓瘤细胞系分泌产生。目前已有多种制备单克隆抗体的方法。这些方法的共同之处是将超免疫供体的脾细胞与带有遗传标记并能通过组织培养克隆的骨髓瘤细胞融合，筛选出能分泌目的抗体的细胞，经组织培养扩增，建立单细胞克隆体系，从培养的上清液中获得单克隆抗体。在最佳条件下，可获得50U/mL的 IgG。多克隆抗体是将蛋白质抗原，或经交联处理的半抗原经肌肉、皮内或皮下注射免疫动物。4～8 周后，每隔 2～3 周再肌肉往射一次进行加强免疫，2 次加强免疫后 7～10d，抽血用 ELISA 或肿瘤标志物（RIA）监测血清中抗体。无明显反应的动物应淘汰，反应强的动物再经加强免疫。7～10d 后制备血清可获得多克隆抗体。

Western 印记使用的第一抗体一般不标记，与第一抗体结合的第二抗体带有特定标记。标记分为放射性和非放射性两种。抗体标记时，需要从多种抗体分子中纯化出 IgG，方法主要有三种：蛋白 A 纯化法，利用抗原抗体特异结合进行亲和吸附纯化，硫酸铵选择性沉淀后用二乙氨乙基纤维素（DEAE）纤维素层析纯化。

5．杂交与检出

杂交与检出分为封闭、第一抗体反应、第二抗体反应和显色四步。

封闭也称淬灭，方法是将印记后的膜浸泡于一种非特异性的蛋白质溶液中，使这种蛋白质与膜空白部位结合，然后再加入探针，探针就只与特异蛋白结合，消除了背景。小牛血白蛋白、血红蛋白、酪蛋白、卵白蛋白、白明胶、脱脂乳粉及非离子去污剂吐温 20 等都可作为封闭剂使用。封闭后的固相膜经缓冲液洗涤后，加入第一抗体，于 37℃ 轻轻摇动，保温1h，或在室温条件下保温2～3h，还可采用4℃过夜的做法，可根据具体情况而定。结合了第一抗体的固相膜经洗涤后加入适宜浓度的第二抗体，于室温轻摇保温1h。最后显色加入酶反应底物，摇动至产生条带出现。显色后的膜用蒸馏水漂洗后晾干，照相。干燥后的膜可以封入塑料袋中保存。

三、免疫层析试纸法

免疫层析试纸法（试纸条法）是在最近15年发展起来的，之前主要用于医学领域。与ELISA相似，这种测定方法是将特异的抗体交联到试纸条上和有颜色的物质上，当纸上抗体和特异抗原结合后再和带有颜色的特异抗体进行反应，就形成了带有颜色的“三明治结构”，并且固定在试纸条上。如果没有抗原，则没有颜色，因此整个操作相对简单一些。目前市场上也出现了一些此类测试的试剂盒。

以下介绍一种利用免疫层析试纸法检测外源蛋白质的具体操作方法：

（一）试验背景

由Aventis作物科学公司开发的Starlink™玉米，是运用现代生物技术的方法导入从细菌苏云金芽孢杆菌（Bt）提取的遗传物质经过遗传改良而得到的。结果，Starlink™玉米产生了一个蛋白质Cry9C，具有杀虫活性，能够有效控制欧洲钻心螟虫，美国环境保护局在1998年批准Starlink™玉米仅仅做动物饲料用。

由美国SDI（Strategic Diagnostics Incorporatod）公司提供的试剂盒Trait V Bt9 Lateral Flow Test Kit能在0.25%（400粒中有一粒Starlink™玉米）水平内检测Starlink™中的Cry9C蛋白。但该测试方案不能准确检测样品中Starlink™玉米的百分含量，检测的仅仅是根据样品的数目和大小，在一个指定的含量内，判断一个样品是否含有Cry9C蛋白。

（二）测试程序

① 取小样测试缩分样（大约400粒），用一般的刻度天平来称重。

② 把小样放到一个干净、干燥的用于捣碎的容器中（容器必须具有最小50mL的容量）。

③ 将一个干净、干燥的刀片安装到混合装置上（食品加工器或混合器），在容器上放一个塑料保护罩，以防在样品加工时容器破裂。

④ 以高速磨碎小样直到所有整粒被打碎（大约30s）（注：也可用其他方法来磨碎小样，只要磨碎的颗粒的大小与混合器加工的相一致，加工中要避免交叉污染）。

⑤ 把小样从混合装置上卸下来，然后加入143～145mL水。在容器上放一个盖子后将其反复摇动，湿润所有的玉米粉粒（10～20s），然后让成泥浆状的样品放置15～30s，小样应该浓稠但又含有自由流动的液体。

⑥ 使用检测试剂盒的提供的移液管将0.5mL液体从容器转移至1.5mL容量样品管中（注：一些玉米成分在这一步骤中被转移到样品管中）。

⑦ 加5滴Trait V样品缓冲液到样管中　（小心：如果没有加5滴缓冲液到管中，可能引起假阳性结果）。

⑧ 盖上盖子，摇动大约10s。

⑨ 把1张TraitVBt9测试条插入样品管中，将条带置于试管中直到控制线（顶线）清

楚可见，如果样品是 Gry9C 蛋白阳性，测试线应在 10min 内形成（注意：样品管中的液体不要浸没测试条带顶部的箭头）。

⑩ Lateral Flow 测试条的结果分析：在插入条带之后，要时常检查结果窗口，至少有一条控制线应该在储蓄垫下大约一厘米处形成。在这个位置出现一条红线说明该测试条的功能正常。在控制线下出现的一条红线是测试线，这条红线表明测试结果是阳性。

用下面一个例子来说明，在条带上出现一条线（控制线）说明样品是 Starlink™ 玉米阴性，在条带上出现两条线说明样品是 Starlink™ 玉米阳性（图 9－8）。

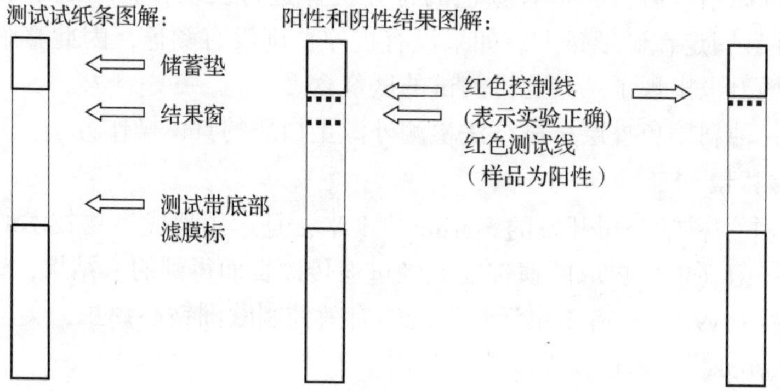

图 9－8　Lateral Flow 测试条的结果分析

注：如果样品中 Starlink™ 玉米含量非常高，那么控制线的颜色可能很微弱，而测试线的颜色非常深。

⑪ 设备清洗和废物处理：混合容器和刀片必须用肥皂水清洗，再用清水漂洗，在重新使用前必须晾干。将固体材料（如测试条、样品管、磨碎的玉米）扔到一个固体废物容器中进行常规处理，液体材料（过量的样品溶液）可倒到下水道里。

试纸条法这类外源蛋白质检测法快速，具有一定的灵敏度，也能进行半定量，尤其是试纸条法，不需要特殊的仪器设备，适用于现场检验或初筛。但外源蛋白质检测法有三方面的局限性：

① 由于抗原抗体反应的专一性，每种转基因产品都要开发和建立专门的检测试剂和方法，而转基因产品种类繁多，要建立所有转基因产品的蛋白质检测法工作量很大。

② 对于加工过的转基因食品，其蛋白质很容易被破坏，从而影响检测结果的准确性。

③ 有些插入基因还具有表达部位特异性，这些基因的表达并不像 DNA 那样存在于转基因作物的任何部位，甚至有的转基因产品的插入，基因根本不表达或表达量很低，这些都会影响检测结果。

试纸条法检测外源基因表达蛋白，以其特有的优点得到了越来越多的关注，目前在转基因食品的监测上大放异彩。

第五节　外源基因整合及表达的原位杂交检测

原位杂交（in situ hybridization，ISH），也称做杂交组织化学或细胞学的杂交，是一种能够从形态学上证明特异性的 DNA 或 RNA 序列存在于制备的个别细胞、组织、单细胞或染色体中的技术，由 Gall 等人于 1969 年建立。所谓原位杂交，即通过杂交确定被检物在样品中的原本位置。它以染色体显带，探针标记，化学及电镜技术为基础，目前在植物基因工程研究中已成为外源基因在染色体上定位及外源基因在组织细胞内表达定位的主要方法，是研究异质细胞群中 DNA 和 RNA 序列的细胞定位的唯一方法。原位杂交技术广泛应用于各个方面，如 DNA 序列的定位、感染组织中病毒 DNA 序列的定位、细胞质 mRNA 和染色体基因作图。

目前原位杂交技术主要有两种：同位素原位杂交和荧光原位杂交。二者的杂交原理相同，不同之处是探针的标记物及杂交体的检出方法。前者是用放射性同位素标记探针，通过涂感光乳剂、放射自显影检出。这些探针可以是标记的 DNA、RNA 或寡核苷酸。RNA 及寡核苷酸探针是最为常用的，因为其用于 ISH 具有许多优点。特别是由于这些探针都是单链，可提供更高的灵敏度（RNA）和更高的特异性。后者以荧光素偶联的抗原－抗体系统标记探针，利用荧光显微镜观察杂交体位置并照相。此法方便、实验周期短，还可以进行双重及多重原位杂交。

一、核酸原位杂交

以特定标记的已知顺序核酸为探针，与细胞或组织切片中核酸进行杂交，并对其进行检测的方法称为核酸原位杂交。由于核酸分子杂交的特异性高，并且该技术可精确定位，因此该技术已被广泛地应用于医学分子生物学的研究之中。

通过染色体 DNA 原位杂交可以确定外源基因在染色体上的整合位置及整合方式（拷贝数及位点）。T－DNA 在染色体上的整合是随机的，每条染色体都可能插入 T－DNA，但大部分的插入位点处于端粒附近。外源基因如果整合在端粒区域则具有较高的稳定性。许多实验表明位置效应是影响外源基因稳定及表达的重要因素。因此，用原位杂交技术来确定外源基因在染色体上的整合位置对研究外源基因的遗传特性有重要意义。

此外，通过原位杂交还可以研究外源基因的整合方式对外源基因遗传的稳定性、外源基因表达的影响，以及不同转化方法与外源基因整合方式的关系等问题。

（一）核酸原位杂交的基本要点

核酸原位杂交根据其所用探针及所要检测核酸的不同，可分为 DNA/DNA、RNA/DNA、RNA/RNA 杂交。不论哪种杂交都必须经过组织细胞的固定、预杂交、杂交、冲洗等一系列步骤，以及放射自显影或免疫酶法显色以显示杂交结果。现将操作过程中主要注意事项叙述如下。

1. 细胞或组织载片的处理

原位杂交是在载片上进行，所以载片的清洗至关重要，不能有任何核酸酶的污染。所用载片应先经洗衣粉浸泡过夜，第二天用流水冲洗，并泡酸 4～8h，再用流水冲洗，用双蒸水涮 2～3 次，干燥，可在 160℃烤箱中烘烤 2～4h，亦可经高压灭菌 20min 处理。为防止杂交及以后冲洗等步骤中组织或细胞从载片上脱落，可应用 1mg/mL 多聚赖氯酸作为黏附剂。其他细胞或组织黏附剂，如明胶液浸 3 次后空气干燥，效果也较稳定。

2. 组织与细胞的固定

常用于核酸原位杂交的固定液有 10% 甲醛、4% 多聚甲醛、乙醇、冰醋酸（V∶V，3∶1）、戊二醛、Carnoy 固定液、Bouin 固定液等。这些固定液都有不同的优缺点，要根据具体的实验对象，选择最佳的固定液。同时固定的时间也是影响原位杂交的一个重要因素，因此还需根据具体实验摸索出适用于自己要求的固定液及固定时间。

3. 湿盒

原位杂交中每张标本所用的杂交液较少，常为 20～100mL，而杂交的温度变化很大，所以，为了防止杂交液中液体蒸发后造成杂交液浓缩，使探针非特异性吸附增多，本底增高，必须使用密闭的湿盒。湿盒底部所加液体必须与杂交液中盐的浓度相同。为防止杂交液蒸发，还可在杂交液上加盖一张硅化的盖片，其边缘用橡胶水泥封闭，另外，用石蜡封闭也可以很好地防止杂交液蒸发。

4. 组织细胞杂交前的预处理

组织细胞中的核酸都与细胞内的蛋白质结合，以核酸－蛋白质复合体的形式存在于细胞浆或细胞核中，固定过程中，固定液的交联作用使胞浆或胞核内的各种生物大分子形成网络，影响了探针的穿透力，阻碍杂交体的形成。因此，必须使用去垢剂和（或）蛋白酶对组织细胞进行部分地消化酶解，以去除核酸表面的蛋白质，使探针在细胞基质中获得最大的穿透力而易于与靶核酸进行杂交。常用的去垢剂有 Triton X－100 和十二烷基磺酸钠（SDS），常用的蛋白酶有蛋白酶 K 等。

5. 探针的选择

核酸原位杂交中所用的探针可以是双链的 DNA（dsDNA）单链的 DNA（ssDNA）或者 RNA，近年来人工合成的寡核苷酸也得到了广泛的应用。探针选择必须以杂交取得最好效果为依据。一般而言，标记的 DNA 或 RNA 探针都可用于 DNA 或 RNA 的定位，其长度以 50～300bp 为最好，这个长度范围的探针在组织细胞中的穿透能力好，杂交效率高。

6. 探针的标记

用于标记探针的放射性核素有^{32}P、^{35}S、^{14}C、^{3}H、^{125}I。放射性核素的敏感性高、方法简便、操作稳定，可应用 X 射线感光片通过放射自显影的方法检测。^{3}H 标记探针的放射自显影分辨率高，但其曝光时间长至数周至数月。^{32}P 与^{35}S 是原位杂交应用较多且广泛的放射性核素，由于其能量高，常可在几天内得到结果。但^{32}P 与^{35}S 相比分辨率低，本底高。^{14}C 与^{125}I 分辨率差，因此很少用于原位杂交。

非放射性标记具有安全、无放射性污染、稳定性好、显色快而易于观察等优点，近来得到广泛的应用，特别是生物素标记是应用最多、最广的方法之一。此外，还可应用地高辛标记及直接用化学修饰法标记探针，如荧光素、汞化等。其他如碱性磷酸酶、溴脱氧嘧啶标记等也有报道。

7. 探针的长度选择

细胞染色体原位杂交常用较长的探针以增加杂交信号，相反，细胞的原位杂交则常用较短的探针，通常为 50～300bp。小分子探针的穿透力较大、分子探针强，而大分子探针可在组织细胞中形成网络而增加杂交信号，同时也使本底增高。

8. 杂交条件

原位杂交的一个主要优点就是，其杂交反应的特异性可通过调节反应条件而进行精确的控制。杂交的特异性依赖于探针的结构、杂交温度、pH 及杂交液中甲酰胺和盐离子的浓度。碱基的错配可经过控制严格的杂交条件而排除。在非严格条件（如低温、高盐或低浓度的甲酰胺等）下，探针可与只有 70%～90% 同源顺序的核酸杂交而产生非特异杂交信号；而在严格条件下，探针只能与高度同源的靶顺序杂交。杂交液的体积应尽量缩小，每张切片10～20pL。应用生物素标记的探针时，每张切片要用10～20ng DNA探针。为提高探针的相对浓度，还要应用10%硫酸葡聚糖。一般温度范围为37～60℃；冲洗时温度不能高于5℃，否则将导致组织细胞结构的破坏及组织或细胞从切片上脱落，使实验失败。cDNA与RNA探针在原位杂交中最佳温度大约为50℃，即低于解链温度20～25℃。DNA探针的杂交可在2～4h内完成，而RNA探针则应杂交过夜。与细胞内mRNA杂交不同，细胞内DNA杂交应将组织切片加热至95℃处理5～15min，以使靶DNA变性。杂交时及杂交后的处理都对杂交结果有很大的影响，因此必须准确应用各种方法以获得最佳效果。

（二）结果的评定

1. 特异性与敏感性

核酸原位杂交的特异性主要由杂交的严格性所决定。DNA探针长度超过0.5kb时，非特异性杂交增多，本底增高；此外，探针与无关基因中部分同源顺序的非特异结合亦是非特异杂交的原因之一。在对mRNA定位的原位杂交中，非特异杂交的最常见原因之一就是探针与tRNA的非特异结合。因此，在进行原位杂交之前，必须先应用Northern杂交，以检测探针的不同严格条件，以此评定原位杂交的结果。除了探针的非特异性结合之外，检测系统亦是导致非特异结果的原因之一。生物素标记的探针常用免疫组织化学方法检测，在许多组织中都含有内源性生物素而出现假阳性结果，因此而限制了生物素标记探针的应用。地高辛则不存在这种问题。

高度敏感是原位杂交的优点之一，同时，固定与杂交的条件则随着杂交检测的目的而异。mRNA的检测反应中必须有阳性对照和阴性对照。组织切除后若不及时固定，可能会由mRNA降解而出现假阴性结果。探针的长短、浓度，在组织中的穿透能力、杂交及杂交后的冲洗严格性、检测系统的灵敏性等都可产生假阳性或假阴性结果。

2. 对照的选择

原位杂交有高度敏感性和特异性，必须在每一次实验中选择阳性和阴性对照。阳性对照可选用：Northern或Southern印迹杂交；将原位杂交与免疫组织化学联合应用；用不同互补探针与靶核酸杂交。阴性对照可选用：用非标记cDNA预杂交；用无关的非特异顺序（如载体）等做探针；杂交前用RNA酶或DNA酶消化处理切片。

（三）染色体DNA原位杂交

当DNA分子大于250kb时，要想了解外源基因在植物染色体上的整合位置，就需要利用染色体DNA原位杂交技术。

Southern原位杂交是基于处于分裂过程中的植物细胞染色体可以用光学显微镜观察到，并可以通过染色体的形状以及经不同染色后形成的条带分布来对各染色体进行鉴别及分析。原位杂交以标记的外源基因为探针，在适宜的条件下，探针与固定在玻片上的细胞内变性染色体上互补序列形成稳定的杂交体，然后根据探针的标记性质进行检测。放射性同位素标记的探针通过放射自显影检测，酶标记探针通过显色反应检出，在显微镜下观察。

1. 染色体DNA原位杂交方法

原位杂交包括取材及材料预处理、固定细胞、细胞的RNase酶解及染色体变性、杂交、检出五个程序。探针的制备与印迹杂交相同。取材时应取便于观察染色体的材料，如植物的根尖、茎尖、幼叶、幼小的子叶、茎形成层、居间分生组织、愈伤组织、花蕾、花粉等，还要用化学或物理的方法对材料进行预处理，使有丝分裂停滞于中期，这样可以得到大量的供实验用的染色体。为了便于观察，在细胞固定前要用低盐溶液进行低渗处理，使之体积膨大，将染色体分散，然后再固定。将固定后的细胞置于玻片上，在进行Southern杂交前，需用RNase降解RNA，旨在减少非特异性杂交。用NaOH使DNA变性。杂交前染色体DNA必须变性，DNA变性使染色体在一定程度上解聚，这样包含在内部的DNA序列可暴露出来，并由双链变为单链，以使探针与互补序列杂交。如果使用放射性标记的探针，杂交后涂上感光乳剂，在暗盒中曝光，然后显影、定影，显微镜下观察照相。必要时可用染料染色。

2. 染色体DNA原位杂交的局限性

目前原位杂交存在着两个问题：一是灵敏性不高，二是有时会出现非特异性杂交。对于植物细胞，目前使用的探针的灵敏度对多拷贝及重复序列的检测是可以满足要求的，但对于农杆菌介导的外源基因转化（往往是单拷贝整合）检出率较低。目前采用三种方法来解决这个问题：① 去除细胞壁，采用原生质体制片；② 提高检出灵敏度，可以使用具有级联放大作用的酶联抗体-抗原检测系统，或者是采用荧光标记物叠加法使荧光信号增强；③ 在原位杂交前在染色体上进行原位PCR。

（四）组织细胞mRNA原位杂交

组织细胞mRNA原位杂交是将核酸杂交技术与组织细胞学实验技术相结合，对特异的mRNA序列进行组织细胞分布的空间定位。mRNA原位杂交不仅能获得外源基因是否表达的信息，而且能够获得在转基因植物组织细胞内表达部位的信息，为基因功能定位提供依据。同时，通过mRNA原位杂交也可直观地观察到外源mRNA的表达量及在不同发育时期表达水平是否有差异。

通过化学固定使植物组织细胞保持天然形态结构。在固定过程中，mRNA及其他大分子化合物被原位固定在组织细胞内；将组织制成薄切片封固在载玻片上，经蛋白酶消化去除蛋白质；反义RNA或cDNA探针渗入组织细胞，与靶mRNA杂交；根据探针标记物的物理化学及免疫性质检出杂交体；从杂交体的解剖位置可得知特异mRNA在组织细胞中的分布，从而确定基因的表达部位。实验中RNase的污染、所制切片的质量及探针的特异性是影响杂交结果的3个重要因素。

1. 组织细胞mRNA原位杂交方法

mRNA组织原位杂交实验程序为：材料固定→组织切片制备→探针合成→组织切片处理及预杂交→杂交→洗涤→检出。

因RNA极易降解，所以供试组织要新鲜，取材后要立即固定。固定的作用是保持组织细胞的形态结构，防止mRNA降解并增加通透性，以有利于探针进入组织。

供原位杂交的切片有石蜡切片、冰冻切片。1987年，Meyeiowitz报道冰冻切片效果较好，可以省去包埋，但在组织保存及细胞形态保持上不如经过固定及包埋的切片。制备切片的溶液都要用焦碳酸二乙酯（DEPc）处理，玻璃器皿要烘烤。

杂交前切片要进行预处理：石蜡切片必须先脱蜡；用去污剂作用以增加组织的通透性；用蛋白酶K消化蛋白，以便于探针进入细胞并除去与mRNA结合的蛋白质，使靶mRNA暴露（蛋白酶消化要适度，处理过度时会引起细胞变形甚至发生组织切片从玻片上脱落)；用 BSA 封闭探针的非特异性位点；用乙酸酐处理消除组织及切片上的正电荷，防止 RNA 探针与正电荷间的静电结合。

由体外转录合成的探针杂交前要用弱碱处理，剪切成 150 ~ 200bp 的长度。DNA 探针必须变性成单链。mRNA 探针也要进行变性处理，以除去二级结构。杂交液的成分与 Southern杂交大体相同，但要含有 RNasin。探针用量每张切片为 2 ~ 10ng，杂交液滴加在切片上，杂交温度一般在 42 ~ 45℃，杂交时间 16h 左右，于保温保湿的盒内进行。杂交必须设有对照，在一张玻片上封固两张从同一组织块上相继切下的切片，一张用反义 RNA 探针杂交，另一张用有义 RNA 探针杂交，这样便于确定杂交背景。其他对照均按此法与被检样品放在同一张杂交片子上。杂交后，用含二硫苏糖醇（DTT）的 4 × SSC 二溶液浸泡几分钟，盖片即可自动脱落。用 RNA 探针杂交的样片可以用 RNaseA 作用，以减少背景。

杂交后切片的洗涤温度不得超过 50℃，先后用由 4 × SSC、2 × SSC、0. 2 × SSC 溶液洗涤，然后进行逐级脱水、空气干燥，以供检测用。放射性标记探针杂交切片洗涤时应用放射性监测仪检测，以防止洗涤过度。

杂交体检出方法：放射性标记的杂交体通过在暗室内涂感光乳剂后放射自显影检出，有时需要用甲苯胺蓝染色。带荧光素标记的杂交体可用荧光显微镜观察，带酶标记的杂交体通过酶反应检出。

2. 反义 RNA 探针的制备

Cox 于 1984 年建立了以 RNA 为探针的组织原位杂交技术。RNA 探针通过体外转录制备。后来随着其他探针标记方法的相继建立，人们逐渐采用 DNA 作探针，用随机引物法进行标记。随机引物法标记的探针长度在 250 ~ 300bp，适于原位杂交使用。

通过体外转录制备放射性标记的单链 RNA 探针从理论上讲较 DNA 探针有以下优点：

① RNA—RNA 杂交体的 T_m 值要高于 RNA—DNA 杂交体；

② 可以合成反义 RNA 及有义 RNA。反义 RNA 探针用于与 mRNA 杂交，有义 RNA 作为对照来检测杂交背景（非特异性结合）。

③ 杂交后可以用 RNA 酶解，在较高温度下洗涤，可使背景降低。RNase 可识别 RNA - RNA杂交体中单碱基错配并除去未杂交的 RNA，对 RNA - RNA 杂交体无影响；

④ 反义 RNA 探针基本不含载体序列，可减少非特异性杂交；

⑤ 反义 RNA 为单链，不存在探针的竞争作用。

体外转录时要将作模板的外源基因克隆到 pGEM 类载体上。此类载体在多克隆位点两侧具有噬菌体 T7 及 SP6 启动子，当转录反应体系中加入 T7 或 SP6 RNA 聚合酶时，克隆在多克隆位点的 DNA 即可被转录。由于 T7 及 SP6 启动子分别处于基因的两侧，取向相反，所以一个合成反义 RNA，另一个合成有义 RNA。由于 T7 启动子较 SP6 启动子对 RNA 的合成有利，所以在用亚克隆技术合成反义 RNA 探针时应选用 T7 启动子，合成有义 RNA 选用 SP6。要想得到足够的转录产物，转录前必须将质粒在多克隆位点处线性化(用单个位点的限制性内切酶切成线状)。在转录反应体系中加入标记的核苷酸底物如 ^{35}S - UTP，可直接合成出 RNA 探针。

二、外源基因表达蛋白的组织细胞免疫定位

外源基因表达蛋白的免疫定位是指利用外源基因表达蛋白的抗体通过免疫反应确定表

达蛋白在转基因植物组织及细胞中的分布。表达蛋白的定位是研究基因功能的重要方法，尤其是对那些在不知道其编码蛋白结构及功能情况下克隆的基因。

（一）外源基因表达蛋白组织细胞免疫定位原理

蛋白质免疫定位属于组织化学技术，它利用抗原-抗体特异结合的免疫学原理，用外源基因编码蛋白质制备抗体，再用该特异抗体检测转基因植物组织切片中的抗原，从而确定外源基因表达蛋白在转基因植物组织细胞中的分布。其免疫学原理与ELISA及Western杂交相同，但该技术的主要目的在于对表达蛋白进行组织细胞定位，因此制备能良好保持组织细胞形态结构的组织切片是免疫定位的前提。

免疫定位检测的效果与转基因植物组织中外源蛋白质的表达量相关。高表达的外源蛋白质检出较为容易，而低表达量的或在组织细胞内广泛分布、无特定区域的蛋白质检测起来比较难。Harlow等认为，细胞中某特异蛋白质达10^4~10^5个分子、而且分布不十分分散时可以通过免疫定位检测出来。

同mRNA的组织定位相同，蛋白质免疫定位也需设置各种对照。

（二）蛋白质组织细胞免疫定位技术要点

蛋白质组织细胞免疫定位实验程序包括植物组织的固定和包埋。包埋组织块切片和密封切片的质量是影响检测效果的重要因素，固定是关键的一步。过度的固定会引起蛋白质变性，而使依赖于构象的表位反应消失，或是靶表位被遮盖。如果固定不够，蛋白质会被抽提或移位。不同实验材料固定方法不尽相同，一般需要经过预实验找出适于本实验材料的固定方法。用甲醛固定的组织在光学显微镜下形态清晰，甲醛与荧光标记的抗体是相适的，并且通过真空作用可以很容易使甲醛渗入植物组织。戊二醛能很好地保持组织细胞形态，但固定的组织具荧光背景，不宜用于荧光标记抗体的定位实验。在通过电镜观察用金标记的抗体时可采用戊二醛固定。乙醇:乙酸（V:V，3:1）的渗透性好，不用通过真空处理就可以迅速渗入组织，并具一定的脱水作用；缺点是在保持组织形态上不如甲醛及戊二醛。固定后的材料要用乙醇逐步脱水并除去叶绿素及其他色素。

影响检测效果的另一个因素是抗体，用于免疫定位的抗体可以是多克隆抗体，也可以是单克隆抗体，各有优缺点。多克隆抗体（抗血清）中含有大量不同的抗体，每一种都能与抗原独特位点或表位点结合，所以能够产生强于单克隆抗体的检出信号，而单克隆抗体识别单一表位、专一性强、背景低。抗体探针标记时要考虑植物材料内源荧光物质及内源酶的问题，组织中自溶酶的活性可能会引起非特异性背景。对于具有较强荧光或较高的自溶酶活性的样品，荧光及酶标记不太适合，这时可采用金标记的抗体。

抗体与抗原反应在足够密闭并保持一定温度的容器中进行。抗体稀释液滴加在封固的切片上，先用第一抗体反应，洗去第一抗体后加入第二抗体稀释液。免疫反应于37℃进行30~45min。为减少非特异性抗体的结合，反应后需要反复用含BSA及NaCl的Tris。

显色是根据抗体探针标记物的物理化学性质进行。

（三）组织印迹的Northern及Western杂交

Northern blot和Western blot是将mRNA及蛋白质从被检测的植物材料中提取出来。经凝胶电泳分离，将凝胶上的mRNA或蛋白质条带印迹到固相膜上，探针与膜上的mRNA或蛋白质进行杂交。这里介绍的组织印迹杂交是一种无需将mRNA及蛋白质提取出来、无需电泳分离的方法。它是将被检测材料制成组织切片，切片置于固相膜（尼龙膜或NC

膜）上，用手指轻压使切片中的细胞破碎，使内容物转移到膜上，mRNA 及蛋白质等各种大分子近似原位地印迹在膜上，然后用相应探针与膜上的目的 mRNA 或目的蛋白质进行杂交。

组织印迹杂交与 mRNA 原位杂交及蛋白质免疫定位不同之处是使用了膜，有一个组织原位印迹过程，杂交发生在膜上。杂交体在组织中的位置是通过与印迹后对组织切片染色使之呈现出的组织解剖结构相比较而确定的。mRNA 原位杂交及蛋白质免疫定位的杂交过程是在组织切片上进行，杂交体的位置直接在切片上观察。

综上所述，组织印迹法是一种简便可行的对外源基因表达产物进行初步定位的方法，它为在一张膜上同时分析不同转基因植物、不同组织器官或不同发育阶段多种组织印迹提供了十分方便的条件。

第六节　外源基因的 PCR 检测

食品检测中经常遇到的一个难题是在所分析的样品中目标分子的数量极其有限，此时在对样品进行抽提之前，需要对低丰度的 DNA 材料进行富集化处理。这种有选择性的扩增反应主要依据的就是自然存在的核酸多聚化现象。

当已知目的基因的序列时，通常利用多聚酶链式反应（Polymerase Chain Reaction，PCR）技术来分离目的基因。PCR 就是利用核酸复制酶、引物和核酸单体组成物质（四种单核苷酸），在试管内完成模板脱氧核糖核酸（DNA）的复制。它模拟 DNA 聚合酶在生物体内的催化作用，在体外进行特异 DNA 序列的聚合及扩增。PCR 反应具有高度特异性和敏感性，只需对少量的 DNA 进行测定便可检测 GMO 成分，但对实验技术的要求很高，其结果易受许多因素的干扰而产生误差，如操作人员移液时的误差、器皿用品的交叉污染等等，还有 PCR 反应体系存在的抑制因素也可带来干扰，一般 PCR 只用作转基因食品的定性筛选检测。

PCR 反应的扩增能力十分强大，使得 PCR 具有很强的敏感性，加上引物能控制 PCR 反应的特异性，最终扩增产物的特异性非常强，因此在实际应用中可用于痕量 DNA 样品中特定 DNA 的检测，PCR 反应由于敏感性非常强，容易由于污染或引物不合适造成假阳性，这必须在实验过程中的各个环节加以克服。PCR 反应的应用非常广泛，除了生物学研究，还可应用于农学、医学、食品、环境保护等领域。

下面介绍几种基因工程食品检测中常用的方法。

一、PCR－ELISA 法

PCR－ELISA 是一种将 PCR 高效性与 ELISA 高特异性结合在一起的转基因食品检测方法。该方法利用共价交联在 PCR 管壁上的寡核苷酸作为固相引物，在 Taq 酶作用下，以目标核酸为模板进行扩增，产物一部分交联在管壁上成为固相产物，一部分游离于液体中成为液相产物。对于固相产物，可用标记探针与之杂交，再用碱性磷酸酯酶标记的链亲和素进行 ELISA 检测，同时可通过凝胶电泳对液相产物进行分析。

PCR－ELISA 法有以下多方面的优点：

（1）高灵敏度　PCR－ELISA 法将 PCR 扩增的高效性和 ELISA 的高特异性结合在

一起，灵敏度高达0.1%，足以达到欧盟的要求（转基因检测阈值为0.9%）。欧盟利用PCR技术对转基因玉米和大豆的35S启动子和NOS终止子进行水平测试时，检测灵敏度达到2%，而对于含量为0.5%的105个阳性样品则出现3个假阴性结果，并且许多电泳条带模糊。利用PCR－ELISA对转基因大豆的检测灵敏度比欧盟推荐的PCR方法提高5～10倍。

（2）可靠性　目前，对PCR产物特异性的确认主要包括电泳、限制酶切片段长度多态性（Restriction Fragment Length Polymorphism，RFLP）分析、序列测定等方法，少量样品可以用通过电泳，用分子质量标准确定DNA条带的大小，也可用RFLP或核酸测序及同源性分析进行验证。但这些方法不适于大批量样品检测，利用PCR－ELISA方法，在PCR结束后用标记探针与管壁上的固相产物杂交，这样就提高了检测的特异性，因为PCR扩增出的非特异性产物与探针互补的可能性很小，而且结果的判定通过紫外分光光度计或酶标仪以数字的形式输出。与此同时，通过凝胶电泳对液相产物进行检测。两次检测有效地避免了假阳性的出现，提高了检测结果的可靠性。

（3）半定量检测　PCR扩增过程中，以不同浓度标准阳性样品作参照，做出吸光值与转基因成分含量的标准曲线图，以此可以确定检测样品的转基因含量，这样可以进行半定量检测。PCR－ELISA检测转基因产品所需仪器简单、易于操作，杂交检测可自动化，适合大批量检测；包被管可长时间保存，用时不需临时包被，是适合于推广的一种转基因检测方法。

二、定量PCR法

随着人们对转基因食品重视程度和量化要求的提高，定性检测方法已经不能满足需要，加上定性筛选PCR本身具有局限性，所采取的PCR法因其高敏感性常伴有假阳性或假阴性现象，为此，研究者们在定性筛选PCR方法的基础上，发展了不同的定量转基因食品的PCR检测方法。目前转基因成分的准确定量检测在国际贸易中日趋重要。

根据资料报道，目前转基因成分的定量检测方法有半定量PCR法、定量竞争PCR（QC—PCR）法和实时定量PCR法。其中，半定量PCR法比较简单，但结果精确性较差；定量竞争PCR的特点是含有内部标准子，可降低实验室之间的检测误差；而实时定量PCR法可在提取DNA后3h内检测样品的总DNA量及2pg转基因成分的量，但这套PCR系统目前价格昂贵。

（一）半定量PCR法

按常规的方法进行，取部分样品DNA在0.8%琼脂糖凝胶中电泳，与已知含量的Marker比较，用计算机凝胶成像分析系统处理结果，以对所提取的DNA进行定量。如果以玉米作为材料，一般700mg的玉米粉可提取1μg DNA。接下来可以进行PCR反应，设计合适引物，建立内部参照反应体系。

（二）定量竞争PCR法

先构建含有修饰过的内部标准DNA片断（竞争DNA），与待测DNA进行共扩增，因竞争DNA片段和待测DNA的大小不同，经琼脂糖凝胶可将两者分开，并可进行定量分析（图9－9）。

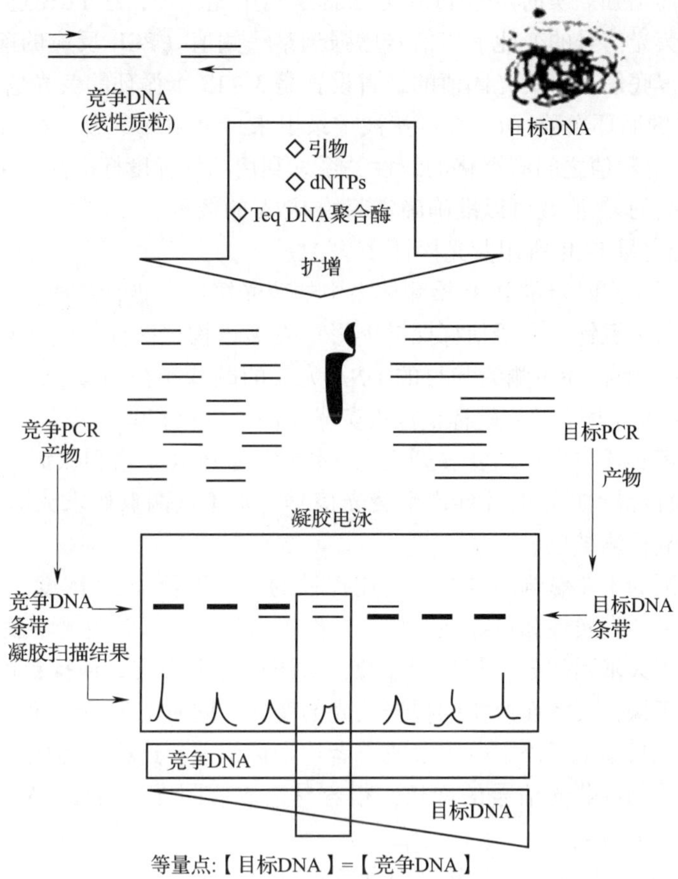

图 9－9　定量竞争 PCR 法示意图

按常规方法进行样品 DNA 的提取和定量。按常规分子生物学的方法，用基因重组技术构建竞争 DNA 片段作为内部标准 DNA，此片段除含有转基因成分外（如 35S 启动子、NOS 终止子），还插入数十个 bp 的 DNA 序列（或缺失数十 bp 的 DNA 序列）。

取定量模板 DNA 建立标准工作曲线通过凝胶成像分析系统对琼脂糖凝胶电泳的结果进行分析，得到每条带的相对浓度，以此数据作目标 DNA 浓度——目标 DNA 浓度/竞争 DNA 浓度的对数图，线性回归分析后得出工作曲线。最后将 500ng 待测 DNA 与经过定量的竞争 DNA 共扩增，凝胶电泳后经扫描分析得到两条带，得到目标 DNA/竞争 DNA 的比值，依此数据在工作曲线图上求得待测样品的转基因成分含量。

（三）实时定量 PCR 法

1. 实时荧光定量 PCR 原理

实时荧光定量 PCR 技术，是指在 PCR 反应体系中加入荧光基团，利用荧光信号积累实时监测整个 PCR 进程，最后通过标准曲线对未知模板进行定量的方法。实时定量 PCR 技术是在常规 PCR 基础上，添加了一条标记了两个荧光基团的探针。一个标记在探针的 5′－端，称为荧光报告基团（R）；另一个标记在探针的 3′－端，称为荧光抑制基团（Q）。两者可构成能量传递结构，即 5′－端荧光基团所发出的荧光可被荧光抑制基团吸收或抑制。当二者距离较远时，抑制作用消失，报告基团荧光信号增强。荧光信号随着

PCR 产物的增加而增强。实时定量 PCR 方法就是利用此原理，在 PCR 过程中连续不断地检测反应体系中荧光信号的变化。当信号增强到某一阈值（PCR 反应的前 15 个循环的荧光信号作为荧光本底信号，荧光阈值的缺省设置是 3 ~ 15 个循环的荧光信号的标准偏差的 10 倍）时，此时的循环次数（C_t 值）就被记录下来。该循环参数（C_t 值）与 PCR 体系中起始 DNA 量的对数值之间有严格的线性关系。利用阳性梯度标准品的 C_t 值，制成标准曲线，再根据样品的 C_t 值就可以准确确定起始 DNA 的数量。

2. 实时荧光定量 PCR 所用荧光探针

目前我们应用于实时定量 PCR 检测体系中的荧光探针主要有两种：一种是 TaqMan 探针，一种是分子信标探针。分子信标探针能形成发夹结构，探针的噜扑环（LOOP）与目的 DNA 碱基互补，噜扑环两侧为与目的 DNA 无关的碱基互补的臂。TaqMan 探针是一段 5′-端标记报告荧光基团、3′-端标记淬灭荧光基团的寡核苷酸。

引物和探针都必须与模板结合（杂交），才能实现 PCR 扩增和探针的水解；与探针特异结合的 DNA 模板得到扩增时才能产生荧光信号。基于这两点要求，即使发生非特异性扩增，也不会影响检测结果。

荧光定量检测的主要影响因素在于所用探针的纯度以及 Mg^{2+} 浓度，二者在很大程度上决定了检测结果的真实性和可靠性。探针的纯度直接影响探针荧光本底的高低。任何标记报告基团而无淬灭基团的分子都是污染源，未淬灭的报告荧光使探针的荧光本底增高，导致难以辨认由于探针裂解而产生的报告荧光的变化。同时由于探针标记不完全，即只标记了报告荧光素或只标记了淬灭荧光素或二者均未标记上，这样，即使荧光探针与扩增产物结合，也不能检测到荧光信号的增长，很容易造成假阴性。另外，Mg^{2+} 浓度的高低也直接影响了检测的灵敏度。

3. 实时定量 PCR 技术应用于转基因食品的检测

对转基因食品进行定量检测，国外已有文献，国内也可以开展转基因大豆和玉米的定量检测。转基因产品的检测可以从核酸和蛋白质水平上进行检测。定量检测主要是基于核酸水平的检测，由于目前转基因技术中使用的基因构件主要来源于花椰菜花叶病毒（CaMV）的 35S 启动子和农杆菌的 NOS 终止子，绝大部分转基因产品含有这两个基因片段，所以检测 35S 启动子和 NOS 终止子基本可达到检测转基因食品的目的。但由于 35S 来源于花椰菜花叶病毒，十字花科的植物（如油菜）易自然感染花椰菜花叶病毒，如果对进口转基因油菜针对 35S 设计引物进行检测，则可能将感染花椰菜花叶病毒的非转基因油菜判定为转基因产品，从而引起贸易纠纷。鉴于此，对这类产品应进行目的基因检测。同时还应选择合适的植物内源基因作为阳性扩增对照，检查核酸抽提质量。

实时定量 PCR 法的灵敏度至少是定量竞争 PCR 法的 10 倍，可检测到每克样品中 2pg 转基因的 DNA 量。该实验操作自动化，可在提取 DNA 后 3h 内完成检测分析。检测信号具有特异性，对未加工、加工和混和的样品都可检测。

三、其 他 方 法

利用复合 RCR（Multiple PCR，MPCR）即是在同一反应管中含有一对以上引物，可以同时针对几个靶位点进行检测的 PCR 技术。利用复合 RCR 技术对转基因植物进行检测，不仅效率高，而且因为它是针对多个靶位点进行同时检测，所以其检测结果较普通

PCR 更为可信。利用该技术对 5 个大豆样品、6 个豆粕样品进行实验检测，同时利用普通 PCR 方法对上述样品进行检测，两者的结果完全符合。

第七节　外源基因整合及表达的其他分析方法

一、RFLP 分析

RFLP 的全称是限制性片段长度多态性（Restriction Fragment Length Polymorphism），多态即非单态、不一样之意，是了解基因组细微结构及其变化的一种分析方法。如果两个 DNA 分子完全相同，用同剂量的同种限制酶在相同的条件下消化，所得的限制酶谱将相同。如果两个 DNA 分子基本相同，只是在一处或几处发生某种差异，哪怕是很小的差异，消化后两个 DNA 分子限制酶谱的条带方式将出现不同，即产生多态性。对这些条带进行分析可从中获得两种 DNA 分子结构差异的信息（图 9－10）。

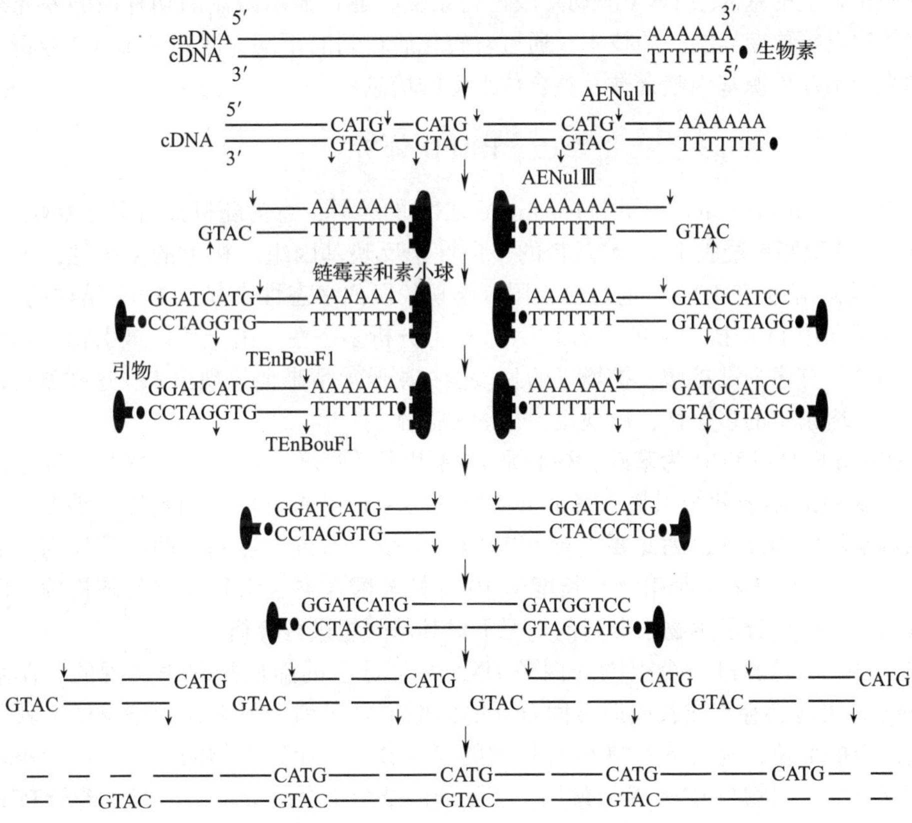

图 9－10　RFLP 分析原理示意图

RFLP 分析除经常用于植物品种遗传分析及分类外，还可以用于研究基因突变及基因转化。例如，某限制酶对某 DNA 片段有 A、B、C 三个切点，完全消化后用琼脂糖凝胶电泳分离，在凝胶上将出现四条条带，若在该片段中有外源基因插入，插入部位没有影响酶切位点，并且插入的片段中也无该限制酶的切点，那么谱带数与 A 相同，但有的条带的迁移率将出现差异，即产生了多态；若插入位置正好在酶切位点上，则条带数将减为3条，并出现迁移率的变化；若插入的外源基因内有一个该限制酶的位点，而且没有影响原有的酶切位点，则条带数目将增至5条——这三种情况都发生了多态性。若未发生转化，则条带数目及迁移率与A相同，无多态性出现。

由此可见，外源基因的插入是引起多态性的原因，这样就可以反过来，通过分析样品DNA限制酶切片段多态性的有无来判定外源基因的整合与否。然而理论上是这样，在实际操作中会出现因植物染色体DNA大且复杂，限制酶切片段电泳分离后在凝胶上呈现出的是一条涂抹片状的连续荧光区，很难分辨出片段的多态性，因而也就很难得到DNA结构多态性的信息。连续荧光区的出现是因为酶切片段太多了，在有限的凝胶及有限的电泳条件下很难使这些条带清晰地分离开，酶切片段的密集掩盖了多态性。为解决这一问题，人们采用了Southern杂交，将琼脂糖中的DNA转移到固相膜上，然后用标记的外源基因做探针，经放射自显影后便可在X线片上看到RFLP了。

发展到今天，可以说RFLP分析是一项利用放射性同位素或非放射性物质标记探针与转移在固相膜上的基因组DNA酶切片段进行杂交，通过显示限制酶切片段的差异来检测不同遗传位点等位变异的一项技术。通过对转化后得到的不同克隆系的RFLP分析，可获得不同克隆系在外源基因整合数及整合位点上的信息。

二、RAPD分析

RAPD是randomly amplified polymorphic DNA的缩写，意为随机扩增多态DNA。RAPD与RFLP都从琼脂糖凝胶上DNA条带的多态性来反映基因组结构上的多态性，不同的是RFLP是用限制酶消化DNA，通过分析限制酶切片段的多态性来显示DNA结构的多态性，而RAPD是利用PCR技术从扩增的DNA片段上分析多态性。由于片段被引物选择性地扩增，并不是所有序列都扩增，扩增了的片段能在凝胶上清晰地显现出来，这样就可以通过同种引物扩增条带的多态性，反映出模板的多态性。

RAPD分析是以PCR为基础，核心是DNA片段的扩增，其与常规PCR不同之处在于引物。常规PCR需要两个引物，每个引物分子15~30个核苷酸，引物序列需根据待扩增的基因两端的序列设计，因此要进行PCR时，必须知道待扩增基因两端的序列。而进行RAPD分析时，只需要一个引物，长度为10个核苷酸左右，引物序列是随机的，因而可在被检对象无任何分子生物学资料的情况下对其基因组进行分析。

单引物扩增是通过一个引物在两条DNA互补链上的随机配对来实现的。在基因组DNA分子内可能会存在或长或短被间隔开的颠倒重复序列，那么在两条单链上就各有一个引物结合的部位，构成单引物PCR扩增的模板分子。如果引物的核苷酸序列很短，退火温度又较低，引物与DNA模板颠倒重复序列的结合机会就会增多，产生若干PCR扩增产物，形成该引物的特异图谱。不同DNA中这种颠倒重复序列数目及间隔的长短不同，扩增的条带就不同，即出现多态性。

外源基因转化后转基因植株基因组DNA与非转化植株基因组DNA在外源基因插入的部位有着明显不同，当引物适宜时，扩增的条带长短就会不同，所以利用RAPD分析可以快速对导入的外源基因进行鉴定。如果转化植株有外源基因插入，则可能会引起植物基因组重排，这样在一定条件下，用RAPD技术可以检测出对照植株和转化植株PCR产物带型的区别，还可以检测后代植株间基因组的稳定性及在后代间的分离。由于 RAPD 可以在对被检对象无任何分子生物学资料的情况下对其基因组进行分析，所以对 DNA 直接导入法基因转化及种质系统介导的基因转化的分析鉴定具有重要意义。因为这些方法与农杆菌介导法不同，转化的 DNA 片段无一定的结构，也无一定的转化整合机制，利用 RAPD 分析可以快速对此类方法导入的外源基因进行鉴定。

三、生物芯片技术在转基因植物检测中的应用

生物芯片技术是近年来出现的分子生物学与微电子技术相结合的最新 DNA 分析检测技术，其理论依据依然是分子杂交，但由于采用了微电子学的并行处理和高密度集成，使成千上万的生物信息分子微阵列于 $1cm^2$ 大小的支持介质（芯片）上，因而产生了高度并行性、多样性、微型化和自动化的特点。

根据固定在芯片上的信息分子，生物芯片可分为基因芯片（gene chip）及蛋白芯片。这两类芯片都可用于转基因植物的检测与鉴定，但目前应用潜力较大的是用于转基因植株中外源基因表达调控研究的基因芯片。

基因芯片又称 DNA 微阵列（DNA microarray），是指将许多特定的寡核苷酸片段或基因片段作为探针，有规律地排列固定于支持物上形成的 DNA 分子阵列，是近年来出现的分子生物学与微电子技术相结合的最新 DNA 分析检测技术。芯片与待测的标记样品的基因按碱基配对原理进行杂交后，再通过激光共聚焦荧光检测系统等对其表面进行扫描即可获取样品分子的数量和序列信息。基因芯片的概念可追溯到 Southern blot 杂交技术，其原理即核酸片段之间通过碱基互补配对机制形成双链，但由于 Southern 杂交的核酸样品固定在多孔的滤膜上，样品容易扩散，因此在单位面积上点样的密度受到限制，无法进行大规模、高通量的 DNA 杂交。同时，由于滤膜面积大，杂交时需要的探针量较多。为了提高点样密度和检测灵敏度，降低探针用量，基因芯片技术将大量的核酸分子同时固定于玻璃、硅等载体上，可同时检测、分析大量的 DNA/RNA，同传统核酸印迹杂交（Southern blot 杂交和 Northern blot 杂交等）相比，具有灵敏、高效、低成本、自动化等优点。

按照基因芯片上探针的长度可将芯片分为寡核苷酸芯片和 cDNA 芯片，寡核苷酸芯片以寡核苷酸片段作为探针，而 cDNA 芯片以较长的 PCR 产物作为探针。目前应用较为广泛是 cDNA 芯片技术，将克隆的 cDNA 固定在芯片上就成为 cDNA 芯片。供转基因植物检测使用的 cDNA 芯片是将受体植物细胞的 mRNA 反转录成 cDNA，然后 cDNA 经 PCR 扩增后转移到支持介质上，外源基因 cDNA 也经 PCR 扩增转移到同一支持介质上，再经化学和热处理使 DNA 固着并变性，制成 cDNA 阵列杂交板。检测时，从转基因植株中提取 mRNA，通过反转录制备荧光标记 cDNA，此标记的 cDNA 混合物（探针）与上述 cDNA 阵列杂交板在特定条件下进行杂交。利用 cDNA 芯片能够检测出由外源基因整合及外源基因不同的整合方式所引起的植物基因组任何微小的表达差异。

按照基因芯片的用途，可将芯片分为表达谱芯片和序列检测芯片，表达谱芯片是目前比较成熟、应用最广泛的一种基因芯片，主要用于检测基因的差异性表达、寻找新基因和研究基因功能；序列检测芯片广泛用于各种特定基因序列的检测、基因突变和单核苷酸多态性检测，也有人将其用于基因测序。

思考题

1. 什么是报告基因？作为报告基因需要哪些条件？熟悉常用的几种报告基因。

2. 什么是 Southern 杂交检测？简述 Southern 杂交检测方法的原理。

3. 什么是 Northern 杂交检测？简述 Northern 杂交检测方法的原理，Northern 杂交检测方法有哪些优点？

4. 叙述常用外源基因表达蛋白的检测方法及 Western 杂交的原理。

5. 什么是外源基因表达蛋白的组织细胞免疫定位？简述其原理及特点。

6. 简述 PCR 技术在转基因产品检测中的应用。

第十章 食品功能基因及其应用

教学目标： 1. 了解与食品营养功能、保健功能及与自身代谢功能相关的基因与代谢；
2. 了解食品基因工程的应用，并熟悉相关案例。

第一节 控制果实成熟的基因

果实的成熟是一个非常复杂的生理过程，受多个基因的调控。1986 年，Grierson 等从成熟果实中提取 mRNA 反转录得到相应的 cDNA，利用分子杂交技术筛选、分类鉴定了 146 个与果实成熟有关的克隆。近年来，与果实成熟衰老有关的基因工程研究也取得了令人瞩目的进展，主要集中在调控细胞壁代谢、乙烯生物合成等领域，有的已经进入了商业化生产。以下介绍几个典型的控制果实成熟的基因及其表达调控的范例。

一、多聚半乳糖醛酸酶基因

多聚半乳糖醛酸酶（PG）是一个在果实成熟过程中特异表达的细胞壁水解酶，传统的观点认为它参与果胶的溶解，在果实的软化中起着重要的作用。现已证明，果实成熟过程中多聚半乳糖醛酸酶的调控是在转录水平上进行的。多聚半乳糖醛酸酶 mRNA 随着果实成熟的开始、乙烯生物合成的增加而大幅度增加，并且在以后的成熟过程中继续积累。在成熟的番茄果实中，多聚半乳糖醛酸酶 mRNA 的含量达到总 mRNA 含量的 2%，比成熟前增加了 1000 倍，成为构成细胞蛋白质的主要成分。

多聚半乳糖醛酸酶有 3 种同工酶：PG1、PG2a 和 PG2b，是由一个单拷贝基因编码经翻译加工后产生的。对其蛋白质部分水解产物体外相互转化和免疫杂交反应的研究表明，三种结果具有形式上的相似性，并且都含有一个 46ku 的多肽。

Slater 等人从成熟番茄果实的 cDNA 文库中用差示杂交（different hybridization）方法筛选出了多聚半乳糖醛酸酶 cDNA，它包含一个长 1371bp 的阅读框架和富含 A、T 的非编码区，编码一个含有 457 个氨基酸的蛋白质。另外，还有多个实验室克隆得到了多聚半乳糖醛酸酶 cDNA，核苷酸和氨基酸的同源性都在 95% 以上。

Smith 等人利用反义基因技术将多聚半乳糖醛酸酶 cDNA 转入番茄，得到的转基因植株的多聚半乳糖醛酸酶 mRNA 水平和酶活性比对照下降 90%，其中的 1 株纯合子后代其多聚半乳糖醛酸酶活性仅为正常番茄的 1%，果实中果胶的降解受到抑制，而乙烯的生成、番茄红素的积累和果胶酯酶的活性没有受到影响，果实仍然正常成熟，但软化没有推迟，这就引起了人们对多聚半乳糖醛酸酶在果胶软化中所起作用的怀疑。根据分析，原因可能有以下几种：① 果实的软化是一个复杂的生理过程，并非单基因调控；② 外源基因插入基因组是一个随机过程，位置效应影响了基因的表达程度；③ 转基因果实软化过程所需的多聚半乳糖醛酸酶活性不一定要求达到正常果实的水平；④ 多聚半乳糖醛酸酶在其他果实软化中的作用可能与番茄不同。

美国 Colgene 公司研制的转基因 PG 番茄 FLAVAR SAVR™通过美国药物与食品管理局认可，在 1994 年 5 月 21 日推向市场，成为第一个商业化的转基因食品。这种反义 PG 番茄具有许多优点，并产生了明显的经济价值，其果实硬度较大，耐贮运，采后的贮藏期可延长 1 倍，可以减少因过熟和腐烂所造成的损失；果实抗裂、抗机械伤，便于运输；抗真菌感染；由于果胶水解受到抑制，用其加工果酱可提高出品率。目前已经从桃、猕猴桃、苹果、西洋梨、黄瓜、甜瓜、马铃薯、玉米、水稻、大豆、烟草、油菜等多种蔬菜、水果和粮食作物中克隆得到多聚半乳糖醛酸酶的编码基因。

二、纤维素酶基因

目前已克隆到了草莓、鳄梨、桃、番茄、大豆、辣椒、甜菜、水稻、拟南芥等植物的纤维素酶的编码基因。在草莓果实成熟过程中，纤维素酶基因 *Cel1* 和 *Cel2* 有着不同的表达模式，绿熟果实中检测不到 *Cel1* 的转录，即使在转白果实中，其表达水平也很低，进入果实后熟期间，*Cel1* mRNA 逐渐增加，并在果实完全成熟时达到最高；*Cel2* 在绿熟果实中即有表达，从绿熟到果实转白过程中，其 mRNA 不断积累，并在果实后熟过程维持稳定增加。研究认为，*Cel1* 和 *Cel2* 的这种表达模式在果实后熟软化过程起着重要作用。

三、乙烯合成相关酶基因

Adams 和 Yang 首先提出乙烯的生物合成途径是蛋氨酸（Met）→硫－腺苷蛋氨酸（S－Met）→ACC→乙烯（图 10－1）。在这个途径中，ACC 合成酶（ACS）和 ACC 氧化酶（ACO）是乙烯生物合成的关键酶，采用基因工程手段抑制这两个酶的活性进而控制乙烯生成已取得了显著的效果，本节主要介绍 *ACS* 基因和 *ACO* 基因的相关研究。

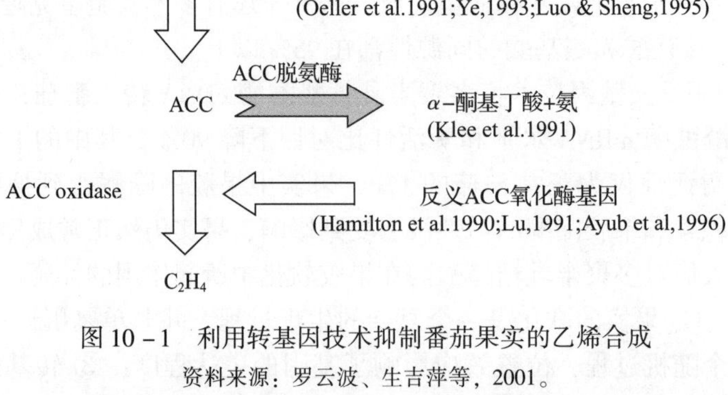

图 10－1　利用转基因技术抑制番茄果实的乙烯合成

资料来源：罗云波、生吉萍等，2001。

（一）ACC 合成酶基因

ACC 合成酶催化 SAM 生成 ACC，是乙烯生物合成的限速酶之一。该酶由一个多基因家族所编码，其酶活性和生物合成受多种因素调控，如果实发育、外源生长调节剂、逆境和伤害、金属离子处理等。此酶在植物组织中的含量很低，在成熟的番茄果皮中，ACC 的含量不到可溶性总蛋白的 0.0001%。同时，ACC 合成酶还有多种同工酶。

目前，已经从番茄、苹果、绿豆、南瓜、笋瓜等果蔬中得到了 ACC 合成酶基因。研究表明，在番茄中至少存在 2 个 ACC 合成酶的同工酶，称为 ACC 合成酶 1 和 ACC 合成酶 2，两者的 cDNA 编码区同源性为 75%，氨基酸同源性为 68%。用特异性探针检测基因的表达，发现两种同工酶的 mRNA 都在果实成熟过程中出现，机械损伤大大提高了 ACC 合成酶 1 的转录活性，但对 ACC 合成酶 2 的转录却没有影响。这两种酶的 mRNA 长度也不一样，分别为 2.1kb 和 1.9kb。

国内外有多个实验室成功地将反义 ACC 合成酶基因导入番茄，使 ACC 合成酶 mRNA 的转录大大降低。1991 年，Oeller 等获得成熟受阻碍的反义 ACC 合成酶 cDNA 转基因番茄植株，在反义 RNA 转基因番茄的纯合子后代果实中，乙烯合成的 99.5% 被抑制了，乙烯水平在 0.1nL/g · h 以下，果实不能正常成熟，不出现呼吸高峰，叶绿素的降解和番茄红素的合成受阻，在室温放置 90 ~ 120d 也不变红、不变软，只有用外源乙烯或丙烯处理才可诱导果实出现呼吸高峰和正常成熟，果实在质地、颜色、风味和耐压性等方面与正常番茄没有差异。国内的研究者汤福强等人于 1993 年获得了转基因植株，罗云波、生吉萍等人于 1995 年在国内首次培育出转反义 ACC 合成酶的转基因番茄果实，该果实在植株上表现出明显的延迟成熟性状，采收以后室温下放置 15d 果实仍为黄绿色，用 20μL/L 的乙烯处理 12h 后果实开始成熟，5d 后果实出现正常的成熟性状，其风味、颜色和营养素含量与对照没有明显差异；培育得到的转基因番茄纯和体，其乙烯的生物合成被抑制 99% 以上，果实可在室温下贮藏 3 个月而仍具有商品价值。

鉴于反义 ACS 转基因番茄具有明显的经济价值，美国农业部已经许可在 22 种蔬菜、果树和 7 种花卉上使用这一基因。由于不同植物体来源的 ACC 合成酶基因核苷酸序列上的差异，番茄来源的 ACC 合成酶基因是否能在其他植物体内起作用，目前还有待于实践的进一步证明。

（二）ACC 氧化酶基因

ACC 氧化酶（ACO）又称乙烯形成酶（ethylene forming enzyme，简称 EFE），是一种与膜结合的酶，在细胞中的含量比 ACC 合成酶还少，并且仍是由一个多基因家族编码。ACC 氧化酶也是乙烯生物合成途径的关键酶，它直接催化从 ACC 到乙烯的转变。目前已经从番茄、甜瓜、苹果、鳄梨、猕猴桃、石竹花、豌豆、甜瓜等中分离出 ACC 氧化酶基因。番茄中 ACC 氧化酶的 cDNA 首先由 Holdsworth 等人从成熟特异性的 cDNA 文库中筛选得到，取名为 *pTOM13*。杂交试验表明，与 *pTOM13* 同源的 mRNA 能在番茄叶子或不成熟的果实，或者在受伤组织中表达，此 cDNA 编码 33.5ku 的蛋白质。Hamilton 等人从番茄中分离出另一个 ACC 氧化酶的 cDNA 克隆，两者相比，核苷酸同源性为 88%；另外从六种不同的植物中分离 ACC 氧化酶 cDNA，其氨基酸的同源性达到 90%，利用 SDS - PAGE 法测得的分子质量大部分在 35 ±5ku。

根据 *pTOM13* 的核苷酸序列推导出其氨基酸序列中具有黄烷酮 - 3 - 轻化酶的同源序

列。根据黄烷酮-3-经化酶的测定方法，Ververid 和 John 首次从甜瓜中分离到了有活性的 ACC 氧化酶，在提取过程中，需要加入二价铁离子和抗坏血酸，并证实 ACC 氧化酶是一种类似黄烷酮-3-羟化酶的可溶性酶。进一步的研究结果表明，ACC 氧化酶是一种依赖于铁离子，类似依赖于 2-酮戊二酸的双加氧酶，ACC 氧化酶的名称可能是来自于 ACC 氧化酶的这一性质。目前从鳄梨、苹果中也分离到了有活性的 ACC 氧化酶。Mc Garvey 和 Christoffersen 从鳄梨果实中部分纯化了 ACC 氧化酶，硫酸氨分级沉淀中有两个 ACC 氧化酶活性组分：ACO1 和 ACO2。Dong 等从苹果组织中纯化了 ACC 氧化酶，纯化的 ACC 氧化酶绝对依赖二价铁离子、抗坏血酸和二氧化碳。ACC 氧化酶也可能存在多种同工酶，除了鳄梨中的两个 ACO 活性组分外，在番茄基因组中也发现了不止一个基因与 *pTOM13* 同源，可能存在三种编码 ACC 氧化酶的基因，但这一结论有待进一步证实。

1990 年，Hamilton 等将 *pTOM13* cDNA 以反义基因的形式转入番茄，获得的转基因植株中乙烯的生物合成受到严重抑制，在受伤的叶子和成熟的果实中乙烯释放量分别下降 68% 和 87%，纯合体后代果实的乙烯生物合成被抑制 97%。果实成熟的启动不延迟，但成熟过程变慢，果实变红的程度降低，并且在贮藏中能耐受“过度成熟”和具备抗皱缩能力，加工特性也得到改善，具有一定的商业价值。

四、色素合成相关基因

从成熟番茄 cDNA 文库中筛选得到克隆 *pTOM5*，其核苷酸序列与细菌来源的八氢番茄红素焦磷酸合成酶基因具有同源性。该酶能催化八氢番茄红素的合成，而八氢番茄红素是类胡萝卜素合成途径中的一个中间产物。在转反义 *pTOM5* 的番茄中，基因代谢产物参与果实成熟时类胡萝卜素的合成，果实多聚半乳糖醛酸酶 mRNA 的水平与对照没有差异，但果实中检测不到番茄红素的合成，成熟果实的颜色为黄色，花色也变为淡黄色。该转基因番茄的这一特点恰好是黄肉番茄突变体的特征。研究进一步发现，番茄的黄肉基因位于第 3 条染色体上，而 *pTOM5* 位于第 2、3 条染色体上。用基因工程方法使黄肉番茄突变体过量表达 *pTOM5* 基因，发现类胡萝卜素和番茄红素的合成能力得到恢复，证明黄肉突变体中缺少八氢番茄红素合成酶。

乙烯也是果实色素形成所必需的。1995 年，罗云波、生吉萍等利用反义基因技术获得转反义 ACC 合酶基因的番茄，转化体果实的乙烯峰值降低 99%，果实在贮藏过程中叶绿素逐渐褪去，果实变为黄色，6 个月后也不变红，只有当果实用外源乙烯处理后才逐渐变红。

第二节　谷物种子贮藏蛋白基因

一、谷物种子贮藏蛋白

随着谷物种子的成熟，贮藏物质大量累积，主要由碳水化合物及蛋白质组成。一般来说，谷物含有高淀粉、低蛋白，谷物种子含 8% ~15% 的蛋白质。根据谷物种子贮藏蛋白的溶解性，将种子中的蛋白质分为清蛋白、球蛋白、醇溶蛋白和谷蛋白，而谷类主要由醇溶蛋白组成。醇溶蛋白含有较多的脯氨酸和谷氨酸，不溶于水和浓的盐溶液，但是能溶于

70% 的酒精。正因为醇溶蛋白溶于酒精，因而较容易提取，但因其不能溶于水，有关的构象研究又比较困难。编码醇溶蛋白的基因由一个多基因的大家族组成，如 α－玉米醇溶蛋白基因家族，但是有的醇溶蛋白却只有几个拷贝。醇溶蛋白的一个共同特征是具有多个连续串联的氨基酸重复顺序。在这一片段之前特定部分的氨基酸序列与蛋白酶抑制剂（protease inhibitor）、α－淀粉酶抑制剂（α－amylase inhibitor）和 2S 球蛋白表现相当同源，因而编码这些可溶性蛋白质的基因可能是醇溶蛋白基因的前体。上述醇溶蛋白氨基酸重复顺序可能有利于醇溶蛋白在粗糙内质网（rough endoplasmic reticulum，RER）膜上的合成、加工及以后在蛋白体（protein body，PB）中组装。

玉米醇溶蛋白是玉米种子形成过程中合成的一类贮藏蛋白，主要包括 27ku、22ku、19ku、15ku 和 10ku 5 种多肽形式。15ku 和 10ku 醇溶蛋白中的含硫氨基酸含量很高。10ku 醇溶蛋白中蛋氨酸占 21%，半胱氨酸占 3.9%，就分子数量而言，含硫氨基酸共占 24.9%。10ku 醇溶蛋白基因由 0.45kb 的基因编码，编码区不含内含子。Bagga 等人已经证明，15ku 醇溶蛋白在转基因烟草的种子和非种子组织中都稳定存在。10ku 醇溶蛋白在转基因烟草的营养组织中也相当稳定。

植物的贮藏蛋白是人类食用蛋白质的主要来源，大部分贮藏蛋白都严重缺乏一种或几种必需氨基酸，因而贮藏蛋白的氨基酸平衡一直是人们进行品质改良的目标。植物基因工程技术可以用于改变植物贮藏蛋白的氨基酸组成，其中一种策略是将编码富含所需氨基酸的异源蛋白质的基因导入目的植物，该基因正常表达并积累到一定水平后可以改变目的植物贮藏蛋白的氨基酸组成。

最近许多研究表明，贮藏蛋白的功能并不仅仅局限于贮存。不少贮藏蛋白既有贮存的功能，同时又具有独特的生理功能。如凝集素（lectin），它能在大豆、小麦、水稻等种子成熟过程中大量累积，但同时又能促进动物细胞的分裂。前文提到的蛋白酶抑制剂、α－淀粉酶抑制剂一方面能在种子脱水过程中大量积累，同时还因为能抑制细菌和真菌对蛋白质和淀粉的分解作用而具有抗病作用。

二、谷物种子贮藏蛋白的积累

贮藏蛋白的前体首先在粗糙内质网合成，然后经过糖基化等一系列加工、修饰的过程，再积累到蛋白体中去。贮藏蛋白的肽链包含一段信号序列（或称信号肽），通过蛋白质—蛋白质的相互作用，贮藏蛋白被运送到蛋白体。信号序列在完成这一识别和运输过程后即被切除。有关贮藏蛋白累积的调控机制目前还不是很清楚，但最近已经发现一些玉米的变种如 F1oury－2、DeB30 和 Mucuronate 能够影响粗糙内质网的功能和蛋白体的组装，并导致蛋白质积累和胚乳发育的变化。贮藏蛋白的信号序列具有一定专一性，因此各种不同的贮藏蛋白可分别贮藏到不同的蛋白体或细胞的不同部位。对贮藏蛋白信号肽的计算机分析表明，单子叶植物的信号肽之间具有较高的同源性，如粳稻和籼稻 10ku 醇溶蛋白的信号肽序列完全相同，而水稻 10ku 醇溶蛋白的信号肽与高粱醇溶蛋白前体、19ku 玉米醇溶蛋白前体、燕麦醇溶蛋白前体信号肽之间的同源性可分别达到 65%、65% 和 62.5%；而在单子叶和双子叶贮藏蛋白信号肽之间，则几乎没有同源性。在水稻胚乳中存在两种蛋白体，带有同心圆的蛋白体Ⅰ（PB－Ⅰ）和无定形不规则形状蛋白体Ⅱ（PB－Ⅱ）：蛋白体Ⅰ主要含有醇溶蛋白，如 13ku、16ku 和 10ku 醇溶蛋白，而蛋白体Ⅱ富含水稻谷蛋白、球蛋白。水稻白蛋白主要存在于胚和糊粉层间。

三、谷物种子贮藏蛋白改良的方法

（一）贮藏蛋白的修饰

通过修饰那些胚乳中比较普遍的蛋白质的基因使之由不含所需必需氨基酸转变为含有必需氨基酸，这种方法取得了一定的成果。例如，玉米醇溶蛋白的修饰取得了一定的进展，但在胚中修饰的 α - 醇溶蛋白不稳定。

（二）贮藏蛋白基因在性不亲和种之间的传导

另外一种提高种质的方法是将高含量必需氨基酸贮藏蛋白的基因在性不亲和种间传递。这种方法不需要贮藏蛋白的基因突变，但异源蛋白质必须可以合成，并可以在不同种内稳定富集。

（三）改变必需氨基酸的生物合成途径

分子遗传技术使通过修饰必需氨基酸生物合成调节酸成为可能，二氢吡啶羧酸合成酶（DHPS）是一个重要的调节酸，对于赖氨酸水平反馈敏感。Shaul 和 Calli 在 1992 年使用从大肠杆菌中提取的 DHPS 基因编码的酶作为植物的酶，大肠杆菌的 DHPS 没有反馈抑制，将此基因、运输序列基因和花椰菜花叶病毒 35S 的启动子嵌合，导入烟草在叶子中表达，游离的赖氨酸增加了 15 倍。然而这种转基因植物有很多缺陷，过多积累这种氨基酸可能对植物发育产生毒害，另外游离氨基酸的含量还会随着成熟而下降。这表明增加赖氨酸含量潜力有限，除非赖氨酸不合成蛋白质。

植物中遗传密码子的使用频率与动物的相同，对外源基因的一些密码子进行替换能够显著提高该基因在植物体内的表达水平。Wu 等利用微弹法，将编码 tRNA ly8（赖氨酸摆动密码子）的 DNA 转入水稻愈伤组织。DNA 能引起赖氨酸插入种子谷氨酸和天冬氨酸特别丰富的氨基酸序列中，也能使赖氨酸和终止密码子连在一起，让蛋白质合成结束或高频率地中断种子的蛋白质合成。转基因再生植株的检测发现，蛋白质的组成类型没有明显变化。在一部分植株中 2% ~3% 的谷蛋白发生变化，同时发现醇溶蛋白中赖氨酸含量提高了 40% ~75% 。这些转基因水稻的赖氨酸含量平均提高了 6% ，这个水平大大地超过了用其他方法获得的表达量。温室中培养的转基因植株并没有受到蛋白质异常合成的影响，生长和繁殖状况良好，但还需要在大田进行试验以确定其环境适应性和产量。

虽然已经获得的转基因水稻的赖氨酸含量提高了，但还不足以充分地满足人们的需求。因此，进一步的工作可以在种子蛋白质合成过程中通过促进可变 tRNA 的利用把不同类型的可变 tRNA 赖氨酸整合到同一植株中，或者通过提高赖氨酸的生物合成提高赖氨酸的表达量。人类的饮食中八种必需氨基酸通常来源于植物，然而没有任何一种植物储存器官中含有所有这八种氨基酸，豆类蛋白质中缺乏含硫氨基酸——甲硫氨酸和半胱氨酸，而谷类蛋白质中缺乏赖氨酸和色氨酸。在高等植物中赖氨酸是通过天冬氨酸途径合成的，并伴随异亮氨酸、甲硫氨酸和苏氨酸的合成。控制这条途径的关键酶是天冬氨酸激酶（AK）和二氢吡啶羧酸合成酶（DHPS），天冬氨酸和二氢吡啶是赖氨酸合成的反馈调节因子。在细菌中赖氨酸的合成途径与植物的非常相似，但是 DHPS 对赖氨酸的反馈抑制调节不敏感。利用此优点，导入连接有质体导肽的细菌 *dhps* 基因，可使转基因植物中赖氨酸的含量明显提高。

四、谷物种子贮藏蛋白基因

种子代表着植物进化过程中繁殖器官已发展到最高级的形式，成熟的种子一般与母体植株分离。种子至少由种皮和胚胎两个器官构成，许多种子还包含胚乳。胚乳中贮存有蛋白质、糖类和脂类等大分子，它们的降解产物作为胚胎进一步发育的前体物和能量贮备，直至被植物幼苗的自养代谢替代。在缺乏胚乳的种子中以子叶作为营养器官。它们营养物质的合成和积累皆来自一大批特化的细胞，其分子基础是由不同基因表达所产生，并涉及某部分遗传信息实现的时空协调。

在种子的大分子贮存物质中，贮存蛋白占有相当比例，有的超过成熟种子蛋白质总量的50%。这些蛋白质只在种子营养器官，即胚乳或子叶中合成并大量积累，并在种子萌发时降解。在细胞内，种子贮存蛋白多在蛋白体中积累，可分为4种类型：① 醇溶蛋白（prolamin），可溶于醇类溶剂；② 球蛋白（globulin），可溶于中性pH和高盐浓度溶剂；③ 清蛋白（albumin），可溶于pH中性和低盐浓度溶剂；④ 谷蛋白（glutelin），可溶于高pH溶剂。对于某一特定的植物种子，都含有4种类型的贮存蛋白，只是其比例各不相同而已。

种子贮存蛋白由多基因家族编码，且成员数目变化很大，从几个成员到上百个成员（表10-1）。如编码玉米醇溶蛋白的基因家族成员超过100个，水稻醇溶蛋白基因家族成员为80~100个，水稻谷蛋白基因家族成员为5个。谷物种子贮存蛋白是在种子发育的特定阶段和特定组织中合成积累的，由于其营养价值和基因表达的组织发育特异性而成为人们研究的热点之一。为了阐明谷物种子贮存蛋白基因表达调控的分子机制，近来人们对转录水平进行了大量研究。

表10-1　一些植物的贮存蛋白基因

植物	贮存蛋白基因	间隔子数	拷贝数/单倍
菜豆	云扁豆蛋白（phaseolin）基因	5	10~14
豌豆	豆球蛋白基因	3	4
大豆	伴大豆球蛋白（coglycinin）、	4	15
	大豆球蛋白（glycinin）基因		15
玉米	玉米醇溶蛋白基因	0	100
小麦	麦醇溶蛋白基因	0	10~25

（一）玉米种子贮存蛋白基因

玉米种子贮存蛋白主要包括醇溶蛋白和谷蛋白两类。玉米醇溶蛋白具有多种分子质量类型，根据SDS-PAGE分析方法，可分为19×10^3u、22×10^3u两种主要组分（Zeinl）和10×10^3u、15×10^3u两种次要组分（Zein2）。玉米醇溶蛋白是由多基因家族编码的，其中Zeinl分别由*Z1a*、*Z1b*、*Z1c*和*Z1d*共4个亚基因家族编码，*Z1a*大约有25个成员；*Z1b*和*Z1c*较少，有15~20个成员；*Z1d*最少，只存在5个成员。*Z1a*、*Z1b*和*Z1d*之间核苷酸序列有80%~85%同源，但都与*Z1c*有65%的同源。*Z1a*、*Z1b*和*Z1d*主要编码19×

10^3u 玉米醇溶蛋白组分，*Z1c* 编码 22×10^3u 玉米醇溶蛋白组分，*Z1b* 还少量编码 22×10^3u 玉米醇溶蛋白组分。Zein2 分别由 *Z2a*、*Z2b* 和 *Z2c* 亚基因家族编码，但其成员可能只有 6 个，这 3 个亚基因家族与 Zeinl 的 4 个亚基因家族的同源性很小。

玉米醇溶蛋白的基因属于不含间隔子的真核基因类型，其表达是组织特异性的，只在胚乳中进行；基因 mRNA 的水平在胚乳发育过程中不断变化，与胚乳核 DNA 的显著增加相对应；胚乳是一个终端分化组织，因此其基因组的变化是不可逆的。玉米醇溶蛋白基因的调节信号还有待确定，如 −80 位点处有 C/TA$_{2\sim5}$G/TNGA$_{2\sim1}$C/TC/T 的保守序列，是启动子区结合因子，如 *MNP1* 和 *MNP2* 的结合位点，它们的调节功能都尚不清楚。但玉米醇溶蛋白的基因启动区已发现 4 个不同的蛋白质结合位点，并且有 2 个只与胚乳细胞的核蛋白结合，即具有组织特异性。此外，基因的 5′－端非翻译区和 3′－端非翻译区具有反向重复 DNA 序列，这些反向重复序列可形成局部的双链结构，已有证据表明，5′－非翻译区和 3′－非翻译区的杂交能降低醇溶蛋白基因 mRNA 的翻译效率。

玉米中谷蛋白约占种子贮存蛋白总量的 15%，谷蛋白基因与醇溶蛋白基因一样，均不含子间隔，都在胚乳中呈组织和发育特异性表达。谷蛋白与醇溶蛋白在结构上是不相关的，自身有一些显著的特征：8 个 PPPVHL 重复保守序列、1 个 PX 序列、1 个赖氨酸丰富区和谷氨酰胺丰富的 C 端。但谷蛋白基因与醇溶蛋白的基因均编码相似的信号肽序列，推测与 1 种蛋白质最后都转运到同样的蛋白体中积累的机制相关。另外，这两类基因在 5′－端上游邻近序列、5′－端非翻译区和 3′－端非翻译区都显示出高度的同源结构。如在 −330 区的保守序列（−330 盒）GTGTAAAG 与 SV40 增强子的核心序列相似，这一序列在玉米、小麦、大麦的醇溶蛋白基因中的位置相类似，表明可能与这些基因在种子成熟过程中的特异表达有关。谷蛋白基因与 19×10^3u 醇溶蛋白的基因在上游 250～200bp 存在 CAACAAA 和 ATGTCAA 2 个 7 碱基的保守基序，中间以 11 个非保守的碱基相隔，形成 7—11—7 的特异序列排列，这个基因启动子中的特异结构可能与玉米种子贮存蛋白基因在玉米果实成熟时基因特异表达的调节有关。

（二）水稻种子贮存蛋白基因

水稻种子贮存蛋白积累于胚乳中，主要成分为谷蛋白（占 80%），也含有少量的醇溶蛋白（5%～10%）、清蛋白和球蛋白。谷蛋白和醇溶蛋白为多基因家族编码，如醇溶蛋白基因家族成员为 80～100 个。在水稻开花 5d 后谷蛋白便开始合成，经加工后定位于蛋白体 PBⅡ内，而醇溶蛋白则在开花 10d 后才开始合成，定位于 PBI 中，包含 13×10^3u、10×10^3u、16×10^3u 等组分，其中 13×10^3u 为主要成分。在 PBI 中主要含 22×10^3～23×10^3u 和 37×10^3～39×10^3u 的谷蛋白复合物，它们是由 57×10^3u 的前体谷蛋白裂解而来。

在禾谷类作物中，玉米、小麦、大麦等只有 1 种蛋白体，而水稻的胚乳具有两种截然不同的蛋白体。在形态上，水稻的 PBI 为球形，较小，低密度；PBII 则为卵圆形，较大，高密度。相关资料显示，PBII 来源于高尔基体，而 PBI 来源于内质网。无论是醇溶谷蛋白还是谷蛋白，都具有较大的异质性。

水稻的谷蛋白是由 1 个相对较小的基因家族编码。该基因家族由 3 个亚基因族组成，即 Gt_1、Gt_2 和 Gt_3，每个亚基因族在单倍体基因组中有 5～8 个基因拷贝，而醇溶蛋白都是由 1 个很复杂的基因家族编码，在单倍体基因组中有 80～100 个基因拷贝。分子克隆发现 2.5kb 的 *EcoRl* 片段串联重复，每个片段包含 1 个醇溶蛋白基因。谷蛋白基因中包含 3 个间隔子，呈现典型的植物间隔子，间隔子的边界序列符合 AG/GT 序列。醇溶蛋白基因中没有间隔子，有 1 个很长的引导序列，在此序列中有 5 个小的 ORF，其意义尚不清楚。在谷蛋白与醇溶蛋白的结构基因中均有信号肽编码区。

Takaiwa 等曾分析了水稻种子贮存蛋白谷蛋白基因的 5′ – 顺式调控序列。通过 5′ – 端序列的系列缺失和转基因烟草种子胚乳中的基因表达，并对不同 *Gt* 族基因成员 5′ – 端序列的比较，发现从 AACAAACTCATC 在 70 位置上取代了通常的 CAAT box，还存在着类似的醇溶蛋白 box TGTCATATC（T/A/C）AAAA（G/T）（AA/GG）AG 序列。

Zhou 等首次报道了水稻另一类种子贮存蛋白——醇溶蛋白基因表达的调控研究，试验以中国水稻品种“中花 8 号”为材料，分离与克隆了种子醇溶蛋白 4*a* 基因 5′ – 端调控序列，通过 DNA 全序列分析，发现在结构上与 Kim 发表的序列有 97.5% 的同源性。转录起始点在起始密码 ATG 上游 240 碱基处。在转录起始点上游有一系列顺式调控因子，如 –31、–27 处分别有 TATA 及 TATAT；–95 及 –90 处分别为 CAAT、CAAAT 广泛性顺式调控因子；在 –23 ~ –195 的序列为 TACCAAACTAACGTAGAAAGTGAGCGATGAGTCAT，其 TAGAAAGTG 序列类似于小麦醇溶蛋白、谷蛋白、大麦醇溶蛋白及玉米醇溶蛋白等基因的组织发育特异表达的醇溶蛋白 box。此外还发现了一个更为广泛的禾谷类种子贮存蛋白基因 5′ – 端的共有序列 TG（T/A/C）从 A（G/A）（G/T）为胚乳特异性表达的调控 DNA 基序。1990 年 Matzke 等对玉米醇溶蛋白基因的表达调控研究证实了该功能性 DNA 基序（TCTAAA）。在水稻“中花 8 号”的醇溶蛋白 45 基因的 5′、端也数次发现类似的 A 基序，如 –287TGAAATA –280 及 –351 TGTTGAAATT –341。水稻“中花 8 号”醇溶蛋白 4*a* 的基因 5′ – 端 –680 ~ –18 区段具有胚乳特异性表达调控功能。醇溶蛋白 4*a* 基因启动子 Ⅰ 能够特定地在转基因烟草开花发育 22 d 后的种子胚乳中激活下游 GUS 融合基因表达，是该基因有功能的启动子。水稻“中花 8 号”种子贮存蛋白 Prolamin 基因的 5′ – 端具有调控序列功能，Prolamin 基因的启动子在种子的胚乳中激活下游 β – 葡萄糖醛酸酶基因的表达。Prolamin box Ⅱ 对该基因的表达具有增强功能，启动子 Ⅰ 的转录起始点是位于该基因起始 ATG 上游 63bp 处的 C 碱基。更有趣的是，在“中花 8 号”的醇溶蛋白 46 基因的 –204 ~ –195 序列中发现有 ATGAGTCAT 的回文结构。已知这个回文结构是酵母细胞氨基酸合成的 1 个正调控因子 *GCN4* 的结合位点，同时也是哺乳动物肿瘤基因 *fos* 和 *Jun* 产物 *Apl* 的结合位点。Hilson 等在植物悬浮细胞培养中，用 *Apl/GCN4* 激活了小麦种子醇溶蛋白基因的表达。但 *Apl/GCN4* 是否能激活水稻醇溶蛋白 4*a* 基因的表达，是一个值得探讨的问题。对 DNA 结构上顺式元件的功能性分析还不能真正回答启动子的生物学功能，为此，在实验中还采用了 β – 葡萄糖醛酸酶报告基因在转录水平上与“中花 8 号”醇溶蛋白 4*a* 基因启动子融合，通过 Ti 双元载体系统转化至烟草，待转基因植株（经 Southern 证明）开花 20d，取其种荚作横切片，进行 X – G1uc 组织化学分析 β – 葡萄糖醛酸酶基因的表达。实验结果表明，β – 葡萄糖醛酸酶基因只在胚乳中得到表达，对照的非转基因烟草及转基因烟草中的胚、叶、茎均无 β – 葡萄糖醛酸酶的酶活性。这样，证明了水稻醇溶蛋白 4*a* 基因 5′ – 端从 –618 –18 包含有足够的水稻醇溶蛋白基因胚乳特异性表达的 *cis* 调控元件，并在转基因植物中显示了组织发育特异性的表达。关于反式作用（transacting）因子在植物基因表达调控领域中的作用问题，还知之甚少，对此尚待进一步的研究。

植物基因表达调控是当前植物分子生物学中的前沿领域。对种子贮存蛋白基因及其调控的研究，不仅能使我们更好地理解种子发育的分子机制，而且可为贮存蛋白品质改变的基因工程奠定基础。

五、谷物种子贮藏蛋白基因的调控

目前，谷物种子贮藏蛋白基因的一系列转录激活子和目标基因已鉴定，这将可能对ABA激活这些转录因子相关的信号转导途径进行研究。在三个*ABI*转录因子中，只有*ABI5*和一些它的家族成员的转录显著受ABA诱导。在*ABI5*存在的情况下，至少在萌发的早期，ABA诱导的磷酸化作用更进一步增强了蛋白质的积累，并最后稳定蛋白质。水稻胚胎原生质体瞬时表达系统中进行了对ABA应答的启动子激活β－葡萄糖醛酸酶的表达和增强对ABA的反应。有趣的是*EmBP1*，一个与*Em*启动子的*ABREs*结合的DNA结合蛋白，在激活这种融合中不起作用，即使它存在于包括*VP1*的一个复合体中。但是，玉米的*VP1*和拟南芥的*ABI5*与水稻的*OsVP1*和*TRAB1*类似，对β－葡萄糖醛酸酶的表达起到了增效作用，可以促进Ca^{2+}释放的La^{3+}与ABA和*VP1*协作激活ABA应答的启动子。ABA对萌发的影响都是与赤霉素诱导的贮藏物动员的对抗密切相关，特别是谷物中淀粉的动员。淀粉的动员受α－淀粉酶的催化，α－淀粉酶是参与不同的空间、时间激素和代谢调控的酶家族，在转录、mRNA稳定性和酶分泌到含淀粉的胚乳等多个水平影响表达。赤霉素通过诱导特异结合启动子赤霉素反应元件的转录因子*GAMyb*的合成，促进应答α－淀粉酶的基因的表达。除了在赤霉素感应中起作用，赤霉素反应元件受ABA的下降调节是必需的。在种子成熟之前，抑制者*VP1*的活动特异抑制赤霉素诱导基因的表达，导致在该阶段对赤霉素敏感性很低。

在萌发的成熟大麦种子糊粉层中，ABA诱导的蛋白激酶PKABA1抑制赤霉素诱导的*GAMyb*。Slender突变体组成型对赤霉素的应答不能抵消PKABA1的抑制，说明PKABA1在受Slender调控的阶段的下游起作用。abi1－1显性失活突变体对PKABA1或ABA对α－淀粉酶的抑制也没有影响，而且PKABA1对ABA诱导的基因表达的影响很小，说明ABA的感应和抑制受两条分开的信号传导途径调节。这条信号传导途径的早期阶段表现出与G蛋白调控的PLD的激活有关，而且PA和Ca^{2+}作为第二信使传递信号。赤霉素诱导的α－淀粉酶的表达也可以在盾片状上皮细胞被ABA和糖的联合效应所抑制。除了抑制赤霉素诱导的基因表达，ABA戏剧性地减缓糊粉层细胞编程性死亡的过程，因此ABA处理的原生质体维持生活力比赤霉素处理的细胞长约30倍（ABA处理的存活超过6个月，而赤霉素处理的只有5～8d）。同样的，ABA也延迟谷类胚乳发育中灌浆末期乙烯诱导的细胞编程性死亡，但是这些对细胞编程性死亡影响的机制仍没有研究清楚。

Lee Soo In等将玉米赖氨酸反应不敏感基因*dhps*全长cDNA分别连上CaMV35S启动子（超表达）和水稻种子专一性谷蛋白*GluB－1*启动子（种子特异性表达）构建载体，进一步转化水稻。用CaMV35S做启动子的转基因品系（简称TC），其DHPS转录水平高于以*GluB－1*为启动子的转基因品系（简称TS）10～100倍。TC和TS未成熟种子的自由赖氨酸含量均高于野生型植株。种子成熟以后，TC的自由赖氨酸含量仍高于野生型，但TS和野生型很接近。2001年，通过比较DHPS和赖氨酸酮戊二酸酯还原酶（lysine－ketoglutarate reductase，LKR）的表达水平，Lee Soo In等认为外源*dhps*能够提高LKR的活性，从而导致赖氨酸的分解代谢增强。但是 TC 超量表达 *dhps* 能够抑制赖氨酸分解代谢，从而维持成熟种子的高赖氨酸水平；而 TS 可能因为在种子发育过程中，自由赖氨酸只是瞬时大量表达。瞬时表达引起了 LKR 活性增强，而其又没有足够的能力抑制 LKR，所以成熟种子中赖氨酸的含量和野生型的相比没有明显变化。

第三节　淀粉品质改良基因

一、淀　　粉

淀粉是绿色植物的主要能量贮存形式，它在叶子、茎、根和其他植物中的含量各不相同，含量最高的器官是谷物类作物的籽粒。谷物的淀粉颗粒具有种属特异性，其形状、大小和光学特性受遗传因子调控。淀粉分直链淀粉与支链淀粉，两者所占比例受遗传因子的支配，也与成熟度及生长条件有关。例如，不同玉米品种生产的淀粉直链淀粉和支链淀粉比例不同，蜡质玉米含 1% 直链淀粉和 90% 以上的支链淀粉，而淀粉质玉米能生产出直链淀粉含量高于 50% 的淀粉。

二、小麦淀粉品质改良基因

小麦是我国最重要的粮食作物之一。小麦的产量高低和品质优劣，直接关系到人类食物的供应程度和营养水平。淀粉是小麦籽粒的重要组成部分，其构成对于小麦面粉制品，尤其是面条制品的品质有着重要影响。如果小麦籽粒淀粉中不含直链淀粉或直链淀粉含量很低（低于 1%），则称为全糯质小麦。普通六倍体小麦有 3 个糯质基因（waxy gene）位点与淀粉合成有关，分别称为 *Wx - A1*、*Wx - B1* 和 *Wx - D1*，其控制基因分别位于 7AS、4AL 和 7DS 上，这 3 个基因分别编码 60ku 左右的淀粉粒结构淀粉合成酶（granule - bound starch synthase，GBSS），即 Wx 蛋白。当 3 种 Wx 蛋白全部缺失时，其胚乳直链淀粉含量几乎为零，就得到了自然界中不存在的糯性小麦。日本 Nakamura 等用部分糯质突变体关东 107（缺失 *Wx - A1* 和 *Wx - B1*）作母本，分别与 Aldura（硬粒小麦）、白火麦（中国小麦地方品种，缺失 *Wx - D1*）杂交，1995 年首次获得人工合成的六倍体全糯质小麦。六倍体糯质小麦的遗传是由三对隐性基因控制的，只有三个基因位点全是隐性时，才表现为全糯质。用常规育种方法获得糯性小麦周期长，效率低，用玉米诱导小麦单倍体和花药培养技术可以大大提高育种效率。由于玉米诱导小麦单倍体技术实用、后代纯化快，因而得以迅速应用。用小麦品质性状基因改良淀粉品质的研究取得突破性进展，糯小麦转基因材料和三个综合农艺性状优良的糯性（低直链淀粉）小麦新品系。在研究中构建了小麦籽粒 cDNA 文库，利用 cDNA 微阵列技术进行了克隆筛选，分离出 25 个与品质性状相关的新基因，包括编码贮藏蛋白的基因，以及与淀粉的合成和分解有关的基因，克隆出小麦直链淀粉合成关键酶 *WGBSSI* 基因和控制紫粒小麦紫色的关键基因 *TaDFR*，为小麦品质的改良提供了基因资源，也为利用基因工程技术改良小麦的淀粉品质奠定了基础。利用转基因沉默策略，将小麦直链淀粉合成关键酶基因（*WGBSSI*）沉默，获得了 4 个低直链淀粉（糯性）的转基因株系。

转基因材料的综合农艺性状优良，可直接用于选育小麦低直链淀粉新品系（种）或作为育种亲本材料；根据 *WGBSSI* 基因的结构特点，通过分子辅助育种技术，将糯小麦的糯性位点聚合到生产上应用的优良品种中，获得了三个综合农艺性状优良的糯性（低直链淀粉）小麦新品系。

小麦不仅供给人们热量，而且也是蛋白质的重要来源，其品质改良一直是育种工作者的努力方向。随着人们生活水平的提高，食品的营养品质及加工品质逐渐被重视，品质改良成为育种工作的一个热点。小麦优质育种工作包括两方面的内容：其一是通过改造小麦主要贮藏物质之一的蛋白质，改变其各组分的组成和含量来改良营养品质，这包括解决籽粒蛋白质含量与产量负相关的问题，即在高产的同时提高籽粒蛋白质含量和必需氨基酸含量，特别是赖氨酸含量，以期改良蛋白质品质；其二是改良其加工品质（主要包括制粉品质、蒸煮品质和烘烤品质），以适应不同食品对加工特性的要求。在小麦品质改良领域，目前主要有3个热点：培育高赖氨酸的小麦品种；增加对面包加工品质特别有利的某些蛋白质组分的含量，以提高烘烤品质；调节淀粉生物合成途径，以培养具有较少直链淀粉成分的新蜡质小麦品种，改良淀粉品质，以期在食品、工业、医药等方面有更广泛的应用。

小麦籽粒中主要贮藏物质之一是蛋白质，其平均含量为13.4%，而且分类较复杂，不同生态条件下、不同品种间有较大波动。小麦籽粒蛋白质根据其在不同溶剂中溶解性的不同分为4类：溶于水的清蛋白（9%）、溶于盐的球蛋白（5%）、溶于酒精溶液的醇溶蛋白（40%）和溶于稀酸或稀碱的谷蛋白（46%）。

小麦中清蛋白和球蛋白含量约占蛋白质总量的20%左右，其氨基酸组成比较平衡，赖氨酸、色氨酸含量较高，因而其营养价值高。与小麦加工品质密切相关的是麦醇蛋白（gliadin）和麦谷蛋白（glutenin），两者加工特性不同。麦醇蛋白使面筋具有黏性和延展性，对饼干和面条制作有利；高分子质量麦谷蛋白使面筋有弹性，对烘烤面包有利。麦醇蛋白和麦谷蛋白占蛋白质总量的80%左右，但是其中赖氨酸所占比例很低，所以赖氨酸为小麦第一限制性氨基酸。

小麦种子中另一种重要贮藏物质为淀粉，分为直链淀粉（20%～30%）和支链淀粉（70%～80%）两类。Wx蛋白是决定小麦中直链淀粉含量的重要因素，研究发现，缺蜡质蛋白，直链淀粉含量降低甚至没有，此面粉生产出的食品（如面条）韧性大，不黏，弹性好。

加工不同食品所需蛋白质含量标准不同，如烘烤所需蛋白质含量为14%～16%，生产饼干为9%～11%，馒头为12.5%～13.5%。美国学者对1.2万个普通小麦品种分析表明，蛋白质平均含量美国为12.97%、澳大利亚为14.9%、阿根廷为14.80%，与国外相比，我国小麦的蛋白质含量属中等偏上，变异幅度在7.5%～28.9%，平均为15.10%，虽然我国有相当多的种质资源达到要求，但是由于产量与品质之间存在负相关的矛盾，优质低产的品种难以被推广。同时由于我国长期以来习惯食用馒头、面条等面食，忽视了用于烘烤优质面包的小麦品种的选育，因此造成我国每年需耗资21亿美元进口面包专用小麦，所以通过传统或基因工程的手段来培育面包小麦是一项利国利民的事业。此外，我国种植的小麦等禾谷类作物赖氨酸含量普遍很高，也大大影响了小麦食品的营养价值和加工品质。河北农业大学种质中心测试了2万多份小麦样品，赖氨酸的变幅为0.25%～0.80%，平均值为0.438%，按照国外以不低于0.5%为高赖氨酸优质资源，从总供试材料中可以得到9.8%的高赖氨酸品系，并且赖氨酸含量种性之间差异较小，与蛋白质含量呈正相关。但是蛋白质含量除与基因型有关外，还受环境、纬度、生长温度等诸多外因影响，因此仅通过常规育种的手段来提高赖氨酸含量以达到改良品质的目的潜力不大。赖氨酸含量高达0.8%的品系，仍然存在加工品质不佳的问题。因此，应用分子生物学首先培育高赖氨酸品种是小麦品质育种的有效途径。直链淀粉在加工方面起的作用仅次于蛋白质，目前属于优质种的小麦面粉仍存在加工品质差、黏性、弹性不理想的问题，尤其是制作面条时表现较为明显，这与直链淀粉密切相关。研究表明，直链淀粉含量低甚至没有的面粉生产出的食品韧性大、适口性好、不黏。这无疑表明，在进行蛋白质及氨基酸改良的同时，应进行淀粉品质的改良。目前许多实验室积极应用分子生物学手段创造高相对含量支链淀粉成分的小麦新品种。

经典小麦优质育种工作主要是通过引进新的改良品种提高小麦品质。但是由于可用基因库的限制以及育种周期很长，有其不足之处。自从1992年Vasil等首次报道了外源基因导入小麦并整合和遗传之后，很多实验室也相继取得了成功，使小麦遗传转化已经成为一项较为成熟的切实可行的技术。

禾谷类作物无论以什么方式转化，其中外源基因整合的细胞也只占很少的一部分，为了获得转基因植株，除了选择转化率较高的方法和适当的受体外，还需要一个良好的选择系统。可选择标志一般由对抗生素和除草剂具有抗性的基因构成，根据文献报道，除草剂Basta（活性成分为L－phosphinothricin）由于选择的可靠性较高，而且对植株再生影响很小，已被广泛使用。另外抗菌素geneticin（G418）、卡那霉素、hygromycin 2等也被采用，但是不同研究者对它们的筛选有效性及应用剂量的报道有些不同。

要获得高选择效率，就需要有一个能够最适当表达的选择标志。外源基因转化研究表明，其整合位点和拷贝数目受多个因素的影响，因此研究者主要应用双子叶植物启动子（CaMV35S）和单子叶植物启动子，如水稻肌动蛋白启动子（*Actl*）和玉米泛素启动子（*Ubil*），使转化基因能够高效表达，以便获得较好的筛选效果。

除常用的基因枪外，还有微靶基因枪和便携式基因枪，可以用来转化成熟种子或植株生长点等部分，经轰击后不需要进行组织培养、再生植株环节，因而不受基因型的限制，有其便利的一面。其他方法也有着较好的应用前景，其中PEG法和电穿孔法如想获得较高的转高率，要求制备小麦原生质体。但由于原生质体再生植株受到小麦基因型的限制，使这一技术的应用受到影响，不过随着细胞培养技术的不断改进，有望成为一种较为实用的方法。单子叶植物一直被认为不是农杆菌的寄主，但是近来有用变异菌株进行水稻基因转化的报道，Luo和Wu报道了水稻的花粉管导入法，随后在小麦遗传转化中也有了类似报道，其中也有报道利用小麦分蘖节注射法来进行基因导入的，另外应用硅碳纤维介导DNA导入（silicon carbide fiber－mediated DNA delivery into plant cell）的方法由于方便、廉价也受到了人们的重视。

与其他作物比较，小麦遗传转化也存在一些共性和个性的问题。转化的方法有待提高和创新，以解决转化率低、比较耗费人力物力的问题。转基因的稳定性和转基因的沉默或失活也是分子育种工作者应特别注意和努力解决的问题。

应用遗传转化进行小麦营养品质改良主要有两种思路，一种是利用其本身贮藏蛋白基因改造后进行转化，用必需氨基酸密码子替换原有蛋白质基因非必需氨基酸密码子，或插入一段必需氨基酸（如赖氨酸）序列，也可以利用赖氨酸含量高的蛋白质基因的某一片段（如醇溶蛋白中 ω 型 N－末端序列中含有较多赖氨酸）与其他基因组成融合基因。如1986 年 Rao 等提出改变小麦蛋白质 DNA 编码，他指出可以改变非必需氨基酸的密码子，如含量丰富的天冬酰胺等这一设想在技术上已经成为可能，只是有待进一步探讨；另一种是利用其他种属的优良基因导入小麦。小麦加工品质的改良目前侧重于改良其烘烤品质。通过对不同高分子质量麦谷蛋白亚基组合的研究，人们发现某些亚基如 2（X）和 12（Y）与面包烘烤的低质量有关，而另一些亚基如 5（X）和 10（Y）与优良烘烤品质有关。高分子质量麦谷蛋白的 N－端和 C－端具有非重复的氨基酸序列，中段为六肽和九肽重复单位构成的重复序列，N－端和 C－端含有 *Cys* 残基，与低分子质量麦谷蛋白亚基相连而形成麦谷蛋白多聚体，使得生面团具有弹性。

通过基因工程手段改造小麦蛋白面包加工品质可采取下列途径：① 引入某些有益高分子量（HMW）麦谷蛋白亚基基因或增加其拷贝数；② 引入半胱氨酸残基或某些氨基酸改变交联特性。目前与加工品质密切相关的高分子量（HMW）麦谷蛋白各亚基基因已经分离，对不同亚基组合对面包加工品质所起的作用也进行了深入研究。在此基础上，国内外均有关于将小麦高分子量（HMW）麦谷蛋白优良亚基导入小麦获得了转基因植株的报道，而且都使加工品质有了提高。另外将两个 HMW－GS 亚基的杂合基因导入小麦，能够得到与内源麦谷蛋白相似的表达量。另一个热点领域是创建新的蜡质小麦，常规的方法是通过电泳检测栽培品种、农家品种或诱变小麦品种，希望筛选出 *Wx－A1*，*Wx－B1*，*Wx－D1*的缺失体，通过品种杂交，最终获得无直链淀粉的糯性小麦。但是如果同时兼顾优质高产，应用常规育种很难在短时间达到预期目的。由于在水稻上已经有报道反义 RNA 可以抑制 *Waxy* 基因的作用，因此反义 DNA 技术有可能应用于培育糯性小麦的育种工作。总之利用现代生物技术改良小麦品质工作已经开展，未来取得突破性进展只是一个时间问题。

作物遗传改良离不开突变体的创造，传统的创造突变体的方法包括自发突变的筛选、物理诱变、化学诱变、插入突变和基因剔除等。20 世纪 90 年代以来发展起来的通过抑制特定基因表达产生突变体的方法为突变体创造提供了新的途径。近年来，转录后基因沉默（PTGS）或 RNA 干扰（RNAi）技术研究取得了突破性进展，使利用基因沉默技术创造突变体成为可能。

三、水稻淀粉品质改良基因

杂交水稻食用品质差的主要原因之一是直链淀粉含量过高。不同水稻品种的直链淀粉含量差异较大，一般籼稻品种的直链淀粉含量较粳稻高，为 20% ~30%，而粳稻为 15% ~22%。不同地区或不同年龄的人对稻米中直链淀粉含量的要求也有所不同，但都倾向于食用中等或偏低直链淀粉含量的稻米。

参与淀粉合成的酶数目众多，包括颗粒淀粉合成酶（granule－bound starch synthase，GBSS）、可溶性淀粉合成酶（soluble starch synthase，SSS）、淀粉分支酶（starch branching enzyme，SBE）、脱分支酶（debranching enzyme，DBE）等，其对应的基因有 17 个之多，可见淀粉的组成和结构十分复杂，要对其遗传进行调控确实相当困难，再加上目前对各个基因位点上的复等位基因及其遗传效应的估计还不是十分清楚，从而阻滞了水稻优质育种的步伐。今后应加强这方面的研究和实践。

水稻胚乳中直链淀粉的合成由 GBSS 催化合成，GBSS 由第 6 染色体上的蜡质基因 *Wx* 编码，是一个组织发育和特异性表达基因。该 *Wx* 位点的基因产物（Wx 蛋白）是 60ku 左右的蛋白质，紧密地结合在淀粉粒上。由于直链淀粉含量影响稻米的品质和蒸煮特性，*Wx* 位点的研究不仅对理解基因表达调控，而且对农业应用也很重要。可以通过对 *Wx* 基因的遗传操作来控制水稻种子中直链淀粉的合成，从而改变其相对含量，达到改良稻米淀粉品质和食用品质的目的。将反义蜡质基因导入不同的粳稻品种中，证明转基因水稻成熟种子中的直链淀粉含量有不同程度的下降。水稻 *Wx* 位点的基因是在 1988 年克隆出来的。目前人们对 *Wx* 基因的遗传调控机制已有深入研究，在该基因位点上至少存在 3 种复等位基因，即 *Wxa*、*Wxb*、*Wx*，分别存在于普通籼稻、粳稻和糯稻中。*Wxa* 和 *Wxb* 在不同水稻亚种中已出现明显分化，其中籼稻（包括野生稻）以 *Wxa* 为主，直链淀粉含量较高；粳稻中全为 *Wxb*，直链淀粉含量较低。其中 *Wxb* 与 *Wxa* 相比，由于在第一内含子 5′-端剪切位点的碱基由 G 突变为 T，从而使剪切效率大大降低，成熟 mRNA 量降低，造成 GBSS 累积较少，进而影响直链淀粉的含量。而 *Wx* 则是由于在第二外显子的翻译起始位点下游 108bp 处比正常的籼稻、粳稻多了一个 23bp 的重复，从而在第 2 外显子的下游 172bp 处提前出现了终止密码子，不能形成正常的 GBSS。在直链淀粉含量高的水稻品种的未成熟种子中，*Wx* 基因只有一种分子质量为 2.3ku 的成熟转录物；而在直链淀粉含量中等或偏低的水稻品种的未成熟种子中，*Wx* 基因除了转录出成熟转录物外，还有一个分子质量为 3.3ku 的含有第 1 内含子的前体 mRNA。第三类（糯稻）无直链淀粉，无 *Wx* mRNA。不同水稻品种中胚乳直链淀粉的含量受 *Wx* 基因转录后加工尤其第 1 内含子从前体 mRNA 切除效率的调控。*Wx* 核苷酸序列中发现了位于前导内含子剪切点上游 55bp 处的一段 CT 微卫星序列（microsatellite）。利用该微卫星引物来构建含有不同 $(CT)_n$ *Wx* 基因的水稻近等基因系，以研究不同 *Wx* 等位基因对淀粉合成的影响，并探讨利用微卫星标记进行稻米淀粉品质辅助选择育种的可行性。在该基因第一内含子上游第 55 碱基处有一 $(CT)_n$ 重复序列，该 $(CT)_n$ 重复的多态性与稻米直链淀粉含量之间存在明显的相关性。

采用遗传转化技术将反义 *Wx* 基因导入水稻品种（包括籼稻和粳稻），可引起直链淀粉含量不同程度的降低，而且这些导入的外源基因以及改良的直链淀粉含量都能稳定遗传。以上研究通过农杆菌介导，将反义 *Wx* 基因导入籼稻保持系冈 46B 和Ⅱ-32B 中，引起直链淀粉含量的广泛变异。将反义 *Wx* 基因导入水稻品种（包括籼稻和粳稻）中，均引起成熟种子直链淀粉含量的降低，改良稻米品质。

水稻稻米的品质除了受直链淀粉占总淀粉的比例控制以外，支链淀粉的结构也是决定稻米品质的重要因素之一。水稻的支链淀粉是由 α-1，4 糖苷键相连的葡萄糖链再通过 α-1，6 糖苷分支键连接而成的葡萄糖聚合体。α-1，6 糖苷键的引入是由淀粉分支酶负责的，因此分支酶的性质和活性是决定淀粉结构的决定因素。在水稻中已经发现 SBE1、SBE2、SBE3 和 SBE4 等 4 种分支酶，其中 SBE1 和 SBE3 是主要的，在胚乳淀粉合成中分别负责 70% 和 30% 的支链淀粉的合成。SBE1 和 SBE3 在时空表达特性上存在表较明显的差别，SBE1 在开花后第 3d 即开始表达，第 5~7d 达到高峰；SBE3 在第 7~10d 才达到高峰。在功能上，SBE1 负责中、长链的分支而 SBE3 负责短链的分支。目前对于稻米淀粉生物合成过程中的主要基因是否存在着等位性变异（allelicvariation）、每一种基因究竟存在多少复等位基因、不同基因之间的相互关系和互作效应等，都还了解很少。研究结果也表明，*Wx* 基因对直链淀粉含量影响最大，SBE3 也对其有影响，而 SBE1 对直链淀粉的含量没有显著的影响。此外，SBE3 基因对直链淀粉含量的变异也有一定影响，而 SBE1 对直链淀粉含量的变异影响很小。Han 等利用分子标记分析了 40 个糯稻品种 *Wx* 位点的 $(CT)_n$ 多态性以及 SBE 基因的多态性与淀粉理化特性的关系。表明 *Wx* 位点的 $(CT)_n$ 多态性与淀粉黏滞特性无关，而 40 个糯稻品种的 *SBE1* 和 *SBE3* 位点有 5 种基因型，且基因型方差可解释热浆黏度、冷胶黏度的表型方差的 70% 左右、最高黏度和回复值的 40% 左右。而研究结果表明，无论是在 *Wxi* 还是在 *Wxj* 背景下，不同来源的分支酶基因的遗传效应只表现在个别性状上，且在不同的背景下遗传效应不同，而且 *SBE1* 和 *SBE3* 的遗传效应相对比较小。近年来育成的品种，特别是直立穗型粳稻品种大部分都或多或少地同时带有籼粳两个亚种的血缘。今后，通过籼粳品种杂交，同时利用籼粳两个亚种的优良等位基因仍然是培育高产品种的一个重要途径。在此过程中，与淀粉合成相关的基因也不可避免地会得到重组。在影响淀粉品质的理化特性的 3 个基因中，*Wx* 基因的作用是最主要的，而 *SBE1* 和 *SBE3* 在不同的 *Wx* 等位基因（籼粳）背景下，其遗传效应不相同。在 3 个基因位点不同的等位基因形式均具有不同的遗传效应。

水稻谷蛋白的新基因克隆及表达分析与其他禾本科作物以醇溶蛋白为主不同，水稻种子含有醇溶蛋白和谷蛋白两种主要蛋白质贮藏形式。其中，谷蛋白约占胚乳蛋白总量的 70% ~80% 。水稻谷蛋白是由多基因家族编码合成的，到目前为止至少已克隆获得了 9 个全长 cDNA，根据这些 cDNA 编码的氨基酸序列同源性可将谷蛋白分为 A、B 两个亚家族。B 亚族谷蛋白成员富含赖氨酸等人体必需氨基酸，与稻米的营养品质直接相关，因此挖掘、利用 B 亚族基因成员对于改良稻米蛋白质性状至关重要。以 32P 标记的谷蛋白基因 *GluB* –2 cDNA 片段为探针筛选水稻胚乳 cDNA 文库获得 1 个新的水稻谷蛋白基因全长 cDNA，序列分析显示该基因核苷酸序列共 1588bp，含有 1 个由 495 个氨基酸残基组成的开放阅读框，编码蛋白质分子质量约为 56ku。推导的氨基酸序列与其他已知谷蛋白基因家族成员间序列相似性介于 57.8% ~97.8%，并与 B 亚族谷蛋白基因的同源性更高，因此命名为 *GluB* –7（GenBank 注册号 AY987390）。Northern 杂交显示，*GluB* –7 具有高度的胚乳表达特性。

四、玉米淀粉品质改良基因

高淀粉含量玉米根据其籽粒中所含碳水化合物的比例和结构分为混合高淀粉玉米、高支链淀粉玉米和高直链淀粉玉米。混合高淀粉玉米是指普通玉米籽粒中粗淀粉含量在 75% 以上的工业专用型玉米。根据高淀粉玉米分级标准：一级为玉米籽粒中粗淀粉含量为 75% 以上，二级为 72% 以上，三级为 69% 以上。普通玉米淀粉是直链淀粉和支链淀粉的混合体，两者所占的比例分别约为 28% 和 72% 。将玉米籽粒胚乳中几乎含有 100% 的支链淀粉的类型称为支链淀粉玉米（糯玉米或蜡质玉米）；将胚乳中直链淀粉含量在 50% ~80% 的玉米称为高直链淀粉玉米。

1909 年 Collins 把来源于我国的糯质玉米基因定名为 *wx*；糯玉米籽粒，由于发生单基因突变（*Wx* 变为 *wx*），在纯合的隐性基因 *WxWx* 的控制下，可以将支链淀粉含量提高到 100% 。糯质玉米胚乳不透明，晦暗，类似蜂蜡状，又称蜡质玉米。糯质玉米基因的作用是累加的，其基因点上有若干个等位基因，它们是 *WX*、*Wx2* 和 *Wx*。*Wx* 对后二者为显性，后二者均为隐性基因。目前主要运用 *Wx* 基因既可以在籽粒中表达，也可以在花粉上表达的特性。由于控制糯玉米的 *Wx* 基因只是改变了玉米胚乳淀粉的性质，因此对产量并无太大影响。

影响籽粒直链淀粉含量的突变基因主要有 *ae*、*du* 和 *su2*，这三种突变基因都增加了直链淀粉的含量，但以 *ae* 基因最为显著。1952 年由 Vineyard 和 Bear 在一个普通玉米中发现了这个可加倍直链淀粉含量的单隐性基因，后来以 *ae* 符号作为该基因在第 5 染色体上的永久性符号。纯合隐性基因 *ae* 可以把直链淀粉含量提高到 55% ~65% ，甚至达到 80% 。高直链淀粉突变体的表现型鉴定是困难的，但有时一种外观“半透明”的胚乳与高直链淀粉的特性是结合在一起的。他们还注意到一定的黄色遗传背景下，高直链淀籽粒颜色对原始黄色的饰变，比较高的直链淀粉含量与成熟籽粒的轻度凹陷或皱缩是有关的。*ae* 基因虽然可以显著提高直链淀粉的含量，但它会引起籽粒总淀粉含量的下降和含水量的增加。

第四节　脂肪酸组成改良基因

近年来，随着分子生物学技术日新月异的发展，人们对植物脂肪酸的合成途径已经有了相当的了解，虽然某些特殊的细节尚需进一步的研究，但普遍存在的反应途径已基本清楚，这为脂肪酸调控基因工程奠定了良好的基础。

一、植物脂肪酸代谢的基本途径

在植物中，低于 18 碳的脂肪酸合成是在质体中进行的。在种子中，脂肪酸的合成是在未分化的质体中进行的。脂肪酸的合成是由脂肪酸合成酶（fatty acid synthase，FAS）催化进行的，是一个非常复杂的生化过程（图 10 - 2）。首先，在种子的发育过程中，蔗糖作为合成脂肪酸的主要碳源，从光合作用的主要器官（如叶片）转运到种子细胞中，通过卡尔文循环将其转变为丙酮酸，并氧化成乙酰辅酶 A，这便是脂肪酸合成的前体物。在质体中，乙酰辅酶 A 在乙酰辅酶 A 羧化酶的作用下生成丙二酰单酰辅酶 A。后者与酰基载体蛋白（acyl carrier protein，ACP）结合，保护其在碳链延伸过程中不受其他酶的侵蚀。然后丙二酰酰基载体蛋白在酶的作用下，以每次循环增加两个碳的方式，经过多次反应完成碳链的延伸。在这种碳链延伸的过程中，碳 - 碳键是通过产生一个 β - 酮酯酰基 - 酰基载体蛋白（β - ketoacyl - ACP）而形成的；随后，经过羰基还原反应、脱水反应、再次还原反应，就将 β - 酮酯酰基 - 酰基载体蛋白变成一个比上一循环多两个碳原子的酰基 - 载体蛋白。研究发现，这些循环聚合反应是由三种不同的 β - 酮酯酰基 - 酰基载体蛋白合酶（β - ketoacyl - ACP synthase，KAS）催化完成的。第一种 β - 酮酯酰基 - 酰基载体蛋白合酶（KAS Ⅲ）以乙酰辅酶 A 和丙二酰辅酶 A 为底物；第二种 β - 酮酯酰基 - 酰基载体蛋白合酶（KAS Ⅰ）作用于碳链长度介于 4 ~ 14 个碳之间的酰基 ACP；第三种 β - 酮酯酰基 - 酰基载体蛋白合酶（KAS Ⅱ）则催化棕榈酰基载体蛋白与丙二酰基载体蛋白之间的聚合反应，产生硬脂酰基载体蛋白。在质体中，一些硬脂酰基载体蛋白还可以在脱氢酶的作用下，产生含有一个顺式不饱和双键的油酰基载体蛋白（双键位于第 9 和第 10 个碳之间）。在质体中发生的最后一步反应，是硫酯酶将游离的脂肪酸从酰基载体蛋白上释放出来。同时在与质体膜结合的酰基辅酶 A 合成酶的作用下合成酰基辅酶 A，并从质体运输到内质网或胞质中。因为酰基载体蛋白硫酯酶具有链的长度特异性，其活性影响各脂肪酸成分之间的比率，在油料作物中，由于C_{16}和C_{18}脂肪酰基载体蛋白特异性的硫酯酶的大量存在，故大部分脂肪酸为C_{16}和C_{18}脂肪酸。脂肪酸合成的其余步骤是在内质网中进行，包括脂肪酸的去饱和以及链的延长，是在与内质网结合的脱饱和酶和延伸酶的作用下完成的，最后储存在细胞质的酰基辅酶A池中。TAG合成的骨架成分甘油－3－磷酸是糖酵解中间产物合成的，TAG的组装是通过Kennedy途径：甘油－3－磷酸（G－3－P）→溶血性磷脂（LAP）→磷脂酸（PA）→乙酰甘油酯（DAG）→三酰甘油酯（TAG），它们分别由3－磷酸甘油酰基转移酶（G_3PAT），溶血性磷脂酸酰基转移酶（LPAAT）、磷脂酸磷酸化酶（PAP）和二酰甘油酰基转移酶（DAGAT）所催化，这些酶均定位在内质网膜上。

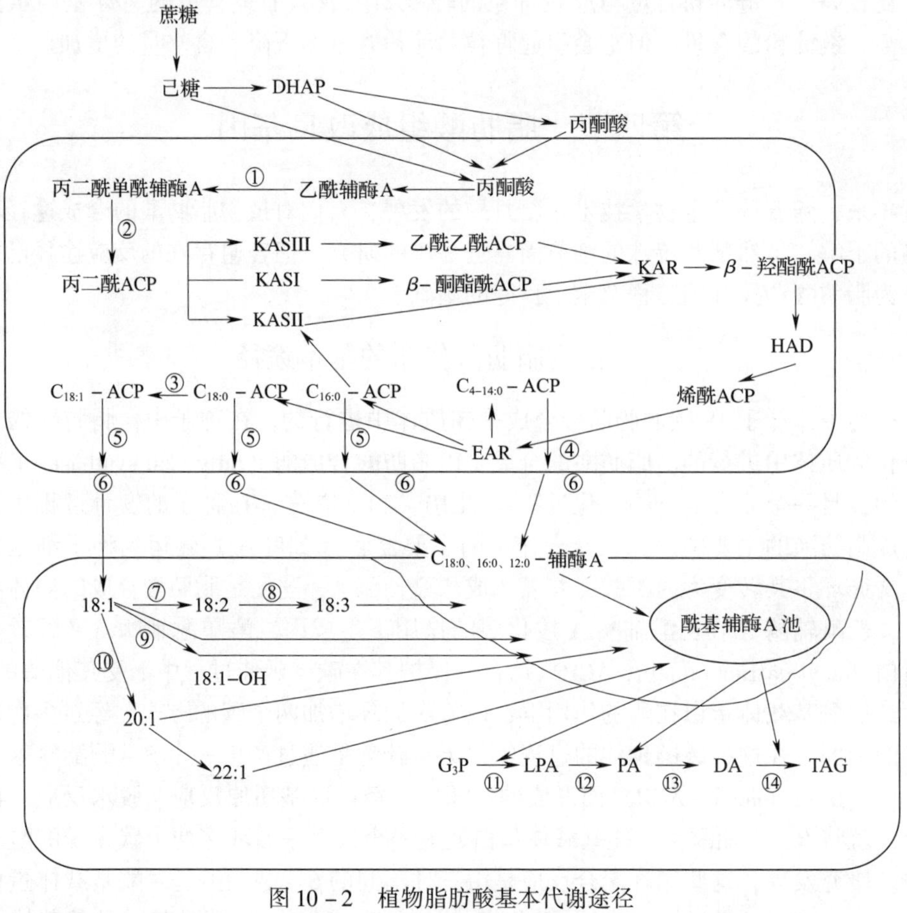

图10－2　植物脂肪酸基本代谢途径

KASⅠ、KASⅡ、KASⅢ：β－酮酯酰基ACP合成酶Ⅰ、Ⅱ、Ⅲ；KAR：β－酮酯酰基ACP还原酶；HAD：β－酮酯酰基ACP脱氢酶；EAR：烯酰ACP还原酶

①—乙酰辅酶A羧化酶　②—丙二酰辅酶A：ACP转酰基酶　③—硬酯酰ACP脱氢酶　④—中链酰基ACP硫酯酶　⑤—酰基ACP硫酯酶　⑥—酰基辅酶A合酶　⑦—油酸脱氢酶　⑧—亚油酸脱氢酶　⑨—油酸羟化酶　⑩—脂肪酸延伸酶　⑪—甘油2－磷酸酰基转移酶　⑫—溶磷脂酸酰基转移酶　⑬—磷酯酸磷酸酶　⑭—二酰甘油酰基转移酶

此外一些少见的、很有商业价值的羟基脂肪酸或环氧化脂肪酸等都是由单一的酶催化完成的。目前，对这些生化途径的研究也取得了一定成果。下面以油菜为例介绍其脂肪酸的基因改良研究进展。

二、基因工程在油菜脂肪酸代谢改良中的应用

油菜是世界主要的油料作物，属十字花科芸薹属，包括甘蓝型油菜、芥菜型油菜和白菜型油菜3种类型。长期以来，油菜生产国政府和科学工作者十分重视油菜的生产和科研工作，对其进行了广泛的改良。油菜脂肪酸组分及含量改良的前期工作主要是通过经典育种技术进行的，随着分子生物学的蓬勃发展，许多调控脂肪代谢关键酶基因的分离以及油菜遗传转化体系的建立通过基因工程改造油菜脂肪酸组分与含量的研究也迅速发展起来了。通过操纵TAG的生物合成来改变油的成分，主要包括脂肪酸链长度的改变、饱和度改变、增加脂肪酸含量以及新不饱和脂肪酸的调控四方面。

（一）油菜脂肪酸链长度的调控

日常膳食摄入的植物油中通常是以16或18个碳原子为主的长链脂肪酸，但中链脂肪酸（如月桂酸用于洗涤剂等）和超长链脂肪酸（如芥酸用于润滑剂等）在工业上具有重要的用途。因此，利用基因工程的方法将使这些脂肪酸的关键酶基因从某些植物中分离出来，并转化到生长周期短、易于栽培的油菜中，从而培育出富含某种脂肪酸的工业用油菜品种成为这一领域研究的热点。

油菜脂肪酸基因改造的典范是生产中链脂肪酸月桂酸的转基因油菜。1991年，Pollard等在加州福尼亚月桂树中发现了使其富含月桂酸的12：C－ACP硫酯酶，该酶在酰基基因达到12碳长度时便终止了聚合反应。同年，Davies等将这种酶进行纯化，后来他们从月桂树的cDNA文库中分离到编码该酶的基因，称之为Uc FatB1。1996年Volker等将此基因导入油菜中，油菜种子中月桂酸的含量最高达60%，然而对转基因油菜进一步研究发现，它并不能在其TAGs的Sn－2位置上加月桂酸，从而使其产生月桂酸的最高理论值为67%。但椰子TAGs的Sn－2位置却能与月桂酸相连，因为它本身含有一种对月桂酸特异性的溶血磷脂酰转移酶（LPAAT，一种催化TAGs的Sn－2位置酰基转移的酶），1995年Kuntzon等已将此酶进行了分离并克隆了此酶的cDNA，和UC FatB1基因共转化油菜，使转基因油菜种子中的月桂酸含量进一步提高。由于月桂酸广泛应用于洗涤剂的生产，所以，月桂酸转基因油菜自面世以来备受工业界欢迎，Georgia洲已大面积种植这种高月桂酸油菜。

另一个研究中链脂肪酸的好材料是萼距花，该属的上百个品种均含多种饱和中链脂肪酸，表明其中可能具有活性极强的中链硫酯酶。Dehesh等曾将一个编码$C_{8:0}$和$C_{10:0}$特异性的酰基载体蛋白硫酯酶导入油菜，使得这两种脂肪酸在油菜种子中的含量显著增加。

超长链脂肪酸的研究主要集中在芥酸，人体对芥酸吸收缓慢，利用率低，且易导致冠心病、脂肪肝的发生，因此，从食用油的角度，人们一直在培育低芥酸或零芥酸的油菜品种，但利用基因工程手段培育低芥酸品种还少有报道。另一方面，在工业上芥酸是生产润滑剂、尼龙、化妆品及塑化剂涂料、防腐剂等的重要原料，目前工业上芥酸的生产主要是以普通菜油为原料，但其芥酸含量低（30%～50%），若利用生物技术手段将芥酸含量从50%提高到90%，则会大大降低芥酸生产成本，获得良好经济效益。

1996年Lassner等从西蒙德木植物种子中分离了β－酮酯酰基辅酶A合酶基因，由于它能催化18碳以上的脂肪酸聚合反应，将其导入油菜可导致种子中芥酸含量的明显增加。但无论是转基因或自然界中油菜芥酸含量不会超过55%。1996年Metz等发现油菜中

LPAAT 对十八碳底物具有优先选择权，而对超长链脂肪酸亲核性极低，其理想的最高值仅为66%。因此，必须通过能在 Sn－2 位置上插入芥酸的 *LPAAT* 基因转化油菜来进一步提高芥酸的含量。Zou 等将酵母中的一种超长链脂肪酸特异性的 LAPPT 基因导入油菜，使油菜种子中芥酸含量提高到 50% 左右。Lassner 等、Brown 等相继在池花属植物中克隆了 *LPAAT* 基因，但转化油菜发现，Sn－2 位置上的芥酸含量增加，但其芥酸总量并未增加，这说明芥酸在 Sn－2 位置上的增加是在 Sn－1 和 Sn－3 位置上芥酸含量减少的基础上形成的。Laurent 等对油菜、旱金莲、大豆、玉米等油料植物种子成熟过程的研究就曾发现只有草地泡沫植物的 LPAAT 酶可使芥酸 CoA 与 1－芥酸－3－磷酸甘油酯生成二芥酰甘油酯，若能将草地泡沫的 LPAAT 基因导入高芥酸油菜，理论上可产生芥酸含量达 90% 以上的油菜新材料。

（二）油菜脂肪酸饱和度的调控

植物油是主要的食用油，人们希望提高植物油中不饱和脂肪酸的含量，降低饱和脂肪酸的含量。但含较多的不饱和脂肪酸的食用油却存在氧化稳定性差的缺点，所以食用油的三个重要质量指标营养价值、氧化稳定性和功能性之间存在矛盾。为了满足植物油在食品工业中的不同用途，利用基因工程技术具有针对性地定向改造植物油中脂肪酸的饱和度，并与相应的提取油脂工艺相结合来生产专用油将具有广阔的市场前景。

随着生活水平的提高，人们对食品的营养要求也越来越高。由于长期摄入大量饱和脂肪酸会导致高血压、冠心病的发生，这便迫切需要进一步提高植物油的营养品质，降低饱和脂肪酸的含量。植物油中饱和脂肪酸主要是棕榈酸和硬脂酸。利用基因工程手段降低饱和脂肪酸含量主要有以下三方面的工作：① 通过提高催化聚合反应酶基因的表达水平，可制约棕榈酰硫酯酶的活性，提高硬脂酰 ACP 含量。1993 年 Bleibaum 等利用 β－酮酯酰基 ACP 合酶基因在油菜种子中的超量表达抑制棕榈酸合成并降低了棕榈酸的含量。②1993 年 Yadar 等通过竞争抑制方法降低饱和脂肪酸酰基硫酯酶的活性，降低了饱和脂肪酸的含量。③ 通过提高脱氢酶基因的表达水平，促使饱和脂肪酸向不饱和脂肪酸的转变。1992 年 Grayburn 等从酵母和小鼠中克隆了硬脂酰 CoA 脱氢酶基因，并转化烟草，结果饱和脂肪酸的含量明显降低，不饱和脂肪酸含量升高。

在提高不饱和脂肪酸含量的同时，人们还发现多不饱和脂肪酸，如亚麻酸（$C_{18:3}$），在贮存过程中极易氧化，严重影响了油的质量，因此降低多不饱和脂肪酸的含量也是提高食用油品质的重要方面。通常人们采用氢化处理的方法来获得稳定性好的煎炸油和烹调油，但这却容易导致自然形成的顺式双键转变成反式构象，这种反式构型的脂肪酸会增加血液中低密度胆固醇的水平，而且反式脂肪酸是引起心脏病、冠心病的主要因素之一。因此，如能使植物天然合成单不饱和脂肪酸，将是更有效地降低多不饱和脂肪酸的途径，而且高油酸的植物油在工业上也具有很高的应用价值，如用油菜生产的杜鹃花酸是许多工业产品的必需原料。油酸脱氢酶、亚油酸脱氢酶是调控这类脂肪酸的关键酶，Hiz 等利用油酸脱氢酶反义抑制技术，使油菜的油酸含量达到 83%，这种转基因油菜与另一种油酸含量 78% 的油菜突变体杂交，结果培育出油酸含量达 87% 的油菜新品种。Stoutjesdijk 等利用根癌农杆菌介导转化了油酸脱氢酶的共抑制结构基因，获得的转基因甘蓝型油菜种子的油酸含量高达 89%，芥菜型高达 73%。

植物油中含有大量的不饱和脂肪酸，熔点低，在常温下是液态，作为人造奶油、起酥油和可可油受到限制，因此在其基因工程调控方面也做了大量的工作。1992 年 Knutzon 等从芜菁中克隆了硬脂酰 ACP 去饱和酶 cDNA，并构建了种子特异性的反义表达载体，转化芜菁和油菜，结果转基因油菜种子中硬脂酸占总脂肪酸比例由 12% 上升到 40%，同时油酸含量降低。研究还发现高硬脂酸含量的转基因芜菁种子中油脂含量低，无萌发力；而高硬脂酸含量的转基因油菜，其油脂含量和萌发正常。此后，Hawkins 等从捻子中分离了一种对油酰 ACP 的亲和性是硬脂酰 ACP 亲和性 3 倍的硫酯酶，并导入油菜，使转基因种子中硬脂酸含量明显增加，随后 Marc 等对此基因进行突变，突变的产物对硬脂酰 ACP 的特异性增高了 13 倍，将此突变基因导入油菜，使得硬脂酸积累增加了 55% ~68%。

（三）油菜种子含油量的调控

为了提高油料作物种子本身脂肪酸的含量，提高其含油率，需对某些关键步骤进行调控，以提高 TAGs 的合成效率。大量研究表明：乙酰辅酶 A 羧化酶是脂肪酸合成的关键步骤。在质体中，ACCase 是由四个亚基形成的异聚体酶；而在细胞质中，HO - ACCase 则是一个大于 220ku 的二聚体，它催化产生的丙二酰辅酶 A 用于超长链脂肪酸的延伸。目前，增加油菜种子含油量主要有两方面的研究。

1997 年 Roesler 等将拟南芥编码的 HO - ACCase 的 *ACC1* 基因与叶绿体 RUBISCO 小亚基的转运肽序列相连，并导入油菜，转基因油菜的油酸含量有所增加，产油量比对照高 5%，Roesler 等认为将细胞质活动的 HO - ACCase 定位在质体，既保护了它不受细胞质中蛋白质代谢的影响，同时 HO - ACCase 也不受控质体 ACCase 活性调节的抑制作用，这都是可能导致转基因植株产油率高的原因。

1999 年陈锦清等从光合产物分配角度，利用反义 *PEP* 基因调控籽粒蛋白质/油脂含量比率，成功选育了转基因油菜新品种超油 1 号和超油 2 号，其含油量分别高达 47.84% 和 52.7%，比传统品种提高 20% 以上，从而打破了我国长江流域油菜含油量在 37% ~40% 长期徘徊的局面，实现了我国油菜籽含油量的突破，提供了油菜高含量育种的新途径。

（四）油菜种子中新不饱和脂肪酸的调控

γ - 亚麻酸和花生四烯酸是对人类具有营养保健功能的多不饱和脂肪酸，它们是合成前列腺素的前体。但是在许多油料作物中，由于其缺乏 Δ^6 - 脂肪酸脱氢酶，所以并不存在 γ - 亚麻酸和花生四烯酸。假如能使 Δ^6 - 脂肪酸脱氢酶在油料作物中表达，则可以将其种子中含量丰富的亚油酸和 α - 亚麻酸转变为 γ - 亚麻酸和花生四烯酸。2002 年 Hong 等从真菌 *Pythium irregulare* cDNA 文库中克隆到编码 Δ^6 - 脂肪酸脱氢酶的基因，与油菜种子贮藏蛋白 Napin 基因种子特异性启动子连接转化油菜，转基因油菜种子中 γ - 亚麻酸含量占总脂肪的 40%，为获得 γ - 亚麻酸提供了新资源。同年，他们从 *Pythium irregulare* 中克隆和鉴定 Δ^5 - 脂肪酸脱氢酶的基因，并将该基因转化油菜，导致在 C5 位脱饱和的脂肪酸占种子油脂脂肪酸的 10%。

第五节　植物甜蛋白基因

甜味是最受人们喜爱的味觉之一。最初的甜味剂（如蔗糖等）由于甜味低，需加大用量才能使食品有足够的甜度，但大量使用又容易导致糖尿病、高血压、龋齿等的发生。随着科技的发展，人们从植物中提取出高甜度、低热量、多功能的甜味蛋白质，并将其运用到生产中。目前从植物中分离出的甜味蛋白主要有7种，分别是索马甜（thaumatin）、莫奈林（monellin）、马槟榔甜蛋白（mabinlin）、喷塔汀（pentadin）、布鲁赛因（brazzein）、麦若可林（miraculin）和仙茅甜蛋白（curculin）。除麦若可林为矫味蛋白，可诱发甜味，仙茅甜蛋白兼具甜蛋白和矫味蛋白的性质以外，其余的均为甜蛋白。

由于从自然界中提取天然甜蛋白的数量有限，难以实现甜蛋白的商业化生产，近年来，人们对其性质进行了研究，对部分甜蛋白的基因进行了克隆和测序，让其在外源宿主中表达，或者将其转入果蔬中以提高果蔬品质。

一、嗦 吗 甜

天然嗦吗甜存在于西非热带雨林竹芋科植物（*Thaumatococcus danielli Benth*）的果实中。1972年Vander等首次分离出了嗦吗甜，测得其甜度是等量蔗糖的3000倍。后续研究表明，天然存在的嗦吗甜均含有207个氨基酸，但结构并不完全一致，由一多基因家族编码，最少存在6~7种关系相近的蛋白质产物：嗦吗甜Ⅰ、Ⅱ、Ⅲ、a、b、c等，其中最主要的为嗦吗甜Ⅰ和Ⅱ，二者只在5个氨基酸序列上存在差异。蛋白质高级结构和甜味受体（如Ca^{2+}等无机离子）是影响嗦吗甜甜味活性的主要因素。

1982年Edens等克隆了嗦吗甜cDNA［931bp，不具Poly（A）］，并对其进行了测序，为嗦吗甜基因工程奠定了基础。此后有人利用嗦吗甜Ⅱ的天然克隆基因或用宿主优选表达密码子合成的基因，在微生物或植物中进行表达。

在酵母体系中的表达产物均没有甜味，所得包含体在体外变性复性后才具有甜味，且表达量低。在嗦吗甜重组生产中，丝状真菌是最成功的表达系统。为了最大程度地获得重组嗦吗甜，人们对丝状真菌表达系统进行了各种优化，如选用特异性强启动子、增加基因拷贝数、利用蛋白酶缺陷株、进行基因融合、优化反应条件等。随着丝状真菌表达系统的优化，重组嗦吗甜的产量也随之提高。赵琦等利用DNA重组技术，将嗦吗甜基因克隆至植物表达载体pBⅡ21中，构建了一个新的转化植物的表达载体。Overbeeke认为嗦吗甜在微生物中的表达水平需达到1g/L，其成本才能与天然提取的相当，不过迄今还没有一个研究达到该水平。

1990年，Witty利用毛根转化技术（hairy root transformation technique）将嗦吗甜基因插入到马铃薯基因组中，得到了甜的转基因植株。Dolgov将嗦吗甜Ⅱ基因导入温室苹果和梨树，结果表明愈伤组织中奇甜蛋白Ⅱ较多而叶片较少。Szwacka等将嗦吗甜Ⅱ基因导入黄瓜植株使其表达。由于嗦吗甜的氨基酸序列与PR－5（5种治病蛋白质，又称类嗦吗甜蛋白）相似，这类蛋白质被认为可以保护植物组织不受真菌感染。2005年，Schestibratov等发现让嗦吗甜Ⅱ基因在转基因草莓植株中表达，能提高其对*Botrytis cinerea*的抗性。

二、莫 奈 林

1972年Morris和Cagan从非洲西部植物（*Dioscoreophyllum cumminsii Diels*）的红色浆果中提取得到了一种甜味蛋白，取名为莫奈林。天然莫奈林包括5种组成、结构相似的蛋白质，分别称为莫奈林Ⅰ~Ⅴ，其中最主要的是莫奈林Ⅳ，其甜度是等质量蔗糖的3000倍。与单链嗦吗甜不同，它是由两条氨基酸数目分别为45、50的肽链通过非共价键连接的。由于莫奈林对热和酸处理比较敏感，易引起蛋白质变性，这也从一定程度上阻碍了莫奈林商品化生产发展。

在20世纪80年代，用基因工程表达莫奈林的研究开始展开。1989年Kim等在*E. coil*中成功地表达出了具有生物活性的单链莫奈林，但表达效率很低。在基因工程法生产莫奈林的研究中，Kondo. K等人的研究成果最为引人注目。他们将*Candida utilis*作为莫奈林基因的宿主细胞进行表达，产生的单链莫奈林在高温和酸性溶液中能保持稳定，提纯得到的莫奈林与天然莫奈林甜度一样，其表达水平达到细胞可溶性蛋白质的50%，得率达10mg/g湿酵母，该得率与从植物中提取的最大得率相当。2006年，蔡恒等将带有莫奈林基因的重组分泌型表达载体pETMO转入大肠杆菌BL21（DE3），得到重组工程菌株BMC33。经IPTG诱导，莫奈林的表达量可高达细菌可溶性蛋白质的44.8%。Penarrubial等人将该蛋白质基因分别通过转基因技术导入土豆和莴苣中，使该基因的表达量接近于总蛋白质含量的1%。

三、马槟榔甜蛋白

1983年，中科院昆明植物研究所的胡忠等从我国昆明亚热带地区的中药马槟榔（*Capparis masaika* Levl.）的成熟种子中分离出一种甜蛋白，取名为马槟榔甜蛋白。1993年Liu等人研究发现马槟榔有4种同工蛋白，分别为马槟榔蛋白Ⅰ、Ⅱ、Ⅲ和Ⅳ，其中mabinlinⅡ的热稳定性最高，对它的研究也最多。

马槟榔蛋白Ⅱ及其同工蛋白（Ⅰ、Ⅲ、Ⅳ）的cDNAs都已克隆并测序。马槟榔蛋白Ⅳ的C端比马槟榔蛋白Ⅲ少4个氨基酸，因此它可由马槟榔Ⅲ得到。

Kohmura等实现了对马槟榔蛋白Ⅱ的固相合成，合成产物的涩-甜反应域值为1mg/mL。目前正在尝试将马槟榔蛋白Ⅱ转入马铃薯块茎中进行表达，但结果还未见报道。

四、喷塔汀和布鲁赛因

1989年，Varder等首次从一种分布在热带非洲国家的攀缘灌木（*Pentadiplandra brazzeana Baillon*）的果实中分离到分子质量为1.2×10^4u的甜蛋白——喷塔汀。它的甜度是蔗糖的500倍，电泳研究表明，成熟蛋白的亚单位通过二硫键连接。到目前为止，还未对这些甜蛋白的特性做进一步的研究。

布鲁赛因和喷塔汀是从同一种植物中分离得到的一种甜味蛋白，甜度为蔗糖的2000倍。不过前者是从鲜果中提取，而后者是从热干燥后的果实中提取的。布鲁赛因是一种单链蛋白质，稳定性高。

Ming等对布鲁赛因基因进行了测序。李春丽等构建了植物甜蛋白*des*-pGlu1-Brazzein高效表达的工程菌株，对其乳糖诱导条件进行了优化，可使目的蛋白的表达量达到20%左右。

五、麦若可林

麦若可林是从非洲西部热带植物（*Richardella dulcifica*）的红色浆果中分离得到的一种变味蛋白。早在1852年，Willam Daniell就叙述了其遇柠檬酸或醋会变甜的特性。人们将其作为一种食品添加剂，用来掩蔽一些食品的苦味，改善食品的风味。麦若可林含有191个氨基酸残基，估计相对分子质量为24600。

目前已完成对麦若可林的cDNA序列进行克隆并测序，并已经让麦若可林的合成基因在大肠杆菌中表达。将麦若可林的cDNA和谷胱甘肽转移酶进行基因重组，在大肠杆菌中表达得到融合蛋白。2006年，Sun等在转基因莴苣中成功合成了重组麦若可林蛋白。

六、仙茅甜蛋白

仙茅甜蛋白是从马来西亚光叶仙茅（*Curucligo latifolia*）的果实中发现的一种蛋白质，其甜度是蔗糖的550倍，甜味在口中能持续几分钟，甜味消失后用柠檬酸或维生素C可以诱导出强烈的甜味。经测定该蛋白质的氨基酸序列有114个氨基酸残基。

目前对仙茅甜蛋白的cDNA已经克隆并测序。编码仙茅甜蛋白的人工合成基因已经插入到大肠杆菌中表达，但是产物无甜味，且也没有将酸味变为甜味的功能。

七、甜蛋白的发展

植物甜蛋白作为传统甜味剂的替代品受到越来越多的关注，人们利用基因工程技术将甜味蛋白质基因转入微生物或高等植物中表达，但目前应用这一技术生产甜蛋白还存在一些问题，如基因工程菌的稳定性、产品安全性，甜蛋白基因在微生物中表达量、表达产物有无甜味等，不过这依然不失为商业化生产的一个很好的选择。未来利用基因工程来生产甜味蛋白质具有极其诱人的前景。

第六节　生物抗逆性基因

植物的生长受各种环境条件的制约，如水分、温度、土壤的盐碱度等。在地球上许多干旱和盐碱地区一些重要的农作物不能很好地生长和进行农业产生，如能培育出一些耐干旱、低温和盐碱的作物，就可以利用这些珍贵的土地，扩展人类的生存空间，改良地球的生态环境。目前，科学家正在深入地研究植物抗干旱和抗盐碱的机制，研究和分离与植物干旱和盐碱有关的基因，如一些与调节渗透压有关的基因、在干旱时对植物细胞有保护作用的基因。一旦分离到这些基因，并将其按人的设计重组后转移到目标植物中，就可能培育出能在干旱和盐碱地区生长很好的优良转基因品种，使沙漠和盐碱地变成绿洲。现在人们已经获得了转鱼抗冻蛋白基因的烟草和番茄，其抗寒能力确实有很大提高。

一、低温诱导基因

植物温度诱导蛋白是指由温度逆境诱导产生的一系列蛋白质，就其酶功能或非酶功能来说不一定都与温度适应直接有关，在概念上不同于“抗热蛋白”和“抗冻蛋白”，后两者是就蛋白质分子结构本身所具有的性能而言的。最早发现的植物低温诱导蛋白是Briggs和Siminovitch在越冬期黑槐树皮中发现的2~3条新蛋白质谱带。近十多年来，由于蛋白质分离、提纯和分析技术的进展，已有近百种植物低温诱导蛋白被发现和详细地研究过。人们还不清楚在不同植物材料中和不同冷诱导条件下出现的诱导蛋白之间的异同，更不清楚它们提高植物抗冷性的机制，根据这些植物低温诱导蛋白已知的生物化学功能以及诱导条件，将它们分为以下几类。

（一）基因表达的温度逆境控制

从拟南芥中已分离出 10 个基因组的 19 个基因，从大麦中找到了 6 个基因组的 9 种低温诱导基因。目前常用的低温诱导基因见表 10 - 2。

表 10 - 2　　低温诱导基因

	品种	基因	同族基因	其他品种类似基因	编码蛋白质的种类	其他逆境
双子叶植物	拟南芥	cor6. 6	kin2	Bn28	AFP	干旱，ABA
		cor78	lti78，lti65 rd29A，rd29B		NK	干旱，ABA，盐
		cor15A	cor15B	Bn115	NK	干旱（ABA）
		cor47	lti45	—	D - 11LEA	干旱，ABA
		lti30	—	cap85，cor39	D - 11LEA	干旱，ABA
		lti140	—		NK	干旱，ABA
	油料油菜	Rab18	—	—	D - 11LEA	干旱，ABA
		Cor1	Cor2	blt801	RNABP	（干旱）
		RCI1	RCI2	—	14 - 3 - 3	—
		Adh	—	—	ADH	干旱，嫌氧
	油料油菜	Bn115	Bn19，Bn26	cor15A	NK	—
		Bn28	—	cor6. 6	AFP	NK
		BnC24A	BnC24B	bbc1	NK	—
		cas15	—	—	NK	—
	苜蓿	cas17	cas18	—	D - 11LEA	—
		MsatiA	SM2075	—	NK	干旱，ABA
		maCIC	—	—	高脯氨酸	—
	菠菜	cap85	—	lti30，cor39	D - 11LEA	干旱
		ER - HSC70	—	—	HSP	—
单子叶植物		blt14	blt14，2，A086	rlt1412	NK	—
			blt14，1	rlt1421		干旱，ABA
		blt4	blt4，2，blt4，6 blt4，9	—	LTP	干旱，ABA
	大麦	blt191	blt［0］，2	ES13	NK	—
		blt63	—	—	EF - 1a	NK
		IlVAt	—	—	D - 7LEA	ABA
		blt801		cor1	RNABP	ABA
		rlt1412	rlt1421	blt14	NK	—
		Wes120	Wes200，Wes661	—	D - 11LEA	—
	裸麦小麦	Wes19	—	—	NK	—
		cor39		lti30，cap85	D - 11LEA	干旱，ABA
		Wcor	—	—	D - 11LEA	干旱，ABA

注：AFP：抗冻蛋白；ABA：脱落酸；LEA：胚胎发育晚期丰富蛋白；RNABP：RNA 结合蛋白；bbc：胸腺基本保守基因；HSP：热激蛋白；ADH：醇脱氢酶；14 - 3 - 3：激酶调节蛋白；LTP：类脂转移蛋白；EF - 1a：延长因子；ESI3：芽草盐激诱导基因；NK：不明。

值得注意的是，由于受分离方法的限制，表10－2中基因的绝大部分是通过静态mRNA在低温下超表达找到的，该mRNA又是在总mRNA中占优势的。表中并未包括那些在低温下表达水平下降的或瞬间表达的基因。从拟南芥中分离出的基因或基因组，没有一种与从大麦中找到的基因或基同组相同，说明自然界的复杂性与方法学的复杂性。

拟南芥*rab*18是另一个低温诱导基因，然而在植株受到外源脱落酸或干旱诱导后，此基因反应更迅速、更明显。*Aba*－1的*rab*18基因能在外源脱落酸处理下提高抗寒性，而干旱处理不能使其表达。这表明干旱是通过脱落酸这个信息使低温诱导基因表达的。*Abi*－1的*rab*18对低温、干旱和外源脱落酸则都毫无反应，也不为此突变体带来抗寒性。鉴于用脱落酸合成抑制剂fluridone处理野生型植株能强烈抑制干旱胁迫对*rab*18的诱导，可以认为野生型植株的*rab*18基因表达带来的抗寒性与植株耐脱水性的提高有关。

（二）基因表达的转录控制

已有一些低温诱导基因的启动区域被克隆出来，例如，涉及油菜*bn*115基因和拟南芥*cor*15*A*、*rd*29*A*和*adh*基因调节的启动子等，将它们经过基因工程转入植物后，通过观察驱动报告基因表达与否，研究启动子具体碱基结构在低温表达中的作用。启动子核心元件是G/ACCGAC，它在油菜的*bn*115、拟南芥的*cor*15*A*、*lti*78和*lti*65、大麦的*blt*4.6和*blt*4.9等基因的启动子中都曾被发现，所以它被称作低温响应元件（low temperature response element LTRE）。然而，对于拟南芥*adh*基因的低温启动子来说，基因中同时含有的序列：ACCGAT——嫌氧反应元件（anaerobic response element，ARE）G－Box因子，似乎比与上述G/ACCGAC类似的序列CCACGTGG更为重要。而G－Box因子在已知的许多涉及脱落酸响应因子的顺式反应调节序列中也是核心元件。总之，关于植物低温诱导基因的启动子核酸序列还有待进一步确定。

（三）基因表达的转录后调节

大麦的9个低温诱导基因中有6个主要受转录调节，3个受转录后控制；拟南芥有3个基因受转录调节，1个受转录后控制；苜蓿的*cas*18基因则既受转录调节又受转录后调节。这表明转录后调节在植物低温适应的基因表达中可能十分重要。编码拟南芥RNA结合蛋白的*cor*1、*cor*2基因和编码大麦RNA结合蛋白的*blt*801基因都已被分离，它们的分子质量为16～17ku，这种蛋白质的N端都具有*RNP*1和*RNP*2共有序列，以及一些高度保守的、约由80个氨基酸组成的RNA结合区域，C端的甘氨酸残基重复序列则常有酪氨酸和精氨酸残基插入。对这种RNA结合区域的氨基酸序列的三维结构分析，将有利于理解基因表达转录后的调节机制。

通过对众多基因的研究，近来人们认识到贯穿多个基因和多个基因组行为的是信号转递。只有了解温度逆境信号所带来的一系列基因表达与受控顺序、基因与蛋白质的关系，才能了解“抗冷基因”和“抗冷蛋白”的环境适应机制。

（四）同时响应其他逆境的低温诱导蛋白

由于不同逆境的信号转导过程可能存在一些交叉点，一些诱导蛋白就会同时响应多种逆境。脱落酸应答蛋白（response ABA protein，RAB）是低温诱导蛋白中也响应其他逆境的主要蛋白。许多低温诱导蛋白也是脱落酸应答蛋白。

二、热激基因的表达调控

热刺激能诱导机体产生热激响应（heat shock response，HSR）。在热激基因（编码热激蛋白的基因，heat shock gene，HS gene）表达之前许多信号转导组分已经发生了改变。已有一些直接或间接的证据表明 Ca^{2+} 及 CaM 参与了植物热激响应的信号转导。真核生物中热激基因的表达被热激转录因子（heat shock transcription factor，HSF）所介导。热胁迫时，热激转录因子被激活并结合到热激元件（heat shock element，HSE）上。

热激响应是动植物细胞或器官对热刺激的一种保护性反应。过度的热激导致细胞损害甚至死亡，而亚致死强度的热激条件会诱导细胞发生热激响应，使细胞或机体免受热胁迫的伤害，从而表现为耐热水平的提高。在分子生物学水平上，热激响应实质上是在正常蛋白质合成受阻的同时产生热激蛋白（heat shockprotein，HSP）的一种细胞生理活动。热激蛋白对细胞具有保护性作用，它可能是通过与变性或异常状态的蛋白质结合来防止它们凝集，从而避免细胞结构崩溃，因而热激蛋白的产生是植物耐热性的重要表现。另外，热激蛋白家族中某些成员在正常生理条件下也有明显的表达，行使“分子伴侣”（molecular chaperones）的功能或参与特定发育阶段的生理活动。这些在无热激条件下也表达的成员称为热激蛋白的同系蛋白（HSP cognate，HSC）。热刺激能诱发植物产生热激蛋白并从而提高耐热性。但是，植物感受并传导热激信号、激活热激基因表达和诱导耐热性的机制还未彻底搞清。

（一）热激信号转导途径下游的热激基因表达

在细胞内有一种转录调节因子在热激条件下可激活热激基因的表达，被称为热激转录因子（HSF）。在热激基因中，启动子中有一小段特异的 DNA 序列，是热激转录因子的结合位点，称为热激元件（HSE），热激转录因子与热激元件结合激活热激基因的表达。热激基因表达的调节包括选择性转录和选择性翻译，以前者为主。

（二）热激基因启动子

植物与其他真核生物一样，热激专一的 mRNA 的快速积累主要是由于转录速度的提高。热激基因启动子中，TATA box、热激元件及其他一些元件，在热激基因的充分转录激活中都有不同程度的作用。热激元件在热激基因表达中起重要作用。大多数真核生物的热激基因 5′ 端非翻译区的几百个碱基对内都存在多个热激元件。真核生物热激元件共有序列（核心重复单位）为 5′2 nGAAn23′。在植物中，最适的热激元件共有序列为 5′2 aGAAg23′。热激元件是热激转录因子结合位点，热激转录因子三聚体要能有效结合到 DNA 上至少需要 2 ~ 3 个热激元件的核心重复单位，形成 5′2 nGAAnnTTC-nnGAAn23′。然而，并非总是形成这种标准的结合位点，在天然存在的热激基因启动子中，经常是中心有 2 个完整的核心重复单位，两侧各与一个不完整的核心重复单位相邻，构成 2 个热激转录因子三聚体的结合位点（如：5′2 CTnGAAnnTTCnAG23′）。热激元件包括近 TATA box 的热激元件和远上游的热激元件。TATA box 上游约 20 个 bp 处常存在 2 个部分重叠的热激元件。在近 TATA box 域内可能存在 2 个包含热激元件的位点（位点 1 和位点 2）。位点 1 与热激转录因子的结合能力较强，而位点 2 与热激转录因子的结合能力较弱。

（三）热激转录因子

在所有已研究的植物中，都存在多种类型的热激转录因子，如番茄和玉米中存在 3 种热激转录因子，拟南芥中有 4 种，大豆中有 6 种，烟草中有 2 种。植物热激转录因子的分子质量为 31.2 ~ 57.5ku。热激转录因子蛋白质家族至少存在 3 类成员：*HSF*1、*HSF*2、

*HSF*3 。目前发育过程中热激蛋白表达的研究受到人们越来越多的重视。*HSF*3 可能代表一种特定细胞中的 *HSF*1 的变异。在番茄中，热激时 3 种热激转录因子基因的激活程度不同（0 ~ 5 倍），并且具有启动子专一性，也表明这 3 种热激转录因子功能上的差异。总之，不同种类热激转录因子可能在细胞不同部位、不同发育阶段行使不同的功能。所有已研究的热激转录因子都包含以下几个重要的结构域：DNA 结合域、寡聚域、核定位信号、C 端的 7 元重复域及激活域（图 10 - 3）。其中 DNA 结合域和寡聚域的主要结构是保守的，其他区域只是在亲缘关系相近的热激转录因子中才表现出同源性。

（四）热激基因表达的调节

热激基因表达的调节主要是在转录水平上进行的。热激基因的转录需要热激转录因子来介导。因此，热激转录因子活性的调节是热激基因表达转录调节的中心机制。真核生物中，与胁迫热激蛋白表达相关的 *HSF*1 编码基因呈组成型表达，热激时激活已存在的 *HSF*1 库。热激基因表达的转录调节主要包括热激转录因子的三聚化、热激转录因子的核转位、热激转录因子的磷酸化、热激蛋白自身对热激转录因子的反馈调节等几方面。热激转录因子三聚化是热激转录因子激活的必要条件。热激转录因子有无活性的单体和具有 DNA 结合活性的同源三聚体两种存在形式。热激以前，热激转录因子处于钝化的单体状态，热激时，热激转录因子发生从单体到三体的转变。热激转录因子的三体形式对热激元件有高度的亲和性，可结合到热激元件上，激活热激基因的转录。然而，热激后恢复时，热激转录因子三聚体又发生解聚，重新回到钝化的单体状态（图 10 - 3）。

番茄的两种热激转录因子在无胁迫时分散存在于细胞质和细胞核中，热激时主要存在于细胞核中，而热激后恢复时相当一部分热激转录因子又返回到细胞质中。热激转录因子活性也通过热激转录因子的磷酸化来调节。热激转录因子的磷酸化与其活性的关系可能是非常复杂的，在未受胁迫细胞中，热激转录因子在丝氨酸和苏氨酸残基处磷酸化，热激时发生超磷酸化，而热激后恢复时又发生脱磷酸化。植物热激转录因子的磷酸化已经在含有重组 *AtHSF*1 的拟南芥悬浮细胞提取液中得到证实。*AtHSF*1 在丝氨酸残基处发生磷酸化，使它与热激元件的结合能力降低。热激转录因子在调节热激蛋白表达过程中的活性也受热激蛋白自身的反馈调节。近些年来，在植物方面也有了 Hsp70 负调节作用的分子生物学方面的证据。例如，通过在拟南芥中组成型过表达 HSF12GUS 融合蛋白，就可获得不依赖热激的 *HSF*1 活性的去抑制。去抑制的机制还不清楚，但有可能是 HSF12GUS 融合蛋白的空间构型使负调节剂热激蛋白不易接近，或者是这种蛋白质的过表达抵消了热激蛋白的抑制作用。另外，Hsp70 作为热激转录因子的负调节剂在携带热激诱导的 Hsp70 反义基因的转基因拟南芥中也得到证实。在反义植株中，内源 Hsp70/Hsc70 含量大大减少，并且在热激后恢复时，*HSF*1 三聚体存在时间比对照延长，热激蛋白表达自我调节机制的一种可能模式为：在正常生长状态下，Hsp70（或 Hsp90 及多伴侣复合体）与热激转录因子相互作用使热激转录因子处于钝化的单体状态，热激时细胞内异常蛋白质增多，热激蛋白结合到解折叠的蛋白质上，释放出热激转录因子，之后热激转录因子形成三聚体，再结合到热激元件上启动热激蛋白基因的转录，产生并积累热激蛋白（包括 Hsp70 和 Hsp90）。后者积累后又可与热激转录因子三聚体结合使其从 DNA 上解离下来并重新恢复为钝化的单体状态，关闭 *HSF* 的活性，从而抑制了自身的过度合成（图 10 - 3）。

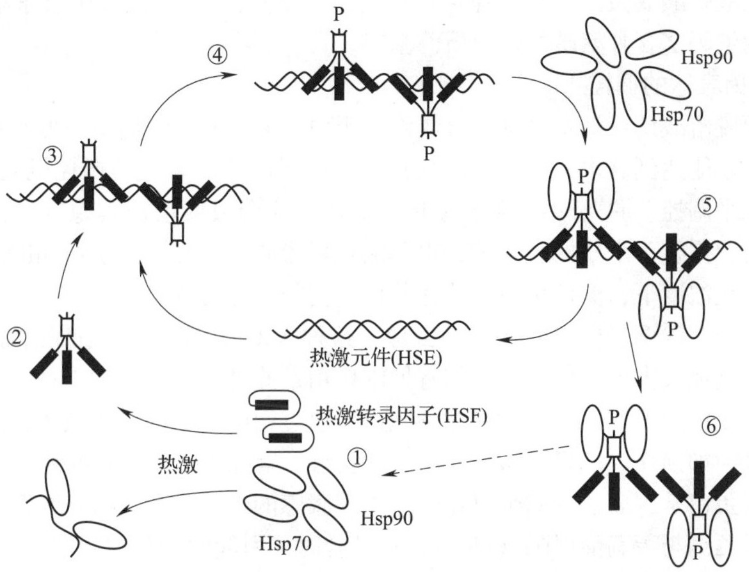

图 10－3　热激基因表达的调节模式

①—正常细胞中，HSF 通过与 Hsp70 之间的相互作用保持单体无 DNA 结合的活性状态
②—热激条件下，HSF 与 Hsp70 结合减少，HSF 组装成三聚体　③—与热激基因启动子中的 HSE 结合
④—磷酸化　⑤—热激基因的转录活性导致 Hsp70 大量增加，Hsp70 与 HSF 三聚体形成复合物
⑥—HSF 三聚体从 HSE 上解离并最终转变为无 DNA 结合的单体

三、耐盐基因的表达及调控

植物的耐盐性是受多基因控制的复合遗传性状，这些基因包括合成小分子有机渗透剂酶类的基因，蛋白质类保护剂的基因，涉及盐分吸收、转运和在细胞中区隔化分配的一系列酶类的基因，涉及碳代谢转变或调节酶类的基因，以及受激素调控的基因或调节生长发育特性的基因等。

（一）渗透胁迫诱导蛋白及其基因

在盐渍情况下能诱导出一些逆境蛋白质，如 20ku、26ku 和 32ku 蛋白质。20ku 蛋白质中有 4% 羟脯氨酸和 11.3% 的哺氨酸，含量相当高。但是，20ku 和 32ku 蛋白质在盐适应细胞被转移到低盐培养基上后会回复到非适应的细胞水平，而 26ku 蛋白质是盐适应细胞中所特有的，被定名为 osmotin。

目前，盐适应烟草悬浮细胞中的 osmotin 得到了详细研究。osmotin 是一组阳离子蛋白，带有两种 p*I* 形式，分别为 7.8 和 8.2。两种形式的相对分子质量略有差别，在盐适应细胞中，osmotin 分为可溶性的和颗粉状的两种类型，可溶性的对蛋白酶敏感，而颗粒状抗蛋白酶。成熟的 osmotin 相对分子质量为 23984。osmotin 合成为一种蛋白前体，相对分子质量为 26380。在盐适应细胞中它的含量随环境水势的下降而升高，甚至可达到细胞总蛋白质含量的 12%。在盐适应细胞的整个生长周期中都有 osmotin 的合成，而非盐适应细胞中仅在生长将近结束时才有它的合成。前者 p*I* 值为 8.2，后者为 7.8。前者可能在翻译后经过修饰，表现为更加稳定。盐可能涉及脱落酸诱导的 osmotin 合成过程中的翻译或 osmotin mRNA 转录后的修饰，使它更加稳定。与渗透胁迫有关的基因还有：CAM 酶类 PEP

羧化酶、丙酮酸磷酸双激酶、甘油醛-3-磷酸脱氢酶的基因，以及来自水稻的*RAB*-21基因和玉米的编码富含甘氨酸的蛋白质的基因。

（二）基因表达的调控

虽然外源脱落酸诱导烟草等细胞合成渗调蛋白，但只有在细胞适应低水势环境后，渗调蛋白的积累才能达到高水平。盐适应细胞中渗调蛋白基因表达的调控机制主要有两种：一种是转录水平调控，脱落酸诱导渗调蛋白mRNA的合成或增加其稳定件，渗透休克非适应细胞不能积累显著水平的脱落酸，也不能积累渗调蛋白和渗调蛋白mRNA。其次是转录后调控，高盐浓度下，渗调蛋白信使比其他信使的翻译占优势。在含80mmol/L NaCl的体外翻译体系中，渗调蛋白mRNA能被翻译，这种NaCl盐度与适应细胞细胞质中的盐浓度相当，而对其他大多数信使的翻译却有抑制作用。此外，翻译后加工过程中可能还产生一种更稳定的蛋白质形式，但未发现在细胞盐适应过程中的基因增扩或重排。许多环境因素和激素信号，如损伤、乙烯、NaCl、ABA、脱水、紫外光、烟草花叶病毒和真菌侵害等都可调节渗调蛋白基因表达。对烟草花叶病毒不敏感的烟草品种只有在真菌入侵、盐适应以及信号分子乙烯与茉莉酸甲酯（MeJA）相结合时才引起渗调蛋白积累。

（三）植物胁迫反应中的脱落酸信号转导

植物脱落酸应答的遗传分析表明拟南芥脱落酸应答位点在萌发和苗期生长后改变的相对重要性。*ABI*1、*ABI*2、*ERA*1、*ABH*1、*HYL*1、*GCA*1和*GCA*2位点影响脱落酸调控植物生长的许多方面。许多其他具有有限表型影响的拟南芥脱落酸应答突变体已被鉴定是改变了脱落酸或胁迫诱导的基因表达。相反，*ABI*3，*ABI*4和*ABI*5在种子成熟中对它们的基因表达有很大影响，但是这三个基因在植物组织中的表达水平都很低，而且在苗期的盐或糖应答中起作用。*abi*4和*abi*5也表现出ABA调控的基因表达的一些有限的缺陷。与其他的*ABI*基因不同，*ABI*3的表达定位在分生组织，与植物休眠过程、质体分化和花的决定有关。

在营养生长期间脱落酸最主要的作用是在不利条件下通过维持渗透压的动态平衡来优化生长。在细胞水平，脱落酸能促进对冷、盐和干旱等一些非生物胁迫的忍受力。虽然这些胁迫共享诱导细胞脱水的元件，但是比较脱落酸生物合成和应答突变体在胁迫条件下基因的表达证实存在着依赖脱落酸和不依赖脱落酸的信号转导途径，并有复杂的互作。在整个植株水平，脱水胁迫引起气孔孔径的减小以减少通过蒸腾作用的水分丧失。此外，轻度的水胁迫促进根生长而抑制茎的生长，然而，严重的胁迫根和茎的生长都被抑制。脱落酸是这些反应的主要调控者，而且它的信号转导机制在考虑到对气孔的影响能很好的描述，它可以促进气孔关闭并抑制它的开放。虽然这些影响导致了相同的最后结果（如气孔关闭），但是开放和关闭并不是同一过程的简单逆转，所以相关的信号转导机制是不同的。除了电生理学的改变引起了气孔的水分丧失，保卫细胞在体积上经历了重要的改变，膜表面积也减少两倍以上。

四、寄主的抗病基因

寄主的抗病基因（resistance gene）和防卫基因（defense gene）是两个不同的概念。防卫基因产物有的直接对病原增殖起限制作用，而抗病基因直接产物或间接产物应该和病原无毒基因直接或间接产物识别，导致防卫基因的迅速表达。利用转座子标签法或图谱定位结合（map—based gene cloning）（或不结合）染色体步行法可克隆抗病基因。已克隆的抗病基因的类型和根据 DNA 序列推测的编码蛋白的基本性质如表 10－3 所示。

表 10－3　　已克隆的抗病基因的类型和根据 DNA 序列推测的编码蛋白的基本性质

抗病基因类型	抗病基因	对应的无毒基因或病原毒素	编码蛋白性质	克隆方法
代谢过程中的酶类	*Hml*（玉米）	*HC* 毒素（*Cochliobolus carbonum race I*）	胞内 NADPH HC 毒素还原酶	转座子标签
Src 型蛋白激酶	*Pto*（番茄）	*avrPto*（*P. s. pv. tomato*）	胞内丝氨酸/苏氨酸型蛋白激酶	图谱定位
N 端带 LRR 的蛋白质	*Cf2*（番茄） *Cf4*（番茄） *Cf9*（番茄）	*avr2*（*Cladosporium falvum*） *avr4*（C. falvum） *avr9*（C. falvum）	有胞外富含亮氨酸的重复序列（LRR），跨膜序列和短胞质序列，一个基因编码的蛋白 LRR 数目和序列有异	转座子标签
N 端带 LRR 的蛋白激酶受体	*Xa21*（水稻）	*Xanthomona soryzae* pv. *Oryzae* 6 号小种	质膜受体型丝氨酸/苏氨酸蛋白激酶	图谱定位
C 端带 LRR，N 端带亮氨酸拉链，含 ATP/GTP 结合位点的蛋白	*RPS2*（拟南芥） *RPM1*（拟南芥）	*avr*Rps2（P. s. Pv. *syringae*） *avr*Rpm1/*avr*B（P. *syringae*）	无毒基因直接或间接产物的胞内受体，可能与膜接触	图谱定位
C 端带 LRR，N 端带 Toll/IL－2R 同源结构域，含 ATP/GTP 结合位点的蛋白	L^6（亚麻） *RPP5*（拟南芥）	TMV *Melampsora lini* *Pernospora parasitica*	胞质受体 胞质受体，含两个大而重复的 LRR	转座子标签转座子标签 图谱定位

由表 10－3 可见除了玉米抗圆斑病菌（*Cochliobolus carbonum*）小种 1 的抗病基因 *HM1* 编码 NADPH 依赖的 HC 毒素还原酶外，其他抗病基因编码的蛋白质都是信号蛋白。很多抗病基因编码蛋白含有富含亮氨酸的重复序列（LRR），这种重复序列通常参与蛋白质间的相互作用，例如番茄与叶霉病菌（*Cladosporium falvum*）无毒基因对应的抗病基因编码的蛋白质是跨膜蛋白，膜外氨基端含 LRR，胞内序列很短。有的抗病基因本身编码蛋白激酶，例如番茄另一个与叶斑病菌（*P. s. pv. tomato*）无毒基因 *avrPto* 对应的抗病基因 *Pto*，编码丝氨酸/苏氨酸型蛋白激酶，但不是膜蛋白，带有与动物系统中的 *Src* 基因产物相似的十四烷基结合序列，推测可能是膜内侧胞质蛋白与膜受体偶联进行抗病信号传导。还有一类抗病基因编码的蛋白带跨膜序列，既含膜外氨基端的 LRR，又含细胞质内丝氨酸/苏氨酸蛋白激酶结构域，是丝氨酸/苏氨酸型蛋白激酶受体，水稻抗白叶枯病（*Xanthomonas oryzae* pv. *oryzae*）小种 6 的抗病基因 *Xa21* 就是这样的受体蛋白激酶基因。还有一大类抗病基因，它们编码的蛋白质不含跨膜序列，羧基端含 LRR，推测只分布于细胞质内。这一大类基因又分两亚类，其中一个亚类包括拟南芥对应于丁香假单胞菌（P. s. Pv. *syringae*）*avr*Rps2 及 *avr*B/*avr*Rpm1 的两个抗病基因 *RPS2* 和 *RPM1*，编码的蛋白质除含有 LRR 序列和与 ATP 或 GTP 的结合相关的 P－环肽序列外，还含亮氨酸拉链，推测以二聚体形式起作用；另一个亚类包括烟草抗烟草花叶病毒的 *N* 基因、亚麻抗锈病基因 L^6 及拟南芥抗霜霉病菌（*Pernospora parasitica*）的 *RPP* 5 基因。

五、作物抗病毒基因

在农业产生中，植物病毒常常造成农作物的减产。由于病毒是进入宿主细胞里，利用宿主细胞内的生命机器来繁殖，因此很难找到一种有效的化学农药来防治植物的病毒。现在人们想通过基因工程的方法来控制植物病毒的危害。

利用转病毒外壳蛋白质基因的方法使植物获得抗病毒感染能力，对病毒识别宿主植物和进行感染都很重要。人们发现，当植株被病毒感染而在其细胞内合成了病毒的外壳后，就可以对细胞内相关病毒甚至非相关病毒的感染产生一定的抗性。利用这一特性，人们将病毒蛋白质基因分离后充到植物的基因里，得到的转基因植物对相应的病毒感染就有一定的抗性。目前，人们已经用转病毒外壳蛋白质基因的方法培育出了多种抗病毒感染的转基因作物。虽然这种方法不能使转基因植物获得对病毒的完全抗性，但能获得高水平的抗性，且得到的转基因植物在大田中长势良好。

用反义 RNA 阻断病毒基因合成蛋白质，这种技术尚处于研究阶段，还不成熟，这里暂不详述。

PTGS 现象本身就是植物天然的病毒防御系统。利用基因转化系统将表达与病毒同源的 *ds*DNA 的 *hp*RNA 载体整合到植物基因组，表达后就会引起病毒基因组的特异性降解，从而阻止病毒的复制扩散，获得稳定遗传的抗病毒植物。利用马铃薯 Y 病毒（PVY）蛋白酶基因片段构建 IRS 载体进行烟草转化，获得抗性植株。以大麦黄矮病毒（BYDV - PAV）的多聚酶基因反向重复序列载体（hpBYDVpol）转化大麦，获得 PAV 免疫植株，ELISA 检测和田间接种均未检测到病毒。他们还观察到转基因植株同时受到大麦黄矮病毒（BYDV - PAV）和谷类黄矮病毒（CYDV - PAV）侵染时，仅表现对前者免疫，而对后者感染，显示出免疫性的序列特异性。

第七节　八氢番茄红素合成酶基因与转基因金色水稻

水仙花的红色是八氢番茄红素合成酶（phytoene synthase）基因（*psy* gene）表达的结果，将该基因通过基因工程的方法转入水稻中，可以获得胚乳中八氢番茄红素合成酶基因超表达的转基因水稻，这种水稻被称为带有颜色的“金色水稻”。由于八氢番茄红素合成酶是类胡萝卜素合成途径中的关键酶，类胡萝卜素是维生素 A 的前体物质，因此，“金色水稻”不仅颜色好看，而且具有重要的营养价值。本节主要介绍八氢番茄红素合成酶基因的功能，作为案例介绍如何获得能够大量积累八氢番茄红素能力的转基因水稻。

一、八氢番茄红素合成酶基因

类胡萝卜素（carotenoid）是一类重要的营养物质，它广泛存在于光合及非光合生物中。类胡萝卜素属于萜类化合物，其家族成员众多，其中含量最为丰富的一种类胡萝卜素是 β - 胡萝卜素，它是合成人体必需的维生素 A 的前提物质之一，因此具有维生素 A 原（provitamin A）的活性。人体缺乏维生素 A 会引起多种生理疾病，如夜盲症、干眼症、结膜干燥、角膜软化等。如果儿童摄入维生素 A 不足，严重时甚至会导致夭折，据联合国儿童基金会（The United Nations Children's Emergency Fund，UNICEF）统计，每年死于维生素 A 缺乏症的1～4岁的儿童有100万～200万，所以补充膳食中维生素A成了亟待解决的问题。

β－胡萝卜素生物合成途径中共包括四种重要的酶，八氢番茄红素合成酶即是其中之一。在β－胡萝卜素合成过程中，首先是在异戊烯基转移酶的作用下将异戊烯基二磷酸（isopentenyl diphosphate，IPP）转化为geranylgeranyl diphosphate（GGPP），然后八氢番茄红素合成酶以GGPP为底物生成八氢番茄红素（phytoene），再进一步通过另外三种酶的依次作用最终完成β－胡萝卜素的合成过程。

将从水仙中克隆得到的β－胡萝卜素合成途径中的重要酶——八氢番茄红素合成酶的基因分别与两种基因工程载体连接，通过重组载体的转化，可得到分别具有八氢番茄红素合成酶基因组成性表达及胚乳特异性表达特性的转基因水稻。

二、转基因水稻的培育过程

（一）确定水稻胚乳中β－胡萝卜素合成途径中的限速因素

以^{14}C标记β－胡萝卜素合成的初始底物IPP，通过检测合成过程的中间产物及β－胡萝卜素中^{14}C的量来计算由IPP生成的各产物的量，并且检测以IPP为底物的其他萜类物质合成途径中关键中间产物的含量以分析水稻胚乳中β－胡萝卜素合成能力，同时通过向体外培养的胚乳细胞外源添加的β－胡萝卜素合成过程的中间产物^{14}C－GGPP和^{14}C－phytoene来分析，以它们为底物的酶的活性是否受到影响。

通过对体外培养的水稻胚乳细胞中β－胡萝卜素合成过程中间产物及类胡萝卜素含量的分析，发现含有^{14}C的GGPP及其他中间产物有所积累，然而却无法检测到类胡萝卜素含量的升高；另一方面，除β－胡萝卜素合成途径以外的萜类物质合成中的产物含量有所升高，然而通过添加β－胡萝卜素合成中的酶作用的底物和产物并不能提高相应的酶活性。由此说明，水稻胚乳中利用IPP合成β－胡萝卜素的能力会受到其他途径的影响，其原因可能是β－胡萝卜素合成过程中的酶效率有限。通过对以上结果的分析，确定转入β－胡萝卜素合成过程中的关键酶——八氢番茄红素合成酶来提高水稻胚乳的β－胡萝卜素合成能力。

（二）转基因载体的构建

八氢番茄红素合成酶cDNA以*BamH*Ⅰ/*Hind*Ⅲ进行双酶切，将酶切片段插入质粒载体中，插入的外源序列上游及下游分别为35S启动子或水稻胚乳特异性表达启动子Gt1和NOS终止子，载体中同时含有潮霉素抗性筛选基因（图10－4）。

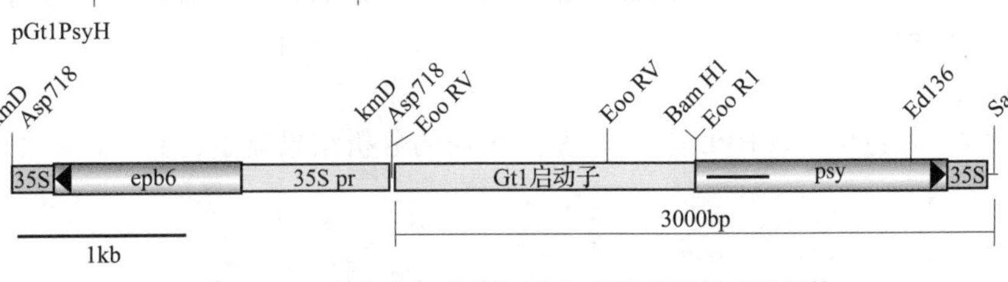

图10－4　含有八氢番茄红素合成酶基因的表达载体

将从水仙中克隆得到的八氢番茄红素合成酶基因分别插入具有 CaMV 35S 启动子和水稻胚乳特异性表达启动子 Gt1 的载体 pCPsyH 和 pGt1PsyH 中，插入序列下游均以 NOS 终止子终止。

（三）载体的转化

以基因枪轰射法（microprojectile bombardment）将重组载体转化入水稻胚芽中，转化后共得到了 87 株具有潮霉素抗性的转基因植株，其中有 47 株（54%）是可育的。

（四）转基因水稻的检测分析

分别用 Southern Blotting、RT－PCR 和 Western Bloting，在 DNA、RNA 和蛋白质水平上检测外源基因 *psy* 在水稻基因组中的整合情况、转录量和蛋白质的表达量。

1. 酶切鉴定

在构建重组载体时，插入外源 *psy* 基因序列所用的限定性内切酶对转基因植株基因组 DNA 进行酶切，酶切产物的大小符合 *psy* 基因片段的植株共有 27 株，证明在 54 株转基因水稻中有 27 株的基因组中插入了完整的外源 *psy* 基因片段。

2. Southern Blotting

Southern Blotting 结果显示转基因植株基因组中含有完整的外源片段，并且确定了插入序列的拷贝数。在 27 株转基因植株中，11 株来自 pCPsyH 载体的转化，另外 16 株来自 pGt1PsyH 载体的转化。图 10－5 所示为不同转基因植株 Southern Blotting 后、单酶切后的基因组的杂交结果，d、e 分别表示由 pGt1PsyH 载体转化的转基因植株经双酶切、单酶切后的基因组的杂交结果。

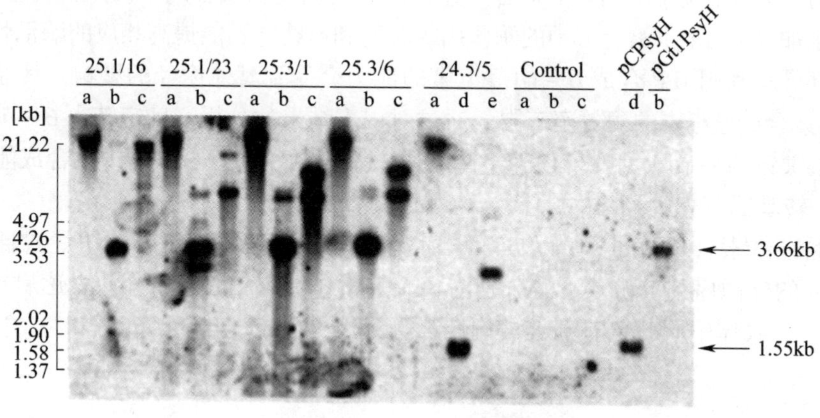

图 10－5　转基因水稻的 Southern Blotting 结果

3. 半定量 RT－PCR 和 Western Blotting

通过半定量 RT－PCR 和 Western Blotting 对外源基因的转录及表达情况进行分析，结果如图 10－6 所示。

4. 生化分析

应用高效液相色谱法（HPLC）对转基因植株的分析结果显示，其中的八氢番茄红素含量有明显增加。

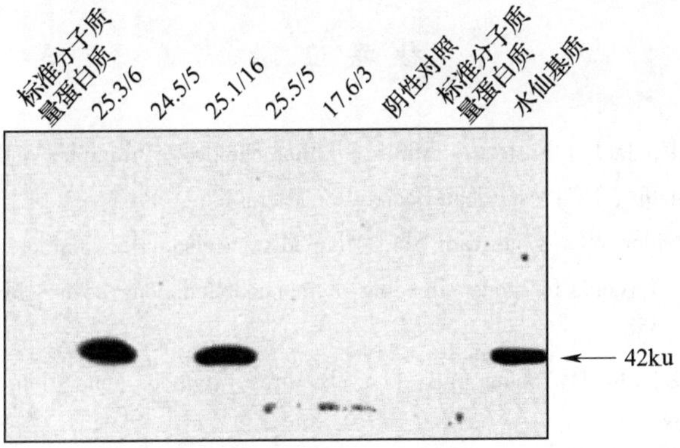

图 10-6　转基因水稻的 Western Blotting 结果

思考题

举例说明转基因植物材料的获得和培育过程。

参 考 文 献

[1] Bernard R. Glick, Jack J. Pasternak. Molecular Biotechology: Principles and Applications of Recombinant DNA, 3rd ed. Washington, DC: American Society for Microbiology Press, 2003.

[2] Ding XS, Schneider WL, Chaluvadi SR, Mian MA, Nelson RS. Characterization of a Brome mosaic virus strain and its use as a vector for gene silencing in monocotyledonous hosts. Mol Plant Microbe Interact, 2006, **19** (11): 1229 ~ 1239.

[3] Fu DQ, Zhu BZ, Zhu HL, jiang WB, Luo YB. Virus - induced gene silencing in tomato fruit Plant J, 2005, **43** (2): 299 ~ 308.

[4] Hänsch T, Koprek T, Mendel RR, Schulze J. An improved protocol for eliminating endogenous β - glucuronidase background in barley. Plant Sci, 1995, 105 (1): 63 ~ 69.

[5] Hodal L, Bochardt A, Nielsen JE, Mattsson O, Okkels T. Expression and specific elimination of endogenous β - glucuronidase activity in transgenic and non - transgenic plants. Plant Sci, 1992, 87 (1): 115 ~ 122.

[6] Hong H, Datla N, MacKenzie S L, et al. Isolation and characterization of a delta 5 FA desaturase from Pythium irregulare by heterologous expression in Sacchromyces cerevisiae and oilseed crops. Lipids, 2002, 37 (9): 863 ~ 868.

[7] Jefferson R, Klass M, Wolf N, Hirsh D. Expression of chimeric genes in *Caenorhabditis elegans*. J Mol Biol, 1987, 193 (1): 41 ~ 46.

[8] Jefferson RA, Wilson KJ. The GUS gene fusion system. Plant Mol Biol Manual, 1991, B14: 1 ~ 33.

[9] Joseph Sambrook, David W. Russell. Molecular cloning: A Laboratory Manual, 3rd ed. New York: Cold Spring Harbor Laboratory Press, 2000.

[10] Kousugi S, Ohashi Y, Nakajima K, Arai Y. An improved assay for β - glucuronidase in transformed cells: Methanol almost completely suppresses a putative endogenous β - glucuronidase activity. Plant Sci, 1990, 70 (1): 133 ~ 140.

[11] Liu H, Reavy B, Swanson M, MacFarlane SA. 2002. Functional replacement of the tobacco rattle virus cysteine - rich protein by pathogenicity proteins from unrelated plant viruses Virology **298** (2): 232 ~ 239.

[12] Liu Y, Schiff M, Dinesh - Kumar SP. Virus - induced gene silencing in tomato. Plant J, 2002, 31 (6): 777 ~ 786.

[13] Mascarenhas JP, Hamilto DA. Artifacts in the localization of GUS activity in anothers of petunia transformed with a CaMV 35 - GUS construct. Plant J, 1992, 2 (3): 405 ~ 408.

[14] Peele C, Jordan CV, Muangsan N, Turnage M. Egelkrout E. Eagle P, Hanley - Bowdoin L. Robertson D. 2001. Silencing of a meristematic gene using geminivirus - derived vectors. Plant J, 27 (4): 357 ~ 366.

[15] Pennina R, Alex A, David C. Ward enzymatic synthesis of biotin - labeled polynucleotides: Novel nucleic acid affinity probes. Proc Natl Acad Sci USA, 1981, 78 (11): 6633 ~ 6637.

[16] Peter K. Burkhardt, Peter Beyer, Joachim WQnn, *et al.* Transgenic rice (Oryza sativa) endosperm expressing daffodil (*Narcissus pseudonarcissus*) phytoene synthase accumulates phytoene, a key intermediate of provitamin A biosynthesis. Plant J, 1997, 11 (5). 1071 ~ 1078.

[17] Ratcliff F, Martin - Hernandez AM, Baulcombe DC. Technical Advance. Tobacco rattle virus as a vector for analysis of gene function by silencing. Plant J, 2001, **25** (2): 237 ~ 245.

[18] Scott R, et al. In: Draper J et al. eds. Plant genetic transformation and gene expression. A labora-

tory manual. Oxford: Blackwell Sci. Pulic. 1988, 315～326.

[19] Waterhouse PM, Helliwell CA. Exploring plant genomes by RNA－induced gene silencing Nat Rev Genet, 2003, **4** (1): 29～38.

[20] 巴德年. 当代免疫学技术与应用. 北京: 北京医科大学中国医科大学联合出版社. 1998, 352～356, 369.

[21] 蔡恒, 陈忠军, 万红贵. 植物甜蛋白 monellin 基因工程菌表达条件的研究. 食品与发酵工程, 2006, 32 (6): 23～26.

[22] 蔡秀玲, 刘巧泉, 汤述翥, 顾铭洪, 王宗阳. 用于筛选直链淀粉含量为中等的籼稻品种的分子标记. 植物生理与分子生物学报, 2002, 28: 137～144.

[23] 陈德富, 陈喜文. 现代分子生物学实验原理与技术. 北京: 科学出版社, 2006.

[24] 陈锦涛, 朗春秀, 胡张华. 反义 PEP 基因调控油菜籽粒蛋白质/油脂含量比率的研究. 农业生物技术学报, 1999, 4: 313～320.

[25] 陈三凤, 刘德虎. 现代微生物遗传学 (第一版). 北京: 化学工业出版社, 2003.

[26] 陈秀花, 刘巧泉, 王宗阳. 反义 Wx 基因导入我国籼型杂交稻重点亲本. 科学通报, 2002, 47 (9): 684～688.

[27] 陈章良. 植物基因工程研究. 北京: 北京大学出版社, 1993.

[28] 邓平建. 转基因食品食用安全性和营养质量评价及验证. 北京: 人民卫生出版社, 2003.

[29] 董杰. 美国 SL TC2323 二氧化碳培养箱的使用及维护. 齐齐哈尔医学院学报, 2002, 23 (8): 945.

[30] 郭兴启, 于大胜, 陈红, 等. 植物中转录后基因沉默的启动、传导与抑制 [J]. 生命科学研究, 2001, 5 (3): 129～133.

[31] 何忠效, 张树政. 电泳. 北京: 科学出版社, 1999.

[32] 洪孟民. 植物生理与分子生物学. 北京: 科学出版社, 1992.

[33] 江舸, 金由辛. RNAi. 生命科学, 2003, 15 (1): 1～6.

[34] 江来喜. 高精度微电脑全自动 PCR 仪. 浙江工业大学学报, 1996, 24 (3): 252～257.

[35] 瞿礼嘉, 顾红雅, 胡苹, 陈章良. 现代生物技术导论. 北京: 高等教育出版社; 德国: 施普林格出版社, 1998.

[36] 雷东锋. 现代生物化学与分子生物学仪器与设备. 北京: 科学出版社. 2006.

[37] 李欣, 顾铭洪, 潘学彪. 常见水稻品种稻米品质的研究. 江苏农学院学报, 1987, 8 (1): 1～8.

[38] 李宝健, 曾庆平. 植物生物技术原理与方法, 长沙: 湖南科学技术出版社, 1990.

[39] 李冰, 刘宏涛, 孙大业, 周人纲. 植物热激反应的信号转导机理. 植物生理与分子生物学学报, 2002, 28 (1): 1～10.

[40] 李春丽, 陈其新, 何国庆. 乳糖诱导植物甜蛋白 *des*－pGlul－Brazzein 在大肠杆菌中的表达. 生物工程学报, 2006, 22 (6): 1201～1205.

[41] 李恩虎, 李毅, 陈章良. 植物抗病毒基因工程研究进展, 走向 21 世纪的植物分子生物学. 北京: 科学出版社, 2000.

[42] 李新锋, 赵淑清. 转基因植物中报道基因 GUS 的活性检测及其应用. 生命的化学, 2004, 24: 71～73.

[43] 刘庆昌, 吴国良. 植物细胞组织培养. 北京: 中国农业大学出版社, 2002.

[44] 刘志国, 屈伸. 基因克隆的分子基础与工程原理. 北京: 化学工业出版社, 2003.

[45] 楼士林, 杨盛昌, 龙敏南, 章军. 基因工程. 北京: 科学出版社, 2002.

[46] 卢东长城, 梁荣奇. RNAi 技术及其在作物遗传育种中的应用. 分子植物育种, 2006, 4 (6):

83 ~ 90.

［47］卢圣栋. 现代分子生物学实验技术，第一版. 北京：中国协和医科大学出版社，1999.

［48］罗云波，生吉萍，申琳. 番茄中反义 ACC 合酶基因的导入和乙烯生物合成的控制. 农业生物技术学报，1995，3（2）：38 ~ 43.

［49］罗云波，生吉萍. 食品生物技术导论. 北京：化学工业出版社，2006.

［50］萨姆布鲁克 J.，Fritsch E. F.，Maniatis T. 金冬雁等译. 分子克隆实验指南（第二版）. 北京：科学出版社，1992.

［51］沈桂芳，丁仁瑞. 现代生物技术与 21 世纪农业. 杭州：浙江科学技术出版社，2000.

［52］苏金，Targolli，J.，吴乃虎，吴瑞. 转基因植物中实现外源基因最佳表达的途径. 生物工程进展，1999，19：36.

［53］孙汝生，曹英林，马春红. 基因工程学（第一版）. 北京：科学出版社，2004.

［54］孙树汉. 基因工程原理与方法. 北京：人民军医出版社，2002.

［55］孙汶生，曹英林，马春红. 基因工程学. 北京：科学出版社，2004.

［56］谈移芳，张启发. 水稻蜡质基因引导区的两个 SSR 序列与直链淀粉含量的相关性. 植物学报，2001，43：146 ~ 150.

［57］汤昌国，钱栋宇. 基因工程技术的应用现状. 生命科学仪器，2006，4（8）：9 ~ 15.

［58］汤富酬，薛友纺. RNA 干涉与基因沉默［J］. 遗传，2001，23（2）：167 ~ 172.

［59］王淳本. 实用生物化学与分子生物学实验技术. 湖北科学技术出版社，2002.

［60］王关林，方宏筠. 植物基因工程. 北京：科学出版社，2002.

［61］王国英，张宏. 几种玉米基因转移技术的研究及转基因植株的获得. 生物工程学报，1996，12（1）：45 ~ 49.

［62］吴乃虎. 基因工程原理. 北京：科学出版社，2006.

［63］徐福洲，崔治中，刘岳龙. 鹅源腺病毒基因组 DNA 物理图谱的构建. 中国病毒学，2000，15（4）：388 ~ 394.

［64］徐金森. 现代生物科学仪器分析入门. 北京：化学工业出版社，2004.

［65］严长杰，田舜，张正球，韩月澎，陈峰，李欣，顾铭洪. 水稻栽培品种淀粉合成相关基因来源及其对品质的影响. 中国农业科学，2005，39（5）：865 ~ 871.

［66］杨正安，丁玉梅，张应华，刘飞虎. 一种利用植物病毒载体表达外源蛋白的新平台——Magnifection. 生命科学，2007，19（4）：456 ~ 460.

［67］叶霞，丛郁，陶建敏，渠慎春，章镇. 超声波介导铁蛋白基因转化苹果的研究. 西北植物学报，2006，26（10）：2001 ~ 2005.

［68］张菊梅，吴清平，周小燕. 荧光素酶研究进展. 微生物学通报，2001，28：98 ~ 101.

［69］张文超. 聚合酶链反应（PCR）技术与基因扩增分析仪器（PCR 仪）. 生命科学仪器，2005，3（3）：13 ~ 19.

［70］赵海滨，李集临，徐香玲等. 小麦淀粉品质改良途径及糯性小麦种质创新研究. 黑龙江农业科学，2005，（3）：1 ~ 3.

［71］赵军，范云六. 禾谷类种子贮存蛋白基因转录调控研究进展. 农业生物技术学报，1994，2：34 ~ 38.

［72］赵琦，孔建强，高音等. 甜味蛋白 Thaumatin 表达载体的构建. 首都师范大学学报（自然科学版），2003，24（2）：64 ~ 67.

［73］朱道圩，秦永华，张上隆，奇甜蛋白基因在园艺作物中的表达. 细胞生物学杂志. 2005，27：535 ~ 538.

［74］朱玉贤，李毅. 现代分子生物学（第二版）. 北京：高等教育出版社，2002.